Sichern

Sind Sie sicher? **Prüfen Sie Ihr neues Fundament** mit den **Testaufgaben**. Vergleichen Sie Ihre Ergebnisse mit den Lösungen im Anhang und schätzen Sie sich selbstständig ein.

Überprüfen Sie Ihre Lernfortschritte mit dem **Zwischentest** in der App Cornelsen Lernen.

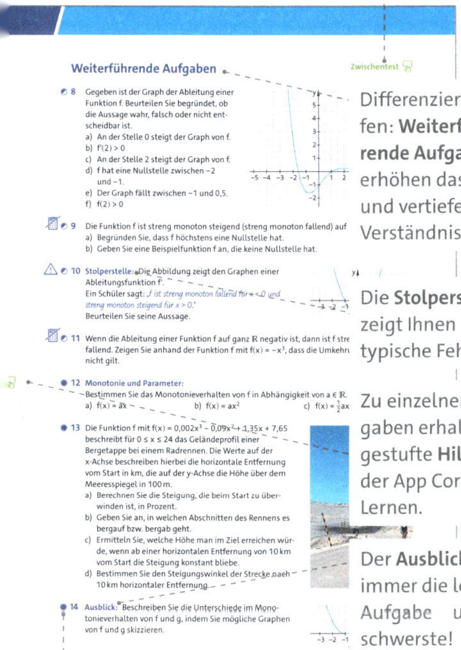

Differenziert vertiefen: **Weiterführende Aufgaben** erhöhen das Niveau und vertiefen Ihr Verständnis.

Die **Stolperstelle** zeigt Ihnen typische Fehler.

Zu einzelnen Aufgaben erhalten Sie gestufte **Hilfen** in der App Cornelsen Lernen.

Der **Ausblick** ist immer die letzte Aufgabe und die schwerste!

Das **Niveau** jeder Aufgabe gibt Ihnen ein Symbol an.
◐ = mittel,
● = schwer

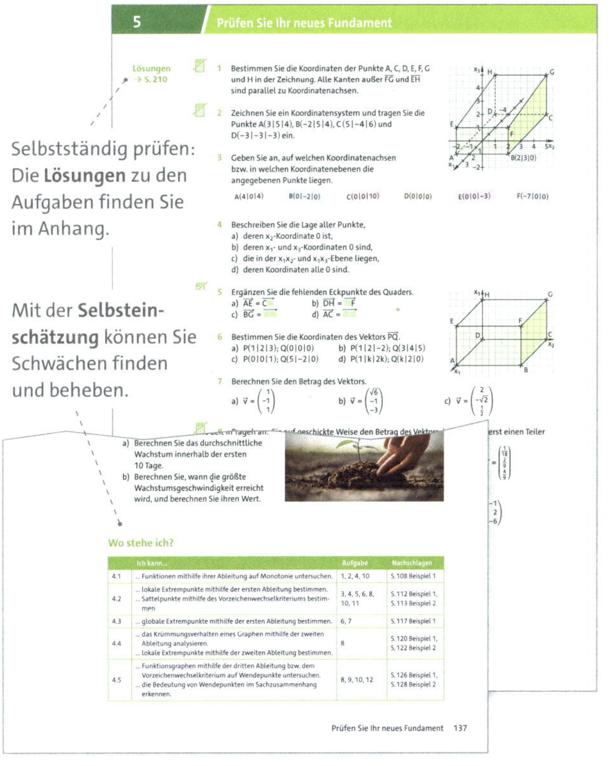

Selbstständig prüfen: Die **Lösungen** zu den Aufgaben finden Sie im Anhang.

Mit der **Selbsteinschätzung** können Sie Schwächen finden und beheben.

Wissen kompakt

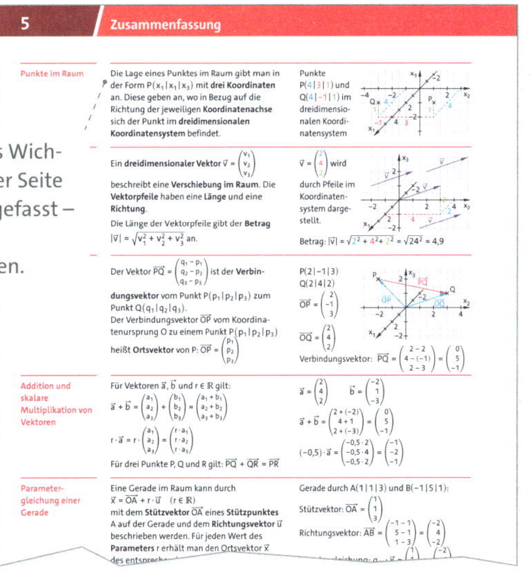

Hier ist alles Wichtige auf einer Seite zusammengefasst – ideal zum Nachschlagen.

Weitere Symbole:

- Aufgabe ohne Hilfsmittel
- Taschenrechner
- TK Tabellenkalkulation
- MK Medieneinsatz
- Partnerarbeit
- Gruppenarbeit

Fundamente der Mathematik

Nordrhein-Westfalen
Gymnasium G9

Dieses Schulbuch finden Sie auch in der App **Cornelsen Lernen**.

Wenn Sie eines dieser Symbole im Schulbuch sehen, finden Sie in der App …

Zwischentest – **Zwischentests** zur Selbsteinschätzung,

Hilfe – gestufte **Hilfen** zu ausgewählten Aufgaben.

Cornelsen

1

Potenz- und ganzrationale Funktionen

Nach diesem Kapitel können Sie

→ Eigenschaften von Potenzfunktionen mit ganzzahligen Exponenten beschreiben,

→ Graphen ganzrationaler Funktionen als Überlagerung von Graphen von Potenzfunktionen deuten,

→ Nullstellen ganzrationaler Funktionen berechnen.

Lösungen → S. 198

Mit Potenzen und Wurzeln rechnen

1 Berechnen Sie.

a) 4^{-2} b) $\left(\frac{1}{5}\right)^{-2}$ c) $-\left(\frac{1}{2}\right)^{3}$ d) $\frac{2}{2^3}$ e) $\left(\frac{3}{4}\right)^{-2}$

f) -2^4 g) $(-2)^4$ h) $(-1)^{893}$ i) 4^0 j) $(-1001)^0$

2 Berechnen Sie, falls möglich.

a) $\sqrt{4}$ b) $\sqrt[5]{1}$ c) $\sqrt[3]{\frac{2}{54}}$ d) $\sqrt{-16}$ e) $\frac{49}{\sqrt{49}}$ f) $\left(\sqrt{3}-\sqrt{0}\right)^2$

g) $\sqrt{3}\cdot\sqrt{27}$ h) $\frac{\sqrt[3]{3}}{\sqrt[3]{81}}$ i) $\frac{3}{\sqrt{3}}\cdot\frac{2}{\sqrt{3}}$ j) $64^{\frac{1}{3}}:4^{\frac{1}{2}}$ k) $\frac{-3}{\sqrt{8}\cdot\sqrt{2}}$ l) $125^{-\frac{1}{3}}$

3 Berechnen Sie den Wert des Terms für die in Klammern stehenden Werte von x.

a) $2\cdot x^4\ (0;-1;2)$ b) $(x+1)^3\ (-2;0;1)$ c) $x^2+0{,}5\ \left(-\frac{1}{2};0;0{,}2\right)$ d) $(0{,}1x)^3\ (-1;0;2)$

Gleichungen lösen

4 Bestimmen Sie die Lösungsmenge der Gleichung.

a) $2x+3=5x-2$ b) $5(x+3)=2(x+1)+x$ c) $5x+2-2x=2+3x+2$

d) $x^2-2x+1=0$ e) $x^2+4=0$ f) $x^2-0{,}25=0$

g) $x^2-4x-5=0$ h) $x^2-9=0$ i) $x-\sqrt{9}=0$

5 Lösen Sie die Gleichung.

a) $3x-4=2x+1$ b) $x^2+4{,}2x=0$ c) $2x^2=0{,}18$

d) $x(x^2-1)=0$ e) $(a-3)(a+3)\cdot a=0$ f) $z^2+2=1$

g) $(k+4)^2=0$ h) $2t+4=2(t+2)$ i) $2x^2-6=4x$

6 Geben Sie eine quadratische Gleichung an, die die angegebenen Lösungen hat.

a) $-5;5$ b) $0;5$ c) $-6;2$

d) 8 e) keine Lösung f) $\sqrt{2}$

7 Setzen Sie für A in der Gleichung $2x+4=3x+A$ einen Term ein, sodass die Gleichung genau eine Lösung, keine Lösung oder unendlich viele Lösungen hat.

Quadratische Funktionen

8 Zeichnen Sie den Graphen der Funktion f mithilfe einer Wertetabelle.

a) $f(x)=x^2$ b) $f(x)=-x^2$ c) $f(x)=2x^2$ d) $f(x)=0{,}5x^2$ e) $f(x)=-2x^2$

9 Bestimmen Sie t so, dass die quadratische Funktion f mit der Funktionsgleichung $f(x)=(x-3)^2+t$ keine Nullstelle (genau eine Nullstelle, zwei Nullstellen) hat.

10 Gegeben ist die Funktion f mit $f(x)=-x^2-4x-2$. Lösen Sie die Gleichungen $f(x)=0$, $f(0)=y$ sowie $f(x)=-2$ und interpretieren Sie jeweils das Ergebnis.

11 a) Bestimmen Sie, welche quadratische Gleichung durch die Abbildung grafisch gelöst werden kann.

b) Lesen Sie die dargestellte Lösung ab und überprüfen Sie diese, indem Sie die Gleichung rechnerisch lösen. Geben Sie dabei auch die zweite Lösung an.

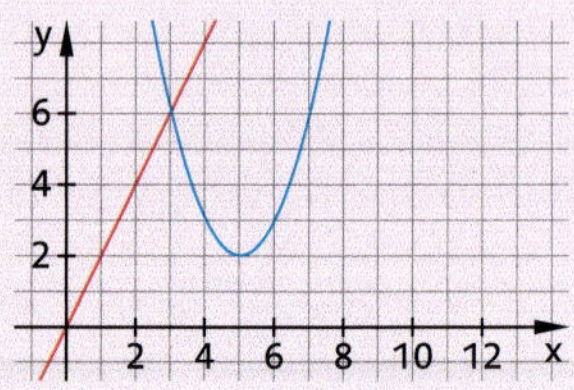

Lösungen → S. 198

12 Eine Parabel enthält die Punkte P(1 | −3), Q(0 | 0) und R(−1 | 5). Bestimmen Sie die zugehörige Funktionsgleichung $f(x) = ax^2 + bx + c$ mithilfe eines linearen Gleichungssystems.

13 Die Funktionsgleichung einer quadratischen Funktion f mit den Nullstellen x_1 und x_2 kann in der Form $f(x) = a \cdot (x - x_1)(x - x_2)$ dargestellt werden.
Bestimmen Sie eine Gleichung der quadratischen Funktion f, die die angegebenen Bedingungen erfüllt. Geben Sie sie auch in der allgemeinen Form $f(x) = ax^2 + bx + c$ an.
a) f hat die Nullstellen $x_1 = 2$ und $x_2 = -1$, der Graph von f enthält den Punkt A(0 | 6).
b) f hat die Nullstellen $x_1 = 0$ und $x_2 = 4$, der Graph von f enthält den Punkt A(5 | 10).
c) f hat die Nullstellen $x_1 = -3$ und $x_2 = -5$, der Graph von f enthält den Punkt A(−1 | −4).

Vermischtes

14 Ermitteln Sie die Nullstellen der Funktion f.
a) $f(x) = 3(x - 1) + 2$ b) $f(x) = x^4$ c) $f(x) = x^2 + 2$
d) $f(x) = (x + 2)^2 - 4$ e) $f(x) = (x - 2)(x + 5)$ f) $f(x) = -0{,}5x^2 - 2x - 6$
g) $f(x) = x^3 - 8$ h) $f(x) = x^{-2} - 4$ i) $f(x) = x^2 + x + \frac{1}{4}$

15 Gegeben ist die Funktion f mit $f(x) = -x^4 + b$. Geben Sie an, für welche b die Funktion f
a) genau zwei Nullstellen, b) genau eine Nullstelle, c) keine Nullstelle hat.

16 Begründen Sie, ob der Graph einer
a) linearen Funktion, b) quadratischen Funktion
punktsymmetrisch zum Ursprung oder achsensymmetrisch zur y-Achse sein kann.

17 Ersetzen Sie die Platzhalter $\blacksquare$ durch passende Terme, sodass die Gleichung stimmt.
a) $(\blacksquare + y)^2 = x^2 + 2xy + y^2$ b) $4x^2 + 12xy + 9y^2 = (\blacksquare + \blacksquare)^2$
c) $d^2 + 8d + \blacksquare = (\blacksquare + \blacksquare)^2$ d) $(\blacksquare + 2a)(\blacksquare - \blacksquare) = 9b^2 - 4a^2$
e) $64a^2 - 48ab + \blacksquare = (\blacksquare - \blacksquare)^2$ f) $81x^2 - 49y^2 = \blacksquare \cdot \blacksquare$

18 Schreiben Sie die Summe als Produkt.
a) $x^2 - 2x$ b) $y^2 - 4xy + 4x^2$ c) $4z^2 - \frac{1}{4}x^2$ d) $2n^3 + 4n^2$

19 Faktorisieren Sie den Term.
a) $x^5 + 2x^4 - x^3$ b) $-6x^4 + 3x^2 - 12x^5$ c) $x^2 + 18x + 81$ d) $x^4 - 25$

20 Die Abbildung zeigt die Graphen von linearen und quadratischen Funktionen.
Geben Sie die Koordinaten der gemeinsamen Punkte je zweier Graphen an. Stellen Sie dann die Funktionsgleichungen zu den Graphen auf und bestimmen Sie rechnerisch die Schnittpunkte der Graphen. Vergleichen Sie mit den von Ihnen abgelesenen Werten.

a)
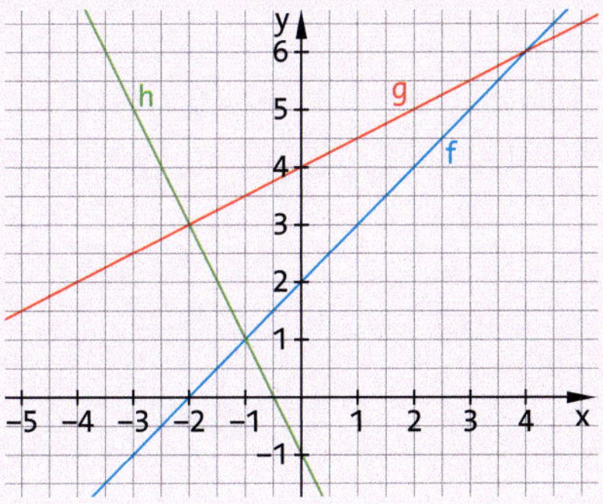

b)
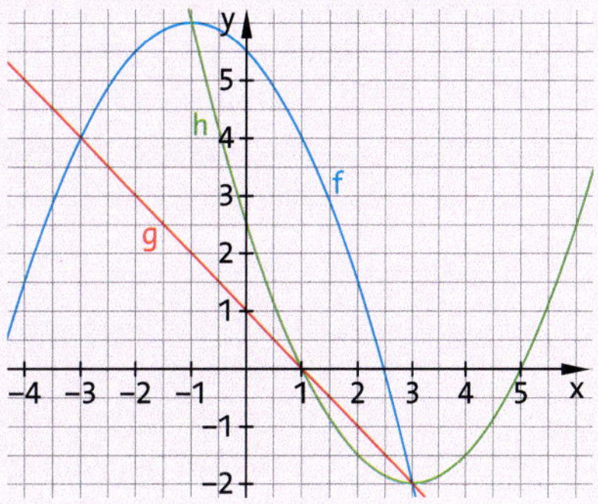

Grundlagen zu Funktionen

Sina will Pizza backen und hat für sich Teig kreisrund ausgerollt. Der Kreis hat einen Radius von 10 cm. Da kommt ihre Schwester Aglaia vorbei, die meint: „Für uns beide muss die Pizza einen Radius von 20 cm haben!" Untersuchen Sie den Zusammenhang von Radius und Größe der Pizza.

Zwei Größen, die voneinander abhängig sind, können in einem funktionalen Zusammenhang stehen.

Mensch → Geburtsdatum
Radius → Flächeninhalt eines Kreises
Kantenlänge → Volumen eines Würfels

Definition

Eine **Funktion** f ordnet jeder Zahl x aus einem Definitionsbereich D **genau eine** Zahl f(x) zu. Alle Funktionswerte zusammen ergeben den Wertebereich W.

Funktionen lassen sich auf verschiedene Weisen darstellen:

Zuordnungsvorschrift

Zahl → Quadrat der Zahl

Wertetabelle

x	−2	−1	0	1	2	5
f(x)	4	1	0	1	4	25

Graph

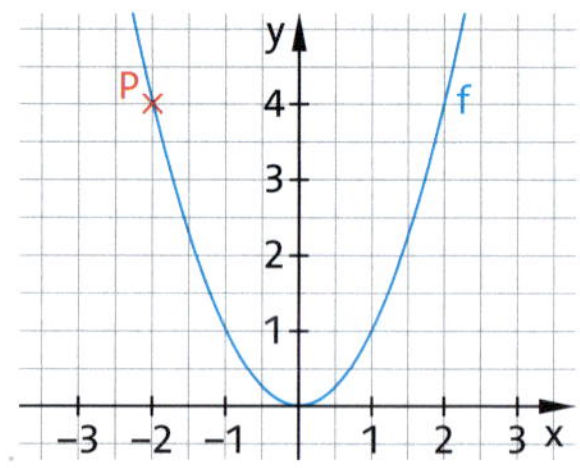

Funktionsgleichung
$f(x) = x^2$

Verbalisierung
Jeder Zahl wird ihre Quadratzahl zugeordnet.

Durch Einsetzen einer Zahl für die Variable x in den **Funktionsterm** x^2 berechnet man den **Funktionswert** f(x) an der Stelle x, z. B. $f(-2) = (-2)^2 = 4$. Den x-Wert, den man in den Funktionsterm einsetzt, nennt man auch **Stelle** oder **Argument**. Der zum Wertepaar $(-2\,|\,4)$ zugehörige Punkt $P(-2\,|\,4)$ liegt auf dem **Graphen** der Funktion f.

Beispiel 1

Gegeben ist die Funktion f mit der Funktionsgleichung $f(x) = 0{,}5x^2 - 1$.

a) Berechnen Sie den Funktionswert $f(-2)$ und erstellen Sie eine Wertetabelle.
b) Prüfen Sie rechnerisch, ob der Punkt $P(-1{,}5\,|\,0{,}125)$ zum Graphen von f gehört, und zeichnen Sie den Graphen von f.

Lösung:

a) Setzen Sie −2 in die Funktionsgleichung ein. Setzen Sie weitere Werte ein, um die Wertetabelle zu erstellen.

$f(-2) = 0{,}5 \cdot (-2)^2 - 1 = 2 - 1 = 1$

x	−2	−1	0	1	2
f(x)	1	−0,5	−1	−0,5	1

b) Setzen Sie die x-Koordinate von P in die Funktionsgleichung ein. Es ergibt sich die y-Koordinate von P, also liegt P auf dem Graphen von f.

$f(-1{,}5)$
$= 0{,}5 \cdot (-1{,}5)^2 - 1$
$= 1{,}125 - 1$
$= 0{,}125$

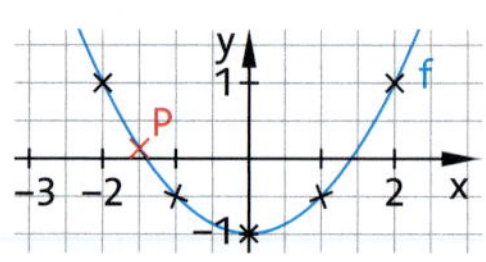

In Sachsituationen beschreibt eine Funktion den Sachverhalt häufig nur für einen Teilbereich der reellen Zahlen. Dieser Teilbereich wird dann als Definitionsbereich der Funktion gewählt.

Hinweis

Beispiele für Kurzschreibweisen einiger Teilbereiche der reellen Zahlen:
$\mathbb{R}^{>0}$: alle $x \in \mathbb{R}$ mit $x > 0$
$\mathbb{R}^{\leq 0}$: alle $x \in \mathbb{R}$ mit $x \leq 0$
$\mathbb{R}\setminus\{0\}$: alle $x \in \mathbb{R}$ mit $x \neq 0$

Das **abgeschlossene Intervall** $[a; b]$ mit $a < b$ ist die Menge aller reellen Zahlen x mit $a \leq x \leq b$.
Gehört eine Zahl x zu einer Menge M, schreibt man $x \in M$ (sprich: „x **Element** M").

Es gilt $2{,}3 \in [1; 3]$.

Beim **offenen Intervall** $]a; b[$ sind die Randwerte a und b nicht Teil des Intervalls, es ist also die Menge aller reellen Zahlen x mit $a < x < b$.
Man kann Intervalle auch in der Form $x \leq 0$, $x < 5$ oder $-2 < x < 3$ schreiben. Für Intervalle wie $x < 5$ schreibt man auch $]-\infty; 5[$; die „liegende 8" ist das Zeichen für „unendlich". „Unendlich" ist keine Zahl, deshalb gibt es keine abgeschlossenen Intervalle mit ∞.

Beispiel 2 Eine 10 cm lange Kerze wird angezündet und brennt vollständig ab. Die Funktionsgleichung $k(t) = 10 - \frac{5}{8}t$ beschreibt die Länge der Kerze zum Zeitpunkt t (t in h). Geben Sie einen sinnvollen Definitionsbereich und den zugehörigen Wertebereich für k an.

Lösung:

Die Kerze brennt ab $t = 0$ so lange, bis $k(t) = 0$ gilt. Bestimmen Sie so den Zeitpunkt, zu dem sie abgebrannt ist. Geben Sie den Definitionsbereich an.

$k(t) = 0 \Rightarrow 10 - \frac{5}{8}t = 0 \Rightarrow 10 = \frac{5}{8}t$
$\Rightarrow t = 16$
Definitionsbereich: $D = [0; 16]$

Die Kerze ist zwischen 0 cm und 10 cm lang. Geben Sie den Wertebereich an.

Wertebereich: $[0; 10]$

Aufgaben

1 Begründen Sie, dass es sich bei der Zuordnung nicht um eine Funktion handelt.

a)

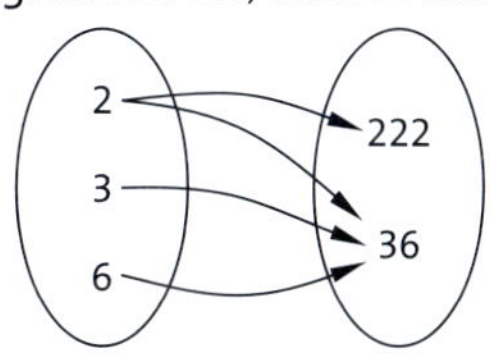

b)

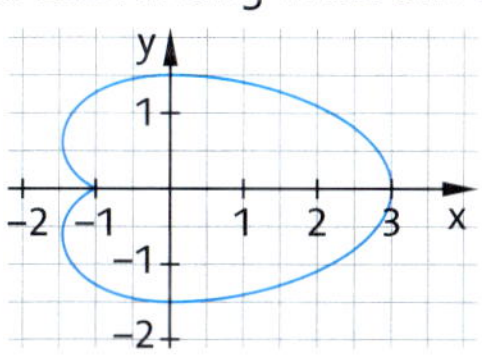

c)

x	−1	−1	0	2	3
y	3	2	3	−1	4

2 Gegeben sind die Funktionen f und g mit $f(x) = -8x + 7$ und $g(x) = (x - 4)^2 + 2$.
a) Berechnen Sie die Funktionswerte $f(2)$, $f(-5)$, $f\left(\frac{1}{4}\right)$ und $g(-1)$, $g(4)$, $g(0)$.
b) Prüfen Sie, ob der Punkt $P(1\,|\,1)$ auf dem Graphen von f und der Punkt $Q(-2\,|\,-38)$ auf dem Graphen von g liegt.
MK c) Erstellen Sie Wertetabellen und plotten Sie die Graphen von f und g.

3 Ein Elektroauto fährt mit 60 km/h auf eine Autobahn und beschleunigt pro Sekunde um 15 km/h, bis eine Geschwindigkeit von 150 km/h erreicht ist. Geben Sie eine Funktionsgleichung für die Geschwindigkeit v während der Beschleunigungsphase an. Geben Sie einen sinnvollen Definitionsbereich und den zugehörigen Wertebereich an.

4 Geben Sie an, welche Kärtchen den gleichen Bereich der reellen Zahlen beschreiben.

① alle x mit $0 \leq x \leq 7$ ② $\mathbb{R}^{\leq 7}$ ③ alle positiven Zahlen ④ $\mathbb{R}\setminus\{7\}$
⑤ $\mathbb{R}^{>0}$ ⑥ alle Zahlen außer 7 ⑦ $[0; 7]$ ⑧ alle x mit $x \leq 7$

1.1 Potenzfunktionen mit ganzzahligen Exponenten

Ordnen Sie die Funktionsgleichungen $f(x) = x^3$, $g(x) = x^4$ und $h(x) = x^5$ den Graphen ① bis ③ passend zu. Beschreiben Sie Gemeinsamkeiten und Unterschiede zwischen den Graphen auch mithilfe der zugehörigen Funktionsgleichungen.

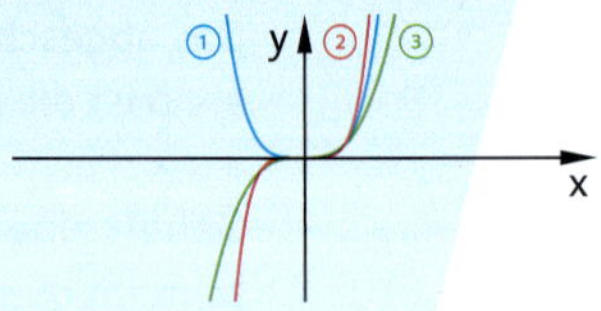

Im Funktionsterm von linearen Funktionen steht die Variable x mit einfacher Potenz: $y = mx + b = mx^1 + b$. Bei quadratischen Funktionen steht die zweite Potenz von x im Funktionsterm: $y = ax^2 + bx + c$. Es gibt auch Funktionen, bei denen x mit einer höheren oder einer negativen Potenz im Funktionsterm steht.

Definition

Eine Funktion f mit $f(x) = x^n$ und $n \in \mathbb{Z}$, $n \neq 0$, heißt **Potenzfunktion**.

Hinweis

$\mathbb{R}$ enthält keine größte oder kleinste Zahl. Den Vorgang, dass Zahlen beliebig groß (klein) werden, beschreibt man als „strebt gegen (minus) unendlich".

Die Eigenschaften von Potenzfunktionen und ihren Graphen hängen davon ab, ob der Exponent positiv oder negativ und gerade oder ungerade ist.
Um das **Globalverhalten** der Graphen zu vergleichen, lässt man die x-Werte beliebig groß oder klein werden. Man schreibt $x \to \infty$ (sprich „x gegen unendlich") oder $x \to -\infty$. Werden dann die Funktionswerte beliebig groß oder klein, schreibt man $f(x) \to \infty$ bzw. $f(x) \to -\infty$.

positive Exponenten

gerade		ungerade
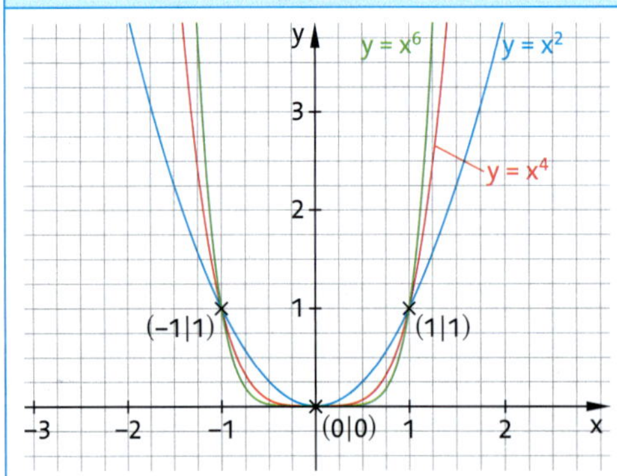		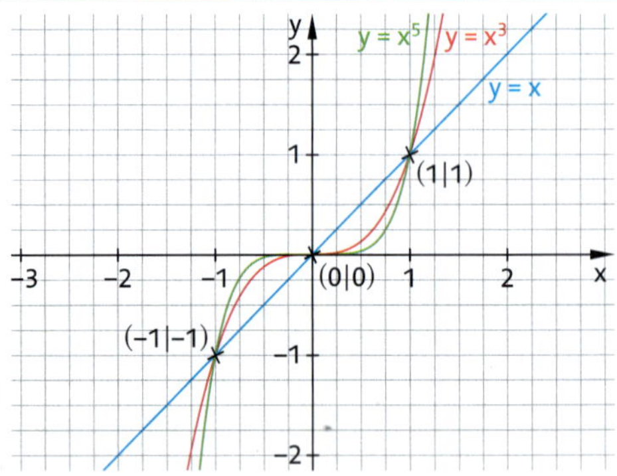
$D = \mathbb{R}$ überall definiert	**Definitionsbereich (x-Werte)**	$D = \mathbb{R}$ überall definiert
$W = \mathbb{R}^{\geq 0}$ positiv oder null	**Wertebereich (y-Werte)**	$W = \mathbb{R}$ alle Werte
(−1 | 1), (0 | 0), (1 | 1)	**Gemeinsame Punkte**	(−1 | −1), (0 | 0), (1 | 1)
achsensymmetrisch zur y-Achse	**Symmetrie der Graphen**	punktsymmetrisch zum Ursprung
 Funktionswerte fallen Funktionswerte steigen $f(x) \to \infty$ $f(x) \to \infty$	**Verlauf der Graphen** für $x < 0$ für $x > 0$ für $x \to \infty$ für $x \to -\infty$	 Funktionswerte steigen Funktionswerte steigen $f(x) \to \infty$ $f(x) \to -\infty$

Graphen gerade:

Graphen ungerade:

Für negative Exponenten lässt sich der Funktionsterm umformen: $x^{-n} = \frac{1}{x^n}$
Man erkennt, dass solche Funktionen für $x = 0$ nicht definiert sind. Diese **Definitionslücke** führt dazu, dass sich der Graph in **zwei Äste** unterteilt.

negative Exponenten

gerade

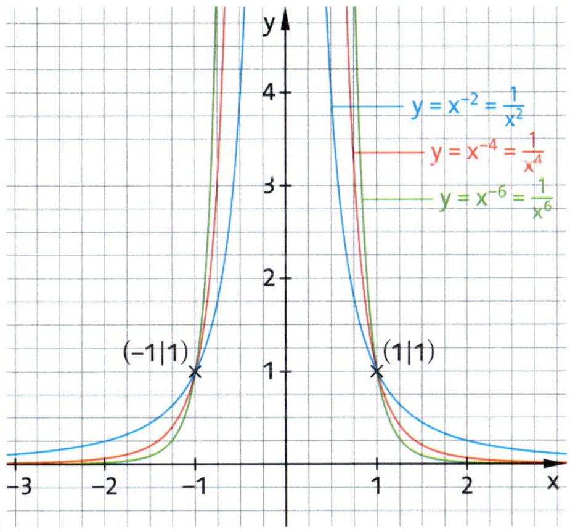

ungerade

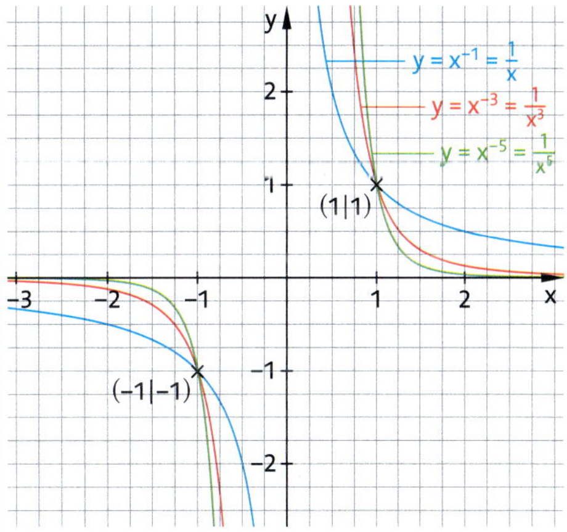

gerade		ungerade
$D = \mathbb{R}\setminus\{0\}$ für x = 0 nicht definiert	**Definitionsbereich (x-Werte)**	$D = \mathbb{R}\setminus\{0\}$ für x = 0 nicht definiert
$W = \mathbb{R}^{>0}$ nur positive Werte	**Wertebereich (y-Werte)**	$W = \mathbb{R}\setminus\{0\}$ alle Werte außer y = 0
(−1 | 1), (1 | 1)	**Gemeinsame Punkte**	(−1 | −1), (1 | 1)
achsensymmetrisch zur y-Achse	**Symmetrie der Graphen**	punktsymmetrisch zum Ursprung
 Funktionswerte steigen Funktionswerte fallen	**Verlauf der Graphen** für x < 0 für x > 0	 Funktionswerte fallen Funktionswerte fallen
 x-Achse y-Achse	**Asymptoten** waagerechte Asymptote senkrechte Asymptote	 x-Achse y-Achse

Erinnerung

Eine **Asymptote** ist eine Gerade, an die sich ein Funktionsgraph im Unendlichen immer weiter annähert.

Beispiel 1

Die Abbildung zeigt die Graphen dreier Potenzfunktionen. Zu jedem Graphen sind zwei Funktionsgleichungen angegeben, von denen nur eine richtig ist.

① Blauer Graph: $f(x) = x^5$ oder $g(x) = x^6$
② Roter Graph: $h(x) = x^{-3}$ oder $i(x) = x^3$
③ Grüner Graph: $j(x) = x^{-3}$ oder $k(x) = x^{-1}$

Ordnen Sie passend zu und begründen Sie Ihre Wahl.

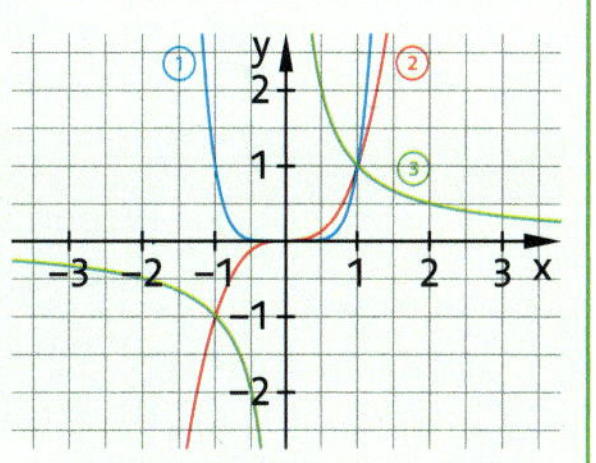

Lösung:

① Untersuchen Sie den Graphen auf Symmetrie. Folgern Sie daraus, ob der Exponent gerade oder ungerade ist.

Der Graph ist achsensymmetrisch zur y-Achse, daher muss der Exponent gerade sein. Also ist $g(x) = x^6$ richtig.

② Prüfen Sie, ob der Graph durch den Ursprung verläuft. Folgern Sie daraus, ob der Exponent positiv oder negativ ist.

Der Graph verläuft durch den Ursprung, also hat die Funktion dort keine Definitionslücke. Daher ist der Exponent positiv. Also ist $i(x) = x^3$ richtig.

③ Bestimmen Sie die passende Funktion mit einer Punktprobe, indem Sie die Koordinaten eines Punktes ablesen und in die Funktionsgleichungen einsetzen.

Punkt auf dem Graphen: z. B. P(2 | 0,5)

$j(2) = 2^{-3} = \frac{1}{2^3} = \frac{1}{8} \neq 0{,}5$

$k(2) = 2^{-1} = 0{,}5$

Also ist $k(x) = x^{-1}$ richtig.

Basisaufgaben

1 Die Abbildung zeigt die Graphen dreier Potenzfunktionen. Zu jedem Graphen sind zwei Funktionsgleichungen angegeben, von denen nur eine richtig ist.
① Blauer Graph: $f(x) = x^6$ oder $g(x) = x^5$
② Roter Graph: $h(x) = x^{-2}$ oder $i(x) = x^2$
③ Grüner Graph: $j(x) = x^2$ oder $k(x) = x^4$
Ordnen Sie die Funktionsgleichungen passend zu und begründen Sie Ihre Wahl.

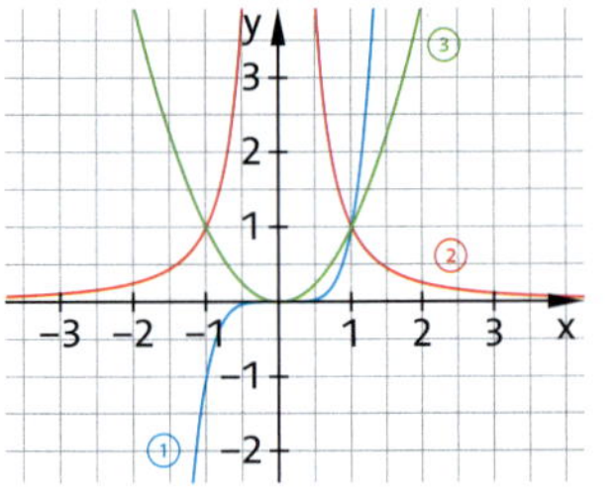

2 Vervollständigen Sie die Tabelle und zeichnen Sie die Graphen in ein gemeinsames Koordinatensystem.

x	−2	−1	$-\frac{1}{2}$	0	$\frac{1}{2}$	1	2
$f(x) = x^2$							
$g(x) = x^3$							
$h(x) = x^{-2}$							
$i(x) = x^{-3}$							

3 Geben Sie den Definitions- sowie Wertebereich der Funktion f an. Beschreiben Sie den Verlauf des Graphen und geben Sie an, ob der Graph achsensymmetrisch zur y-Achse oder punktsymmetrisch zum Ursprung ist.
Entscheiden Sie, ob sich der Graph asymptotisch verhält, und geben Sie gegebenenfalls die Asymptoten an.
a) $f(x) = x^8$ b) $f(x) = x^{-5}$ c) $f(x) = x^7$ d) $f(x) = \frac{1}{x^4}$

4 Von den abgebildeten vier Graphen sind drei Funktionsgleichungen bekannt:
$f(x) = \frac{1}{x}$; $g(x) = x^3$; $h(x) = x^5$
a) Ordnen Sie jeder Funktionsgleichung den passenden Graphen zu. Begründen Sie Ihre Entscheidung.
b) Geben Sie eine passende Funktionsgleichung für den vierten Graphen an.

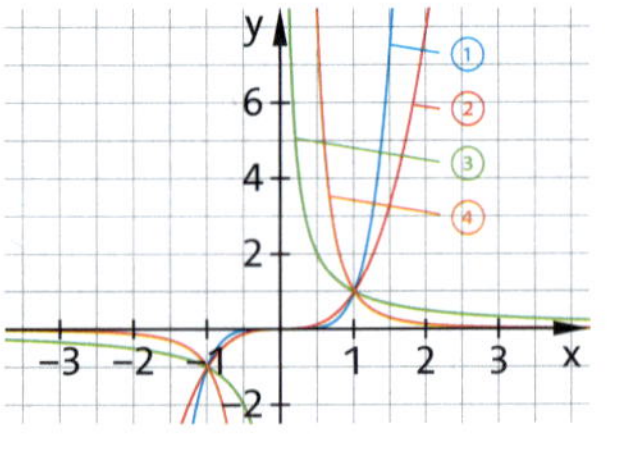

5 Prüfen Sie, ob die Aussage wahr oder falsch ist, und begründen Sie. Korrigieren Sie, falls die Aussage falsch ist.
a) Eine Potenzfunktion mit geradem Exponenten hat keine negativen Funktionswerte.
b) Der Graph jeder Potenzfunktion ist achsensymmetrisch zur y-Achse.
c) Für alle Potenzfunktionen mit ungeraden Exponenten gilt: Zu jedem Funktionswert gehört genau ein x-Wert.
d) Für alle Potenzfunktionen f mit ungeraden Exponenten gilt: Für jede reelle Zahl y gibt es genau eine Zahl x mit $f(x) = y$.
e) Für alle Potenzfunktionen f mit geraden Exponenten gilt: Für jede reelle Zahl y gibt es zwei verschiedene Zahlen x und z mit $f(x) = f(z) = y$.
f) Der Graph jeder Potenzfunktion mit negativem Exponenten verhält sich asymptotisch.
g) Bei allen Potenzfunktionen f mit positiven Exponenten gilt $f(x) \to -\infty$ für $x \to -\infty$.

MK **6** Zeichnen Sie die Graphen der angegebenen Potenzfunktionen im Bereich $-2 \leq x \leq 2$ mit einer geeigneten Mathematik-Software. Beschreiben Sie, wie sich die Graphen mit größer werdenden Beträgen der Exponenten verändern.
a) $f(x) = x^2$; $g(x) = x^4$; $h(x) = x^6$ b) $f(x) = x^3$; $g(x) = x^5$; $h(x) = x^7$
c) $f(x) = x^{-2}$; $g(x) = x^{-4}$; $h(x) = x^{-6}$ d) $f(x) = x^{-1}$; $g(x) = x^{-3}$; $h(x) = x^{-5}$

Weiterführende Aufgaben

Zwischentest

Hilfe

7 a) Zeigen Sie, dass die Punkte A(1 | 1) und B(−1 | 1) auf den Graphen der Potenzfunktionen f und g mit $f(x) = x^4$ und $g(x) = x^{-8}$ liegen.
b) Begründen Sie, dass die Punkte A(1 | 1) und B(−1 | 1) auf den Graphen von allen Potenzfunktionen der Form $f(x) = x^n$ mit geraden Exponenten n liegen.
c) Formulieren und begründen Sie eine entsprechende Aussage für Potenzfunktionen der Form $f(x) = x^n$ mit ungeraden Exponenten.

8 **Stolperstelle:** Pascal untersucht die Funktion f mit $f(x) = \frac{1}{x^2}$: *„Da der Exponent positiv und gerade ist, verläuft der Graph durch den Ursprung und ist achsensymmetrisch zur y-Achse.“* Nehmen Sie Stellung.

9 Vervollständigen Sie die Tabelle und begründen Sie damit, dass sich der Graph von f asymptotisch an die Koordinatenachsen annähert.

x	−1000	−100	$-\frac{1}{100}$	$-\frac{1}{1000}$	$\frac{1}{1000}$	$\frac{1}{100}$	100	1000
$f(x) = x^{-3}$								

10 Untersuchen Sie, wie sich der Funktionswert ändert, wenn der x-Wert verdoppelt (mit −1 multipliziert) wird.
a) $f(x) = x^3$ b) $f(x) = x^4$ c) $f(x) = \frac{1}{x^2}$ d) $f(x) = \frac{1}{x^3}$

11 a) Erläutern Sie anhand der Grafik, wie viele Lösungen die Gleichung $x^n = a$ haben kann, wenn n positiv und gerade ist.

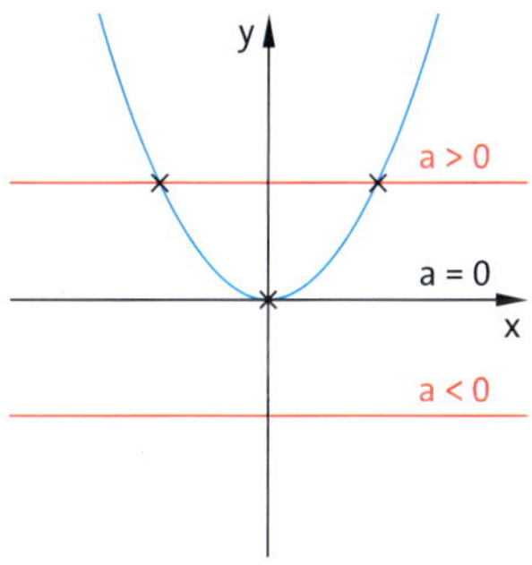

b) Lösen Sie die Gleichung, falls möglich.
① $x^4 = 81$ ② $x^6 = -64$
③ $x^4 = 0$ ④ $x^4 = 4$
c) Erstellen Sie für den Fall $x^n = a$ mit ungeradem und positivem n eine vergleichbare Grafik und erläutern Sie daran, wie viele Lösungen die Gleichung haben kann.
d) Lösen Sie die Gleichungen.
① $x^3 = 125$ ② $x^3 = -27$ ③ $x^5 + 1 = 1$ ④ $x^5 = 4$

12 Die Intensität von Licht, das von einer punktförmigen Lichtquelle ausgestrahlt wird, nimmt mit zunehmendem Abstand r zur Lichtquelle ab. Für die Lichtintensität E gilt $E(r) = \frac{1}{r^2}$ (r > 0 in m).

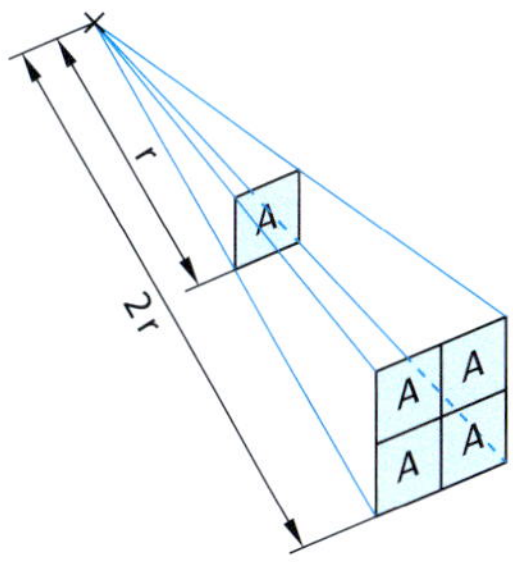

a) Skizzieren Sie den Graphen von E und beschreiben Sie seine Merkmale.
b) Bestimmen Sie, auf das Wievielfache man einen beliebigen Abstand zur Lichtquelle vergrößern muss, damit die Lichtintensität auf 1 % abnimmt.

13 **Ausblick: Minimaler Oberflächeninhalt**
a) Die Funktion h beschreibt die Höhe einer zylindrischen Dose mit dem Volumen 1 dm^3 in Abhängigkeit vom Radius r (in dm). Begründen Sie, dass gilt: $h(r) = \frac{1}{\pi r^2}$
b) Skizzieren Sie den Graphen von h. Schränken Sie den Definitionsbereich sinnvoll ein.
c) Bestimmen Sie die Gleichung einer Funktion O(r), die den Oberflächeninhalt (in dm^2) der Dose in Abhängigkeit vom Radius angibt. Bestimmen Sie mithilfe einer Mathematik-Software, für welchen Radius der Oberflächeninhalt am kleinsten ist.

MK

Wurzelfunktionen

Den Flächeninhalt eines Quadrats mit der Seitenlänge a berechnet man als $A = a^2$.

a) Geben Sie eine Funktion an, mit der man die Seitenlänge eines Quadrats aus dem Flächeninhalt berechnen kann.

b) Formen Sie den Funktionsterm um und begründen Sie, dass es sich um eine Potenzfunktion handelt.

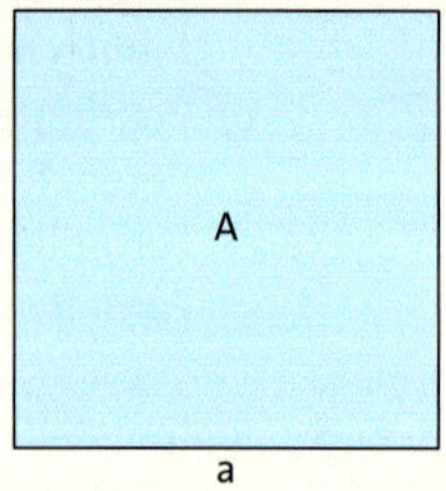

Auch Funktionen mit Gleichungen der Form $f(x) = x^{\frac{1}{n}} = \sqrt[n]{x}$ mit n = 2, 3, 4 ... zählen zur Klasse der Potenzfunktionen. Man nennt sie **Wurzelfunktionen**. Für ihren Definitionsbereich gilt $D = \mathbb{R}^{\geq 0}$, da Wurzeln für negative Zahlen nicht definiert sind.

Definition

Eine Funktion f mit $f(x) = x^{\frac{1}{n}} = \sqrt[n]{x}$ und $n \in \mathbb{N}$, $n \geq 2$, heißt **Wurzelfunktion**.

- **Definitionsbereich:** $D = \mathbb{R}^{\geq 0}$
- **Wertebereich:** $W = \mathbb{R}^{\geq 0}$
- **Gemeinsame Punkte:** (0 | 0), (1 | 1)
- **Symmetrie der Graphen:** keine
- **Verlauf der Graphen:** Funktionswerte steigen. Für $x \to \infty$ gilt $f(x) \to \infty$.

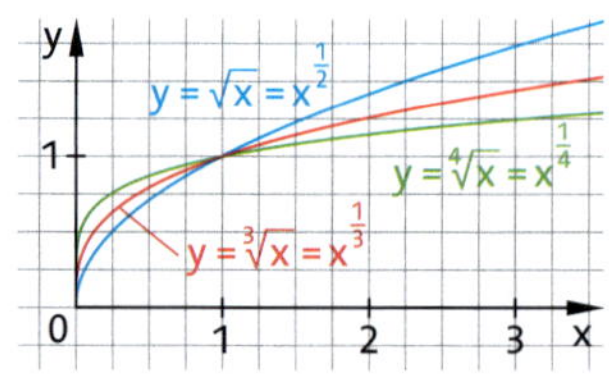

Aufgaben

1 In der Wertetabelle sind gerundete Funktionswerte der quadratischen ($f(x) = \sqrt{x}$) und der kubischen ($f(x) = \sqrt[3]{x}$) Wurzelfunktion angegeben.

x	0	$\frac{1}{8}$	$\frac{1}{4}$	$\frac{1}{2}$	1	2	4	8
$\sqrt{x}$		0,35		0,71		1,41		2,83
$\sqrt[3]{x}$			0,63	0,79		1,26	1,59	

a) Vervollständigen Sie die Wertetabelle.

b) Zeichnen Sie die Graphen in ein gemeinsames Koordinatensystem und beschreiben Sie Gemeinsamkeiten und Unterschiede.

2 Ordnen Sie die Funktionsterme den abgebildeten Graphen ① bis ⑤ zu. Begründen Sie.

x^1 $x^{\frac{1}{2}}$ x^3 x^2 $x^{\frac{1}{3}}$

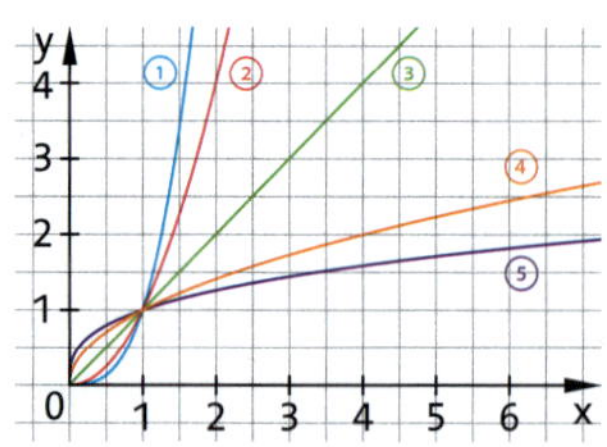

3 Bestimmen Sie, falls möglich, die fehlenden Koordinaten der Punkte, sodass diese auf dem Graphen der angegebenen Funktion liegen.

a) $f(x) = \sqrt{x}$ A(0,25 | ■) B(■ | 4) C(■ | 0) D(■ | −9)

b) $g(x) = \sqrt[3]{x}$ A(8 | ■) B(0,125 | ■) C(■ | 1) D(■ | 9)

c) $h(x) = x^{\frac{1}{5}}$ A(1 | ■) B(0 | ■) C(■ | −1) D$\left(■ \middle| \frac{1}{2}\right)$

4 Zeichnen Sie den Graphen der Funktion f mit $f(x) = \sqrt[5]{x}$ und beschreiben Sie ihn.

5 Vergleichen Sie die Graphen der Funktionen f, g, h und k mit $f(x) = \sqrt[4]{x}$, $g(x) = x^{0,5}$, $h(x) = x^{\frac{1}{3}}$ und $k(x) = x^4$.

6 Begründen Sie, dass die Graphen von Wurzelfunktionen weder achsensymmetrisch zur y-Achse noch punktsymmetrisch zum Ursprung sind.

7 Geben Sie den Definitionsbereich der Funktion an.
a) $f(x) = \sqrt{x-2}$ b) $f(x) = \sqrt{x^2+2}$ c) $f(x) = \sqrt{x-a}$ d) $f(x) = \sqrt{x^2+a}$
e) $f(x) = \sqrt[3]{x+3}$ f) $f(x) = \sqrt[3]{x^2-4}$ g) $f(x) = \sqrt[4]{x^3+x}$ h) $f(x) = \sqrt[11]{x-11}$

8 Bei gutem Wetter gilt für die Sichtweite s in Kilometern auf der Erde näherungsweise $s(h) = 3{,}57\sqrt{h}$. Dabei ist h die Höhe des Betrachters über NN (Höhe über dem Meeresspiegel) in Metern.
a) Bestimmen Sie, wie weit man von der Zugspitze (2962 m) aus sehen kann.
b) Untersuchen Sie, ob man vom Gipfel der Zugspitze bis nach Nürnberg (Luftlinie 226 km) sehen könnte, wenn dieser so hoch wie der Mont Blanc (4808 m) wäre.

9 Die Schwingungsdauer T eines Fadenpendels, d. h. die Zeit für einmal Hin- und Herschwingen, hängt von der Länge l des Fadens ab: Je länger der Faden ist, desto größer ist die Schwingungsdauer. Bei genauerer Untersuchung zeigt sich, dass T proportional zu $\sqrt{l}$ ist.
a) Bestimmen Sie die Proportionalitätskonstante für einen Faden der Länge $l = 0{,}56$ m und $T = 1{,}5$ s.
b) Bestimmen Sie, wie groß die Schwingungsdauer ist, wenn man die Länge l halbiert.

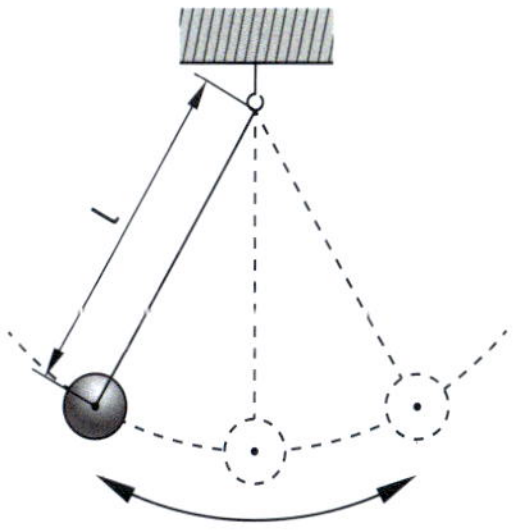

10 a) Zeichnen Sie den Graphen von f mit $f(x) = x^3$ für $-2 \le x \le 2$ in ein Koordinatensystem.
b) Spiegeln Sie den Graphen an der Winkelhalbierenden des ersten Quadranten.
c) Erläutern Sie, dass der so entstehende Graph nicht der Graph von g mit $g(x) = \sqrt[3]{x}$ ist.

● **11** Die Normalparabel besteht aus allen Punkten $(x \mid x^2)$ für $x \in \mathbb{R}$. Begründen Sie die Aussage.
a) Der Graph der quadratischen Wurzelfunktion besteht aus den Punkten $(x \mid \sqrt{x})$ mit $x \ge 0$.
b) Die Punkte des Graphen der quadratischen Wurzelfunktion lassen sich auch darstellen als $(x^2 \mid x)$ mit $x \ge 0$.
c) Spiegelt man den Graphen der quadratischen Wurzelfunktion an der x-Achse, so erhält man die um 90° gedrehte Normalparabel.

MK ● **12** **Forschungsauftrag:**
a) Skizzieren Sie den Graphen von f mit $f(x) = \sqrt[3]{x}$.
b) Ein Funktionenplotter liefert das nebenstehende Bild. Vergleichen Sie mit Ihrem Graphen aus a). Erläutern Sie, wie es zu dem Unterschied kommen kann.

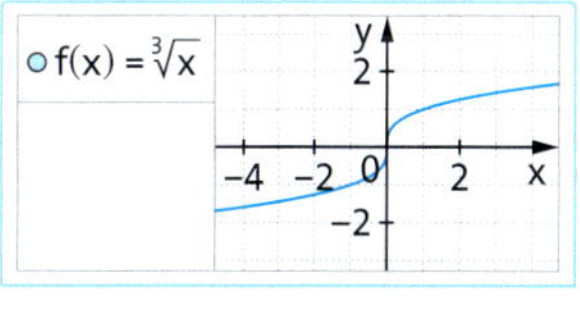

1.2 Ganzrationale Funktionen

Ein Auto fährt mit konstanter Geschwindigkeit hinter einem Traktor her. Der zurückgelegte Weg wird durch s mit $s(t) = 14t$ (t: Zeit in s; s(t): Strecke in m) beschrieben. Als das Auto beschleunigt, um den Traktor zu überholen, wächst der zurückgelegte Weg in Abhängigkeit von der Zeit zusätzlich um $2t^2$. Berechnen Sie den zurückgelegten Weg des Autos 5 Sekunden nach Beginn des Überholvorgangs.

Potenzfunktionen und deren Vielfache kann man addieren oder subtrahieren.
Aus den Funktionen g und h mit $g(x) = x^3$ und $h(x) = 0{,}7x$ kann man die Funktion f mit $f(x) = g(x) + h(x) = x^3 + 0{,}7x$ bilden, indem man für jedes x die zugehörigen Funktionswerte von g und h addiert.
Durch solche Additionen und Subtraktionen entsteht eine neue Funktionsklasse.

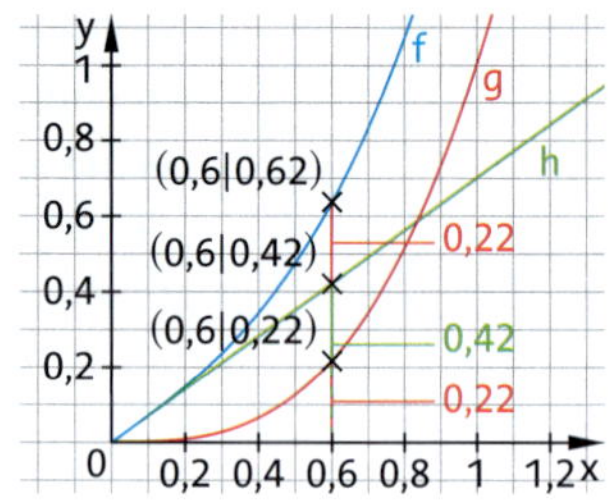

Definition **Ganzrationale Funktion, Koeffizient, Grad**

Eine Funktion f mit der Gleichung $f(x) = a_n x^n + a_{n-1} x^{n-1} + \ldots + a_2 x^2 + a_1 x + a_0$ (mit $n \in \mathbb{N}$, $a_0, \ldots, a_n \in \mathbb{R}$) heißt **ganzrationale Funktion**.
Der höchste Exponent n mit $a_n \neq 0$ heißt **Grad** von f; a_0 bis a_n sind die **Koeffizienten**.

Hinweis

Die ganzrationalen Funktionen mit Grad 0 sind konstante Funktionen, die mit Grad 1 lineare Funktionen und die mit Grad 2 quadratische Funktionen.

Jede Potenzfunktion mit natürlichen Exponenten ist ebenfalls eine ganzrationale Funktion.

Beispiel 1 Geben Sie den Grad und die Koeffizienten der Funktion f mit $f(x) = x^3 - x^2 - 4x + 5$ an. Zeichnen Sie auch den Graphen von f.

Lösung:

Bestimmen Sie den Grad aus dem Exponenten der höchsten Potenz von x.

$f(x) = x^3 - x^2 - 4x + 5$
Grad: 3

Lesen Sie die Koeffizienten aus den Vorfaktoren der Potenzen ab. Beachten Sie die Vorzeichen. Eine Potenz ohne sichtbaren Vorfaktor hat den Koeffizienten 1 oder −1.

Koeffizienten:
$a_3 = 1$, $a_2 = -1$,
$a_1 = -4$, $a_0 = 5$

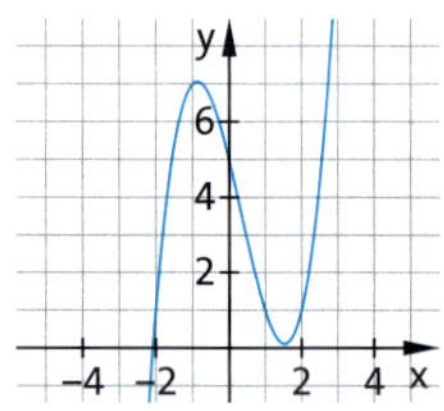

Basisaufgaben

1 Geben Sie den Grad und die Koeffizienten der ganzrationalen Funktion an. Lösen Sie gegebenenfalls erst die Klammern auf.
a) $f(x) = -4x^4 + 7x^2$
b) $f(x) = 4x - 2{,}5x^3$
c) $f(x) = 1 + x + x^2$
d) $f(x) = 1 - x$
e) $f(x) = 2x(x^2 - 3)$
f) $f(x) = (2x - 1)(x^3 + 2)$

2 Entscheiden und begründen Sie, ob die Funktion ganzrational ist.
a) $f(x) = 3x^4 - 5x$
b) $f(x) = x^2$
c) $f(x) = \sin(x)$
d) $f(x) = 2x^5(1 + x^3)$

3 Prüfen Sie, ob der Punkt P auf dem Graphen von f mit $f(x) = 2x^3 + 3x^2$ liegt. Falls nicht, geben Sie an, ob P oberhalb oder unterhalb des Graphen von f liegt.
a) P(1 | 5)
b) P(−2 | 3)
c) P(4 | 2)
d) P(10 | 2300)

4 Bestimmen Sie alle möglichen Werte der fehlenden Koordinate, sodass der Punkt auf dem Graphen der Funktion f mit $f(x) = x^2 - 2x$ liegt.

a) P(4 | ■) b) Q(−4 | ■) c) R(■ | −1) d) S(■ | 48)

5 Gegeben sind die Funktionen f, g und h mit $f(x) = 2x^3$, $g(x) = 4x$ und $h(x) = -2x^2$. Geben Sie die Funktionsgleichung der Funktion an, die sich aus f, g und h ergibt.

a) $i(x) = f(x) + g(x)$
b) $j(x) - f(x) - g(x)$
c) $k(x) = f(x) + h(x)$
d) $l(x) = f(x) - h(x)$
e) $m(x) = f(x) + g(x) - h(x)$
f) $n(x) = 4 \cdot f(x) - 2 \cdot (g(x) - h(x))$

6 Der Graph von g geht aus dem Graphen von f mit $f(x) = x^2$ durch Verschiebung um zwei Einheiten nach rechts und eine Einheit nach unten hervor.
Geben Sie die Funktionsgleichung von g an und stellen Sie sie ohne Klammern dar.
Skizzieren Sie den Graphen von g.

7 Überprüfen Sie, ob die Aussage wahr oder falsch ist. Begründen Sie Ihre Antwort oder geben Sie ein Gegenbeispiel an.

a) Jede Potenzfunktion ist eine ganzrationale Funktion.
b) Alle linearen und quadratischen Funktionen sind ganzrationale Funktionen.
c) Sämtliche Additionen, Subtraktionen, Multiplikationen und Divisionen von Potenzfunktionen mit natürlichen Exponenten führen zu ganzrationalen Funktionen.
d) Additionen und Subtraktionen von ganzrationalen Funktionen ergeben ganzrationale Funktionen.

Weiterführende Aufgaben

Zwischentest

8 Gegeben sind die Potenzfunktionen f, g und h:
$f(x) = x$
$g(x) = x^2$
$h(x) = x^3$
Erläutern Sie, wie die Funktion k durch Addition und Subtraktion aus f, g und h hervorgeht.

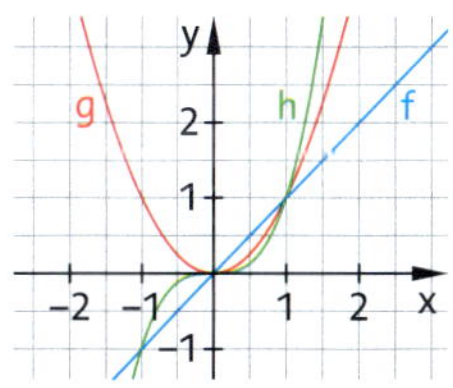

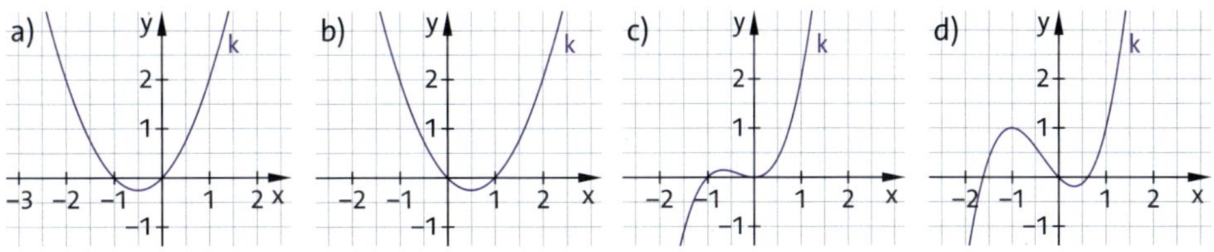

9 **Stolperstelle:** Timo sagt: *„Der Grad von $f(x) = 2x^3 - 8x^5 + 5x$ ist 3, weil der erste Exponent 3 ist."*
Nehmen Sie Stellung.

Hilfe

10 Durch einen Quader mit der Breite 2x, der Höhe x und der Tiefe x wurde ein Loch der Breite x und der Höhe 1 LE gebohrt.

a) Geben Sie einen Funktionsterm zur Berechnung des Körpervolumens an.
b) Berechnen Sie das Volumen des Körpers für x = 2, x = 6 und x = 9.

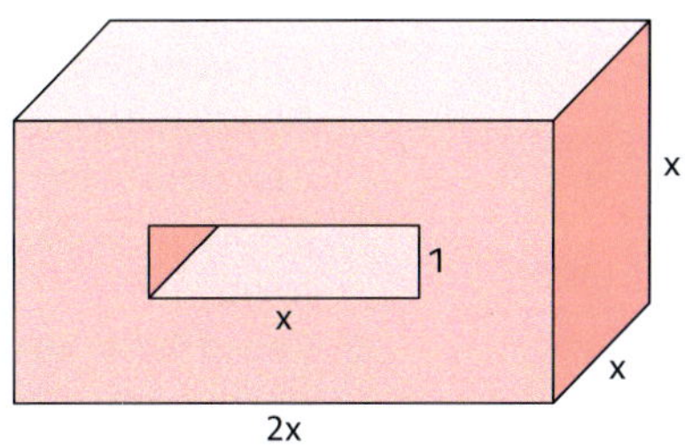

11 Der Streichholzkarton soll zusammengefaltet werden. Dazu werden an den Ecken Quadrate der Länge x herausgeschnitten.

a) Geben Sie einen Funktionsterm an, der das Volumen der Streichholzschachtel beschreibt. Begründen Sie, dass es sich um eine ganzrationale Funktion handelt.

b) Ermitteln Sie das Volumen der Schachtel für eine Schachtelhöhe von 3 cm.

MK c) Untersuchen Sie, ob die Schachtel ein Volumen von $250\,cm^3$ fassen kann.

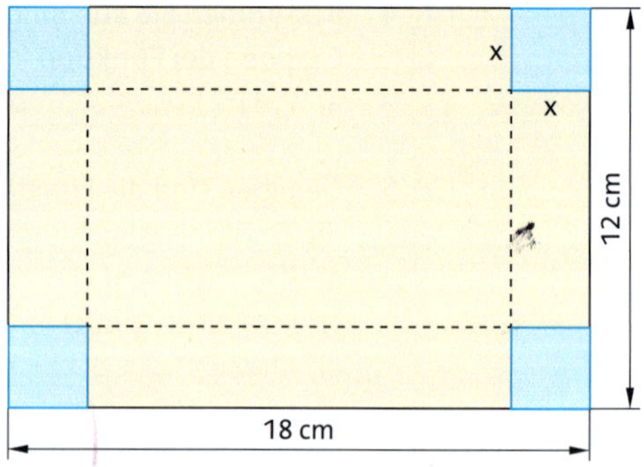

Hinweis zu 12

Diese Vorgehensweise lässt sich auch auf ganzrationale Funktionen höheren Grades übertragen.

12 Ganzrationale Funktion mit linearem Gleichungssystem bestimmen:

Gesucht ist die Gleichung einer ganzrationalen Funktion f dritten Grades, deren Graph durch (0 | 0) verläuft und der die Punkte P, Q und R enthält.

a) Erläutern Sie die Rechnung.

b) Bestimmen Sie die Gleichung von f für P(−1 | 1), Q(1 | 7) und R(2 | 10).

Ansatz: $f(x) = ax^3 + bx^2 + cx$

Einsetzen der Punkte P(−1 | −6), Q(1 | 2) und R(2 | 6) auf dem Graphen:

$$\left| \begin{array}{l} -a + b - c = -6 \\ a + b + c = 2 \\ 8a + 4b + 2c = 6 \end{array} \right| \Leftrightarrow \ldots \Leftrightarrow \left| \begin{array}{l} a = 1 \\ b = -2 \\ c = 3 \end{array} \right|$$

Also gilt $f(x) = x^3 - 2x^2 + 3x$.

Hilfe

13 Die Flugbahn einer Kugel beim Kugelstoßen verläuft parabelförmig und kann durch eine ganzrationale Funktion zweiten Grades beschrieben werden.

a) Ermitteln Sie die Funktionsgleichung der Flugbahn, wenn die Abwurfhöhe des Athleten 1,60 m, die Wurfweite 8 m beträgt und die Kugel nach einer horizontalen Entfernung von 2 m eine Höhe von 2,40 m erreicht.

b) Bestimmen Sie die maximale Höhe der Kugel.

MK **14** Die Preisentwicklung eines Ventilators kann über 12 Monate mithilfe der Durchschnittspreise in den einzelnen Elektrofachgeschäften beobachtet werden. Der Ventilator kostete im Dezember 13,56 € und im folgenden Jahr im März 14,37 €, im August 16,12 € und im Dezember wieder 13,56 €.

a) Bestimmen Sie die Funktionsgleichung einer ganzrationalen Funktion dritten Grades, die die Preisentwicklung modelliert. Stellen Sie dazu ein lineares Gleichungssystem auf und lösen Sie es mit einer Mathematik-Software.

b) Ermitteln Sie den Durchschnittspreis im Oktober nach diesem Modell.

MK **15 Ausblick:** Die Funktion f mit $f(t) = -0{,}08t^3 + 2t^2 - 9t + 90$ beschreibt die Höhe f(t) eines Paragliders in Metern in Abhängigkeit von der Zeit t in Minuten.

a) Zeichnen Sie den Graphen von f mit einer Mathematik-Software. Begründen Sie, in welchem Intervall die Funktion den Höhenverlauf des Paragliders realistisch beschreiben kann, wenn er zum Zeitpunkt t = 0 startet.

b) Ermitteln Sie die größte Höhe, die der Paraglider erreicht.

c) Geben Sie an, in welchen Zeitintervallen der Paraglider sinkt und in welchen er steigt.

d) Schätzen Sie ab, nach wie vielen Minuten die Höhenzunahme des Paragliders maximal wird.

1.3 Nullstellen ganzrationaler Funktionen

Die Funktion f mit $f(x) = -0{,}005x(x-4)(x-9)(x-13)$ modelliert für $0 \le x \le 14$ die Bewegung eines Delfins, der abwechselnd aus dem Wasser springt und schwimmt. Geben Sie an, nach wie vielen Metern der Delfin jeweils aus dem Wasser auftaucht bzw. wieder ins Wasser eintaucht.

Nullstellen bestimmen

Erinnerung

p-q-Formel:
$x^2 + px + q = 0$
$x_{1/2} = -\frac{p}{2} \pm \sqrt{\left(\frac{p}{2}\right)^2 - q}$

Die Nullstellen einer ganzrationalen Funktion f berechnet man durch Lösen der Gleichung $f(x) = 0$.
Bei einer linearen Funktion f kann man diese Gleichung direkt auflösen, bei einer quadratischen Funktion kann man den Satz vom Nullprodukt, die p-q-Formel oder die quadratische Ergänzung anwenden.
Die Gleichung von Funktionen höheren Grades kann man häufig durch Ausklammern von Potenzen von x auf eine lineare oder quadratische Gleichung zurückführen.

Beispiel 1

Bestimmen Sie die Nullstellen von f mit $f(x) = 2x^4 + 4x^3 - 6x^2$.

Lösung:

Klammern Sie x^2 aus. Nach dem Satz vom Nullprodukt muss dann x^2 oder der Term in der Klammer null sein. x^2 ist null für $x = 0$.

$2x^4 + 4x^3 - 6x^2 = x^2(2x^2 + 4x - 6) = 0$
$x^2 = 0$ oder $2x^2 + 4x - 6 = 0$
Also gilt $x_1 = 0$.

Teilen Sie die quadratische Gleichung durch 2 und wenden Sie die p-q-Formel an.

$2x^2 + 4x - 6 = 0 \quad | :2$
$x^2 + 2x - 3 = 0$
$\Rightarrow x_{2/3} = -1 \pm \sqrt{1+3} = -1 \pm 2$
Nullstellen: $x_1 = 0$; $x_2 = 1$; $x_3 = -3$

Basisaufgaben

1 Bestimmen Sie die Nullstellen der Funktion.
a) $f(x) = 2x^2 - 8x$
b) $f(x) = x^4 + x^3 - 6x^2$
c) $f(x) = 3x^4 + 4x^3$
d) $f(x) = 4x^3 + 6x^2 + 2x$
e) $f(x) = 3x^4 - 27x^2$
f) $f(x) = x^3 + 12x^2 + 11x$

2 Bestimmen Sie die Nullstellen der Funktion.
a) $f(x) = (x-4)(x+5)$
b) $f(x) = (x-1)x$
c) $f(x) = (x-1)(x+5)(x-6)$
d) $f(x) = -4x(x-1)$
e) $f(x) = (2x-1)(3x+1)$
f) $f(x) = (2x^2+9)(3x^2-75x)$

3 Berechnen Sie die Nullstellen der Funktion.
a) $f(x) = 2x^3(5x-1)^2$
b) $f(x) = x^7 - x^4$
c) $f(x) = -2x^4 - 9x^3 + 5x^2$
d) $f(t) = (-t^4 + 16)(3t^2 + 14)$
e) $f(x) = 4x^5 - 4x^4 + x^3$
f) $f(x) = 2x^3 - 2x^2 + 84x$
g) $f(x) = -3x^4 - 15x^3 - 18x^2$
h) $f(t) = 3t^5 - 3t^4 - 18t^3$
i) $f(x) = (x+1)^3x(2x^3 - 16)$

Lösungen zu 4

Lösungen zu a)–c)

{9; 16}
{−3; 0; 5}
{−3; −2}

4 Bestimmen Sie die Lösungsmenge der Gleichung.
a) $0{,}5x^2 - 12{,}5x + 72 = 0$
b) $2x^3 = x^4 - 15x^2$
c) $10x^2 = -50x - 60$
d) $96x = -4x^3 + 40x^2$
e) $3y^3 - 2y = 5y^2$
f) $-4x^3 - x^2 = 3x(3x-2)$

Linearfaktoren und Anzahl von Nullstellen

Wenn ein Funktionsterm als Produkt von Linearfaktoren dargestellt werden kann, dann kann man daran die Nullstellen der Funktion direkt ablesen. Eine solche Darstellung erreicht man durch schrittweises Abspalten der Linearfaktoren.

Kennt man eine Nullstelle x_N der Funktion f, so kann der **zugehörige Linearfaktor** $(\mathbf{x - x_N})$ aus dem Funktionsterm von f abgespalten werden.

$f(x) = 2x^3 - 4x^2 - 2x + 4$

Nullstelle $x_1 = 1$
Abspalten von $(x - 1)$:
$f(x) = (x - 1)(2x^2 - 2x - 4)$

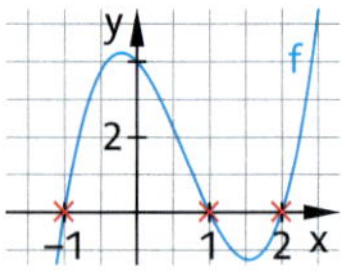

Hinweis

Eine Methode zum Bestimmen des Restterms ist die sogenannte Polynomdivision, siehe Streifzug auf S. 24.

Hierbei entsteht ein ganzrationaler Restterm, dessen Grad um eins niedriger ist als der Grad von f. Kennt man eine Nullstelle dieses Restterms, kann das Verfahren so lange wiederholt werden, bis der Restterm keine Nullstellen mehr hat.

Restterm: $2x^2 - 2x - 4$ Nullstelle $x_2 = -1$
Abspalten von $(x + 1)$:
$f(x) = (x - 1)(x + 1)(2x - 4)$
Restterm: $2x - 4$ Nullstelle $x_3 = 2$
Abspalten von $(x - 2)$:
$f(x) = 2(x - 1)(x + 1)(x - 2)$

Das Ergebnis ist eine **faktorisierte Form** der Funktionsgleichung von f. Besteht sie wie oben ausschließlich aus Linearfaktoren und einem konstanten Faktor, so heißt sie **Linearfaktordarstellung** von f. Die Funktion f heißt in diesem Fall **vollständig zerlegbar**.

Wissen **Zerlegung in Linearfaktoren**

Ist x_N eine Nullstelle einer ganzrationalen Funktion f, so lässt sich der zugehörige Linearfaktor $(x - x_N)$ aus dem Funktionsterm von f abspalten: $f(x) = (x - x_N) \cdot r(x)$
Dabei ist r eine ganzrationale Funktion, deren Grad um eins niedriger ist als der Grad von f.

Da sich beim Abspalten von Linearfaktoren der Grad stets um eins verringert, kann eine ganzrationale Funktion vom Grad n höchstens n Linearfaktoren und n Nullstellen haben.

Satz **Anzahl von Nullstellen**

Eine ganzrationale Funktion f vom Grad n hat **höchstens n Nullstellen**.

Eine Funktion vom Grad n kann allerdings weniger als n Nullstellen haben: Die Funktion f mit $f(x) = 3x^3 + 3x$ hat den Grad 3, aber nur eine Nullstelle. Die faktorisierte Form von f lautet $f(x) = 3x(x^2 + 1)$. Der Term $x^2 + 1$ lässt sich nicht weiter in Linearfaktoren zerlegen, da stets $x^2 + 1 > 0$ gilt. Also hat f keine Linearfaktordarstellung.

Umgekehrt kann man mithilfe der Linearfaktordarstellung die Funktionsgleichung einer ganzrationalen Funktion anhand ihrer Nullstellen rekonstruieren. Wenn zudem die Koordinaten eines weiteren Punktes auf dem Graphen bekannt sind, ist die Funktion eindeutig bestimmt.

Beispiel 2 **Rekonstruktion des Funktionsterms aus den Nullstellen**

Bestimmen Sie eine ganzrationale Funktion f mit möglichst niedrigem Grad und den Nullstellen $x_1 = 4$, $x_2 = -3$ und $x_3 = 0$, deren Graph den Punkt P(1 | 24) enthält.

Lösung:

Geben Sie den kleinstmöglichen Grad von f an. Stellen Sie dann aus den Nullstellen die Linearfaktoren auf.

3 Nullstellen, also kleinster Grad: 3
Linearfaktoren: $(x - 4)$, $(x + 3)$, $(x - 0) = x$

Geben Sie die Funktionsgleichung von f mit einem Faktor a an. Berechnen Sie den Wert von a mithilfe der Koordinaten von P. Geben Sie die Funktionsgleichung von f an.

$f(x) = ax(x - 4)(x + 3)$
$f(1) = a \cdot 1 \cdot (1 - 4)(1 + 3) = 24$
$\Leftrightarrow a = -2$
$f(x) = -2x(x - 4)(x + 3) = -2x^3 + 2x^2 + 24x$

Basisaufgaben

5 Ordnen Sie die Graphen ① bis ④ den Funktionsgleichungen zu.

$f(x) = x(x-2)(x+1)$ $\quad$ $g(x) = -3x(x-1)(x-3)$

$h(x) = 2(x-1)(x+1)\left(x-\frac{1}{4}\right)\left(x-\frac{3}{2}\right)$ $\quad$ $i(x) = -2x(x-2)(x+1)$

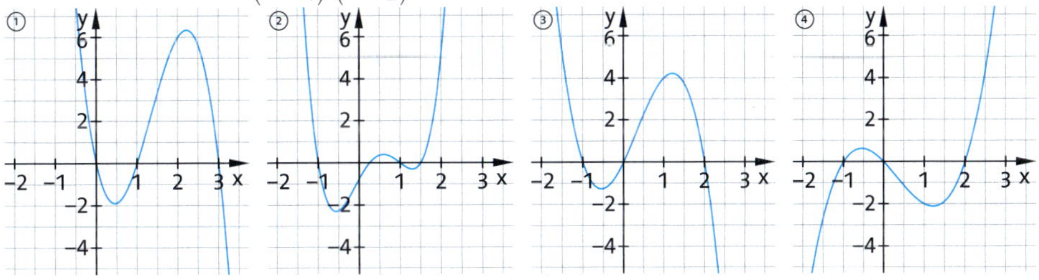

6 Ordnen Sie jeder Funktionsgleichung ①–③ ihre Linearfaktordarstellung zu. Erläutern Sie Ihr Vorgehen.

① $f(x) = x^3 + 3x^2 - 13x - 15$ $\quad$ ② $f(x) = x^3 + 3x^2 - 4x - 12$ $\quad$ ③ $f(x) = x^3 + 5x^2 + 2x - 8$

Ⓐ $f(x) = (x-1)(x+2)(x+4)$ $\quad$ Ⓑ $f(x) = (x-3)(x+1)(x+5)$ $\quad$ Ⓒ $f(x) = (x+2)(x-2)(x+3)$

7 a) Ordnen Sie die abgebildeten Graphen ① bis ③ den Funktionsgleichungen von f, g und h passend zu.

$f(x) = x(x+0{,}5)(x+2)$

$g(x) = 2x(x+0{,}5)(x+2)$

$h(x) = 0{,}5x(x+0{,}5)(x+2)$

b) Erläutern Sie, warum eine ganzrationale Funktion durch ihre Nullstellen nicht eindeutig bestimmt ist.

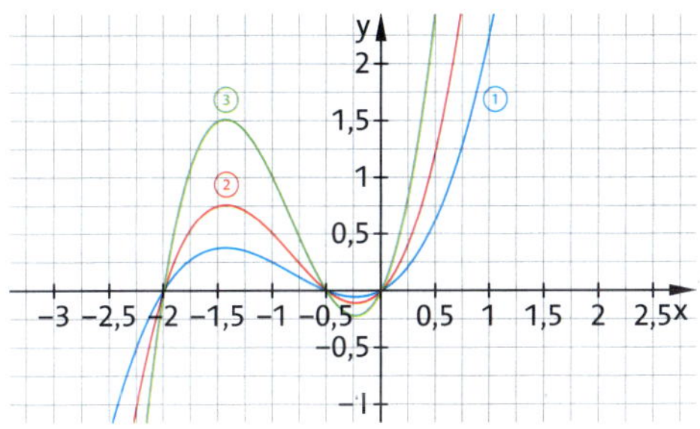

8 Geben Sie eine ganzrationale Funktion mit einem möglichst niedrigen positiven Grad an, sodass die Funktion alle angegebenen Nullstellen hat.

a) −2; 5 $\quad$ b) 6 $\quad$ c) −2; 2 $\quad$ d) 2; 3; 4 $\quad$ e) 0; $\sqrt{10}$ $\quad$ f) keine

9 Ermitteln Sie die Gleichung einer ganzrationalen Funktion mit möglichst niedrigem Grad, die die angegebenen Eigenschaften hat.

a) Nullstellen bei $x_1 = 1$, $x_2 = \frac{4}{5}$ und $x_3 = 2{,}5$; Koeffizient 0,7 vor der höchsten Potenz

b) Nullstellen bei $x_1 = -3$ und $x_2 = 1$; Schnittpunkt mit der y-Achse bei $y = 3$

c) Nullstellen bei $x_1 = 6$, $x_2 = -4$ und $x_3 = 3$; Graph verläuft durch den Punkt P(2 | 3)

Lösungen zu 10

Nullstellen zu a)–c)

3 −7 0 1 −4

10 Bestimmen Sie alle Nullstellen der Funktion und faktorisieren Sie den Funktionsterm so weit wie möglich.

a) $f(x) = x^2 + 3x - 4$ $\quad$ b) $f(x) = -2x^3 - 8x^2 + 42x$ $\quad$ c) $f(x) = 6x^2 + 24$

d) $f(x) = 4x^2 - 40x + 36$ $\quad$ e) $f(x) = 5x^3 + 5x$ $\quad$ f) $f(x) = (x-1)(2x^2 + 12x - 14)$

11 Begründen Sie die Aussage oder geben Sie ein geeignetes Gegenbeispiel an.

a) Ist die Funktion f beliebig und $g(x) = 3 \cdot f(x)$, so haben f und g die gleichen Nullstellen.

b) Ganzrationale Funktionen vierten Grades haben immer mehr Nullstellen als ganzrationale Funktionen dritten Grades.

c) Hat eine ganzrationale Funktion n-ten Grades n verschiedene Nullstellen, so ist ihr Funktionsterm vollständig zerlegbar.

Mehrfache Nullstellen

Nullstellen von ganzrationalen Funktionen können einfach oder mehrfach auftreten.
Ist der Funktionsterm so weit wie möglich faktorisiert, lässt sich die **Vielfachheit** einer Nullstelle am Exponenten des zugehörigen Linearfaktors ablesen.

$f(x) = x^3(x-2)(x+4)^2$

$x_1 = 0$ hat die Vielfachheit 3
$x_2 = 2$ hat die Vielfachheit 1
$x_3 = -4$ hat die Vielfachheit 2

Die Vielfachheit einer Nullstelle bestimmt das Verhalten des Graphen an dieser Stelle:

Einfache Nullstelle

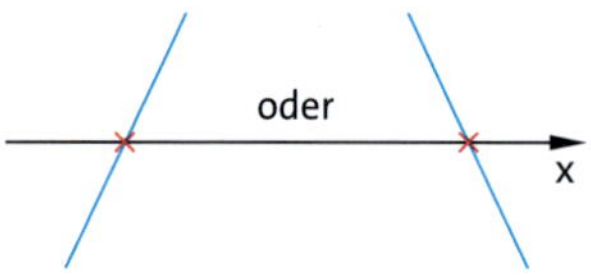

Der Graph schneidet die x-Achse.

Doppelte Nullstelle (vierfache, sechsfache ...)

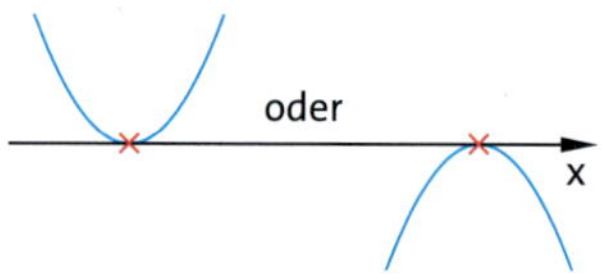

Der Graph berührt die x-Achse, ohne sie zu schneiden.

Dreifache Nullstelle (fünffache, siebenfache ...)

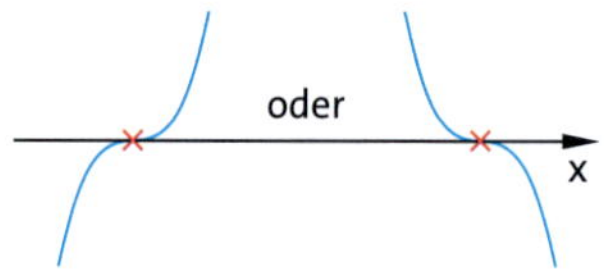

Der Graph schneidet die x-Achse und schmiegt sich an.

Beispiel 3

Gegeben ist der Graph einer ganzrationalen Funktion f sechsten Grades mit einfachen, doppelten und dreifachen Nullstellen. Bestimmen Sie Sie Nullstellen von f und geben Sie ihre Vielfachheiten an.

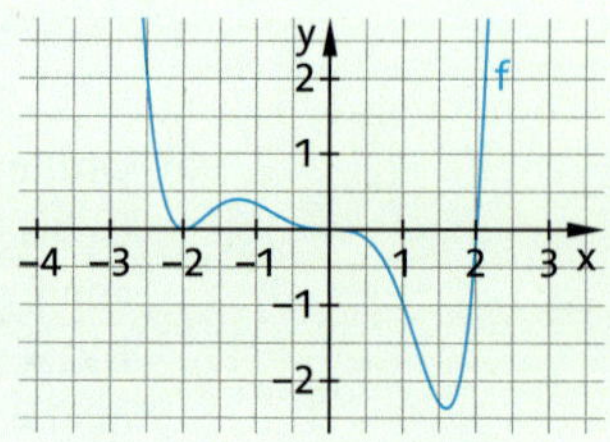

Lösung:

Lesen Sie die Nullstellen am Graphen ab. Prüfen Sie für jede Nullstelle, ob der Graph die x-Achse schneidet, berührt oder sie schneidet und sich anschmiegt. Leiten Sie daraus die jeweilige Vielfachheit ab.

Nullstellen: $x_1 = -2$, $x_2 = 0$, $x_3 = 2$
$x_1 = -2$: Der Graph berührt die x-Achse, also Vielfachheit 2.
$x_2 = 0$: Der Graph schneidet die x-Achse und schmiegt sich an, also Vielfachheit 3.
$x_3 = 2$: Der Graph schneidet die x-Achse, also Vielfachheit 1.

Basisaufgaben

12 Bestimmen Sie die Nullstellen von f und geben Sie die Vielfachheiten der Nullstellen an.

a) $f(x) = -\frac{1}{3}(x+2)^2$
b) $f(x) = (x-1)(x-5)^2(x-7)^3$
c) $f(x) = \frac{4}{3}(x-5^2)(x-3)^2$
d) $f(x) = x^2 + 4x + 4$
e) $f(x) = x^2 + 8x - 9$
f) $f(x) = x^3$

13 Geben Sie die Nullstellen der Funktion vom angegebenen Grad und deren Vielfachheiten an. Es kommen nur einfache, doppelte und dreifache Nullstellen vor.

a) Grad 3:

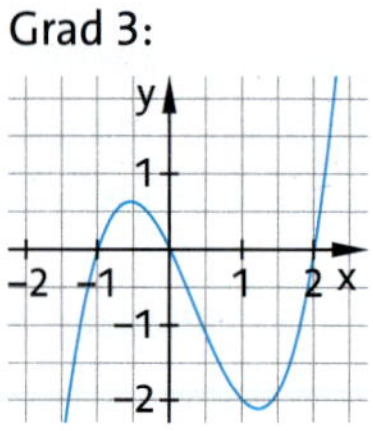

b) Grad 3:

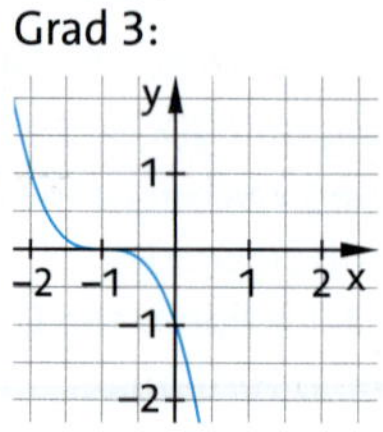

c) Grad 5:

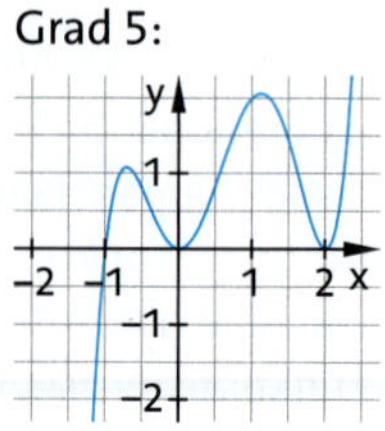

d) Grad 6:

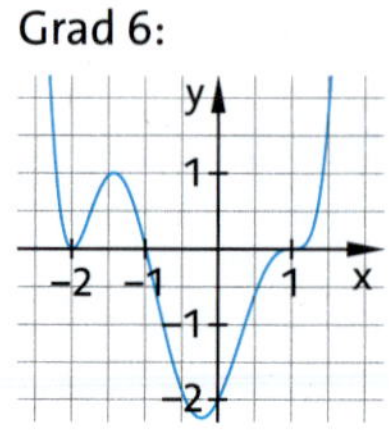

Weiterführende Aufgaben

Zwischentest

Hilfe

14 Gegeben sind die Funktionen f und g mit $f(x) = x^3 + 4x^2 - 5$ und $g(x) = 2x^3 + 4x - 5$.
a) Bestimmen Sie alle Stellen, an denen f den Funktionswert −5 hat.
b) Ermitteln Sie die Schnittpunkte der Graphen von f und g.
c) Lösen Sie die Teilaufgaben a) und b), wenn $f(x) = x^3 + 4x^2$ gilt. Erläutern Sie, warum nun im Gegensatz zur ursprünglichen Form von f eine Mathematik-Software nötig ist.

15 Ermitteln Sie die Koordinaten aller Schnittpunkte der Funktionen f und g.
a) $f(x) = 4x^4 + x^3 + 2x^2$
$g(x) = x^3 - x^2 + 1$
b) $f(x) = x^2(4x - 10)$
$g(x) = 2x^4 + 20x^2$
c) $f(x) = x^4 + x^3 - 4x^2 + 4$
$g(x) = (x^2 - 3)^2 - 5$

16 **Stolperstelle:** Joshua löst die Gleichung $(x - 3)(x + 1)(x - 1) = 3$, indem er jede Klammer einzeln gleich 3 setzt, und erhält die Lösungen 6, 2 und 4. Erklären Sie seinen Denkfehler und korrigieren Sie die Lösungen.

17 Ermitteln Sie die Gleichung einer ganzrationalen Funktion mit möglichst niedrigem Grad, die die angegebenen Nullstellen hat und deren Graph den Punkt P enthält.
a) einfache Nullstelle bei $x = 2$ und doppelte Nullstelle bei $x = 4$; $P(3|5)$
b) doppelte Nullstelle bei $x = -1$ und dreifache Nullstelle bei $x = 0$; $P(1|-2)$
c) einfache Nullstelle bei $x = 1$ und vierfache Nullstelle bei $x = -3$; $P(-2|9)$

Hilfe

18 Die Anzahl der Besucher eines Kaufhauses wird in einem bestimmten Intervall durch die Funktion f mit $f(x) = -0{,}5x^3 + 14x^2 - 80x$ beschrieben (x: Uhrzeit in Stunden). Erläutern Sie, in welchem Zeitraum die Funktion den Sachverhalt beschreiben kann, und ermitteln Sie die Öffnungszeiten des Kaufhauses.

19 Manche Gleichungen höheren Grades können durch **Substitution** gelöst werden.
a) Erläutern Sie die Rechnung.
b) Beschreiben Sie, in welchen Fällen Substitution verwendet werden kann.
c) Lösen Sie die Gleichungen.
① $x^4 - 50x^2 + 49 = 0$
② $2x^6 + 266x^3 + 2000 = 0$

Ersetze x^2 durch z in $x^4 - 13x^2 + 36 = 0$:
$z^2 - 13z + 36 = 0 \Leftrightarrow (z - 4)(z - 9) = 0$
Ersetze z wieder durch x^2:
$(x^2 - 4)(x^2 - 9) = 0$,
also $x_{1/2} = \pm 2$ und $x_{3/4} = \pm 3$

20 Die Flugbahn des Fußballs bei einem Freistoß kann näherungsweise durch die Funktion f mit $f(x) = -\frac{1}{268}x^3 + \frac{1}{16}x^2$ beschrieben werden (x und f(x) in Meter).

a) Die Abwehrmauer ist 2 m hoch und 9,15 m vom Freistoßpunkt entfernt. Ermitteln Sie, ob der Ball über die Mauer fliegt.
b) Ermitteln Sie, ob der Ball das 12 m entfernte und 2,44 m hohe Tor trifft.
c) Berechnen Sie, in welcher Entfernung der Ball wieder auf dem Boden aufkommt.

Hinweis
Das **Absolutglied** ist der Summand ohne x.

21 **Ausblick:**
a) Zeigen Sie am Beispiel der Funktion f mit $f(x) = (x - a)(x - b)(x - c)$:
Hat eine ganzrationale Funktion nur ganzzahlige Nullstellen, so sind diese Teiler des Absolutglieds der ausmultiplizierten Form.
b) Nutzen Sie die Aussage aus a), um durch Probieren Nullstellen der Funktion f mit $f(x) = x^3 - 4x^2 - 11x + 30$ zu finden.
c) Untersuchen Sie, inwieweit man die Aussage aus a) auch auf Funktionen der Form $f(x) = s \cdot (x - a)(x - b)(x - c)$ mit $s \neq 0$ verallgemeinern kann.

Polynomdivision

Die Abbildung zeigt die Graphen von f und g mit $f(x) = x^3 - 2{,}5x^2 + 0{,}96x + 0{,}54$ und $g(x) = x^2 - 1{,}5x - 0{,}54$.
Beschreiben Sie die Gemeinsamkeiten der Graphen. Multiplizieren Sie den Funktionsterm von g mit $(x - 1)$ und erläutern Sie, was Ihnen auffällt.

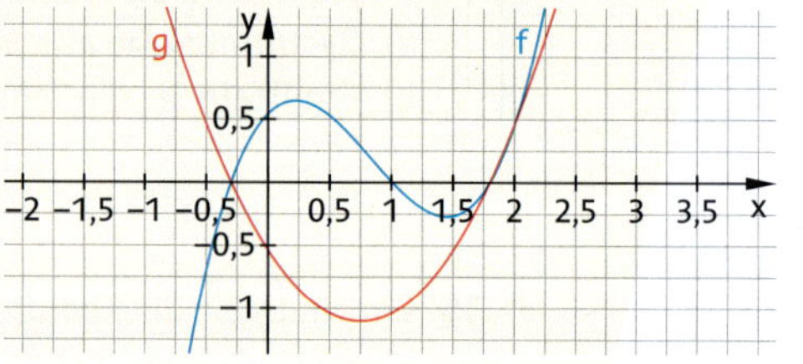

Nullstellen quadratischer Funktionen kann man mit der p-q-Formel berechnen. Die Nullstellen ganzrationaler Funktionen vom Grad 3 oder 4 kann man ebenfalls mit Lösungsformeln berechnen, die jedoch sehr kompliziert sind. Für Funktionen vom Grad 5 oder höher gibt es keine Lösungsformeln mehr, man benötigt ein anderes Verfahren.

In der **Linearfaktordarstellung** (1) kann man die Nullstellen von f direkt ablesen.
Ist die Gleichung in ausmultiplizierter Form (3) gegeben und kennt man eine Nullstelle x_1, so wird durch die Division $f(x):(x - x_1)$ ein Restterm erzeugt, mit dem man (ggf. durch weitere Divisionen) die fehlenden Nullstellen berechnen kann.

(1) $f(x) = (x - 1)(x + 2)(x - 3)$
(2) $f(x) = (x^2 + x - 2)(x - 3)$
(3) $f(x) = x^3 - 2x^2 - 5x + 6$

Wegen
$(x^2 + x - 2)\cdot(x - 3) = x^3 - 2x^2 - 5x + 6$
gilt:
$(x^3 - 2x^2 - 5x + 6):(x - 3) = x^2 + x - 2$

Wissen

Bei der **Polynomdivision** werden zwei Polynome f und g dividiert. Hat f den Grad n und ist $g(x) = x - x_N$, so hat das Polynom r mit $r(x) = f(x):g(x)$ den Grad $n - 1$. Ist x_N eine Nullstelle von f, so sind die Nullstellen von r die weiteren Nullstellen von f.

Beispiel 1 Ermitteln Sie die Nullstellen von f mit $f(x) = 3x^3 - 12x^2 - 33x + 90$ mithilfe der Polynomdivision.

Lösung:

Ermitteln Sie eine Nullstelle von f durch systematisches Probieren: 0; 1; −1; 2; −2 ...

$f(0) = 90 \neq 0$; $f(1) = 48 \neq 0$;
$f(-1) = 108 \neq 0$; $f(2) = 0$

Bilden Sie den zu dieser Nullstelle gehörenden Linearfaktor.
Dividieren Sie f(x) durch den Linearfaktor:
Teilen Sie den Term $3x^3$ durch x. Es ergibt sich $3x^2$. Multiplizieren Sie dies zurück mit dem Linearfaktor $(x - 2)$. Es ergibt sich $3x^3 - 6x^2$. Subtrahieren Sie diesen Term von $3x^3 - 12x^2$ und ergänzen Sie im Ergebnis den nächsten Summanden von f(x).
Setzen Sie das Verfahren mit dem Term $-6x^2 - 33x$ fort.

Nullstelle: $x_1 = 2$ Linearfaktor: $(x - 2)$

$$
\begin{array}{l}
(3x^3 - 12x^2 - 33x + 90):(x - 2) = 3x^2 - 6x - 45 \\
\underline{-(3x^3 - 6x^2)} \\
\quad -6x^2 - 33x \\
\quad \underline{-(-6x^2 + 12x)} \\
\qquad -45x + 90 \\
\qquad \underline{-(-45x + 90)} \\
\qquad\qquad 0
\end{array}
$$

Setzen Sie den Restterm gleich null und lösen Sie die quadratische Gleichung.
Die Nullstellen von f lauten $x_1 = 2$, $x_2 = -3$ und $x_3 = 5$.

$3x^2 - 6x - 45 = 0$ | : 3
$x^2 - 2x - 15 = 0$ | p-q-Formel
$x_2 = -3$, $x_3 = 5$

Aufgaben

1 Führen Sie eine Polynomdivision durch. Tipp: Falls beim linken Term der Summand mit x^2 oder x fehlt, kann man zur besseren Übersicht $0x^2$ bzw. $0x$ ergänzen.

a) $(x^3 + 6x^2 + 3x - 10) : (x + 5)$
b) $(2x^3 - 20x^2 - 18x + 180) : (x - 3)$
c) $(x^3 - 12x + 16) : (x + 4)$
d) $(-3x^3 - 9x^2 - 9x + 496{,}125) : (x - 4{,}5)$
e) $(x^4 - 1) : (x - 1)$
f) $(2x^3 - 5x^2 - 11x - 4) : \left(x + \frac{1}{2}\right)$

2 Es ist eine Nullstelle des Polynoms gegeben. Ermitteln Sie durch Polynomdivision alle Nullstellen von f. Geben Sie, falls möglich, die Funktionsgleichung von f als Produkt von Linearfaktoren an.

a) $f(x) = x^3 + 6x^2 - 7x - 60$; $x_1 = -5$
b) $f(x) = 2x^3 - 38x^2 + 208x - 280$; $x_1 = 10$
c) $f(x) = -x^3 + 5x^2 + 13x + 7$; $x_1 = -1$
d) $f(x) = -2x^3 + 8x^2 - 18x + 72$; $x_1 = 4$

Hinweis

Liegt eine Funktion vierten Grades vor, müssen in der Regel zwei Polynomdivisionen durchgeführt werden.

3 Ermitteln Sie durch Probieren eine Nullstelle von f und berechnen Sie anschließend mit Polynomdivision die restlichen Nullstellen.

a) $f(x) = 2x^3 - 14x^2 + 30x - 18$
b) $f(x) = x^3 - 13x + 12$
c) $f(x) = 0{,}5x^3 - 3{,}5x^2 - 76{,}5x + 247{,}5$
d) $f(x) = x^3 - 7x^2 + 36$
e) $f(x) = x^4 - 6x^3 + 13x^2 - 12x + 4$
f) $f(x) = x^4 - 5x^3 - x^2 + 5x$

4 a) Beschreiben Sie, wie Sie die Nullstellen von f mit der Gleichung $f(x) = -x^3 + 3{,}1x^2 + 0{,}2x - 4{,}08$ mithilfe des Graphen ermitteln würden.

b) Führen Sie die Polynomdivision durch. Beschreiben Sie, was Ihnen auffällt, und versuchen Sie, eine Erklärung zu finden.

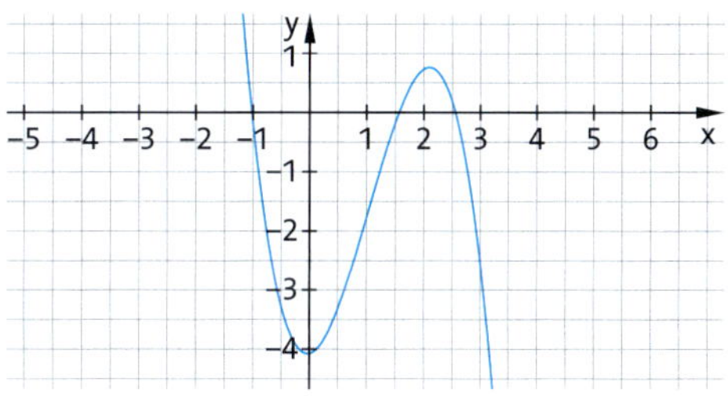

MK c) Ermitteln Sie die Nullstellen von f mit einer geeigneten Mathematiksoftware und erläutern Sie Ihr Ergebnis aus b).

5 Der abgebildete Graph zu f mit $f(x) = -\frac{1}{4}x^4 + \frac{27}{4}x^3 - 55x^2 + 128x$ gibt im Intervall $[0; 12]$ näherungsweise die Beschleunigung in km/h^2 eines Motorradfahrers in Abhängigkeit der gefahrenen Kilometer an. 4 km nach Beobachtungsbeginn beträgt die Beschleunigung 0.

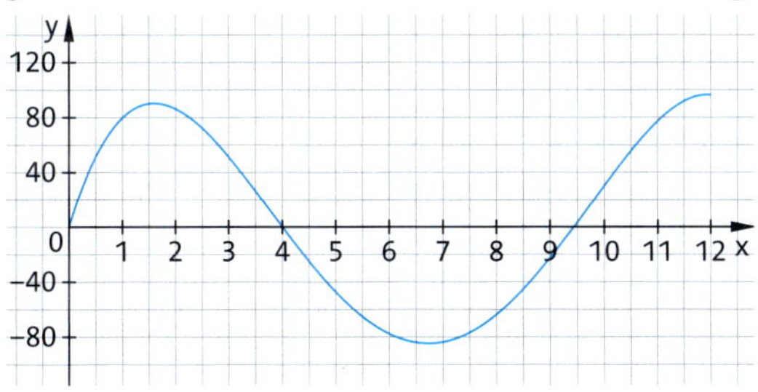

a) Beschreiben Sie die Bedeutung von negativen Funktionswerten im Sachkontext.

b) Beschreiben Sie das Fahrverhalten des Motorradfahrers an den Nullstellen der Funktion. Ermitteln Sie dann die Nullstellen.

c) Stellen Sie eine Vermutung auf, nach wie vielen Kilometern der Motorradfahrer die größte Geschwindigkeit erreicht. Begründen Sie Ihre Vermutung.

6 Beschreiben Sie, bei welcher Art von Gleichungen und auf welche Weise Polynomdivision beim Lösen von Gleichungen hilfreich ist. Zeigen Sie dies an Beispielen.

1.4 Klausur- und Abiturtraining

Aufgaben ohne Hilfsmittel

1 Geben Sie den Term einer passenden Potenzfunktion an.
a) Der Graph enthält den Punkt P(−2 | 16).
b) Der Graph ist punktsymmetrisch zum Ursprung und enthält den Punkt P(0,5 | 32).

2 Bestimmen Sie die Nullstellen der Funktion.
a) $f(x) = (x^8 - x^7)(x^5 + x^2)$
b) $f(x) = (4x^2 - 1)^3(2x^4 - x^6)$
c) $g(x) = (5x^2 + 2)(-2x^4 - 6x^2 - 6)$
d) $h(a) = -3(a^4 - 16)(a^5 - 2a^3 + 4a)$

3 Gegeben sind die Funktionen f und g mit $f(x) = -50x + 2x^3$ und $g(x) = -x(x + 3)(x - 1)$.
a) Bestimmen Sie die Nullstellen von f und g.
b) Weisen Sie nach, dass sich die Graphen von f und g im Ursprung schneiden.

4 Entscheiden Sie begründet, ob die Aussage wahr oder falsch ist.
a) Jede ganzrationale Funktion dritten Grades hat genau drei Nullstellen.
b) Aus den Nullstellen einer ganzrationalen Funktion kann die Funktionsgleichung eindeutig bestimmt werden.
c) Aus drei Punkten kann man die Funktionsgleichung einer ganzrationalen Funktion zweiten Grades eindeutig bestimmen.
d) Wenn der Graph einer Funktion nur einen gemeinsamen Punkt mit der x-Achse hat, dann ist die Funktion linear.

5 a) Geben Sie die Nullstellen der Funktion f mit $f(x) = (x^2 - 4)(x^2 - 9)$ an.
b) Betrachten Sie die Funktion g mit $g(x) = (x^2 - 4)(x^2 - t)$ mit $t \in \mathbb{R}$. Ermitteln Sie alle Werte von t, für die die Funktion g zwei, drei oder vier Nullstellen hat.

6 Eine ganzrationale Funktion vierten Grades soll einfache Nullstellen bei x = −2 und x = 3 sowie eine doppelte Nullstelle bei x = 1 haben. Geben Sie begründet an, welcher der beiden Graphen diese Bedingungen erfüllt.

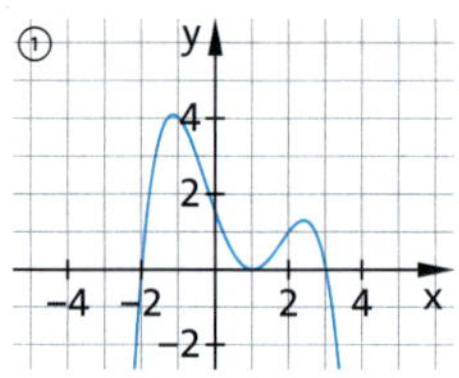

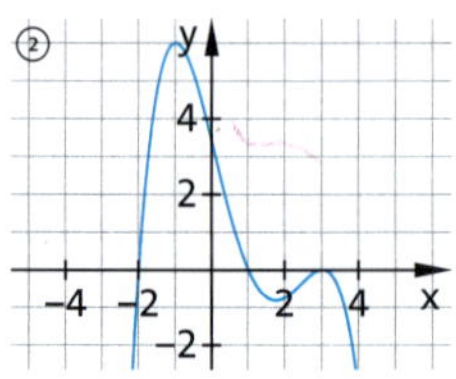

7 Der Querschnitt eines Bergs kann vereinfacht in einem Intervall durch eine ganzrationale Funktion vierten Grades beschrieben werden. Der Ursprung wird auf das linke Tal gesetzt. Die beiden Täler haben einen Abstand von 4 km zueinander. Bestimmen Sie eine passende Funktion, wenn sich der Gipfel mittig 1600 m über den Tälern befindet.

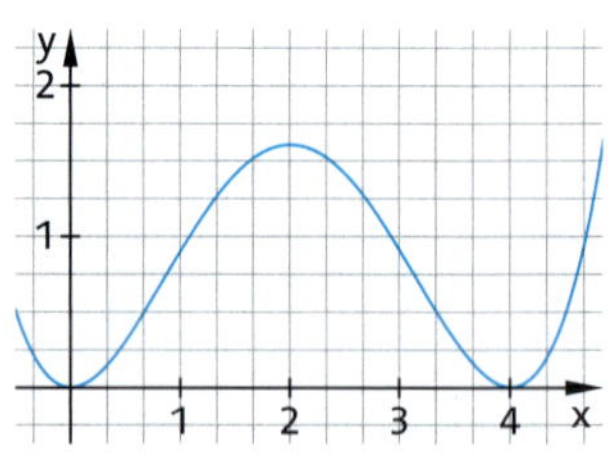

8 Gegeben sind die Funktionen f mit $f(x) = ax^2$, $a \in \mathbb{R}$, und g mit $g(x) = 2x - 1$.
a) Bestimmen Sie für a = 1 rechnerisch die Koordinaten des Schnittpunktes der Graphen von f und g. Skizzieren Sie anschließend die Graphen.
b) Zeigen Sie durch eine Rechnung, dass sich die Schnittstellen der Graphen für $a \neq 0$ bei $x_{1/2} = \frac{1}{a} \pm \sqrt{\frac{1}{a^2} - \frac{1}{a}}$ befinden.
c) Untersuchen Sie, wie viele Schnittstellen die Graphen von f und g in Abhängigkeit von a haben.

Aufgaben mit Hilfsmitteln

9 Im Blut eines Organismus reichert sich permanent Laktat an, das vom Körper abgebaut wird. Beim Treiben von Sport wird mehr Laktat gebildet. Eine zu hohe Laktatkonzentration führt zum Absinken der Leistungsfähigkeit und zu Erschöpfung.
Die höchste Belastungsintensität, die ein Sportler längere Zeit aufrechterhalten kann, ohne dass der Körper mehr Laktat produziert, als er gleichzeitig abbauen kann, wird als **anaerobe Schwelle** bezeichnet. Sie ist individuell unterschiedlich und bei trainierten Sportlern höher als bei Menschen, die keinen regelmäßigen Sport treiben.
Insbesondere im Ausdauersport (z. B. Langstreckenlauf oder Radfahren) wird deshalb regelmäßig die Laktatkonzentration im Blut gemessen. Dies geschieht z. B., während der Sportler auf einem Laufband läuft, dessen Geschwindigkeit gleichmäßig erhöht wird. Die Funktion f mit $f(x) = 0{,}004x^3 - 0{,}075x^2 + 0{,}389x + 1{,}151$ beschreibt näherungsweise die Laktatkonzentration eines Sportlers für $0 \le x \le 20$. Dabei ist x die Geschwindigkeit in km/h und f(x) die Laktatkonzentration in $\frac{\text{mmol}}{\ell}$.

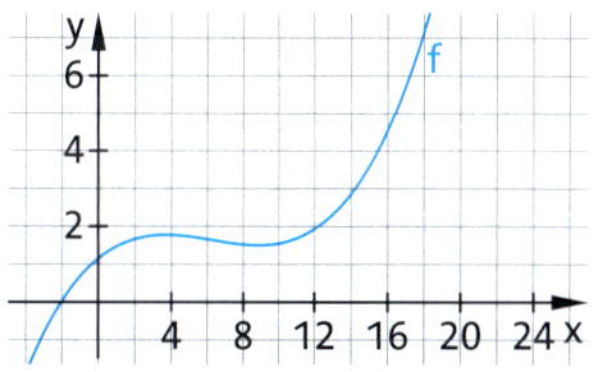

a) Berechnen Sie die Laktatkonzentration für eine Geschwindigkeit von 10 km/h und von 15 km/h. Geben Sie auch die Laktatkonzentration des Sportlers im Ruhezustand an.
b) Geben Sie die Geschwindigkeit mit der höchsten Laktatkonzentration an und berechnen Sie deren Höhe.
c) Aus Erfahrung ist bekannt, dass der Sportler die anaerobe Schwelle bei einem Laktatwert von $5{,}5\,\frac{\text{mmol}}{\ell}$ erreicht. Bestimmen Sie näherungsweise die Geschwindigkeit, bei der der Sportler die anaerobe Schwelle erreicht.
d) Ein anderer Sportler erreicht seine anaerobe Schwelle, wenn seine Laktatkonzentration um 1 mmol pro ℓ und km/h ansteigt. Die Steigung seiner Laktatkonzentration wird beschrieben durch g mit $g(x) = 0{,}009x^2 - 0{,}144x + 0{,}525$. Bestimmen Sie die Geschwindigkeit, bei der dieser Sportler seine anaerobe Schwelle erreicht.

10 Ein Autohändler hat die Gewinne der ersten 40 Tage des Jahrs in der Abbildung rechts grafisch dargestellt. Der Gewinn entspricht der Differenz aus Umsatz und Kosten. Der abgebildete Graph gehört zu einer ganzrationalen Funktion g im Intervall [0; 40], wobei g(x) den Gewinn in Tausend Euro am x. Tag nach Jahresbeginn angibt.

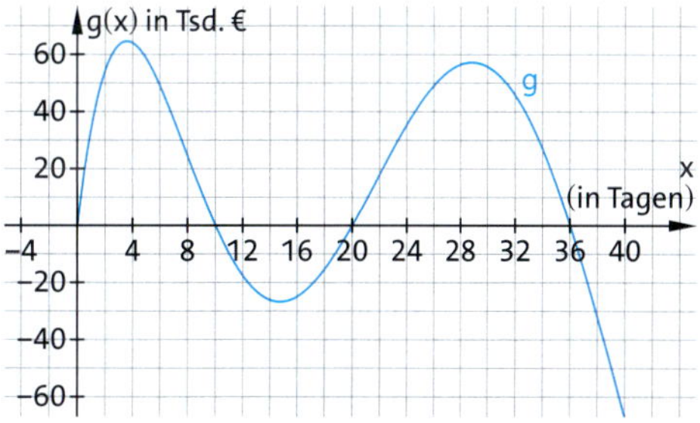

a) Lesen Sie näherungsweise den Gewinn des Händlers am 22. Januar ab
b) Erläutern Sie, welchen Grad die ganzrationale Funktion g mindestens haben muss.

c) Lesen Sie am Graphen von g näherungsweise ab, an welchen Tagen der ersten 36 Tage der Händler den größten Gewinn bzw. den größten Verlust gemacht hat. Bestimmen Sie diese Werte näherungsweise in €. Berechnen Sie die exakten Werte mithilfe der Funktionsgleichung $g(x) = -\frac{0{,}5x}{10\,000}(0{,}5x - 5)(0{,}5x - 10)(0{,}5x - 18)(0{,}5x - 28)(0{,}5x - 34)$ und vergleichen Sie mit Ihren Näherungswerten.

Lösungen → S. 199

1 Ordnen Sie die Funktionsgleichungen den abgebildeten Graphen zu.

$f(x) = x^3$ $g(x) = x^4$

$h(x) = \frac{1}{x^3}$ $i(x) = x^{-4}$

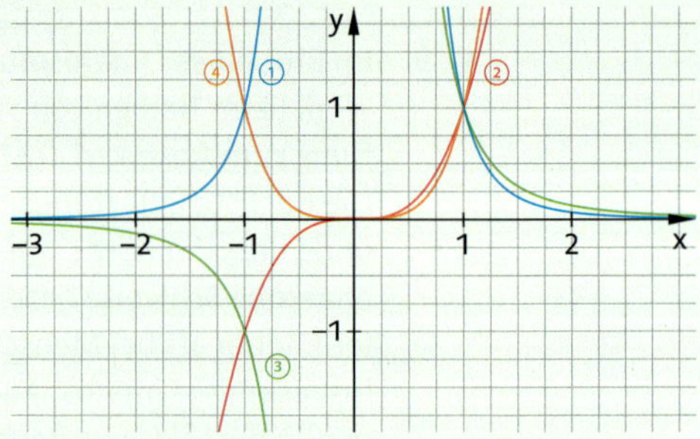

2 Skizzieren Sie die Graphen der Funktionen f, g, h und i.
$f(x) = x^5$ $g(x) = x^{-7}$ $h(x) = x^6$ $i(x) = x^{-6}$

3 Die Punkte P und Q liegen auf dem Graphen der Funktion f. Ergänzen Sie die fehlenden Koordinaten.
a) $f(x) = x^{-1}$, P(3 | ■), Q(■ | 9)
b) $f(x) = x^2$, P(7 | ■), Q(■ | 64)
c) $f(x) = x^3$, P(5 | ■), Q(■ | −8)
d) $f(x) = x^{-2}$, P(0,25 | ■), Q$\left(■ \middle| \frac{1}{100}\right)$
e) $f(x) = x^4$, P(3 | ■), Q(■ | 16)
f) $f(x) = x^{-5}$, P(0,1 | ■), Q(■ | 32)

4 Entscheiden Sie begründet, ob es sich um eine Potenzfunktion, eine ganzrationale Funktion oder nichts von beidem handelt.
a) $f(x) = x^3$
b) $f(x) = x^3 + 1$
c) $f(x) = \frac{1}{x^3 + 1}$
d) $f(x) = 3^x$
e) $f(x) = \sqrt{x^3 + 1}$
f) $f(x) = x^{3+1}$
g) $f(x) = x^{-3} + 1$
h) $f(x) = x^3 + 3x$

5 Geben Sie den Grad und die Koeffizienten der ganzrationalen Funktion f an.
a) $f(x) = 2x^3 - 3x^2 + 2{,}5$
b) $f(x) = -x^4 + x^3 - 6x$
c) $f(x) = 5 - x + x^2 - x^5$
d) $f(x) = bx^3 - 2x^2 + c - 1$
e) $f(x) = x(x - 1)(x + 1)$
f) $f(x) = t^2 + 2t - x$

6 Überprüfen Sie, ob die Punkte P und Q auf dem Graphen der Funktion liegen.
a) $f(x) = -x^3 + 5x^2 + 4x + 1$
P(1 | 9), Q(−1 | 3)
b) $f(x) = 2x^5 - x^2 + 7x - 5$
P(1 | 4), Q(−1 | −9)
c) $f(x) = 6x^3 - 4ax^2 + x + 4a$
P(1 | −7), Q(−1 | −7)

7 Die Punkte P und Q liegen auf dem Graphen der Funktion f. Ergänzen Sie die fehlenden Koordinaten.
a) $f(x) = 2x^3 - 5x^2 + 2x$, P(2 | ■), Q(−1 | ■)
b) $f(x) = x^4 - 3x^2$, P(−2 | ■), Q(3 | ■)
c) $f(x) = x^3 - 3x + 2$, P(3 | ■), Q(−5 | ■)
d) $f(x) = x^5 - 4x^4$, P(4 | ■), Q(−2 | ■)
e) $f(x) = x^2 - ax + 2a$, P(2 | ■), Q(−1 | ■)
f) $f(x) = ax^2 - a^2x$, P(a | ■), Q(−a | ■)

8 Beurteilen Sie die Aussage.
a) Der Graph einer ganzrationalen Funktion ist entweder achsensymmetrisch zur y-Achse oder punktsymmetrisch zum Ursprung.
b) Jede ganzrationale Funktion vierten Grades hat mindestens eine Nullstelle.
c) Es gibt ganzrationale Funktionen mit dem Grad 3, die eine dreifache Nullstelle haben.
d) Es gibt ganzrationale Funktionen, deren Graphen die x-Achse weder schneiden noch berühren.

9 Berechnen Sie die Nullstellen der Funktion f.
a) $f(x) = (x^2 - 5)x$
b) $f(x) = 2x^4 - 3x^3 + 2x^2$
c) $f(x) = x(x + 1) + x(x + 1)$
d) $f(x) = x^3 - 3x^2 + 2x$
e) $f(a) = a^2(a^2 - 4)(a^2 + 4)$
f) $f(x) = x^4 - 104x^3 + 400x^2$

Lösungen
→ S. 199

10 Geben Sie – wenn möglich – eine Gleichung einer ganzrationalen Funktion f an, sodass die Funktion nur die angegebenen Nullstellen und den Grad n hat.

a) einfache Nullstellen $x = 2$ und $x = -5$; $n = 2$
b) einfache Nullstellen $x = 2$ und $x = -5$; $n = 4$
c) doppelte Nullstelle $x = 2$; einfache Nullstelle $x = -5$; $n = 3$
d) doppelte Nullstellen $x = 0$ und $x = -5$; $n = 6$
e) dreifache Nullstelle $x = -2$; doppelte Nullstelle $x = \pi$; $n = 7$
f) einfache Nullstellen $x = 2$ und $x = -5$; $n = 3$

11 Ermitteln Sie die Gleichung einer ganzrationalen Funktion vierten Grades, die die einfachen Nullstellen $x = -3$ und $x = 0$ und die doppelte Nullstelle $x = 5$ hat und deren Graph durch den Punkt $P(1\,|\,-4)$ verläuft.

12 Gegeben ist der Graph einer ganzrationalen Funktion f sechsten Grades mit einfachen, doppelten und dreifachen Nullstellen. Bestimmen Sie die Nullstellen von f und geben Sie ihre Vielfachheiten an.

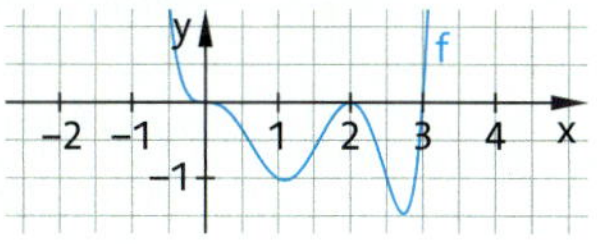

13 Geben Sie die Nullstellen der Funktion f und ihre Vielfachheiten an.

a) $f(x) = 2(x + 2)^2(x - 5)^3$
b) $f(x) = x(x - 1)^3(x + 7)^4$
c) $f(x) = -x^6(x - 1)^2(2x - 4)^3$
d) $f(x) = x^2(x^2 + 2)^5(x^3 - 8)^6$

14 Hopfen ist eine sehr schnell wachsende Pflanze, die bis zu 7,5 m hoch werden kann. An einem Tag kann eine Hopfenpflanze bis zu 30 cm wachsen.

Die Größe einer Hopfenpflanze lässt sich in den ersten sechzehn Wochen näherungsweise durch die Funktion h mit $h(t) = -\frac{1}{256}t^3 + \frac{3}{32}t^2$ beschreiben. Dabei gibt t die Anzahl der Wochen und h(t) die Höhe in Metern an.

a) Berechnen Sie Höhe einer Hopfenpflanze nach 4 Wochen.
b) Bestimmen Sie näherungsweise, nach wie vielen Tagen eine Hopfenpflanze die Höhe von 6 Metern erreicht hat.
c) Begründen Sie, warum die Größe der Pflanze für $t > 16$ nicht mehr sinnvoll von der Funktion h modelliert werden kann.

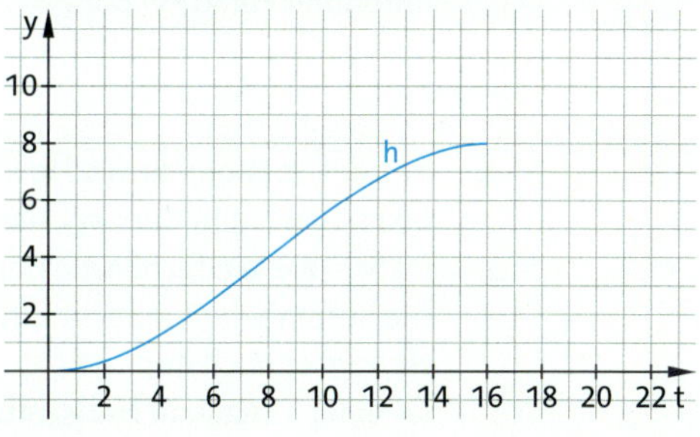

Wo stehe ich?

	Ich kann...	Aufgabe	Nachschlagen
1.1	... die Art des Exponenten einer Potenzfunktion bestimmen und Eigenschaften von Potenzfunktionen erkennen und anwenden.	1, 2, 3, 4	S. 9 Beispiel 1
1.2	... den Grad und die Koeffizienten einer ganzrationalen Funktion bestimmen.	4, 5, 6, 7, 8	S. 14 Beispiel 1
1.3	... die Nullstellen ganzrationaler Funktionen berechnen. ... die Funktionsterme ganzrationaler Funktionen in Linearfaktordarstellung angeben. ... Nullstellen anhand ihrer Vielfachheit charakterisieren.	8, 9, 10, 11, 12, 13, 14	S. 17 Beispiel 1, S. 18 Beispiel 2, S. 20 Beispiel 3

Potenzfunktionen

Funktionen f mit $f(x) = x^n$ mit $n \in \mathbb{Z}$, $n \neq 0$, heißen **Potenzfunktionen**.
Für $n > 0$ gilt $D = \mathbb{R}$, für $n < 0$ gilt $D = \mathbb{R}\setminus\{0\}$.
Der Graph von f ist achsensymmetrisch zur y-Achse für gerades n und punktsymmetrisch zum Ursprung für ungerades n.

$f(x) = x^4$
$g(x) = x^3$
$h(x) = x^{-2}$
$i(x) = x^{-5}$

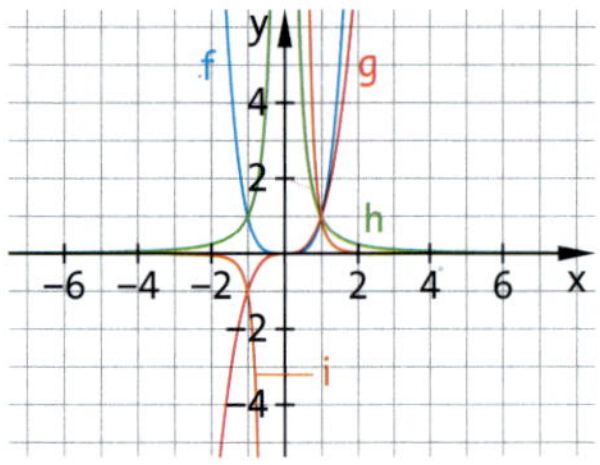

Ganzrationale Funktionen

Eine Funktion f mit der Gleichung
$f(x) = a_n x^n + a_{n-1}x^{n-1} + \ldots + a_2x^2 + a_1x + a_0$
mit $n \in \mathbb{N}$, $a_0, \ldots, a_n \in \mathbb{R}$ und $a_n \neq 0$ heißt **ganzrationale Funktion**.
n heißt **Grad** von f.

Die Funktion f mit $f(x) = 0{,}5x^4 - x^2 + 0{,}5$ ist eine ganzrationale Funktion; Grad n = 4.
Koeffizienten:
$a_4 = 0{,}5$; $a_3 = 0$; $a_2 = -1$; $a_1 = 0$; $a_0 = 0{,}5$

Nullstellen ganzrationaler Funktionen

Die Nullstellen einer ganzrationalen Funktion f berechnet man durch Lösen der Gleichung $f(x) = 0$. Durch Ausklammern von Potenzen von x lässt sich diese Gleichung oft auf eine lineare oder quadratische Gleichung zurückführen.

gesucht: Nullstellen von f mit
$f(x) = x^4 + 2x^3 - 15x^2$
$f(x) = x^2(x^2 + 2x - 15)$
$= 0$
Satz vom Nullprodukt:
$x^2 = 0$, also $x_1 = 0$
$x^2 + 2x - 15 = 0$, also $x_2 = 3$ oder $x_3 = -5$
Nullstellen von f: $x_1 = 0$; $x_2 = 3$; $x_3 = -5$

Eine ganzrationale Funktion f vom Grad n hat **höchstens n Nullstellen**.

Eine ganzrationale Funktion f mit den Nullstellen x = 0, x = 1 und x = 2 hat mindestens den Grad 3.

Ist x_N eine Nullstelle, so lässt sich der **Linearfaktor** $(x - x_N)$ aus dem Funktionsterm von f abspalten: $f(x) = (x - x_N) \cdot r(x)$ mit ganzrationaler Funktion r.

$f(x) = 0{,}5x^4 - x^2 + 0{,}5$
$= 0{,}5(x - 1)^2(x + 1)^2$
Nullstellen: $x_1 = 1$; $x_2 = -1$
Linearfaktoren: $(x - 1)$; $(x + 1)$

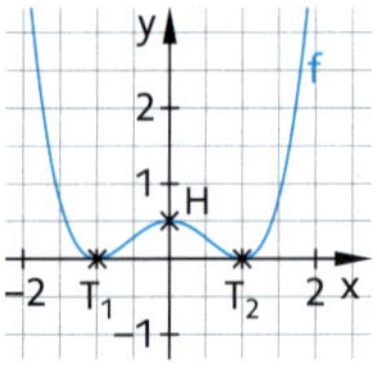

Ist der Funktionsterm so weit wie möglich faktorisiert, gibt der Exponent des Linearfaktors die **Vielfachheit** einer Nullstelle an. Die Summe der Vielfachheiten aller Nullstellen ist höchstens n.
An einer **einfachen Nullstelle** schneidet der Graph einer ganzrationalen Funktion die x-Achse. An einer **mehrfachen geraden Nullstelle** (doppelt, vierfach ...) berührt der Graph die x-Achse, ohne sie zu schneiden. An einer **mehrfachen ungeraden Nullstelle** (dreifach, fünffach ...) schneidet der Graph die x-Achse und schmiegt sich dabei an sie an.

$g(x) = 0{,}05x^2(x + 2)(x - 3)^3$
Nullstelle x = −2:
Vielfachheit 1, der Graph schneidet die x-Achse
Nullstelle x = 0:
Vielfachheit 2, der Graph berührt die x-Achse, ohne sie zu schneiden
Nullstelle x = 3:
Vielfachheit 3, der Graph schneidet die x-Achse und schmiegt sich dabei an sie an

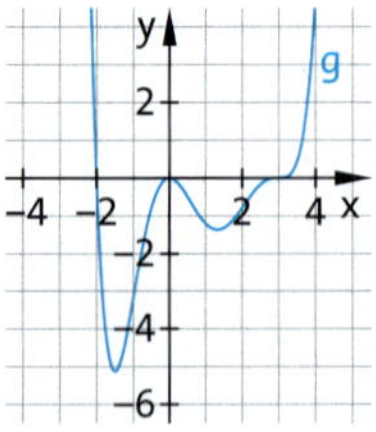

2

Spezielle Eigenschaften von Funktionen

Nach diesem Kapitel können Sie

→ Funktionen und ihre Graphen auf ihr Globalverhalten und ihre Monotonie untersuchen,

→ Funktionsgraphen auf lokale und globale Extrema untersuchen,

→ Funktionsgraphen rechnerisch auf ihr Symmetrieverhalten zur y-Achse oder zum Ursprung untersuchen,

→ Funktionsgraphen strecken, spiegeln und verschieben.

Lösungen
→ S. 200

Funktionen und ihre Eigenschaften

1 Zeichnen Sie die Gerade.
a) $y = x + 1$ b) $y = -1$ c) $y = -0{,}25x + 2$ d) $x = 2$

2 Der Graph gehört zu einer linearen Funktion der Form $f(x) = mx + b$. Geben Sie die Parameter m und b an.

a) 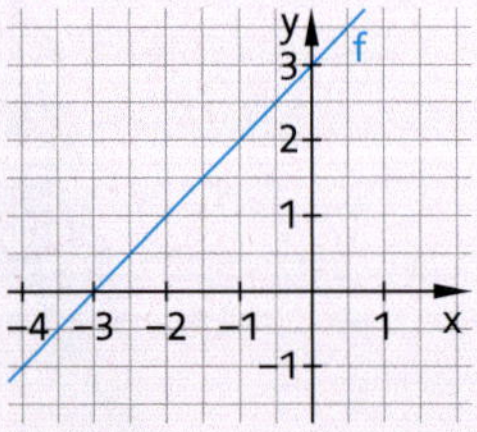

b) 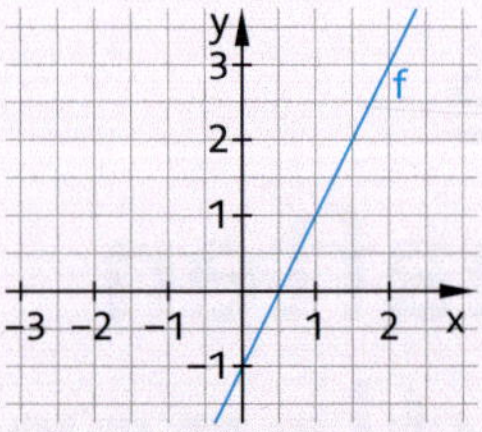

c) 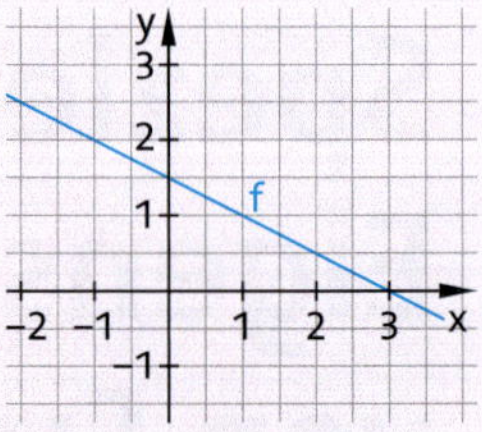

3 Formen Sie die Funktionsgleichung in die Scheitelpunktform um und geben Sie die Koordinaten des Scheitelpunktes an.
a) $f(x) = x^2 - 6x + 1$ b) $f(x) = 2x^2 + 8x + 6$ c) $f(x) = -0{,}5x^2 + 3x - 1$

4 Die Parabel zu $h(x) = -0{,}2x^2 + 1{,}8x + 2$ beschreibt die Höhe h(x) der Flugbahn eines Balls im horizontalen Abstand x von der Abwurfstelle (1 LE entspricht 1 m).
a) Prüfen Sie, ob der Ball über eine 4 m hohe Mauer fliegt, die 2 m vom Abwurfpunkt entfernt steht.
b) Berechnen Sie die maximale Flughöhe, die der Ball erreichen wird.
c) Geben Sie an, in welcher Höhe der Ball abgeworfen wird und in welcher Entfernung er wieder auf den Boden fällt.

5 Erläutern Sie, worin sich die Graphen der Potenzfunktionen f mit $f(x) = x^n$, $n \in \mathbb{N}\setminus\{0\}$, für gerades und ungerades n unterscheiden.

6 Berechnen Sie die Nullstellen der Funktion.
a) $f(x) = x^2 + 2x - 8$ b) $f(x) = x^3 - 4x^2 + 3x$ c) $f(x) = x^3 - 9x^2 + 20x$
d) $f(x) = 4x^3 + 4x^2 - 3x$ e) $f(x) = -x^4 - x^3 + 2x^2$ f) $f(x) = (4x^4 + 2x^3 - 2x^2)^2$

Symmetrie

7 Zeichnen Sie die Punkte A(2 | 3), B(4 | −1) und C(−2 | 0) in ein Koordinatensystem.
a) Spiegeln Sie die Punkte an der x-Achse.
b) Spiegeln Sie die Punkte an der y-Achse.
c) Spiegeln Sie die Punkte am Koordinatenursprung.
d) Geben Sie an, wie sich die Koordinaten der Punkte bei den jeweiligen Spiegelungen ändern.

8 Geben Sie an, zu welcher Achse bzw. zu welchem Punkt der Graph symmetrisch ist.

a) 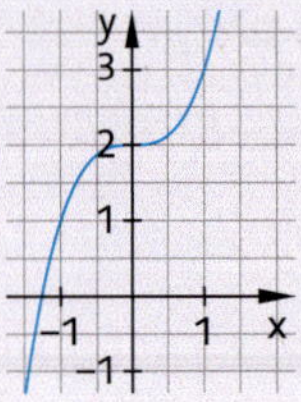

b) 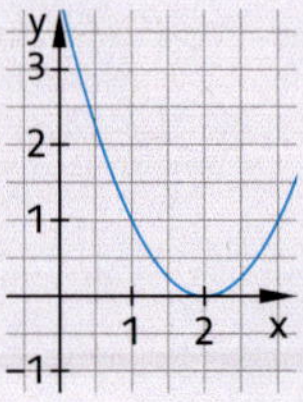

c) 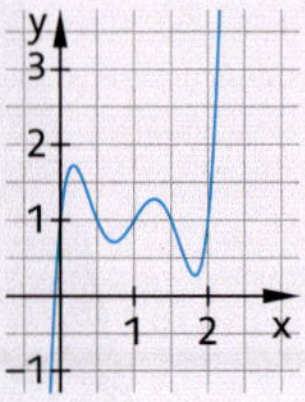

d) 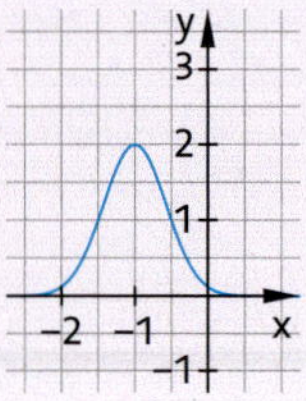

e) 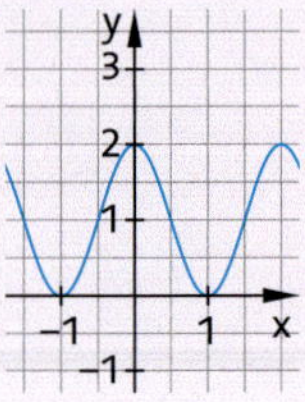

Lösungen → S. 201

9 Spiegeln Sie den Graphen von f mit $f(x) = x$ für $x \geq 0$ an der y-Achse. Beschreiben Sie den Verlauf des Graphen, der sich aus dem Graphen von f und dem gespiegelten Graphen zusammensetzt, unter Verwendung geeigneter Fachbegriffe.

10 Gegeben sind die Funktionen f und g mit $f(x) = \sin(x)$ und $g(x) = \cos(x)$. Geben Sie jeweils alle Punkte bzw. Geraden an, zu denen die Graphen von f und g punktsymmetrisch bzw. achsensymmetrisch sind.

Graphen strecken und verschieben

11 Beschreiben Sie, wie der Graph der Funktion f mit $f(x) = 3(x-1)^2 + 4$ aus der Normalparabel hervorgeht.

12 Die Abbildung zeigt den Graphen einer Funktion f. Geben Sie die Funktionsgleichung von f an.

a)
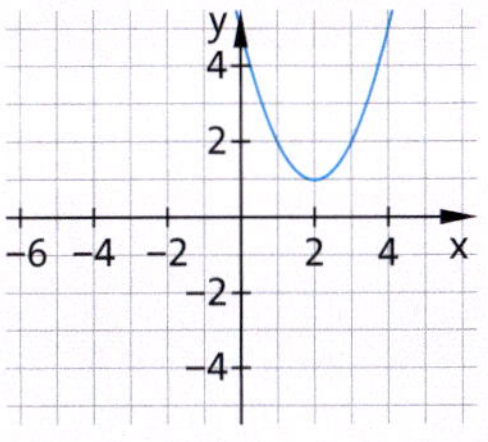

b)
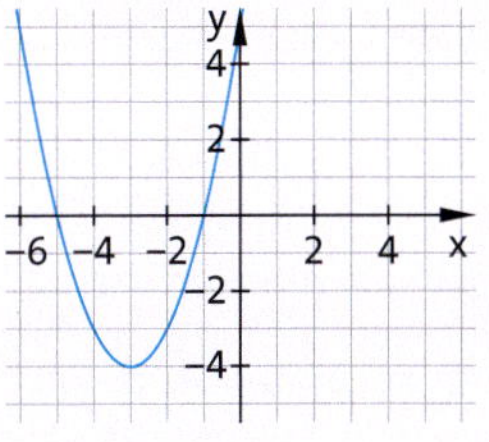

c)
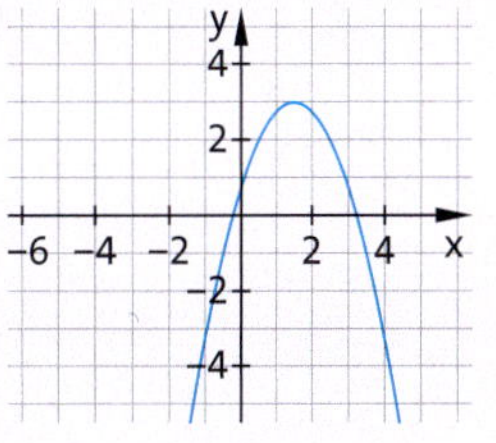

13 Skizzieren Sie die Graphen von f, g und h mit $f(x) = x$, $g(x) = \frac{1}{2}x$ und $h(x) = \frac{1}{2}x - 1$ in ein Koordinatensystem.
Geben Sie an, wie die Graphen von g und h aus dem Graphen von f hervorgehen.

14 a) Die Normalparabel wird an der x-Achse gespiegelt und dann um eine Einheit nach oben verschoben. Geben Sie einen Term zum so entstandenen Graphen an.
b) Die Normalparabel wird um eine Einheit nach oben verschoben und dann an der x-Achse gespiegelt. Geben Sie den Term zum so entstandenen Graphen an und vergleichen Sie mit dem Term aus a).

15 Die Abbildung zeigt den Graphen der Sinusfunktion f mit $f(x) = \sin(x)$ und den Graphen einer gestreckten Sinusfunktion g. Geben Sie an, in welche Richtung gestreckt wurde, und bestimmen Sie den Funktionsterm von g. Nennen Sie die Amplitude und die Periode von g.

a)
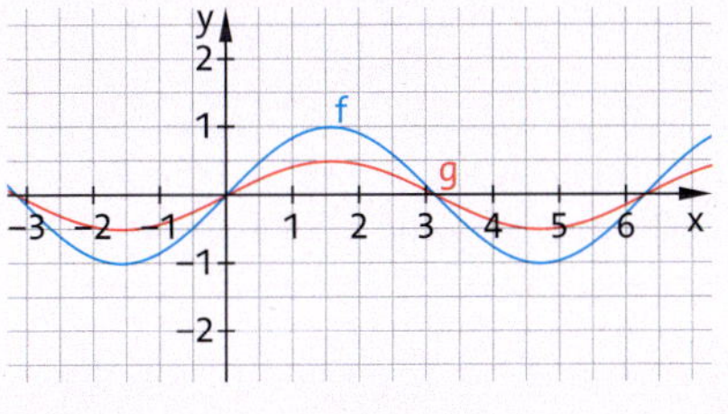

b)
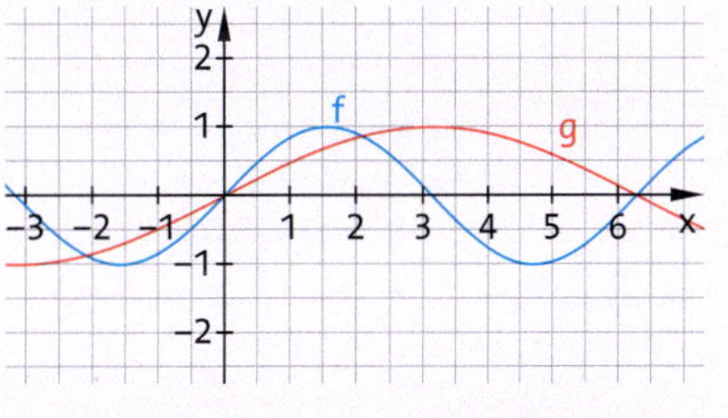

16 Das Pendel einer Pendeluhr vollzieht eine ungedämpfte Schwingung. Eine Schwingung (hin und wieder zurück) dauert 2 Sekunden, bei jedem Umlenken des Pendels ertönt ein Klickgeräusch. Das Pendel schwingt jeweils um 6 cm nach rechts bzw. links.
a) Beschreiben Sie diese Schwingung durch eine Funktion der Form $f(x) = a \cdot \sin(bx)$ (x: Zeit in Sekunden, y: Auslenkung den Pendels nach rechts (positiv) oder links in cm).
b) Geben Sie die Amplitude und die Periode von f an.
c) Überprüfen Sie Ihre Antwort mit einem Funktionenplotter.

2.1 Globalverhalten, Monotonie und Extrema

Der Graph der Funktion f mit $f(x) = -\frac{1}{2}x^4 - \frac{2}{3}x^3 + 2x^2$ beschreibt näherungsweise das Höhenprofil einer Vulkaninsel. Die x-Achse beschreibt dabei den Meeresspiegel (1 LE im Koordinatensystem entspricht 100 m).

a) Geben Sie an, an welcher Stelle x der höchste Berg der Insel steht. Ermitteln Sie seine Höhe.
b) Geben Sie den tiefsten Punkt der Insel an.
c) Erläutern Sie, wie sich der Graph für sehr große oder sehr kleine x verhält und wieso die Modellierung der Landschaft durch f nur auf einem Intervall sinnvoll ist.

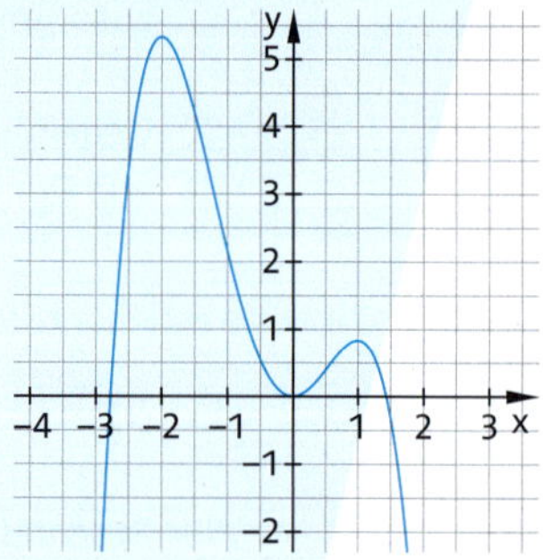

Globalverhalten

Hinweis

„Für $x \to \pm\infty$" bedeutet „für $x \to \infty$ und für $x \to -\infty$".

Bei Potenzfunktionen hängt das Verhalten im Unendlichen **(Globalverhalten)** vom Exponenten ab:
n gerade: Für $x \to \pm\infty$ gilt $f(x) = x^n \to \infty$.
n ungerade: Für $x \to \infty$ gilt $f(x) = x^n \to \infty$,
für $x \to -\infty$ gilt $f(x) = x^n \to -\infty$.

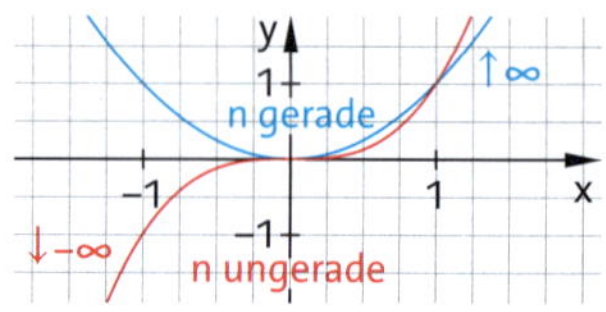

Der Graph der ganzrationalen Funktion f mit $f(x) = x^4 - 0{,}2x^3 - x^2 + 0{,}2x$ unterscheidet sich zwar in der Nähe der Nullstellen vom Graphen der Potenzfunktion g mit $g(x) = x^4$, aber „auf lange Sicht", also für immer größere bzw. kleinere Werte von x, werden die Funktionswerte von f und g immer ähnlicher. Das Globalverhalten der ganzrationalen Funktion f ergibt sich also aus dem Globalverhalten der Potenzfunktion g, deren Grad gleich dem Grad von f ist: Für $x \to \pm\infty$ gilt $f(x) \to \infty$.

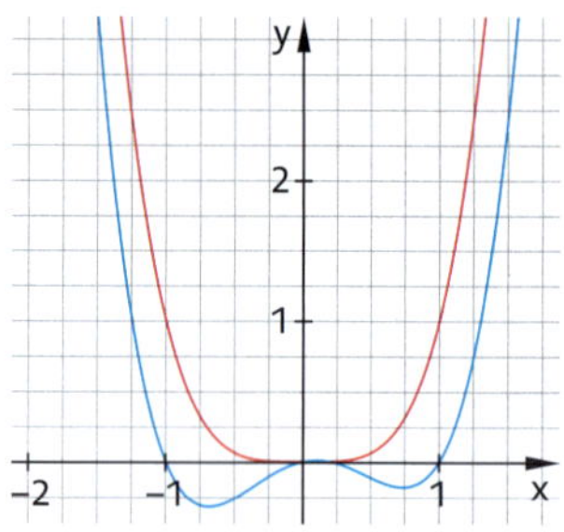

Koeffizienten im Funktionsterm ganzrationaler Funktionen können das Globalverhalten umkehren: Der Term $a_n x^n$ verhält sich für $a_n > 0$ genau wie x^n. Für $a_n < 0$ ändert sich jedoch das Vorzeichen gegenüber x^n.

Satz **Globalverhalten ganzrationaler Funktionen**

Der Graph einer ganzrationalen Funktion f mit $f(x) = a_n x^n + a_{n-1}x^{n-1} + ... + a_1 x + a_0$ mit $a_n \neq 0$ verhält sich für $x \to \pm\infty$ wie der Graph von g mit $g(x) = a_n x^n$.

Beispiel 1 Gegeben ist die Funktion f mit $f(x) = -2x^5 + 3x^2 - 2$.
Untersuchen Sie rechnerisch das Globalverhalten der Funktion.

Lösung:

Geben Sie den Summanden im Funktionsterm mit der höchsten Potenz an. Geben Sie zunächst das Globalverhalten der Potenzfunktion mit n = 5 an. Beziehen Sie dann den Einfluss des Koeffizienten $a_5 = -2 < 0$ mit ein.

Summand mit höchster Potenz: $-2x^5$
Für $x \to \infty$ gilt $x^5 \to \infty$ und für $x \to -\infty$ gilt $x^5 \to -\infty$.
Der negative Koeffizient ändert das Vorzeichen der Funktionswerte:
Für $x \to \infty$ gilt $f(x) \to -\infty$,
für $x \to -\infty$ gilt $f(x) \to \infty$.

Basisaufgaben

1 Geben Sie eine Funktion g der Form $g(x) = a_n x^n$ an, die das gleiche Globalverhalten hat wie f. Kontrollieren Sie anschließend mit einer geeigneten Mathematik-Software.

a) $f(x) = -3x^2 + 7x$
b) $f(x) = 1 + x^3$
c) $f(x) = 1 - x + x^3$
d) $f(x) = x^2(3x^4 + x)$

2 a) Vergleichen Sie rechnerisch das Globalverhalten der Funktionen f und g mit $f(x) = x^4 + 2x^3 - 8x^2$ und $g(x) = x^4$, indem Sie in beide Funktionsterme die x-Werte $x = 10$, $x = 100$ und $x = 1000$ einsetzen und den Funktionswert berechnen.

b) Berechnen Sie, um wie viel Prozent sich g(x) und f(x) aus a) jeweils unterscheiden.

3 Erstellen Sie eine Übersicht über das Globalverhalten der Funktion f mit $f(x) = ax^n$ in Abhängigkeit von a und $n \in \mathbb{N}$.

4 Geben Sie das Verhalten der Funktion für $x \to \pm\infty$ an.

a) $f(x) = 2x^2 + 5x$
b) $f(x) = 2x^3 - 9x + 1$
c) $f(x) = -x^4 + \frac{4}{3}x$
d) $f(x) = -6x^2 + 5x$
e) $g(x) = -3 + 5x^4$
f) $f(x) = 2x(-x + x^2)$

5 Geben Sie das Vorzeichen von f(10 000) und f(−10 000) an, ohne zu rechnen.

a) $f(x) = -0{,}125x^3 + 1{,}025x + 1$
b) $f(x) = \frac{125}{7}x^5 - \frac{8}{913}x^2 - \frac{12}{25}$
c) $f(x) = -12{,}875x^6$
d) $f(t) = 832t^2 + 999t - 834$

6 Ordnen Sie jeder der Funktionen f, g, h und i den passenden Graphen zu. Begründen Sie Ihre Entscheidung mithilfe des Verhaltens im Unendlichen.

$f(x) = -0{,}5x^3 + 2x^2 - x$
$g(x) = x^4 - 9x^2$
$h(x) = -x^3(x - 3)$
$i(x) = 3x^5 - 10x^3 - 1$

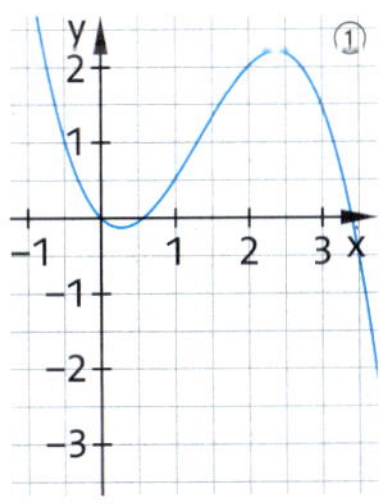

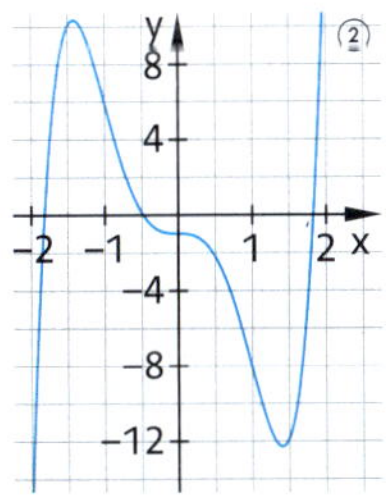

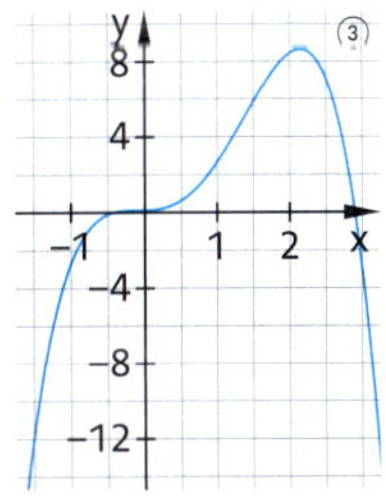

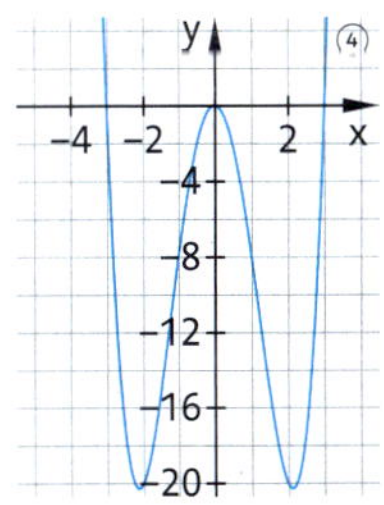

7 Die Abbildungen deuten den grafischen Verlauf einer ganzrationalen Funktion f mit $f(x) = a_n x^n + a_{n-1}x^{n-1} + \ldots + a_1 x + a_0$ und $a_n \neq 0$, $n \geq 2$ für $x \to \infty$ und $x \to -\infty$ an. Ergänzen Sie die fehlenden Eigenschaften von n und a_n.

n gerade, $a_n > 0$			
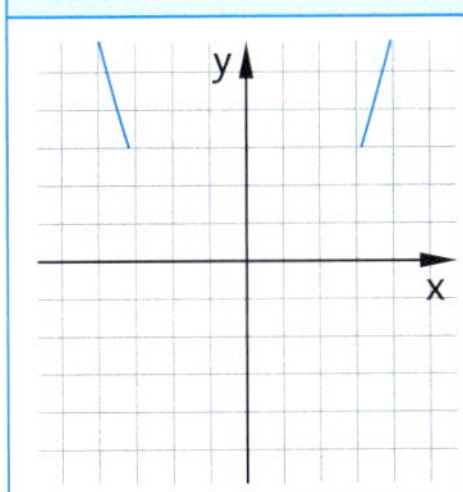	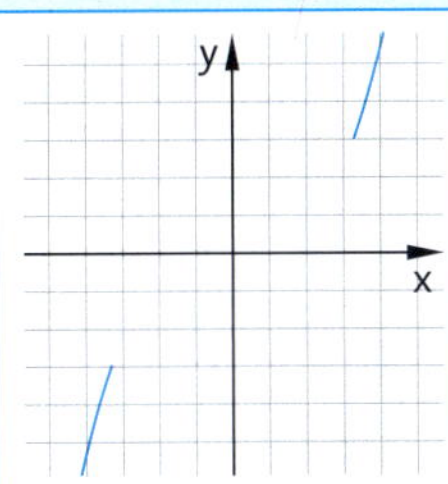	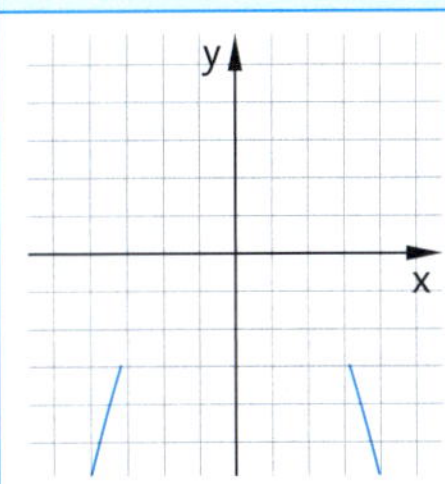	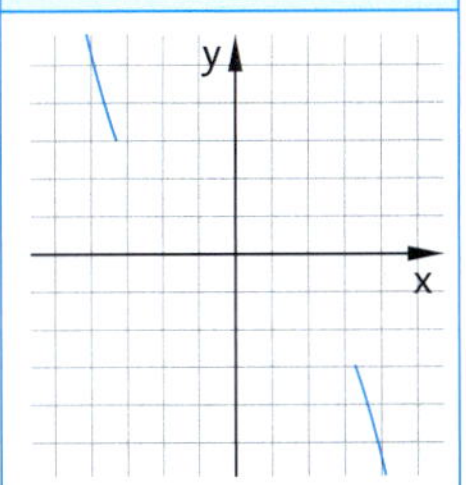

Monotonie und Extrema

Steigt der Graph einer Funktion von links nach rechts, so wachsen die Funktionswerte in diesem Bereich. Fällt der Graph, so werden die Funktionswerte für zunehmende x-Werte kleiner.

Definition **Monotonie**

Eine Funktion f ist auf einem Intervall I

streng monoton steigend, wenn für alle x_1 und x_2 aus I mit $x_1 < x_2$ gilt: $f(x_1) < f(x_2)$,

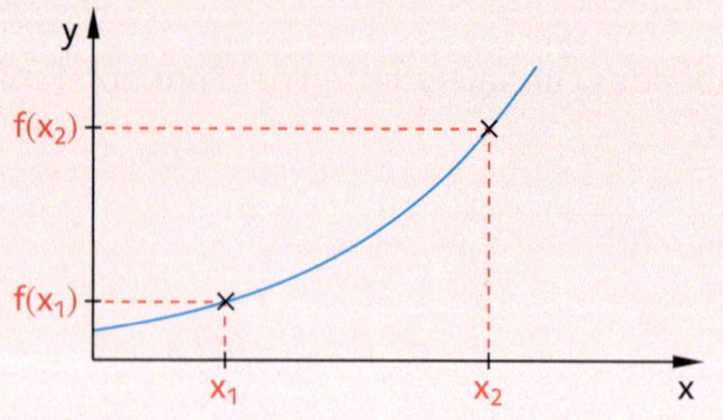

streng monoton fallend, wenn für alle x_1 und x_2 aus I mit $x_1 < x_2$ gilt: $f(x_1) > f(x_2)$.

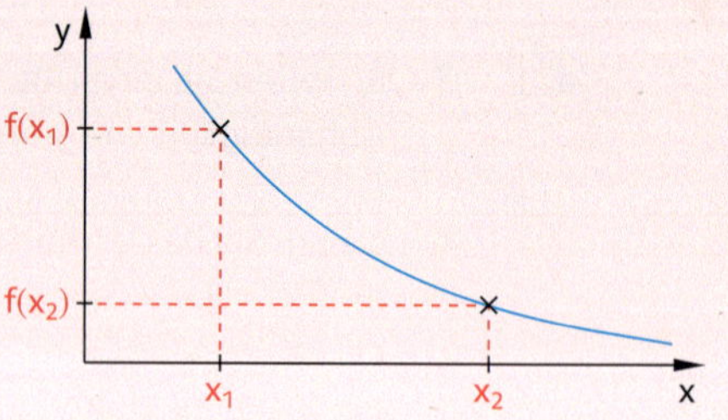

Ändert eine Funktion ihr Verhalten von streng monoton steigend auf streng monoton fallend, so liegt an dieser Stelle ein **Hochpunkt** des Graphen. Im umgekehrten Fall liegt dort ein **Tiefpunkt**.

Der Graph von f ist streng monoton fallend für $x < -1$ sowie $1 < x < 2$ und streng monoton steigend für $-1 < x < 1$ sowie $x > 2$.

An den Übergangsstellen $x = -1$ und $x = 2$ liegen die Tiefpunkte des Graphen: $T_1(-1\,|\,-1)$ und $T_2(2\,|\,0{,}69)$. Bei $x = 1$ liegt der Hochpunkt $H(1\,|\,1)$.

Die y-Koordinaten -1 und $0{,}69$ der Tiefpunkte sind die **lokalen Minima** der Funktion f, die y-Koordinate 1 des Hochpunktes ist das **lokale Maximum**.

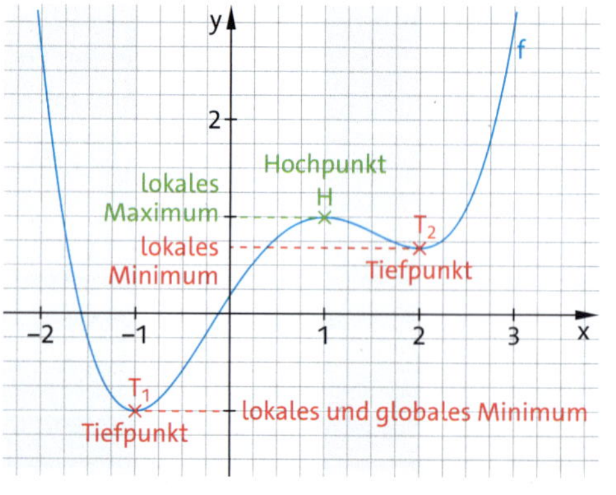

Das lokale Minimum -1 ist der kleinste Funktionswert, den f auf dem gesamten Definitionsbereich annimmt, und heißt daher **globales Minimum**. Da für $x \to \pm\infty$ gilt $f(x) \to \infty$, hat die Funktion keinen größten Funktionswert auf ihrem Definitionsbereich $D = \mathbb{R}$ und somit kein **globales Maximum**.

Definition **Hoch- und Tiefpunkt; lokales/globales Maximum und Minimum**

Der Graph einer Funktion f hat an der Stelle x_E einen **Hochpunkt** bzw. **Tiefpunkt**, wenn $f(x_E)$ in einer Umgebung von x_E der größte bzw. kleinste Funktionswert von f ist.
Den Funktionswert $f(x_E)$ nennt man **lokales Maximum** bzw. **lokales Minimum**.

Ist f(x) der größte bzw. kleinste Funktionswert im Definitionsbereich von f, so ist f(x) das **globale Maximum** bzw. **globale Minimum** von f.

Hoch- und Tiefpunkte bezeichnet man als **lokale Extrempunkte**, ihre x-Koordinaten als **lokale Extremstellen** und ihre y-Koordinaten als **lokale Extrema**.

Beispiel 2

a) Geben Sie die Intervalle an, auf denen die Funktion f streng monoton steigend bzw. fallend ist.

b) Lesen Sie die Hoch- und Tiefpunkte sowie die lokalen Maxima und Minima ab. Erläutern Sie, ob ein globales Maximum oder Minimum existiert. Falls ja, geben Sie es an.

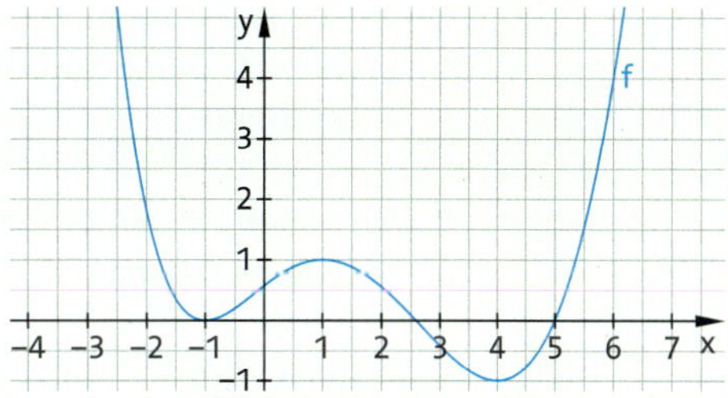

Lösung:

a) Geben Sie zunächst an, auf welchen Intervallen der Graph von links oben nach rechts unten verläuft. Dort fällt f streng monoton. Wo der Graph von links unten nach rechts oben verläuft, steigt f streng monoton.

f ist streng monoton fallend für $x < -1$ und für $1 < x < 4$.

f ist streng monoton steigend für $-1 < x < 1$ und für $x > 4$.

b) Lesen Sie die Koordinaten der Extrempunkte an den Stellen ab, an denen das Monotonieverhalten von f wechselt.

Hochpunkt: $H(1\,|\,1)$
Tiefpunkte: $T_1(-1\,|\,0)$ und $T_2(4\,|\,-1)$

Nennen Sie die lokalen Extrema mithilfe der y-Koordinaten der Extrempunkte. Prüfen Sie anhand des Globalverhaltens von f, ob globale Extrema existieren

lokales Maximum: $f(1) = 1$
lokale Minima: $f(-1) = 0$ und $f(4) = -1$
Es gilt $f(x) \to \infty$ für $x \to \pm\infty$, also existiert kein globales Maximum.
globales Minimum: -1

Basisaufgaben

Lösungen zu 8

Intervalle

$x < 1$ $x > 0$ $x > 1$ $-2 < x < 1$ $x > 1$ $x < -2$ $x < 0$

8 Geben Sie die Intervalle an, auf denen die Funktion streng monoton steigend bzw. fallend ist. Lesen Sie alle Hoch- und Tiefpunkte sowie die lokalen Maxima und Minima ab. Geben Sie das globale Maximum oder Minimum an, falls es existiert.

a)
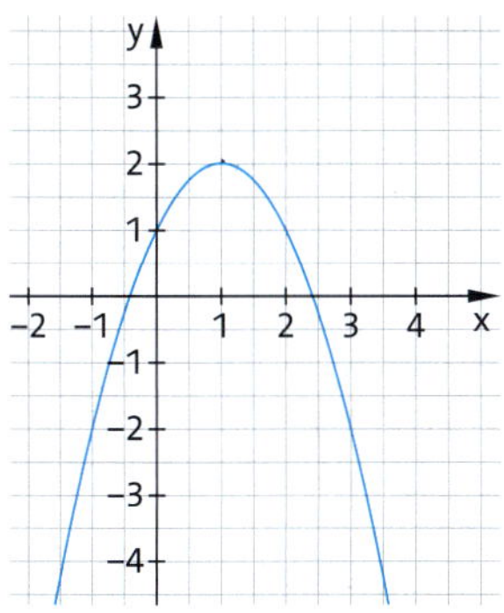

b)
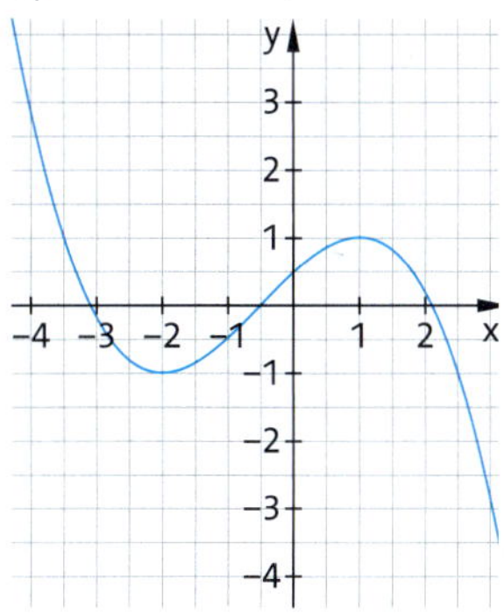

c)
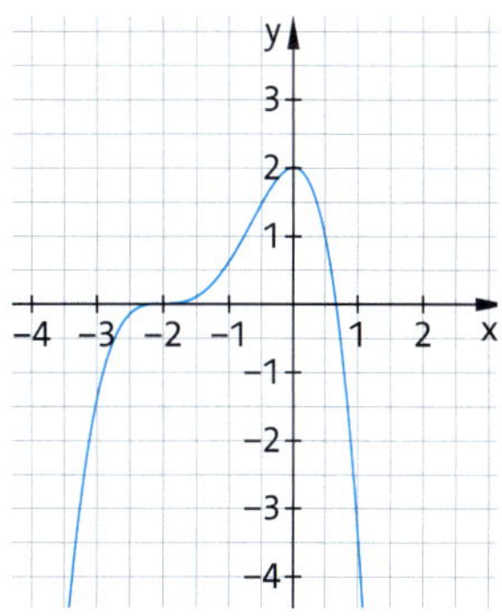

9 Zeichnen Sie den Graphen der Funktion mit einer geeigneten Mathematik-Software und bestimmen Sie die Hoch- und Tiefpunkte. Geben Sie an, ob ein globales Maximum oder Minimum existiert.

a) $f(x) = \frac{1}{2}x^4 + \frac{3}{2}x^3 - 2x$ b) $f(x) = -x^4 + \frac{21}{2}x^2 + \frac{1}{2}x$ c) $f(x) = x^7 - x^6 - 5x^3 + 2x$

10 Skizzieren Sie den Graphen einer Funktion, die
a) für $x < -2$ streng monoton steigend und für $x > -2$ streng monoton fallend ist,
b) für $x < -2$ und $x > 3$ streng monoton fallend und für $-2 < x < 3$ streng monoton steigend ist.

11 Skizzieren Sie den Graphen einer Funktion, die zwei Hoch- und zwei Tiefpunkte, aber keine globalen Extrema hat.

12 Untersuchen Sie, auf welchen Intervallen die Funktion streng monoton steigend bzw. streng monoton fallend ist. Geben Sie die Koordinaten aller Extrempunkte an.
a) $f(x) = 3x - 5$ b) $f(x) = -(x-2)^2 - 6$ c) $f(x) = (x+2)^4 + 1$

Weiterführende Aufgaben

Zwischentest

13 Begründen Sie anschaulich, dass eine ganzrationale Funktion keine zwei Hochpunkte haben kann, ohne einen Tiefpunkt dazwischen zu haben, und umgekehrt.

14 **Stolperstelle:** Linda hat einige Eigenschaften aus dem Funktionsgraphen abgelesen. Erklären und korrigieren Sie Lindas Fehler.
Hochpunkte: −5,4; 1,8
Tiefpunkt: −3
globales Maximum: (1|1,8)
globales Minimum: −6,8

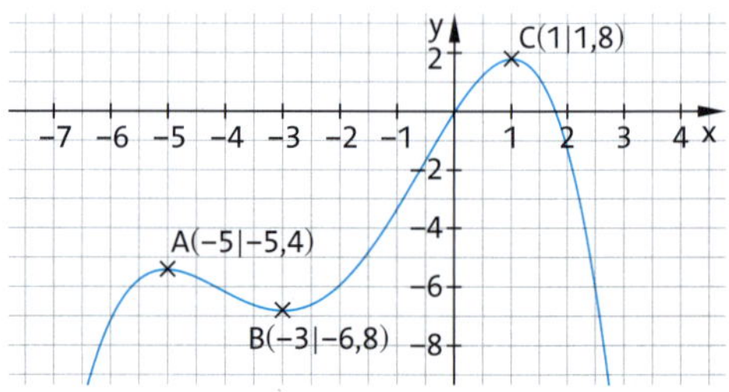

15 Das Bild zeigt einen Ausschnitt des Graphen der ganzrationalen Funktion f mit $f(x) = -0{,}5x^5 + 2x^4 + 0{,}5x^3 - 8x^2 + 6x - 2$. Begründen Sie, dass der Graph noch mindestens einen weiteren Extrempunkt haben muss, und geben Sie seine Art an.

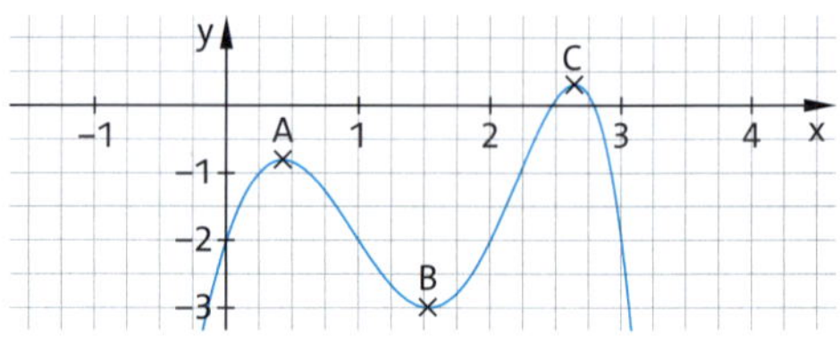

16 **Existenz eines globalen Maximums und Minimums:**
a) Begründen Sie, dass es keine ganzrationale Funktion mit Grad $n \geq 1$ gibt, die auf $\mathbb{R}$ sowohl ein globales Maximum als auch ein globales Minimum hat.
b) Erläutern Sie, weshalb ganzrationale Funktionen mit geradem Grad auf $\mathbb{R}$ mindestens ein globales Maximum oder Minimum haben müssen.

17 Für eine Funktion f gilt $f(x) \to -\infty$ für $x \to \infty$ und $f(x) \to \infty$ für $x \to -\infty$. Geben Sie begründet das Globalverhalten der Funktion g an.
a) $g(x) = 3 \cdot f(x)$ b) $g(x) = -\frac{1}{2} \cdot f(x)$ c) $g(x) = f(x) - 2000$ d) $g(x) = (f(x))^2$

18 Gegeben ist die Funktion f durch $f(x) = (x-30)(x-31)(x-32)(x-34)$.
a) Nennen Sie die Eigenschaften, die sich dem Funktionsterm direkt entnehmen lassen.
b) Begründen Sie, welchen Graphenausschnitt Sie betrachten müssen, um die Koordinaten des globalen Tiefpunktes ablesen zu können.

19 a) Skizzieren Sie den Graphen einer Funktion, die drei verschiedene Nullstellen hat.
b) Vergleichen Sie untereinander die Anzahl der lokalen Extrema Ihrer Funktionen. Untersuchen Sie, ob Sie eine Funktion mit noch mehr oder weniger Extrema finden können.

20 Die Funktion f mit $f(x) = -0{,}0002x^6 + 0{,}0078x^5 - 0{,}1098x^4 + 0{,}6562x^3 - 1{,}386x^2 + 6$ stellt in etwa den von den Stadtwerken gemessenen Wasserverbrauch (in $100\,\frac{m^3}{h}$) eines Wohnviertels zum Zeitpunkt x mit $0 \le x \le 14$ dar (x: Stunden seit Mitternacht).

a) Plotten Sie den Graphen von f. Beschreiben Sie seinen Verlauf (Monotonie, Hoch- und Tiefpunkte) und interpretieren Sie dieses Verhalten im Sachkontext.

b) Ermitteln Sie alle Stellen, an denen der Verbrauch genau $600\,\frac{m^3}{h}$ beträgt.

Hilfe

21 Lena nimmt um 8 Uhr morgens ein Vitamin-D-Präparat ein. Die Vitamin-D-Konzentration im Blut nach Einnahme dieses Präparats wird durch die Funktion $f(t) = \frac{7}{36}t^3 - \frac{7}{2}t^2 + \frac{63}{4}t + c$ beschrieben (t in Stunden, f(t) in µg/ℓ).

a) Der Vitamin-D-Spiegel zum Einnahmebeginn t = 0 beträgt 18 µg/ℓ. Bestimmen Sie den Parameter c in der Funktionsgleichung von f so, dass diese den Verlauf von Lenas Vitamin-D-Spiegel beschreibt. Plotten Sie den Graphen von f mit einer Software.

b) Bestimmen Sie, wie lange es dauert, bis die Wirkung des Präparats ein Maximum erreicht. Geben Sie die Höhe der maximalen Vitamin-D-Konzentration an.

c) Ermitteln Sie, nach wie vielen Stunden der Vitamin-D-Spiegel in Lenas Blut wieder auf seinen anfänglichen Wert gesunken ist. Leiten Sie daraus eine sinnvolle Angabe für den Definitionsbereich von f ab.

22 Ein Flugzeug bewegt sich in einer Turbulenz gemäß der Funktion f mit $f(t) = \frac{1}{6075}\left(t^4 - \frac{140}{3}t^3 + 672t^2 - 2880t + 34\,146\right)$ (t: Zeit ab dem Beobachtungsbeginn in Minuten im Intervall [0; 23], f(t): Höhe des Flugzeugs in km).

a) Ermitteln Sie mit einer Mathematik-Software die niedrigste und die größte Flughöhe.

b) Bestimmen Sie die Zeiträume, in denen sich das Flugzeug im Sinkflug befindet.

c) Erläutern Sie anhand des Globalverhaltens von f, warum die Funktion die Flughöhe nicht für alle $t \ge 0$ sinnvoll beschreibt.

23 Skizzieren Sie einen passenden Graphen einer ganzrationalen Funktion. Überlegen Sie, welchen Einfluss der Grad auf das Verhalten des Graphen für $x \to \pm\infty$ hat.

a) Grad 2, globales Maximum 5 bei x = −1

b) Grad 3, Tiefpunkt bei T(0 | 0), Hochpunkt bei H(4 | 1)

c) Grad 4, Tiefpunkt bei T(3 | 0), lokales Maximum 3 und globales Maximum 5

24 Globalverhalten der Sinusfunktion:
Skizzieren Sie den Graphen der Sinusfunktion f mit f(x) = sin(x). Erklären Sie das Verhalten der Funktionswerte für beliebig große x-Werte und beschreiben Sie das Verhalten der Funktion im Unendlichen.

25 Begründen Sie, dass die Funktion f mit $f(x) = 2^{-x^2}$ an der Stelle x = 0 ein Extremum hat. Beschreiben Sie mithilfe eines Funktionenplotters das Globalverhalten von f.

26 Ausblick: Gegeben sind die Funktionen f und g mit $f(x) = \frac{1}{4}x^2 + \frac{1}{x^2}$ und $g(x) = \frac{1}{4}x^2$.

a) Begründen Sie, dass f nicht ganzrational ist.

b) Geben Sie den Definitionsbereich von f an und plotten Sie den Graphen mit einer Mathematik-Software. Beschreiben Sie anhand des Graphen das Globalverhalten von f.

c) Begründen Sie, dass sich der Graph von f für $x \to \pm\infty$ dem Graphen von g annähert.

d) Geben Sie das Globalverhalten von $h(x) = -2 + \frac{3}{x^4} + \frac{1}{7x^2}$ an und überprüfen Sie Ihr Ergebnis mit einem Funktionenplotter.

2.2 Symmetrie

Beschreiben Sie, wie der Graph der Sinusfunktion und die Normalparabel für $x < 0$ verlaufen. Beziehen Sie sich dabei auf den Verlauf der Graphen für $x > 0$.
Geben Sie die Funktionswerte der Sinusfunktion an den Stellen $x = -\frac{\pi}{2}$, $x = -\pi$ und $x = -\frac{3\pi}{2}$ an.

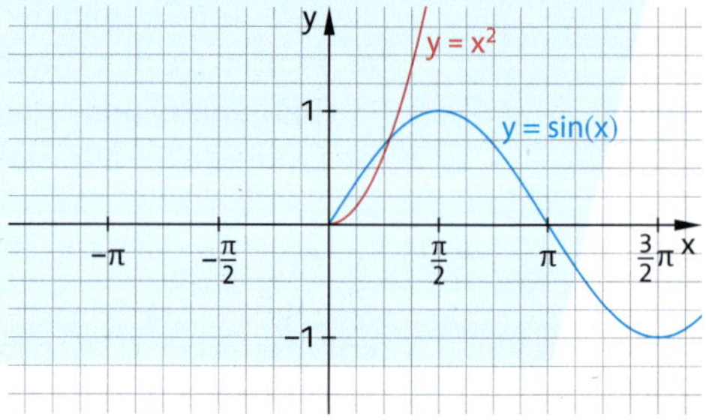

Der Graph einer Funktion kann achsensymmetrisch zur y-Achse, punktsymmetrisch zum Ursprung oder keines von beidem sein. Die Symmetrie wird rechnerisch mithilfe des Funktionsterms untersucht.

Achsensymmetrie zur y-Achse

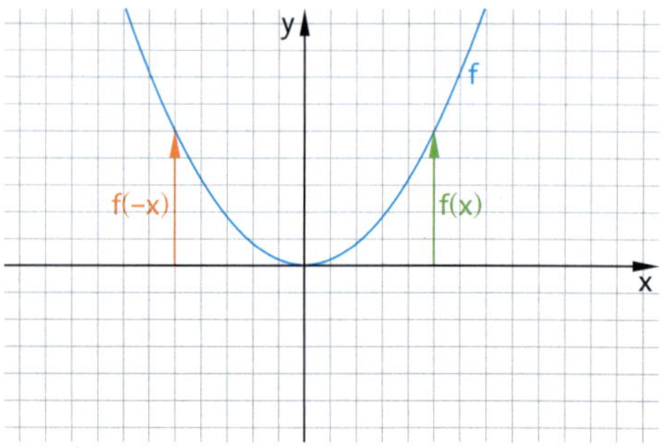

$f(-x) \quad = \quad f(x)$

Punktsymmetrie zum Ursprung

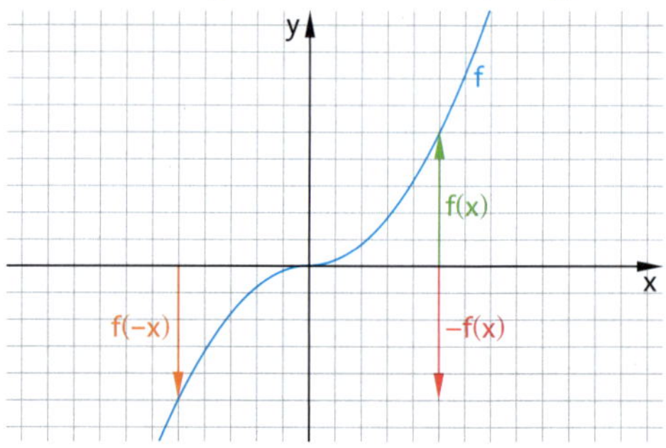

$f(-x) \quad = \quad -f(x)$

> **Satz** **Symmetrie von Funktionsgraphen zum Koordinatensystem**
>
> Der Graph einer Funktion f ist **achsensymmetrisch zur y-Achse**, wenn für alle x aus dem Definitionsbereich gilt: $\mathbf{f(-x) = f(x)}$
>
> Der Graph einer Funktion f ist **punktsymmetrisch zum Ursprung**, wenn für alle x aus dem Definitionsbereich gilt: $\mathbf{f(-x) = -f(x)}$

Da $(-x)^n = x^n$ nur für gerade Exponenten gilt, kann für eine ganzrationale Funktion f nur dann $f(-x) = f(x)$ für alle x gelten, wenn der Funktionsterm von f nur Potenzen von x mit geraden Exponenten hat. Solche Funktionen heißen **gerade Funktionen**.

Analog gilt $(-x)^n = -x^n$ nur für ungerade Exponenten. Daher kann $f(-x) = -f(x)$ nur dann für alle x gelten, wenn der Funktionsterm von f nur Potenzen von x mit ungeraden Exponenten hat. Solche Funktionen heißen **ungerade Funktionen**.

> **Satz** **Symmetrie ganzrationaler Funktionen**
>
> Für eine ganzrationale Funktion f mit ausmultipliziertem Funktionsterm gilt:
>
> - Der Graph von f ist genau dann **achsensymmetrisch zur y-Achse**, wenn der Funktionsterm von f nur **gerade Exponenten** enthält.
> - Der Graph von f ist genau dann **punktsymmetrisch zum Ursprung**, wenn der Funktionsterm von f nur **ungerade Exponenten** enthält.

Enthält ein Funktionsterm einen konstanten Summanden c, so kann man diesen schreiben als $c = c \cdot x^0$. Da 0 gerade ist, enthält ein solcher Term einen geraden Exponenten.
Andererseits enthält ein Funktionsterm mit dem Summanden ax einen ungeraden Exponenten, denn es gilt $ax = ax^1$.

Beispiel 1 Untersuchen Sie, ob der Graph der Funktion achsensymmetrisch zur y-Achse, punktsymmetrisch zum Ursprung oder nichts von beidem ist.

a) $f(x) = 8x^4 + x^2 + 3$ b) $g(x) = x^5 - 6x$ c) $h(x) = x^5 + 8x^3 + 1$ d) $k(x) = 4x(-2x^3 + 3x^2)$

Lösung:

a) Überprüfen Sie, ob die Exponenten im Funktionsterm alle gerade oder alle ungerade sind. Nutzen Sie $3 = 3x^0$.
Alle Exponenten (4, 2 und 0) sind gerade. Der Graph von f ist achsensymmetrisch zur y-Achse.

b) Beachten Sie beim Überprüfen der Exponenten, dass $-6x = -6x^1$ gilt.
Alle Exponenten sind ungerade. Der Graph von g ist punktsymmetrisch zum Ursprung.

c) Nutzen Sie beim Überprüfen der Exponenten $1 = x^0$.
Der Term enthält gerade (0) und ungerade (3 und 5) Exponenten: Der Graph von h ist weder achsensymmetrisch zur y-Achse noch punktsymmetrisch zum Ursprung.

d) Multiplizieren Sie den Funktionsterm aus und prüfen Sie, ob alle Exponenten gerade oder alle ungerade sind.
$k(x) = 4x(-2x^3 + 3x^2) = -8x^4 + 12x^3$
Es treten sowohl gerade als auch ungerade Exponenten auf. Der Graph von k ist weder symmetrisch zur y-Achse noch zum Ursprung.

Hinweis

Beim Globalverhalten wurde nur der höchste Exponent im Funktionsterm untersucht, bei der Symmetrie müssen dagegen alle Exponenten betrachtet werden.

Basisaufgaben

1 Untersuchen Sie, ob der Graph der Funktion achsensymmetrisch zur y-Achse, punktsymmetrisch zum Ursprung oder nichts von beidem ist.

a) $f(x) = -x^7 - x^3$ b) $f(x) = -\frac{1}{3}x^6 + \frac{2}{7}x^2 - 1$ c) $f(x) = 1 + 2x + 3x^2$
d) $f(x) = -3x^4 + 8$ e) $f(x) = 2x - x^2 + x^4$ f) $f(x) = x$
g) $f(x) = 2x + 3$ h) $f(x) = 3$ i) $f(x) = x^3 + 2x^5 + 8x^4$

2 Entscheiden Sie, ob der Graph von f achsensymmetrisch zur y-Achse, punktsymmetrisch zum Ursprung oder keins von beidem ist. Formen Sie ggf. zunächst den Funktionsterm um.

a) $f(x) = 2x(3 + x^2)$ b) $f(x) = -2(x^2 + x)$ c) $f(x) = x\left(x^3 + \frac{1}{2x}\right)$
d) $f(x) = (x^3)^2$ e) $f(u) = 4u + 11u^9$ f) $f(t) = a^3t^2 - a(t^4 + t^6)$

3 Die Abbildung zeigt den symmetrischen Graphen einer ganzrationalen Funktion. Erläutern Sie, ob der zugehörige Funktionsterm in ausmultiplizierter Form gerade oder ungerade Exponenten hat.

a)
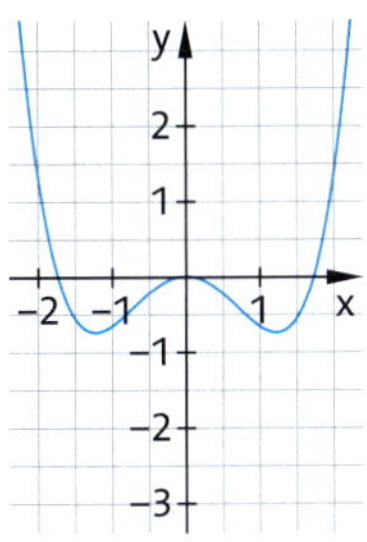

b)
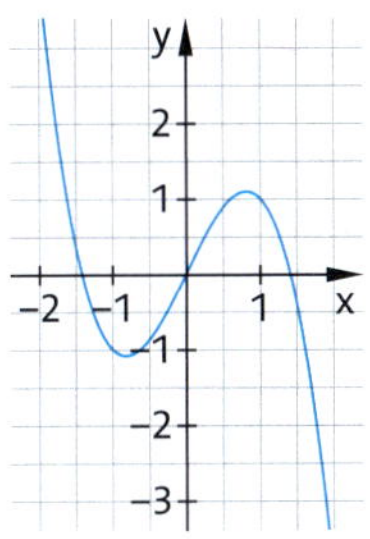

c)
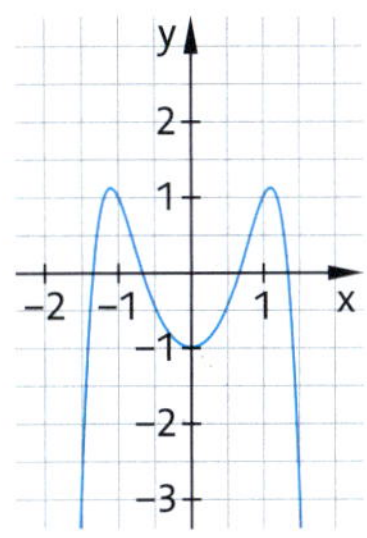

d)
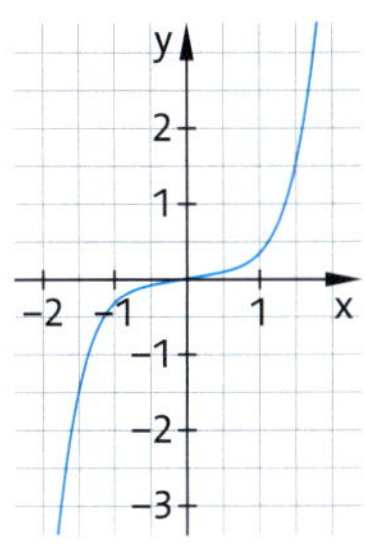

4 Vervollständigen Sie die Wertetabelle für den Fall, dass der Graph von f
a) achsensymmetrisch zur y-Achse,
b) punktsymmetrisch zum Ursprung ist.

x	−3	−2	−1	0	1	2	3
f(x)		1			−4		5

5 Prüfen Sie rechnerisch, ob der Graph von f achsensymmetrisch zur y-Achse oder punktsymmetrisch zum Ursprung ist, indem Sie $f(-x)$ mit $f(x)$ bzw. $-f(x)$ vergleichen. Überprüfen Sie Ihr Ergebnis durch Betrachtung der Exponenten des ausmultiplizierten Funktionsterms.

a) $f(x) = 2x + 10x^3$
b) $f(x) = (2x^4 - 7)x^2 + 11x^2$
c) $f(x) = x(-3x) + 7$
d) $f(x) = x^3\left(-\frac{2}{7} - 8x^2\right)$
e) $f(x) = x^3(x^3 - 7x)$
f) $f(x) = ax^4 + bx^2 + c$ mit $a \neq 0$

6 Entscheiden Sie, ob die Graphen achsensymmetrisch zur y-Achse oder punktsymmetrisch zum Ursprung sind.

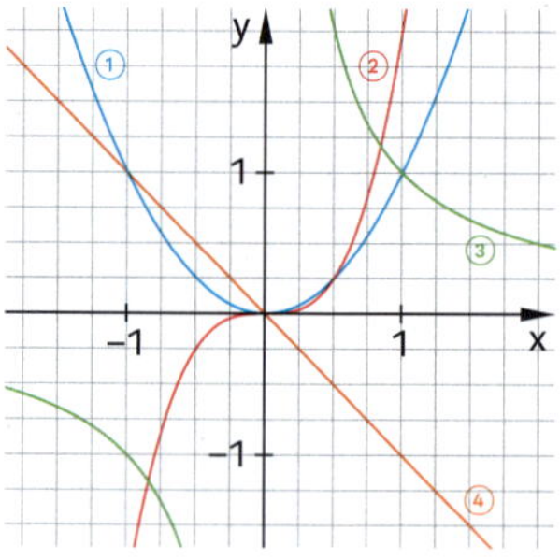

7 **Symmetrie von Potenzfunktionen:** Erläutern Sie anhand des Satzes über das Symmetrieverhalten ganzrationaler Funktionen das Symmetrieverhalten von Potenzfunktionen in Abhängigkeit von ihrem Exponenten.

8 **Symmetrie quadratischer Funktionen:** Beschreiben Sie das Symmetrieverhalten der Funktion f mit $f(x) = ax^2 + bx + c$ in Abhängigkeit von den Parametern a, b und c ($a \neq 0$).

9 **Symmetrie der Sinusfunktion:** Beschreiben Sie das Symmetrieverhalten der Funktion f mit $f(x) = a \cdot \sin(bx)$ in Abhängigkeit von den Parametern a und b ($a, b \neq 0$).

Weiterführende Aufgaben

Zwischentest

MK **10** Klara hat den Graphen der Funktion f mit $f(x) = x^6 - 5x^4 + 5x^2 - 1$ mit einem Funktionenplotter gezeichnet. Beurteilen Sie die Wahl des Fensterausschnitts, indem Sie das Symmetrie- und Globalverhalten des Graphen betrachten. Stellen Sie den Graphen in einem geeigneten Bereich mit einem Plotter dar.

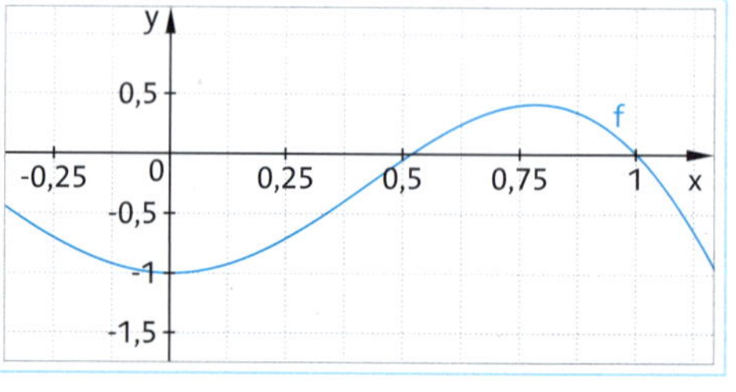

11 Skizzieren Sie den Graphen einer auf ganz $\mathbb{R}$ definierten Funktion f mit den gegebenen Eigenschaften. Geben Sie an, welche Extrempunkte durch diese Eigenschaften festgelegt werden. Überprüfen Sie gegenseitig Ihre Ergebnisse.

a) Der Graph ist achsensymmetrisch zur y-Achse, verläuft durch den Ursprung und sonst nur unterhalb der x-Achse.

b) Der Graph ist achsensymmetrisch zur y-Achse, schneidet die x-Achse bei $x = -1$ und es gilt: $f(x) \to -\infty$ für $x \to \infty$ und für $x \to -\infty$

c) Der Graph ist achsensymmetrisch zur y-Achse, verläuft nicht durch den Ursprung, aber sowohl oberhalb als auch unterhalb der x-Achse, und es gilt: $f(x) \to \infty$ für $x \to -\infty$

d) Der Graph ist punktsymmetrisch zum Ursprung und berührt bei $x = 3$ die x-Achse.

12 **Stolperstelle:**
Leonie berechnet Funktionswerte der Funktion f und stellt fest: *„Es gilt $f(-2) = -8$ und $f(2) = 8$. Der Graph muss also punktsymmetrisch zum Ursprung sein."*
Nehmen Sie Stellung.

13 Ordnen Sie die Graphen den Funktionsgleichungen zu, indem Sie das Symmetrieverhalten und das Verhalten im Unendlichen analysieren.

$f(x) = 4x^3 - 11x$	$g(x) = -x^4 + 7x^2 - 6x$	$h(x) = -x^4 + 3x^2$	$i(x) = 2x^6 - 4x^4 + x^2$

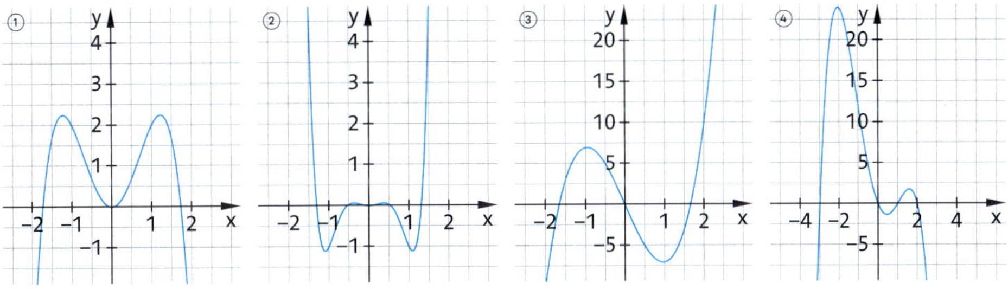

14 Begründen Sie, ob die Aussage über eine ganzrationale Funktion vom Grad $n \geq 1$ wahr oder falsch ist. Geben Sie ein Gegenbeispiel an, falls sie falsch ist.

a) Die Koeffizienten haben keinen Einfluss auf das Symmetrieverhalten des Graphen.
b) Achsensymmetrische Funktionen haben für $x \to \pm\infty$ das gleiche Globalverhalten.
c) Der Graph jeder achsensymmetrischen Funktion hat mindestens einen Hochpunkt.
d) Der Graph jeder punktsymmetrischen Funktion hat Hoch- und Tiefpunkte.
e) Ist der Graph punktsymmetrisch zum Ursprung, so verläuft er durch den Ursprung.

Hilfe

MK **15** Bestimmen Sie die Werte des Parameters t so, dass der Graph der Funktion f achsensymmetrisch zur y-Achse oder punktsymmetrisch zum Ursprung ist. Überprüfen Sie Ihr Ergebnis mit einer geeigneten Mathematik-Software.

a) $f(x) = x - t$
b) $f(x) = x(x^2 - t)$
c) $f(x) = x^2(x - t)(x + t)$
d) $f(x) = -2x^2 + tx + 3$
e) $f(x) = 2x^3 + x + t$
f) $f(x) = 2x^3 + tx^2$

16 **Symmetrie zu einer anderen Achse:** Die Parabel mit der Gleichung $y = (x - 1)^2$ ist symmetrisch zu einer Parallelen zur y-Achse.

a) Skizzieren Sie ihren Graphen und tragen Sie die Symmetrieachse ein.
b) Begründen Sie, dass die Gleichung $f(a + x) = f(a - x)$ die Symmetrie des Graphen von f bezüglich der Achse $x = a$ beschreibt.
c) Prüfen Sie damit die Graphen der Funktionen f und g auf Achsensymmetrie zur angegebenen Achse:
$f(x) = x^2 - 10x$, Achse: $x = 5$ $\quad$ $g(x) = -x^2 - 8x - 7$, Achse: $x = -4$

17 Die Flugkurve einer Hochspringerin wird vereinfacht dargestellt durch f mit $f(x) = -0{,}6x^2 + 1{,}4x + 1$. Hierbei ist x die horizontale und f(x) die vertikale Entfernung des Körperschwerpunkts vom Absprungpunkt in m.

a) Bestimmen Sie, in welcher Entfernung zur Latte die Springerin abspringen sollte. Erläutern Sie, wie Symmetrieüberlegungen den Rechenaufwand erleichtern könnten.
b) Ermitteln Sie näherungsweise, welche maximale Höhe übersprungen werden kann.

18 **Ausblick:** Sind g und h ganzrationale Funktionen, dann ist die Funktion f mit $f(x) = \frac{g(x)}{h(x)}$ eine **gebrochen-rationale Funktion.**

a) Untersuchen Sie, ob die gebrochen-rationale Funktion f mit $f(x) = \frac{x}{x^2 - 1}$ punktsymmetrisch zum Ursprung oder achsensymmetrisch zur y-Achse ist. Vergleichen Sie mit den Symmetrieregeln für ganzrationale Funktionen.
b) Finden Sie eine Regel für punktsymmetrische gebrochen-rationale Funktionen.

2.3 Verschieben, Strecken und Spiegeln

Ordnen Sie die Funktionsgleichungen den Graphen ① bis ④ zu. Begründen Sie.
$f(x) = x^3$
$g(x) = 0{,}5 \cdot x^3$
$h(x) = (x + 2)^3$
$i(x) = x^3 + 1$

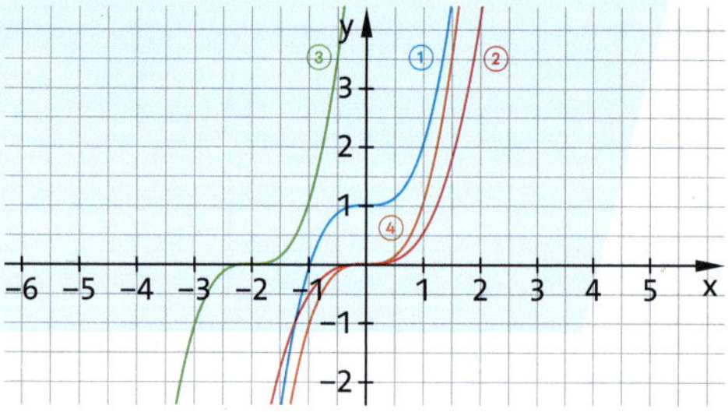

Graphen verschieben

Verschiebt man die Normalparabel ($f(x) = x^2$) um 2 Einheiten nach rechts und 1 Einheit nach oben, so liegt der Scheitelpunkt bei S(2 | 1). Die Funktionsgleichung verändert sich dabei wie folgt:

$f(x) = x^2 \rightarrow g(x) = (x - 2)^2 + 1$

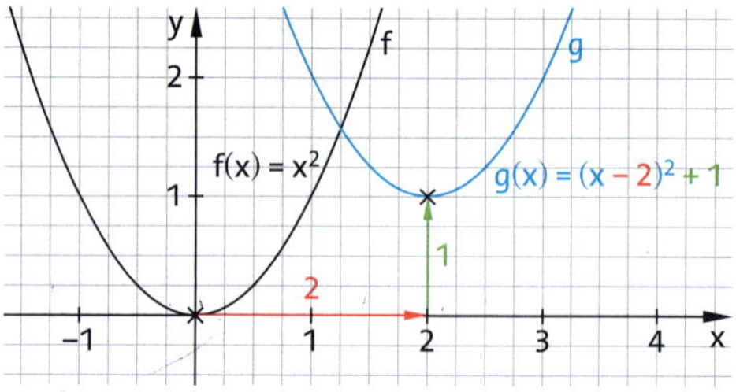

Hinweis

$g(x) = f(x - 2)$:
Verschiebung um 2 nach rechts
$g(x) = f(x + 2)$
$= f(x - (-2))$:
Verschiebung um 2 nach links

Dieser Zusammenhang zwischen Verschiebung und neuer Funktionsgleichung gilt auch für alle anderen Funktionstypen, wie z. B.:
Sinusfunktion:
$f(x) = \sin(x) \rightarrow g(x) = \sin(x - 2) + 1$

ganzrationale Funktion:
$h(x) = x^3 + 2x^2 \rightarrow i(x) = (x - 2)^3 + 2(x - 2)^2 + 1$

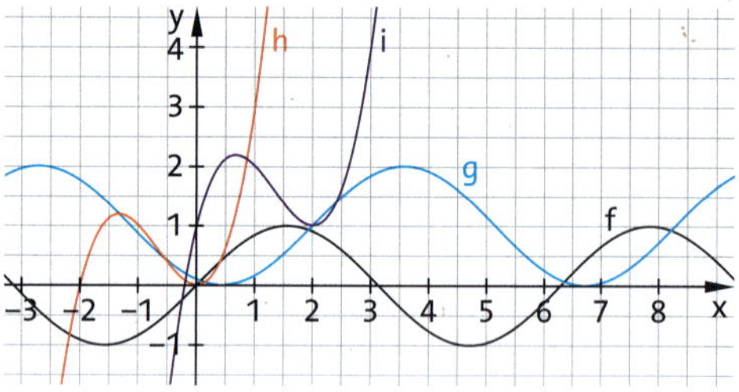

Wissen

Der Graph der Funktion g mit $g(x) = f(x - c) + d$ geht aus dem Graphen von f hervor durch **Verschieben**
- um **c Einheiten in x-Richtung,**
- um **d Einheiten in y-Richtung.**

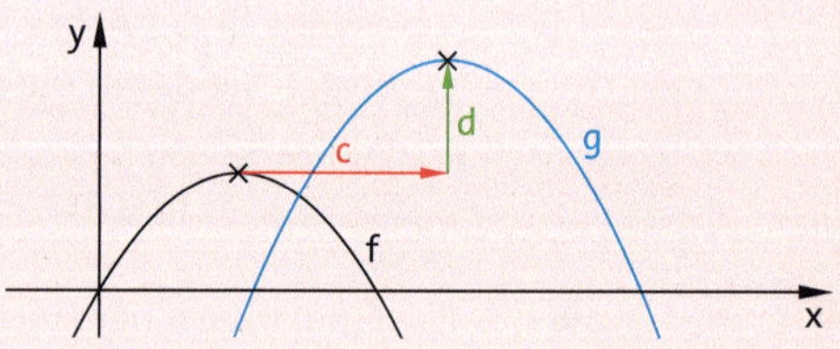

Häufig spricht man davon, dass der Graph nach links oder rechts (anstatt in x-Richtung) bzw. nach oben oder unten (anstatt in y-Richtung) verschoben wird.
rechts: $c > 0$ links: $c < 0$ oben: $d > 0$ unten: $d < 0$

Beispiel 1

Beschreiben Sie, wie man den Graphen von f mit $f(x) = 3\sin(x)$ verschieben muss, um den Graphen von g mit $g(x) = 3\sin(x + 5) - 2$ zu erhalten.

Lösung:
Schreiben Sie die Funktionsgleichung von g in der Form $g(x) = f(x - c) + d$.
Es folgt $c = -5$ und $d = -2$.

$g(x) = f(x + 5) - 2 = f(x - (-5)) - 2$
Der Graph von g entsteht durch Verschiebung um 5 Einheiten nach links und 2 Einheiten nach unten.

Beispiel 2 Der Graph von f mit $f(x) = x^2 - 3x + 1$ wird um 4 Einheiten nach links und 2 Einheiten nach unten verschoben. Geben Sie eine Funktionsgleichung des neuen Graphen an.

Lösung:

Verschieben nach links: Ersetzen Sie im Funktionsterm x durch $x - (-4) = x + 4$.

$x^2 - 3x + 1 \rightarrow (x + 4)^2 - 3 \cdot (x + 4) + 1$
$= x^2 + 5x + 5$

Verschieben nach unten: Subtrahieren Sie 2 vom Funktionsterm.

$x^2 + 5x + 5 \rightarrow x^2 + 5x + 5 - 2$
Funktionsgleichung: $y = x^2 + 5x + 3$

Basisaufgaben

1 Der Graph von f mit $f(x) = x^4$ wurde verschoben. Ordnen Sie die Graphen den Funktionsgleichungen zu. Begründen Sie Ihre Auswahl.

$g(x) = (x + 2)^4 - 1$ | $h(x) = (x - 2)^4 - 1$ | $i(x) = (x - 1)^4 + 2$ | $j(x) = (x - 1)^4 - 2$

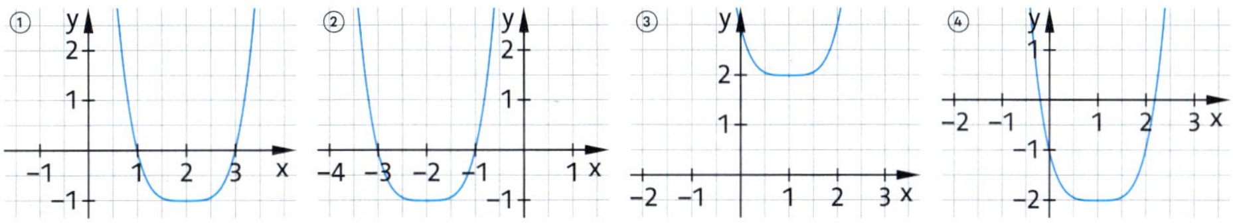

2 Der Graph von f wird um 1 Einheit nach rechts und 3 Einheiten nach oben verschoben. Geben Sie eine Funktionsgleichung für den neuen Graphen an.

a) $f(x) = x^2$ b) $f(x) = (x + 2)^2 - 1$ c) $f(x) = 6x$ d) $f(x) = \sin(x)$
e) $f(x) = 4\sin(x)$ f) $f(x) = x^5 + 2$ g) $f(x) = (x - 3)^5 - 2$ h) $f(x) = -3x^3 - 2x$

3 Beschreiben Sie, wie der Graph von g aus dem Graphen von f entsteht. Zeichnen Sie dann die Graphen mit einem Funktionenplotter und überprüfen Sie Ihre Beschreibung.

a) $f(x) = x^3$
$g(x) = (x + 0{,}5)^3 + 1{,}5$

b) $f(x) = \sin(x)$
$g(x) = -1 + \sin(x - 2)$

c) $f(x) = (x + 4)^2 - 2$
$g(x) = (x - 3)^2 + 5$

4 Vervollständigen Sie die Tabelle und beschreiben Sie, wie sich die Werte von $f(x - 1)$ und von $f(x) + 2$ aus den Werten von $f(x)$ ergeben.

x	−4	−3	−2	−1	0	1	2	3	4
$f(x) = x^2$									
$f(x - 1)$									
$f(x) + 2$									

5 Der Graph von g geht durch Verschieben aus dem Graphen von f hervor. Geben Sie eine passende Funktionsgleichung an. Prüfen Sie Ihr Ergebnis mit einem Funktionenplotter.

a) $f(x) = x^2$

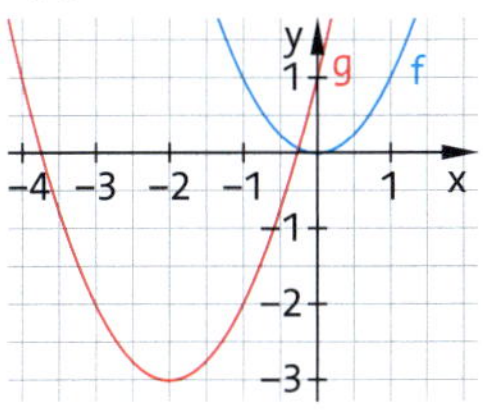

b) $f(x) = 0{,}5^x$

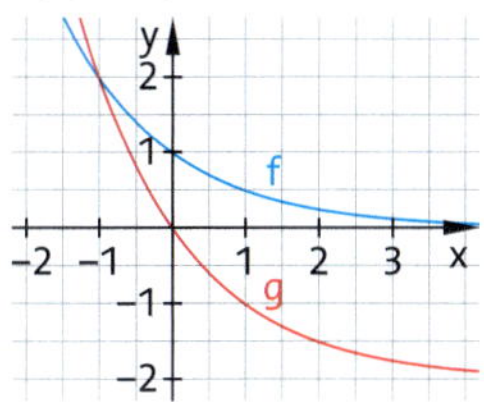

c) $f(x) = (x - 1)^5 + 1$

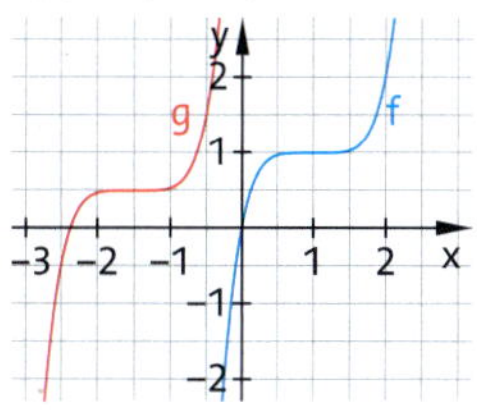

6 Geben Sie die Funktionsgleichung von g an. Stellen Sie die Graphen von f und g mit einem Funktionenplotter dar und beschreiben Sie die Lage der Graphen zueinander.

a) $f(x) = x^2$ $g(x) = f(x) - 3$
b) $f(x) = x^5$ $g(x) = f(x + 2)$
c) $f(x) = \frac{1}{x}$ $g(x) = f(x + 2) + 3$
d) $f(x) = 2^x + 1$ $g(x) = f(x - 1) - 2$

Graphen in y-Richtung strecken und spiegeln

Hinweis

Eine Streckung in y-Richtung erfolgt immer bezüglich der x-Achse. Siehe auch Aufgabe 10.

Multipliziert man den Funktionsterm x^2 der Normalparabel mit dem Faktor a, so wird die Normalparabel in y-Richtung gestreckt. Für $a < 0$ erfolgt zudem eine Spiegelung an der x-Achse. Die y-Werte der Punkte des Graphen werden mit a multipliziert. Da der Scheitelpunkt auf der x-Achse liegt, verändert sich seine Lage nicht.

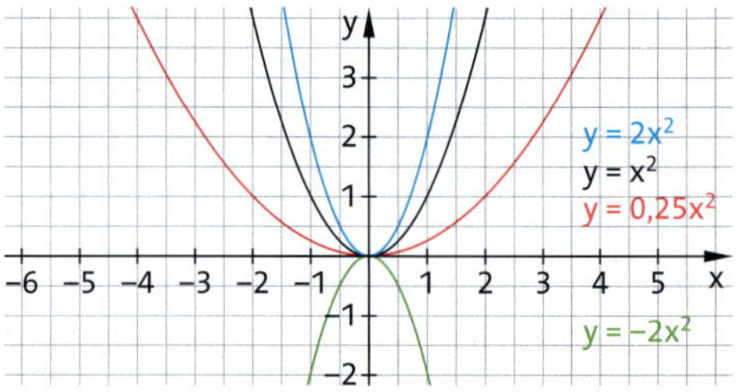

Wissen

Der Graph der Funktion g mit $g(x) = \mathbf{a} \cdot f(x)$ geht für $a \neq 0$ aus dem Graphen von f hervor:

- durch **Strecken** (für $|a| > 1$) bzw. **Stauchen** (für $|a| < 1$) mit dem Faktor $|a|$ **in y-Richtung**
- für **a < 0** durch zusätzliches **Spiegeln** an der **x-Achse**

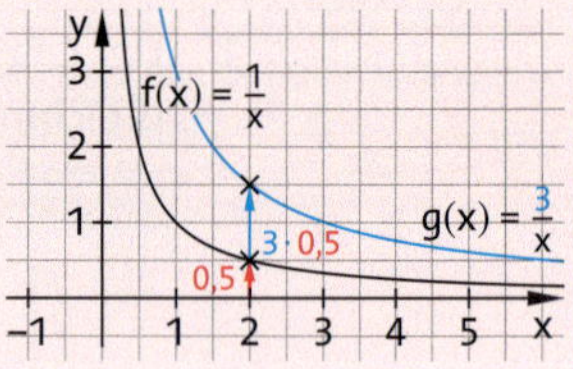

Wird der Graph von f nur an der x-Achse gespiegelt, ist $a = -1$ und es gilt: $g(x) = -f(x)$

Beispiel 3 Der Graph von g geht durch Strecken in y-Richtung aus dem Graphen von f mit $f(x) = x^2 - 4x$ hervor. Bestimmen Sie die Funktionsgleichung von g, wenn der Graph von g durch P(3 | 2) verläuft.

Lösung:

Setzen Sie die Koordinaten von P in die allgemeine Form $g(x) = a \cdot f(x)$ ein. Lösen Sie die Gleichung nach a auf und setzen Sie den Wert in die Funktionsgleichung von g ein.

$g(x) = a \cdot (x^2 - 4x)$

$2 = a \cdot (3^2 - 4 \cdot 3) = -3a, \quad \text{also } a = -\frac{2}{3}$

$g(x) = -\frac{2}{3} \cdot (x^2 - 4x)$

Basisaufgaben

7 Der Graph der Funktion g geht aus dem Graphen von f mit $f(x) = x^6 + 2x$ hervor. Bestimmen Sie eine Funktionsgleichung von g, wenn der Graph von f

a) mit dem Faktor $\frac{1}{3}$ in y-Richtung gestreckt wird,

b) mit dem Faktor 4 in y-Richtung gestreckt und zusätzlich an der x-Achse gespiegelt wird.

8 Ordnen Sie jeder Funktionsgleichung den passenden Graphen zu und begründen Sie Ihre Wahl. Geben Sie die Funktionsgleichung für den vierten Graphen an.

$f(x) = \frac{1}{4}x^3 \qquad g(x) = -3x^3 \qquad h(x) = 3x^3$

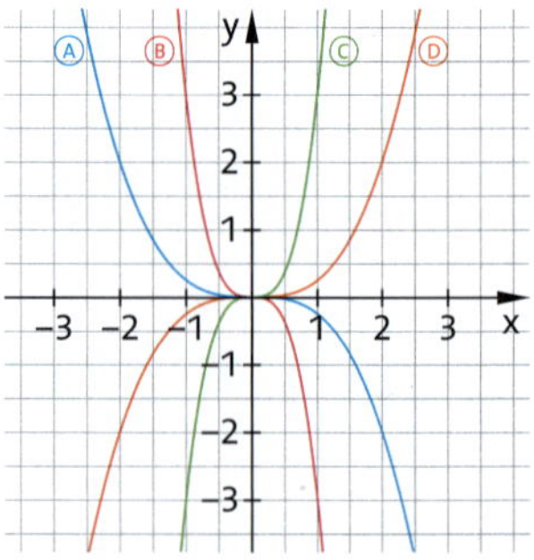

9 Gegeben ist die Funktion f mit $f(x) = a \cdot 4^x$. Bestimmen Sie einen passenden Wert für den Faktor a.

a) Der Punkt P(2 | 2) liegt auf dem Graphen von f.

b) Der Graph von f schneidet die y-Achse bei $y = -4$.

c) Die Funktionswerte von f sind alle negativ.

10 Lia behauptet: „Beim Strecken in y-Richtung wird der gesamte Graph in die Länge gezogen. Damit verschieben sich alle Punkte." Nehmen Sie Stellung zu dieser Aussage. Veranschaulichen Sie Ihre Antwort, indem Sie die Graphen von f und g mit $f(x) = x^2 - 1$ und $g(x) = 2 \cdot f(x)$ mit einer geeigneten Mathematik-Software plotten.

Graphen in x-Richtung strecken und spiegeln

Erinnerung

Bei der Funktion f mit $f(x) = a \cdot \sin(bx)$ und $a, b > 0$ ist a die **Amplitude** und $p = \frac{2\pi}{b}$ die **Periodenlänge** oder **Periode**.

Graphen können auch in x-Richtung gestreckt werden. Hierzu wird die Variable x mit einer Zahl multipliziert. Bei der Sinusfunktion ändert sich dabei die Periodenlänge p.

Ausgehend von f mit $f(x) = \sin(x)$ bewirkt der Faktor 3 in $g(x) = \sin(3x)$ eine Verkürzung der Periode: $p = \frac{2\pi}{3} = \frac{1}{3} \cdot 2\pi$. Der Graph wird in x-Richtung mit dem Faktor $\frac{1}{3}$ gestaucht.

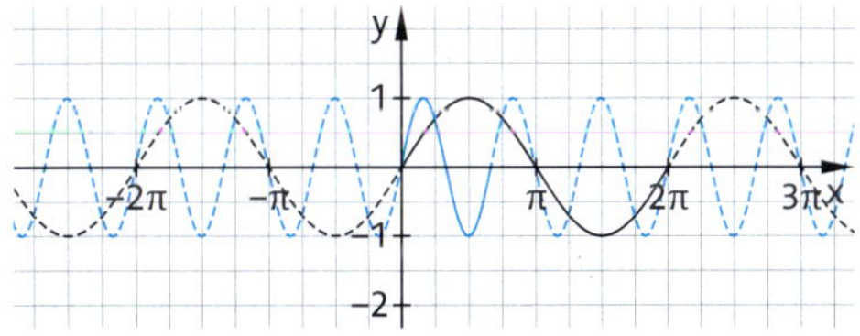

Der Faktor $-\frac{1}{2}$ in $h(x) = \sin\left(-\frac{1}{2}x\right)$ bewirkt eine Verlängerung der Periode:
$p = 4\pi = \frac{1}{\frac{1}{2}} \cdot 2\pi$. Der Graph wird in x-Richtung mit dem Faktor 2 gestreckt und, weil der Faktor im Argument negativ ist, an der y-Achse gespiegelt.

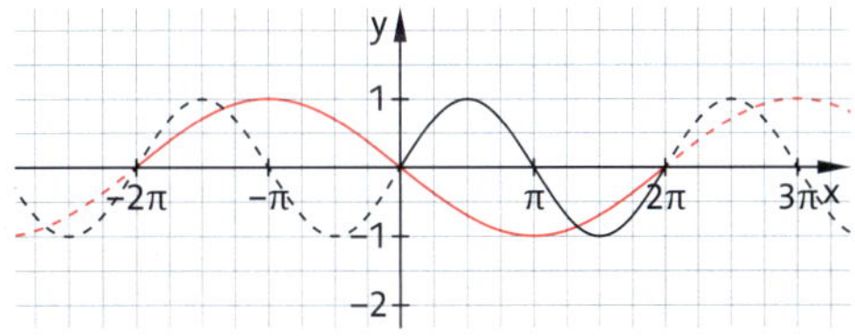

Hinweis

Eine Streckung in x-Richtung erfolgt immer bezüglich der y-Achse.

Wissen

Der Graph der Funktion g mit $g(x) = f(\mathbf{b}x)$ geht für $b \neq 0$ aus dem Graphen von f hervor:
- durch **Strecken** (für $0 < |b| < 1$) bzw. **Stauchen** (für $|b| > 1$) mit dem Faktor $\frac{1}{|b|}$ **in x-Richtung**
- für **b < 0** durch zusätzliches **Spiegeln** an der **y-Achse**

Wird der Graph von f nur an der y-Achse gespiegelt, ist $b = -1$ und es gilt: $g(x) = f(-x)$

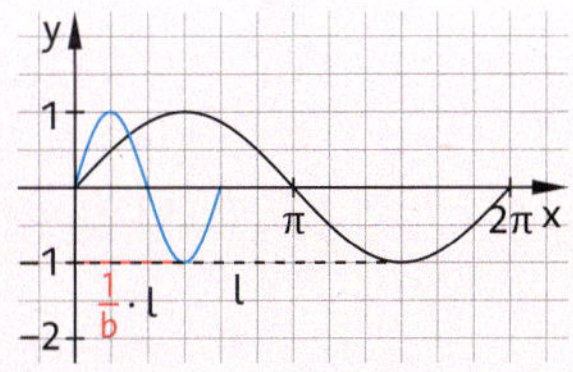

Beispiel 4

Der Graph von g geht durch Streckung mit dem Faktor 4 in x-Richtung aus dem Graphen von f mit $f(x) = x^2 - 4x$ hervor. Zudem wird der Graph an der y-Achse gespiegelt. Bestimmen Sie die Funktionsgleichung von g.

Lösung:

Eine Streckung mit dem Faktor 4 in x-Richtung erfordert im Argument den Vorfaktor $\frac{1}{4}$. Die Spiegelung an der y-Achse erfordert ein Minuszeichen.

$\frac{1}{|b|} = 4$, also $|b| = \frac{1}{4}$

Spiegelung: $b = -\frac{1}{4}$

$g(x) = \left(-\frac{1}{4}x\right)^2 - 4 \cdot \left(-\frac{1}{4}x\right) = \frac{1}{16}x^2 + x$

Basisaufgaben

11 Der Graph der Funktion g geht aus dem Graphen von f mit $f(x) = x^2 - 1$ hervor. Bestimmen Sie die Funktionsgleichung von g, wenn der Graph von f
a) mit dem Faktor 2 in x-Richtung gestreckt wird,
b) mit dem Faktor $\frac{1}{3}$ in x-Richtung gestaucht wird und zusätzlich an der y-Achse gespiegelt wird.

12 Die Graphen von g und h entstehen aus dem Graphen von f durch eine Streckung oder Stauchung entlang der x-Achse. Geben Sie jeweils den Streckfaktor an und erklären Sie Ihre Überlegungen.

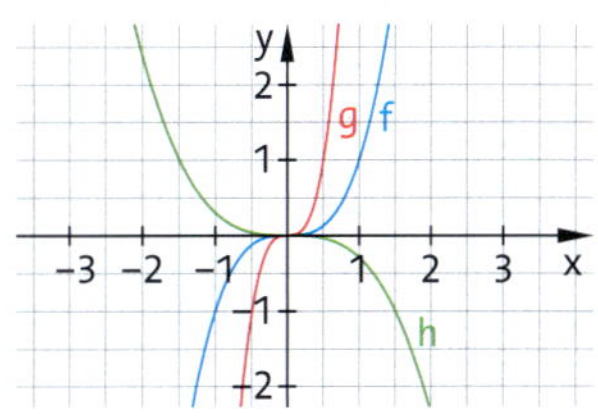

13 Der Graph der Sinusfunktion f mit $f(x) = \sin(x)$ wird in x-Richtung gestreckt bzw. gestaucht und/oder gespiegelt. Ordnen Sie die passenden Kärtchen einander zu.

① $\sin(2x)$	② $\sin(-4x)$	⑤ Periode $p = 4\pi$	⑥ Periode $p = \pi$	⑨ Periodenlänge wird kürzer
③ $\sin(-2x)$	④ $\sin(0{,}5x)$	⑦ Periode $p = 0{,}5\pi$	⑧ Graph wurde an der y-Achse gespiegelt	⑩ Periodenlänge wird länger

Weiterführende Aufgaben

Zwischentest

Hilfe

14 Der Graph von g geht aus Verschiebungen des abgebildeten Graphen von f hervor. Es gilt $g(x) = f(x - c) + d$. Geben Sie Werte für die Parameter c und d an, sodass der Graph von g

a) genau einen Schnitt- und einen Berührpunkt mit der x-Achse hat,
b) durch den Koordinatenursprung verläuft,
c) die y-Achse in $y = 3$ schneidet,
d) die x-Achse an der Stelle $x = 2$ schneidet,
e) durch den Punkt $P(-2 \mid 1)$ verläuft.

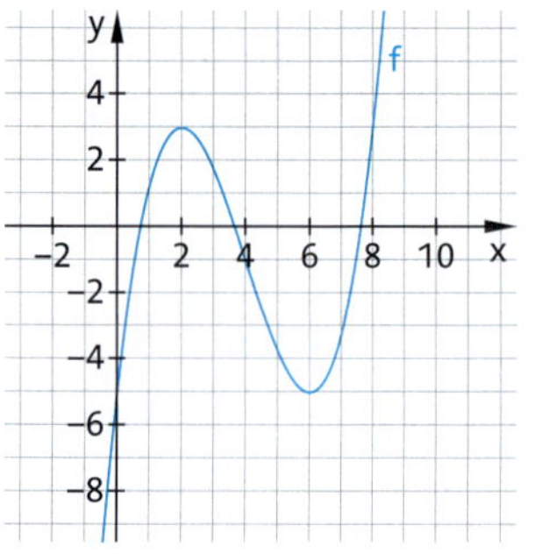

15 **Stolperstelle:**

a) Der Graph der Funktion f mit $f(x) = x^2 + 1$ soll mit dem Faktor 2 in y-Richtung gestreckt werden. Linus sagt: *„Die neue Parabel hat ihren Scheitelpunkt bei $(0 \mid 1)$ und ist enger als die gegebene Parabel."* Nehmen Sie Stellung.

b) Mia meint: *„Bei der Streckung in y-Richtung verändern die Schnittpunkte mit der x-Achse ihre Lage nicht. Das ist beim Strecken in x-Richtung auch so."* Widerlegen Sie die Aussage an einem einfachen Beispiel und erläutern Sie, warum die Aussage falsch ist.

MK **16** Aus dem Graphen der Funktion f entsteht der Graph von g durch Spiegeln an der x-Achse und der Graph von h durch Spiegeln an der y-Achse. Ermitteln Sie die Funktionsgleichungen von g und h. Überprüfen Sie Ihr Ergebnis mit einem Funktionenplotter.

a) $f(x) = 2^x$
b) $f(x) = 2x^3$
c) $f(x) = \sin(-2x) + 1$
d) $f(x) = -\frac{1}{2}(x + 4)^2 - 1$

17 a) Spiegeln Sie den Graphen zu $y = x^2$ an der y-Achse und erläutern Sie den Zusammenhang zur Achsensymmetrie der Normalparabel.

b) Spiegeln Sie den Graphen zu $y = x^3$ nacheinander an beiden Achsen und erläutern Sie den Zusammenhang zur Punktsymmetrie des Graphen.

18 Paul behauptet: „Der Graph von g mit $g(x) = (3x)^3$ entsteht aus dem Graphen von f mit $f(x) = x^3$ durch ..." Isa meint dazu: „Nein, denn es gilt doch $(3x)^3 = 3^3 \cdot x^3 = 27x^3$. Also entsteht der Graph von g aus dem Graphen von f durch ..."

a) Vervollständigen Sie die Aussagen so, dass beide recht haben.

MK b) Beschreiben Sie zwei Möglichkeiten, wie der Graph von $g(x) = \frac{1}{16}x^4$ aus dem Graphen von f mit $f(x) = x^4$ entsteht. Veranschaulichen Sie Ihre Ergebnisse mithilfe einer Software.

c) Erläutern Sie allgemein, wie der Graph der Funktion g mit $g(x) = (bx)^n$ $(b > 0)$ durch Streckung in y-Richtung aus dem Graphen von f mit $f(x) = x^n$ $(n \in \mathbb{N}\setminus\{0\})$ hervorgeht.

d) Erläutern Sie, was sich in c) ändert, wenn auch $b < 0$ zugelassen wird.

Hilfe

19 a) Der Graph von f mit $f(x) = 2^x$ wird um 2 Einheiten nach rechts verschoben. Begründen Sie durch geeignete Termumformungen, dass man den so entstehenden Graphen von g auch durch eine Streckung in y-Richtung erhalten kann. Geben Sie den Streckfaktor an.
b) Begründen Sie anhand eines Beispiels, dass man nicht jede Verschiebung in x-Richtung auch als Streckung in y-Richtung auffassen kann.

20 Geben Sie an, wie der Graph der **Kosinusfunktion** g mit $g(x) = \cos(x)$ aus dem Graphen der Sinusfunktion entsteht. Drücken Sie die Kosinus- durch die Sinusfunktion aus.

21 Geben Sie möglichst viele Funktionsterme an, die den abgebildeten Funktionsgraphen beschreiben. Vergleichen Sie untereinander.

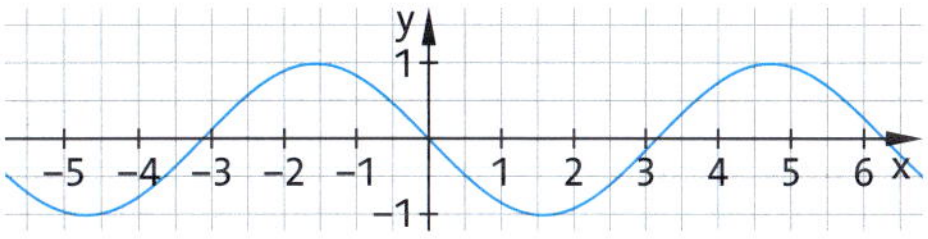

22 Gegeben ist die Funktion f mit der Funktionsgleichung $f(x) = x^5$.
a) Jeweils zwei Kärtchen gehören zusammen. Ordnen Sie passend zu.

① $f(x) + 3$ ② $(x + 3)^5$ ③ $f(x + 3)$ ④ $(x - 3)^5 + 3$ ⑤ $f(x - 3) + 3$ ⑥ $x^5 + 3$

b) Erstellen Sie für die Funktion g mit $g(x) = \sin(x)$ eigene Kärtchen. Fügen Sie dabei auch Kärtchen mit der Angabe „der Graph wurde um … verschoben" hinzu.

23 a) Geben Sie die Funktionsgleichung einer mit dem Faktor a in y-Richtung gestreckten Normalparabel an.
b) Geben Sie die Funktionsgleichung einer mit dem Faktor b in x-Richtung gestreckten Normalparabel an.
c) Begründen Sie, dass man bei quadratischen Funktionen, deren Graphen aus der Normalparabel entstehen, nicht zwischen einer Streckung in x-Richtung und einer Streckung in y-Richtung unterscheiden muss, sofern die Streckung vor möglichen Verschiebungen ausgeführt wird.

24 Die Graphen der Funktionen f, g und h mit $f(x) = x^3$, $g(x) = x^2 + 1$ und $h(x) = (x - 1)^3$ werden mit dem Faktor 2 in x-Richtung gestreckt. Begründen Sie, für welche der Funktionen man diese Transformation auch als Streckung in y-Richtung auffassen kann und für welche nicht.

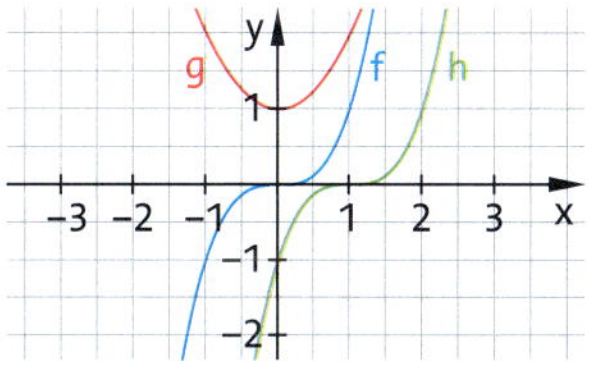

25 Geben Sie an, welche der Eigenschaften des Graphen zu $f(x) = x^n$ mit $n \in \mathbb{N}\setminus\{0\}$ sich ändern, wenn der Graph
a) in y-Richtung verschoben wird,
b) in x-Richtung verschoben wird,
c) in y-Richtung gestreckt wird,
d) an der x-Achse gespiegelt wird.
Unterscheiden Sie zwischen geradem und ungeradem n.

① Definitionsbereich
② Wertebereich
③ Nullstellen
④ Achsensymmetrie zur y-Achse
⑤ Punktsymmetrie zum Ursprung
⑥ Verhalten für $x \to \infty$
⑦ Verhalten für $x \to -\infty$

26 K ist die Kostenfunktion einer Produktionsanlage. Sie gibt die Kosten pro produzierter Einheit in 1000 € an. Es werden Möglichkeiten diskutiert, um die Kosten zu senken: Bei Möglichkeit 1 sinken die Kosten um 15 %, bei Möglichkeit 2 um 150 € pro produzierter Einheit. Ordnen Sie die Funktionen K_A und K_B begründet diesen beiden Möglichkeiten zu.

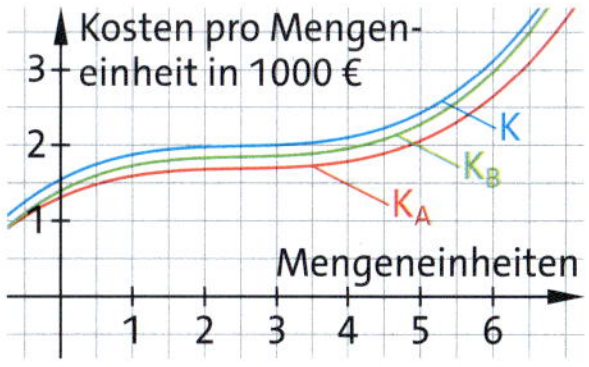

27 Während der Corona-Pandemie stieg die Zahl der Infizierten zeitweise exponentiell an. Die Funktion f mit $f(x) = 1{,}25^x$ beschreibt die Entwicklung des Infektionsgeschehens in Abhängigkeit von der Zeit in Wochen.

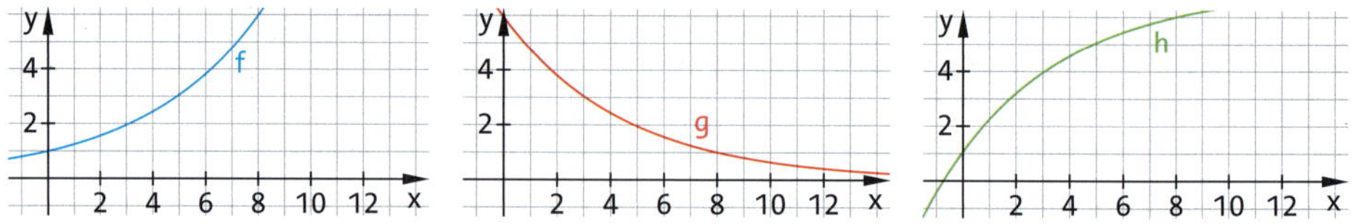

a) Zum Zeitpunkt 0 waren 1000 Personen infiziert. Lesen Sie aus dem Graphen von f näherungsweise die Anzahl der infizierten Personen nach 8 Wochen ab. Berechnen Sie auch die Anzahl der Infizierten nach 16 Wochen.

b) Geben Sie den Funktionsterm einer Funktion f_1 an, für die $f_1(7) = f(1)$ gilt, und erläutern Sie, was f_1 im Sachzusammenhang beschreibt.

c) Der Graph von g beschreibt das Infektionsgeschehen beim Abklingen der Pandemie. Er geht durch eine Spiegelung des Graphen von f an der y-Achse und eine Verschiebung in x-Richtung hervor. Geben Sie den Funktionsterm von g an.

d) Geben Sie an, durch welche Transformationen der Graph von h aus dem Graphen von g hervorgeht, und ermitteln Sie den Funktionsterm von h. Erläutern Sie die Entwicklung des Infektionsgeschehens, wenn es durch h beschrieben werden würde.

28 **Symmetrie zu einem beliebigen Punkt:**
Der Graph von f mit $f(x) = x^3 - 3x^2 + 2x + 2$ scheint punktsymmetrisch zum Punkt $Z(1\,|\,2)$ zu sein.

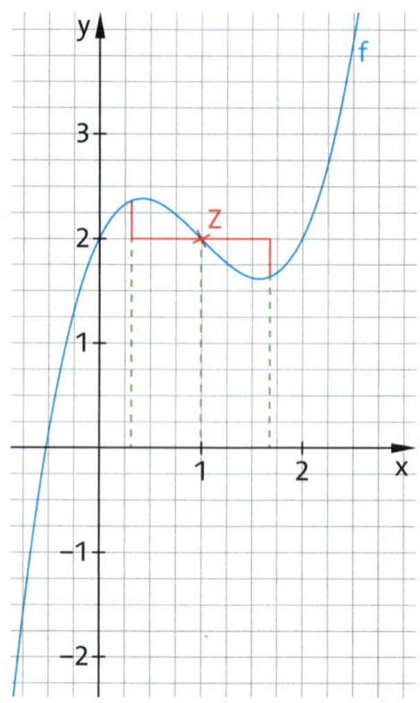

a) Vereinfachen Sie die Funktionsgleichung von g mit $g(x) = f(x + 1) - 2$ und weisen Sie nach, dass der Graph von g punktsymmetrisch zum Ursprung ist. Begründen Sie, dass damit der Graph von f punktsymmetrisch zu Z ist.

b) Setzen Sie $g(x) = f(x + 1) - 2$ in die Bedingung $g(-x) = -g(x)$ ein, um eine Bedingung für die Symmetrie des Graphen von f zum Punkt $Z(1\,|\,2)$ zu erhalten. Skizzieren Sie zur Veranschaulichung den Graphen von f und beschriften Sie die markierten Strecken.

c) Finden Sie eine allgemeine Bedingung dafür, dass der Graph einer Funktion zu einem Punkt $P(a\,|\,b)$ symmetrisch ist.

29 Eine Funktion f hat die Nullstellen $x = -4$, $x = -1$, $x = 2$ und $x = 5$.

a) Der Graph von g geht aus dem Graphen von f durch eine Verschiebung um zwei Einheiten nach links hervor. Der Graph von h geht aus dem Graphen von f durch eine Spiegelung an der y-Achse hervor. Geben Sie die Nullstellen von g und h an.

b) Entscheiden Sie begründet, ob es bei einer Verschiebung des Graphen von f in y-Richtung möglich ist, die Nullstellen des verschobenen Graphen anzugeben.

c) Diskutieren Sie, wie sich eine Streckung in x-Richtung auf die Nullstellen von f auswirkt. Formulieren Sie hierzu eine allgemeine Aussage.

30 **Ausblick: Wurzelfunktionen**

Hinweis
Bei den meisten Funktionenplottern erhalten Sie die Wurzel mit dem Befehl **sqrt(x)**.

a) Zeichnen Sie mit einem Funktionenplotter den Graphen von f mit $f(x) = \sqrt{x}$.

b) Geben Sie den maximalen Definitionsbereich, den Wertebereich und die Nullstellen von f an.

c) Geben Sie an, wie sich die Eigenschaften aus b) verändern, wenn der Graph von f in y-Richtung verschoben (in x-Richtung verschoben; in y-Richtung gestreckt) wird.

2.4 Strecken und Verschieben kombinieren

Die Graphen von g_1 bis g_3 entstehen schrittweise durch Spiegelung und Verschiebung aus dem Graphen der Funktion f mit $f(x) = x^2$.
Geben Sie die entsprechenden Terme an.

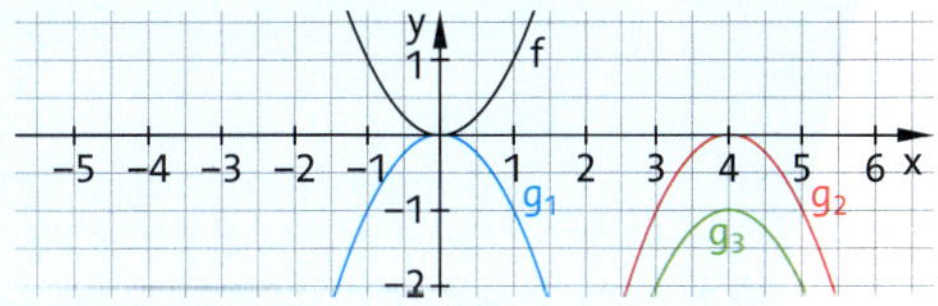

Graphen lassen sich auch schrittweise nacheinander strecken und verschieben. So kann man den Graphen von g mit $g(x) = \frac{3}{2}\sin\left(\frac{1}{2}(x - \pi)\right) + 1$ aus dem Graphen der Sinusfunktion f mit $f(x) = \sin(x)$ erzeugen. Dabei werden die Streckungen vor den Verschiebungen ausgeführt.

1. Strecken in y-Richtung $\left(\text{Faktor } \frac{3}{2}\right)$

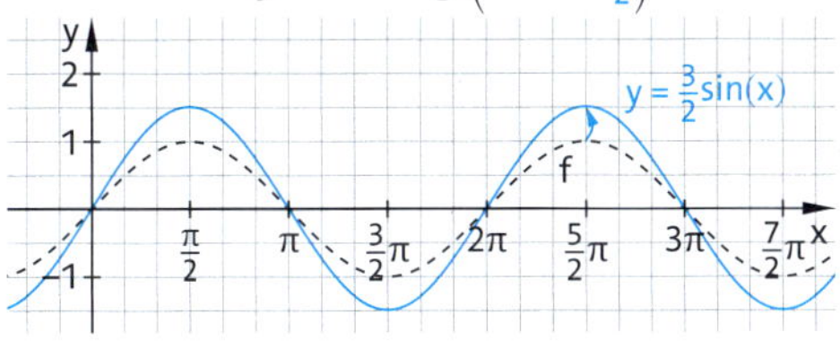

2. Strecken in x-Richtung (Faktor 2)

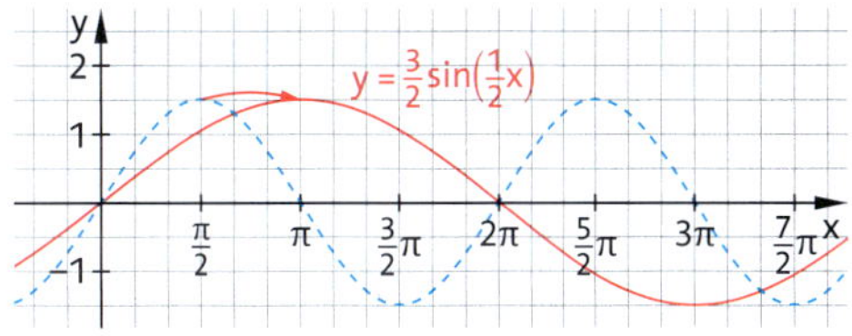

3. Verschieben nach rechts (π Einheiten)

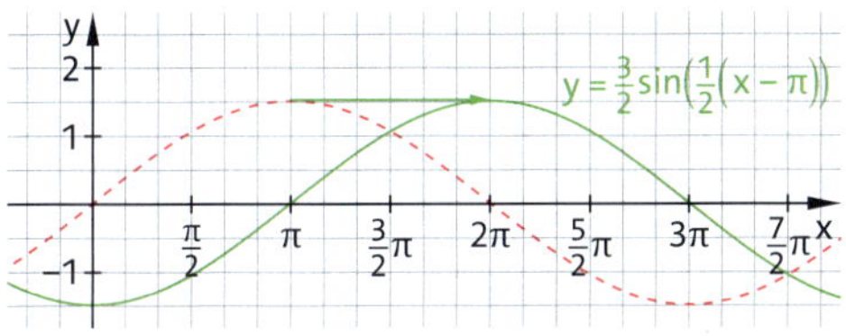

4. Verschieben nach oben (1 Einheit)

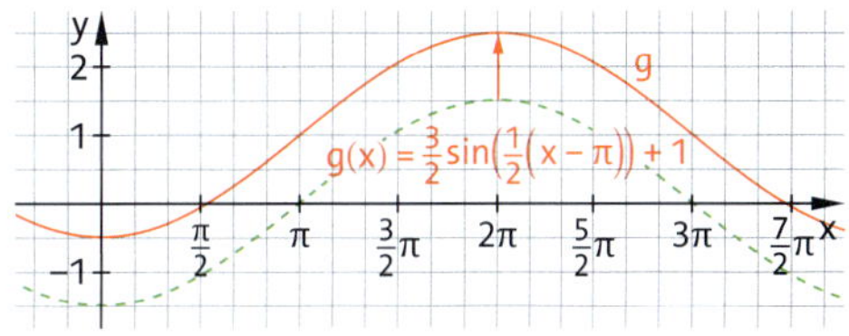

Wissen

Der Graph der Funktion g mit $g(x) = \mathbf{a \cdot f(b(x - c)) + d}$ geht für $a, b \neq 0$ aus dem Graphen von f hervor durch

① **Strecken** bzw. **Stauchen** mit dem Faktor $|a|$ in **y-Richtung** und dem Faktor $\frac{1}{|b|}$ in **x-Richtung** sowie zusätzliches **Spiegeln** an der **x-Achse**, falls $a < 0$, und an der **y-Achse**, falls $b < 0$,

② **Verschieben** um **c** Einheiten in **x-Richtung** und **d** Einheiten in **y-Richtung**.

Bei der geometrischen Deutung der Gleichung $g(x) = a \cdot f(b(x - c)) + d$ müssen die Streckungen und Spiegelungen vor den Verschiebungen in die gleiche Richtung ausgeführt werden.

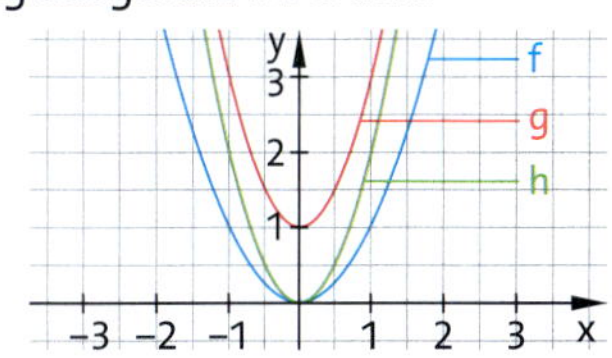

Bei der Funktion g mit $g(x) = 2x^2 + 1$ wird der Graph der Funktion f mit $f(x) = x^2$ erst mit dem Faktor 2 in y-Richtung gestreckt und dann um 1 nach oben verschoben:

Strecken mit Faktor 2 in y-Richtung: $h(x) = 2 \cdot f(x) = 2x^2$
Verschieben um 1 nach oben: $g(x) = h(x) + 1 = 2x^2 + 1$

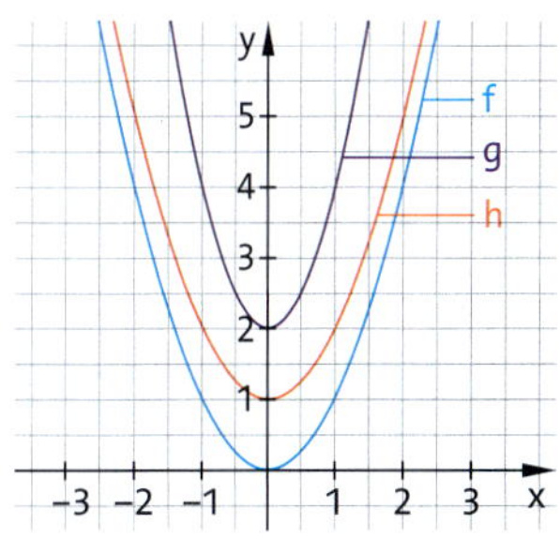

Da eine Streckung in y-Richtung immer bezüglich der x-Achse erfolgt, erhält man einen anderen Funktionsgraphen, wenn man die Reihenfolge umkehrt:
Verschieben um 1 nach oben: $h(x) = f(x) + 1 = x^2 + 1$
Strecken mit Faktor 2 in y-Richtung: $g(x) = 2 \cdot h(x)$
$= 2 \cdot (x^2 + 1) = 2x^2 + 2$

Der Scheitelpunkt verändert hier seine Lage beim Verschieben und dann noch einmal beim Strecken in y-Richtung, da er nicht mehr auf der x-Achse liegt.

Beispiel 1 Gegeben sind die Funktionen f mit $f(x) = x^3$ und g mit $g(x) = (-x + 1)^3$.

a) Erläutern Sie, wie der Graph von g aus dem Graphen von f hervorgeht.

b) Skizzieren Sie den Graphen von g schrittweise.

Lösung:

a) Bringen Sie den Funktionsterm in die Form $g(x) = a \cdot f(b(x - c)) + d$ und bestimmen Sie die Parameter a, b, c und d. Lesen Sie daran die Verschiebungen und Streckungen ab.

$g(x) = (-x + 1)^3 = 1 \cdot ((-1) \cdot (x - 1))^3$

$a = 1$, $b = -1$, $c = 1$ und $d = 0$

Der Graph von g entsteht aus dem Graphen von f durch eine Spiegelung an der y-Achse und eine Verschiebung um 1 Einheit nach rechts.

b) Skizzieren Sie zuerst den Graphen von f. Spiegeln Sie den Graphen an der y-Achse. Verschieben Sie den so entstandenen Graphen um eine Einheit nach rechts.

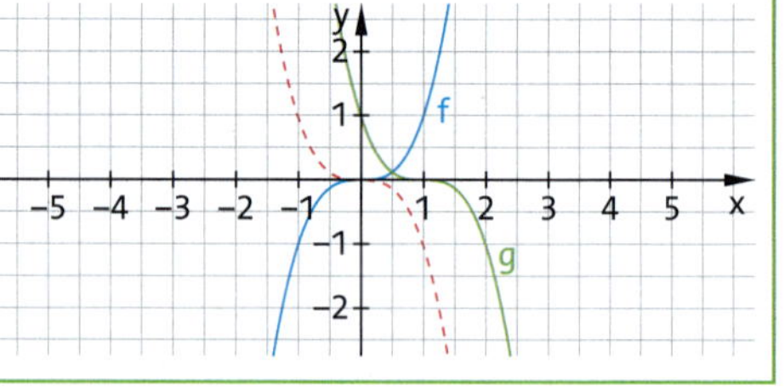

Beispiel 2

Der Graph von g entsteht aus dem Graphen der Funktion f mit $f(x) = x^4$ durch Streckungen und Verschiebungen. Bestimmen Sie eine Funktionsgleichung von g.

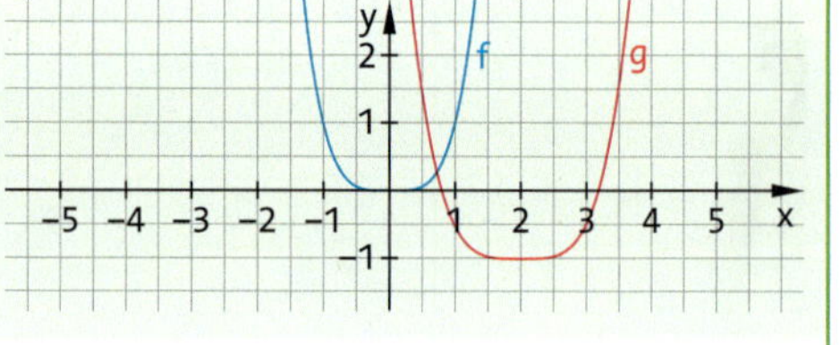

Lösung:

Notieren Sie einen allgemeinen Ansatz für g. Da f eine Potenzfunktion ist, kann man die Streckung in x-Richtung nicht von der Streckung in y-Richtung unterscheiden. Setzen Sie daher b = 1.

$g(x) = a \cdot (b(x - c))^4 + d$

$b = 1$

$g(x) = a \cdot (x - c)^4 + d$

Der Punkt (0 | 0) des Graphen von f kann seine Lage nur durch eine Verschiebung verändern. Er entspricht dem Punkt (2 | −1) auf dem Graphen von g.

Bestimmen Sie daraus c und d.

Verschiebung von (0 | 0) um 2 Einheiten nach rechts und 1 Einheit unten:

$c = 2$ und $d = -1$

$g(x) = a \cdot (x - 2)^4 - 1$

Bestimmen Sie a mithilfe der Koordinaten eines weiteren Punktes P auf dem Graphen von g.

Punkt P(3 | −0,5): $-0{,}5 = a \cdot (3 - 2)^4 - 1 \quad | +1$

$0{,}5 = a$

$g(x) = 0{,}5 \cdot (x - 2)^4 - 1$

Basisaufgaben

1 Es gilt $g(x) = a \cdot f(b(x - c)) + d$. Beschreiben Sie, wie der Graph von g aus dem Graphen von f entsteht.

a) $f(x) = x^2$ $\quad g(x) = 0{,}5(x - 1)^2$

b) $f(x) = x^5$ $\quad g(x) = 2x^5 + 1$

c) $f(x) = \sin(x)$ $\quad g(x) = 2\sin(2(x - 8))$

d) $f(x) = \sin(x + 2)$ $\quad g(x) = 3\sin(x + 2) + 4$

e) $f(x) = 4x^3$ $\quad g(x) = 12(x - 1)^3 + 2$

f) $f(x) = (x + 1)^4$ $\quad g(x) = 3(x + 5)^4 - 2$

2 Zeichnen Sie den Graphen von f schrittweise mit einer Mathematik-Software.
a) $f(x) = \frac{1}{2}(x-3)^3 + 2$ b) $f(x) = -2(x+1)^2 + 3$ c) $f(x) = 2\sin(x+3) + 1$

3 Der Graph der Funktion g geht aus dem Graphen von f mit $f(x) = 4\sin(x)$ hervor. Geben Sie eine Funktionsgleichung von g an, wenn der Graph von f
a) mit dem Faktor 2 in y-Richtung gestreckt und anschließend um 1 Einheit nach links verschoben wird,
b) mit dem Faktor $\frac{1}{2}$ in y-Richtung gestreckt und anschließend um 4 Einheiten nach links und 6 Einheiten nach oben verschoben wird,
c) mit dem Faktor $\frac{1}{2}$ in y-Richtung gestreckt wird, an der x-Achse gespiegelt und anschließend um 9 Einheiten nach rechts und nach oben verschoben wird.

4 Der Graph der Funktion f mit $f(x) = x^3$ wird schrittweise wie folgt verändert:
① Strecken mit dem Faktor 0,5 in y-Richtung ② Spiegeln an der y-Achse
③ Verschieben um 3 Einheiten nach rechts und 1 Einheit nach unten
a) Geben Sie nach jedem Schritt die neue Funktionsgleichung an und zeichnen Sie den Graphen mit einer Mathematik-Software.
b) Führen Sie die drei Schritte in der Reihenfolge ③ – ② – ① aus und vergleichen Sie mit dem Ergebnis aus a).

5 Der Graph von g entsteht aus dem Graphen der Funktion f durch Strecken in y-Richtung und Verschieben. Zusätzlich kann eine Spiegelung an der x-Achse vorliegen. Bestimmen Sie eine Funktionsgleichung von g.
a) $f(x) = x^3$ b) $f(x) = -2x^2$ c) $f(x) = \sin(x)$

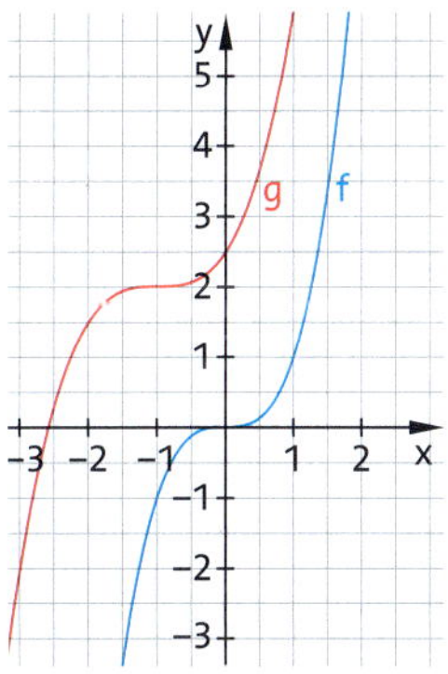

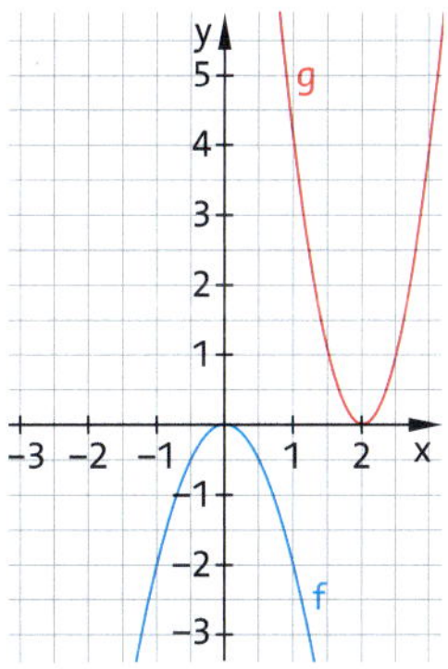

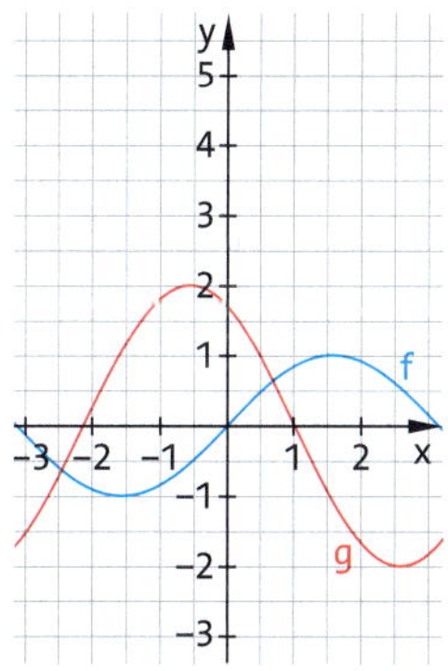

6 Gegeben ist die Funktion f mit $f(x) = -x^3$.
Der Graph von g entsteht, indem der Graph von f mit dem Faktor 3 in y-Richtung gestreckt und anschließend um 1 Einheit nach rechts verschoben wird.
Der Graph von h entsteht, indem der Graph von f um 1 Einheit nach rechts verschoben und anschließend mit dem Faktor 3 in y-Richtung gestreckt wird.
Geben Sie die Funktionsgleichungen von g und h an und vergleichen Sie sie. Erläutern Sie das Ergebnis.

7 Der Graph von h entsteht aus dem Graphen von f mit $f(x) = x^3$ durch Verschieben um 5 Einheiten nach oben und Strecken mit dem Faktor 2 in y-Richtung.
Melissa und Juan berechnen schrittweise den Funktionsterm von h:

Melissa: $g(x) = 2 \cdot f(x) = 2x^3$
$h(x) = g(x) + 5 = 2x^3 + 5$

Juan: $g(x) = f(x) + 5 = x^3 + 5$
$h(x) = 2 \cdot g(x) = 2x^3 + 10$

Erläutern Sie den Unterschied zwischen den beiden Lösungswegen und erklären Sie, weshalb beide zu unterschiedlichen Ergebnissen kommen.

Weiterführende Aufgaben

Zwischentest

8 **Stolperstelle:** Erklären und korrigieren Sie den Fehler in der Aussage.

a) Hannah behauptet: *„Es ist egal, ob man den Graphen zu $f(x) = x^4$ erst um 2 Einheiten nach oben verschiebt und danach an der x-Achse spiegelt oder umgekehrt zuerst spiegelt und dann verschiebt."*

b) Richard meint: *„Man erhält den Graphen zu $g(x) = \sin(2(x + \pi))$, wenn man den Graphen der Sinusfunktion um π nach links verschiebt und anschließend mit dem Faktor $\frac{1}{2}$ in x-Richtung streckt."*

Hilfe

9 Die Graphen von g und h entstehen aus dem Graphen von f mit $f(x) = \frac{1}{2}x^3 - \frac{9}{8}x$ durch Strecken mit dem Faktor 2 und Verschieben um 1 Einheit nach oben.

a) Begründen Sie für die Graphen von g und h, ob der Graph zuerst gestreckt und dann verschoben wurde oder umgekehrt.

b) Erzeugen Sie die Funktionsterme von g und h schrittweise aus dem Funktionsterm von f.

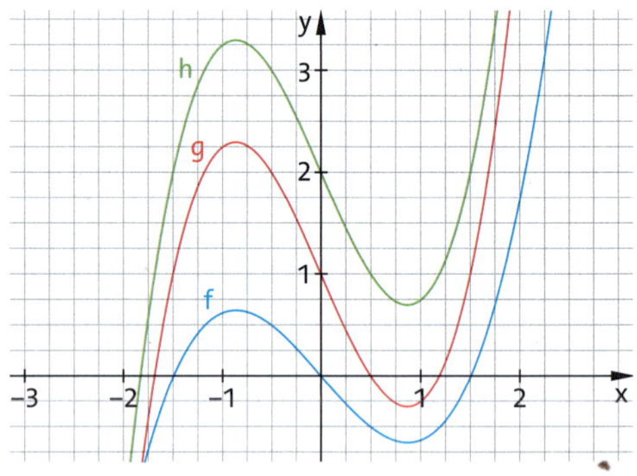

10 Gegeben sind die Funktion f mit $f(x) = x^4 + 1$ und die Funktion g, die aus f entsteht. Treffen Sie Aussagen über die Existenz von Nullstellen, das Monotonieverhalten und das Verhalten im Unendlichen von g bzw. ihrem Graphen. Geben Sie an, an welchen Punkt der Schnittpunkt des Graphen von f mit der y-Achse wandert. Überprüfen Sie Ihr Ergebnis mit einem Funktionenplotter.

a) $g(x) = 2 \cdot f(x) - 1$ b) $g(x) = \frac{1}{2} \cdot f(-3x) - 1$ c) $g(x) = 4 - 2f(x + 1)$

11 Beschreiben Sie, wie der Graph von g aus dem Graphen von f entsteht, und skizzieren Sie ihn. Achten Sie auf die richtige Reihenfolge der Transformationen.

a) $g(x) = 2 \cdot f(x) + 1$ b) $g(x) = -2 \cdot (f(x) + 1)$

c) $g(x) = 2 \cdot f\left(\frac{1}{2}x\right)$ d) $g(x) = 2 \cdot f(x + 1) - 1$

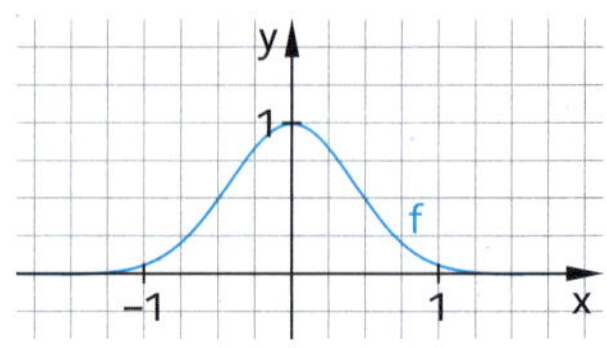

12 Geben Sie eine Funktionsgleichung der Form $f(x) = a \cdot \sin(b(x - c)) + d$ an, die die Bedingungen erfüllt.

a) Der Wertebereich ist $[-1{,}5; 1{,}5]$ und die Nullstellen sind ganzzahlige Vielfache von π.

b) Der Graph ist achsensymmetrisch zur y-Achse und alle Funktionswerte sind negativ.

c) Der Graph ist punktsymmetrisch zum Ursprung, der Wertebereich ist $[-4; 4]$.

Hilfe

13 Gegeben ist die Funktion f mit $f(x) = 2x^4 + 3x^2 - x - 1$. Erläutern Sie, wie der Graph von g aus dem Graphen von f hervorgeht.

a) $g(x) = -2x^4 - 3x^2 + x$ b) $g(x) = \frac{1}{2}x^4 + \frac{3}{4}x^2 - \frac{1}{4}x$ c) $g(x) = \frac{1}{8}x^4 + \frac{3}{4}x^2 - \frac{1}{2}x - 1$

14 Der Dieseltank einer Tankstelle hat ein Fassungsvermögen von $3000\,m^3$. Die Funktion f gibt den Füllstand in den ersten 8 Monaten eines Jahrs wieder. Es gilt $g(x) = 3000 - f(x)$.

a) Geben Sie an, durch welche Transformationen der Graph von g aus dem Graphen von f entsteht.

b) Geben Sie die Bedeutung der Funktion g im Sachkontext an.

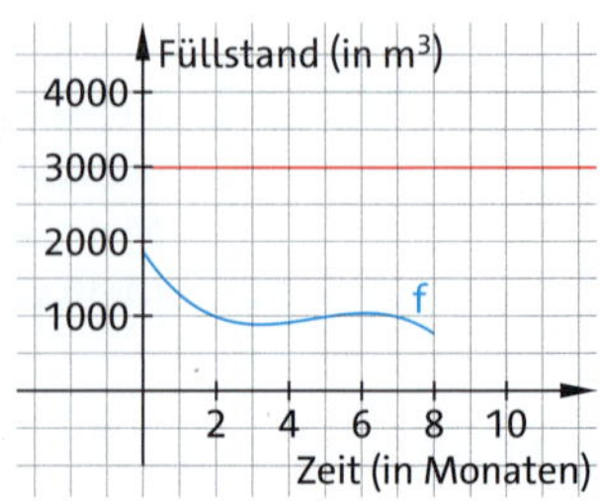

15 Der Graph der Funktion f hat den Tiefpunkt T(1 | 0) und den Hochpunkt H(4 | 7). Für die Funktion g gilt $g(x) = -2 \cdot f(x) - 3$. Bestimmen Sie die Koordinaten des Hochpunktes und des Tiefpunktes des Graphen von g anhand anschaulicher Überlegungen.

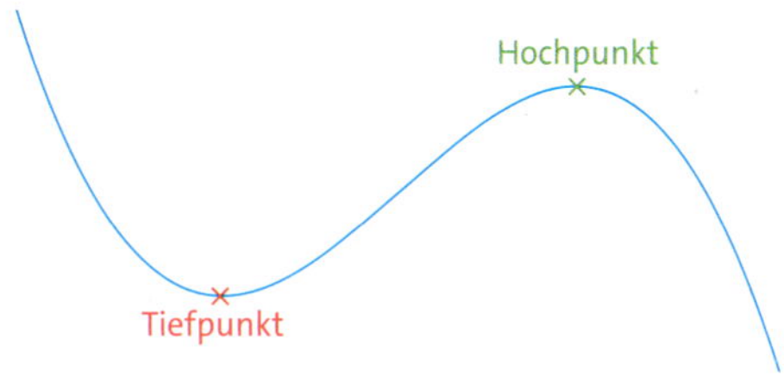

MK **16** Plotten Sie den Graphen von f mit $f(x) = \frac{1}{24}x^4 - \frac{5}{12}x^3 + \frac{2}{3}x^2 + x$.

a) Der Graph von g entsteht schrittweise aus dem Graphen von f. Plotten Sie die Graphen von g_1, g_2, g_3 und schließlich g:
g_1: Stauchen Sie den Graphen von f in x-Richtung, sodass der Abstand der Extremstellen dem Abstand der Extremstellen von g entspricht.
g_2: Verschieben Sie g_1 so, dass g_2 die gleichen Extremstellen wie g hat.
g_3: Stauchen Sie den Graphen von g_2 in y-Richtung, sodass der vertikale Abstand zwischen Hoch- und Tiefpunkt von g_3 genauso groß ist wie bei g.
g: Verschieben Sie g_3 geeignet.

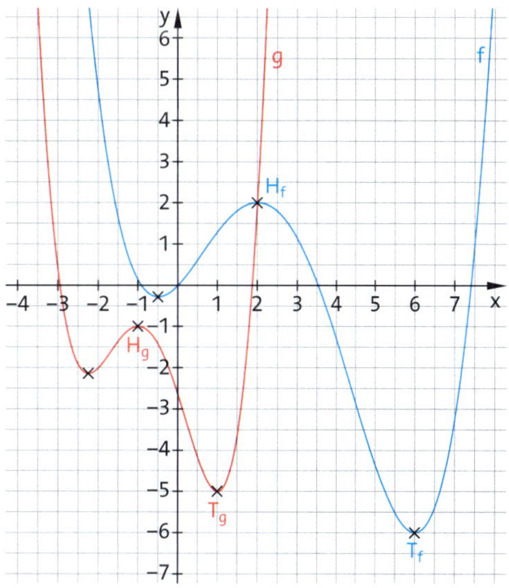

b) Der Graph von f hat einen zweiten Tiefpunkt mit der x-Koordinate $x = -0{,}5$. Ermitteln Sie anhand der Transformationen aus a) die x-Koordinate des entsprechenden Tiefpunktes des Graphen von g.

c) Geben Sie eine andere Reihenfolge der Transformationen aus a) an, die ebenfalls vom Graphen von f zum Graphen von g führt.

MK **17** Einer Wetterapp wurden an einem Junitag je vier Temperaturen für Stockholm und Florenz zwischen Sonnenaufgang und -untergang entnommen. Durch die Messpunkte für Stockholm verläuft der Graph von s mit
$s(x) = -0{,}0033x^3 + 0{,}07122x^2 + 0{,}22206x + 13{,}782$.

a) Experimentieren Sie mit einem Funktionenplotter, um durch Transformationen des Graphen von s einen Graphen durch die Messwerte für Florenz zu gewinnen.

b) Begründen Sie, dass es sinnvoll wäre, den Graphen von s zuerst mit dem Faktor $\frac{16}{19}$ in x-Richtung zu stauchen. Zeigen Sie, dass man aber mit dem Faktor $\frac{17}{19}$ ein besseres Resultat erhält.

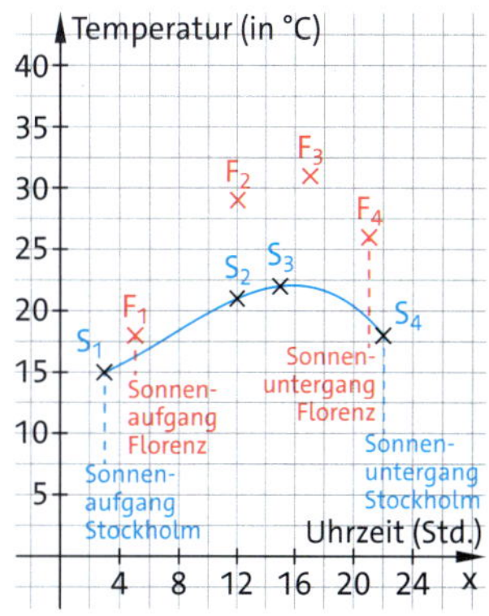

18 Ausblick: Umkehrfunktionen

a) Zeichnen Sie den Graphen von f mit $f(x) = x^2$ für $x \geq 0$. Spiegeln Sie den Graphen an der Gerade mit $y = x$ und stellen Sie eine Funktionsgleichung zum so entstandenen Graphen auf.

b) Wiederholen Sie a) für g und h mit $g(x) = x^3$ $(x \geq 0)$ und $h(x) = (x + 1)^2 - 2$ $(x \geq -1)$. Untersuchen Sie anhand dieser Beispiele den Zusammenhang zwischen Funktionen, deren Graphen durch Spiegelung an der Gerade mit $y = x$ auseinander hervorgehen.

Überlagerung von Schwingungen

Beim Anschlagen einer Gitarrensaite entsteht ein Ton, der sich durch eine Sinusschwingung beschreiben lässt. Die Periode der Funktion bestimmt die Höhe des Tons.
Auf einer Gitarre werden zwei Saiten gleichzeitig angeschlagen. Der erste Ton wird durch die Funktion f mit $f(x) = 0{,}1\sin(2\pi \cdot 20x)$ beschrieben, der zweite durch die Funktion g. Die Funktion h = f + g beschreibt den insgesamt entstehenden Ton. Plotten Sie den Graphen von h und begründen Sie, ob der gleiche Ton erzeugt wird, wenn nur die erste Saite angeschlagen wird.

a) $g(x) = 0{,}1\sin(2\pi \cdot 20x)$ b) $g(x) = 0{,}1\sin(2\pi \cdot 16x)$

Wenn sich **harmonische Schwingungen** der Form $f(x) = A \cdot \sin(2\pi \cdot k \cdot (x - p))$ überlagern, können in Abhängigkeit von der **Frequenz** k (Anzahl der Schwingungen pro Zeiteinheit) unterschiedliche Phänomene auftreten. Hierbei bezeichnet A die **Amplitude** und p die **Phasenverschiebung** der Schwingung. Für die Periode gilt $T = \frac{1}{k}$.

Überlagerung bei gleicher Frequenz

Beim Überlagern zweier Schwingungen mit gleicher Frequenz können zwei Fälle auftreten:

Ohne Phasenverschiebung (p = 0)
$f_1(x) = 0{,}1\sin(2\pi \cdot 3x)$
$f_2(x) = 0{,}3\sin(2\pi \cdot 3x)$

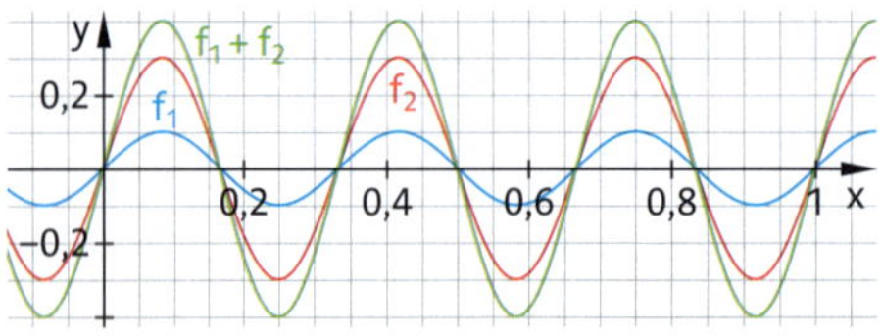

Mit Phasenverschiebung (z. B. p = 0,4)
$f_1(x) = 0{,}1\sin(2\pi \cdot 3x)$
$f_2(x) = 0{,}2\sin(2\pi \cdot 3(x - 0{,}4))$

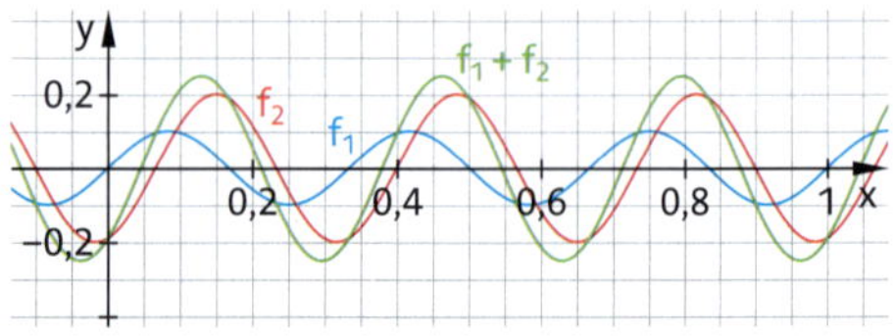

Satz **Überlagerung von Schwingungen gleicher Frequenz und gleicher Amplitude**
Die Überlagerung zweier um p gegeneinander phasenverschobener harmonischer Schwingungen mit gleicher Frequenz k und gleicher Amplitude A ergibt eine harmonische Schwingung f mit der Frequenz k.

Aufgaben

1 Geben Sie die Periode und die Frequenz der Funktion an.
a) $f(x) = \sin(x)$ b) $g(x) = \sin(6\pi x)$

2 Es seien $f_1(x) = 0{,}2\sin(2\pi \cdot 2x)$, $f_2(x) = 0{,}2\sin(2\pi \cdot 2(x - p))$ und $f(x) = f_1(x) + f_2(x)$.
a) Stellen Sie die Graphen von f_1, f_2 und f für p = 0, p = 0,1, p = 0,2 und p = 0,25 mit einem Funktionenplotter dar. Ermitteln Sie anhand der Hochpunkte und Nullstellen die Amplitude von f und die Phasenverschiebung von f gegenüber f_1.
b) Beschreiben Sie die Lage der Extremstellen der Fälle aus a). Erklären Sie, wie in diesen Beispielen die Phasenverschiebung von f mit der von f_2 zusammenhängt.
c) Aus zwei Lautsprechern ertönt der Kammerton A (Frequenz 440 Hz). Beurteilen Sie, ob es möglich ist, dass beide Lautsprecher zusammen leiser sind als einer allein.

Info MK
Beschreibt die harmonische Schwingung eine Schallwelle, so gibt die Amplitude die Lautstärke des Tons wieder.

Überlagerung bei unterschiedlicher Frequenz

Die A-Saite einer Bassgitarre schwingt mit $k_1 = 110\,\text{Hz}$. Sie ertönt gleichzeitig mit einer leicht verstimmten Saite mit $k_2 = 106\,\text{Hz}$. Die Abbildung zeigt die Überlagerung beider Schwingungen bei gleicher Amplitude A = 0,04. Die Frequenz der Überlagerung ist k = 108, also der Mittelwert von k_1 und k_2. Die Amplitude ist variabel, der Ton schwillt in Form einer Schwingung an und ab. Insgesamt gilt:

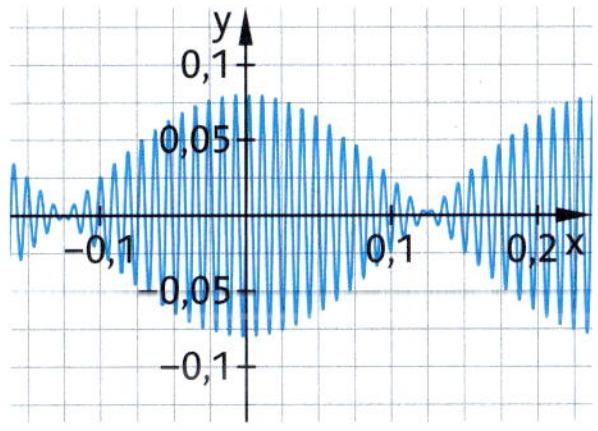

Satz Überlagerung von Schwingungen ungleicher Frequenz und gleicher Amplitude
Die Überlagerung f der harmonischen Schwingungen mit $f_1(x) = A \cdot \sin(2\pi k_1 x)$ und $f_2(x) = A \cdot \sin(2\pi k_2 x)$ mit reellen Frequenzen k_1 und k_2 hat die Frequenz $k = \frac{k_1 + k_2}{2}$ und die **variable** Amplitude $A_f(x) = 2A\cos\left(2\pi \frac{k_1 - k_2}{2} x\right)$.

Aufgaben

MK **3** Plotten Sie den Graphen der Summenfunktion f zu $f_1(x) = 0{,}2\sin(2\pi \cdot 38x)$ und $f_2(x) = 0{,}2\sin(2\pi \cdot 40x)$. Plotten Sie dazu die „Hüllkurven" $g_1(x) = A_f(x)$ und $g_2(x) = -A_f(x)$.

4 Die Grafik zeigt die Überlagerung f von f_1 und f_2 mit $f_1(x) = 0{,}2\sin\left(2\pi\frac{21}{4}x\right)$ und $f_2(x) = 0{,}2\sin\left(2\pi\frac{7}{2}x\right)$.

a) Begründen Sie, weshalb der Graph von f keine harmonische Schwingung darstellt. Beschreiben Sie, soweit möglich, wie sich die Nullstellen und Hochpunkte mit den größten y-Werten von f aus den Graphen von f_1 und f_2 ergeben.

b) Die Perioden von f_1 und f_2 sind durch Punkte markiert. Auch f ist periodisch. Erklären Sie, wie sich die Periode T von f aus denen von f_1 und f_2 ergibt. Ermitteln Sie T.

MK c) Plotten Sie die Graphen von f_1, f_2, f und g mit $g(x) = f(x - T)$. Beurteilen Sie anhand der Graphen von f und g, ob Sie die Periode T in b) richtig bestimmt haben.

d) Zeichnen Sie die „Hüllkurven" $A_f(x)$ und $-A_f(x)$.

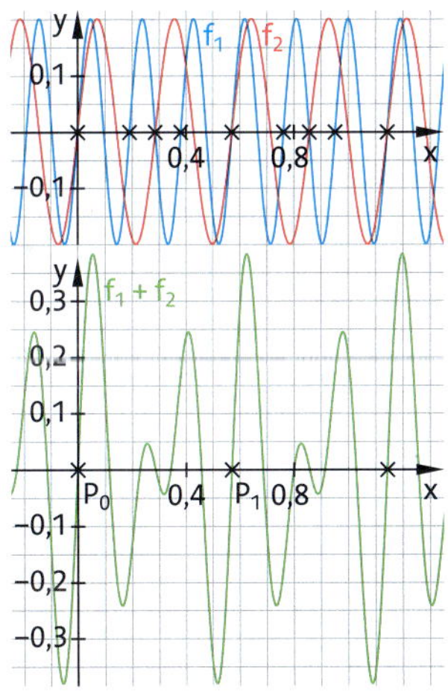

MK **5** Das **AM-Verfahren** oder **Amplitudenmodulationsverfahren** wurde früher für Rundfunkübertragungen genutzt. Dabei wurde das Nutzsignal n, das den zu übertragenden Ton darstellt, mit einem hochfrequenten Trägersignal t moduliert. Das so gesendete Signal s wurde von einem Radio empfangen und dort wieder demoduliert, sodass das ursprüngliche Signal zu hören war. Es sei $n(x) = \sin(2\pi x)$ und $t(x) = \sin(2\pi \cdot 10x)$.

a) Um Störungen zu vermeiden, legt man $s(x) = (n(x) + U) \cdot t(x)$ mit einer Konstanten U fest, die größer als die Amplitude des Nutzsignals ist. Plotten Sie den Graphen von s für U = 1,5.

b) Recherchieren Sie, warum das AM-Verfahren heutzutage nur noch wenig benutzt wird.

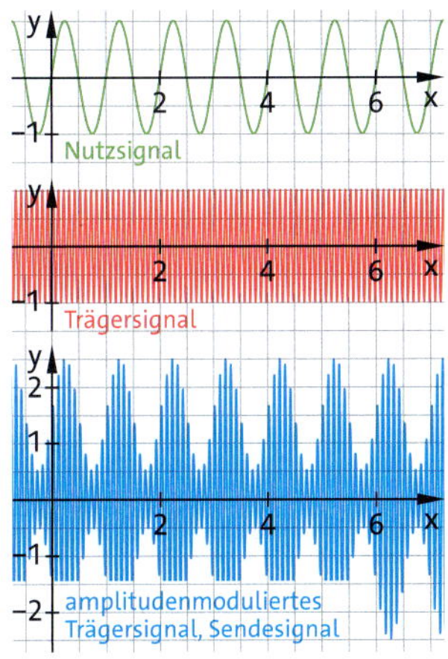

2.5 Klausur- und Abiturtraining

Aufgaben ohne Hilfsmittel

1 Geben Sie an, welche Funktionen das gleiche Globalverhalten haben.

$f(x) = -0{,}001x^4 + 1000x^3$ | $g(x) = 3x^3 + 7$ | $h(x) = -8x + 1$ | $i(x) = -\frac{3}{2}(x+3)^2$

$j(x) = (-x^3 + 2)(-x + 8) + 1$ | $k(x) = -\frac{1}{2}x^5 + 21x^4 - 10x + 3$ | $l(x) = x^4 + 10x^3 - 6x^2$ | $m(x) = x$

2 Gegeben ist die Funktion f mit $f(x) = -2(x-5)^3 - 2$.
a) Skizzieren Sie den Graphen von f in einem Koordinatensystem.
b) Bestimmen Sie den Wertebereich von f und das Verhalten von f(x) für $x \to \infty$ sowie für $x \to -\infty$. Geben Sie auch die x-Werte an, für die der Graph von f fällt.
c) Der Graph von f wird um 6 Einheiten nach links und 4 Einheiten nach oben verschoben und anschließend an der x-Achse gespiegelt. Bestimmen Sie die Funktionsgleichung der neuen Funktion.
d) Der Graph von f soll so verschoben werden, dass der neue Graph punktsymmetrisch zum Ursprung ist. Bestimmen Sie die Funktionsgleichung der neuen Funktion und weisen Sie die Punktsymmetrie rechnerisch nach.

3 Skizzieren Sie den Graphen einer ganzrationalen Funktion, deren Graph achsensymmetrisch zur y-Achse ist und bei P(0 | 0) und Q(3 | 4) Hochpunkte hat. Begründen Sie, wie viele Tiefpunkte der Graph mindestens haben muss.

4 Geben Sie die Koordinaten von zwei Punkten des Graphen von f mit $f(x) = 2x^3 - 2x + 6$ an, aus denen man erkennt, dass der Graph von f weder achsensymmetrisch zur y-Achse noch punktsymmetrisch zum Ursprung ist.

5 a) Geben Sie die Art der Symmetrie zum Koordinatensystem und die Periode von f mit $f(x) = \sin(\pi x)$ an.
b) Der Graph von h entsteht aus dem Graphen von f durch eine Verschiebung um 1 nach rechts und eine Stauchung mit dem Faktor $\frac{1}{2}$ in y-Richtung. Geben Sie den Funktionsterm von h an.
c) Begründen Sie mithilfe des Graphen von f: $-\sin(\pi x) = \sin(\pi(x+1)) = \sin(-\pi x)$

6 Gegeben ist die ganzrationale Funktion f mit $f(x) = -2x^3 + 72x$.
a) Untersuchen Sie rechnerisch das Symmetrieverhalten des Graphen von f.
b) Begründen Sie, dass $f(x) \to \infty$ für $x \to -\infty$ gilt. Geben Sie das Verhalten von f für $x \to \infty$ an.
c) Berechnen Sie die Nullstellen von f und zeigen Sie damit, dass der Funktionsterm von f äquivalent zu $-2 \cdot (x-6)x(x+6)$ ist.
d) Skizzieren Sie den Graphen von f. Nutzen Sie dazu Ihre Ergebnisse aus a) – c).
e) Ein Designer möchte eine extravagante symmetrische Brille entwerfen, die 12 cm breit sein soll, aber beliebig hoch werden darf. Stellen Sie mithilfe des Graphen von f ein mögliches mathematisches Modell für die Glasfassung auf und begründen Sie Ihren Ansatz.

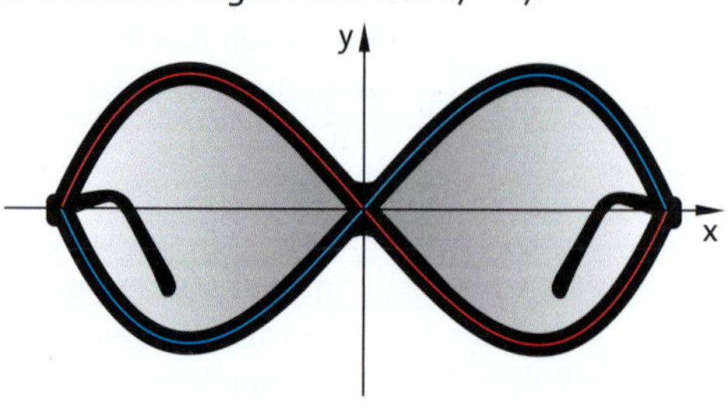

Aufgaben mit Hilfsmitteln

7 Ein neues Glas soll an der Öffnung einen Durchmesser von 4 cm und eine maximale Füllhöhe von 7 cm haben. Für die Modellierung der Innenkante des Längsschnitts stehen bei einer geeigneten Wahl des Koordinatensystems drei Funktionen zur Auswahl:

$f(x) = a \cdot x^2 \quad g(x) = a \cdot \sin(b \cdot (x - c)) + a \quad h(x) = \frac{1}{4}x^4 + a \cdot x^2$

a) Überprüfen Sie, ob die Graphen der Funktionen achsensymmetrisch zur y-Achse sind.

b) Bestimmen Sie die fehlenden Parameter so, dass die geforderten Maße des Glases erreicht werden.
[Kontrollergebnis: $f(x) = 1{,}75 \cdot x^2$
$g(x) = 7 \cdot \sin\left(\frac{\pi}{4} \cdot (x - 2)\right) + 7 \quad h(x) = \frac{1}{4}x^4 + \frac{3}{4}x^2$]

c) Zeichnen Sie die drei Graphen in ein gemeinsames Koordinatensystem und vergleichen Sie die Modelle.

8 Gegeben sind ganzrationale Funktionen p der Form $p(x) = (a^2 - 1)x^3 + (a^2 + 4a - 12)x^2$ für einen beliebigen Wert $a \in \mathbb{R}$.

a) Begründen Sie, dass der Graph von p stets durch den Koordinatenursprung verläuft.

b) Bestimmen Sie alle Werte von a, für die der Graph von p achsensymmetrisch zur y-Achse ist.

c) Bestimmen Sie alle Werte von a, für die der Graph von p punktsymmetrisch zum Ursprung ist.

9 Die Abbildung zeigt den Graphen einer ganzrationalen Funktion f vom Grad 4.

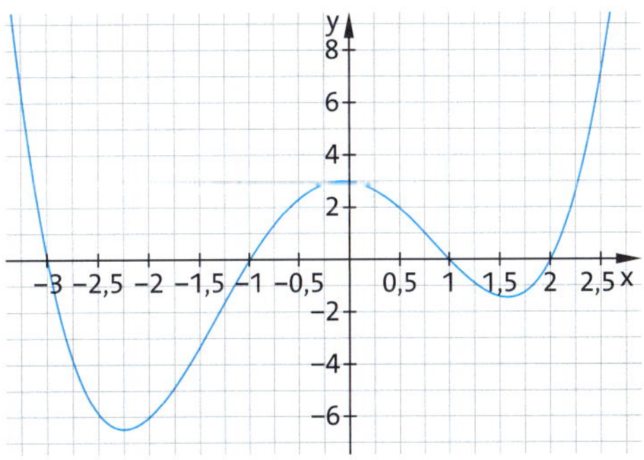

a) Der y-Achsenabschnitt von f ist ganzzahlig. Ermitteln Sie die Funktionsgleichung in ausmultiplizierter Form.
[Kontrollergebnis:
$f(x) = \frac{1}{2}x^4 + \frac{1}{2}x^3 - \frac{7}{2}x^2 - \frac{1}{2}x + 3$]

MK

b) Zeigen Sie mit einer geeigneten Mathematik-Software, dass der Schnittpunkt S des Graphen von f mit der y-Achse kein Hochpunkt ist. Geben Sie die Koordinaten des Hochpunktes an.

c) Beschreiben Sie das Monotonieverhalten und das Globalverhalten von f.

10 Gesucht ist eine Funktion f_3 für die gewellte Klinge einer Heckenschere.

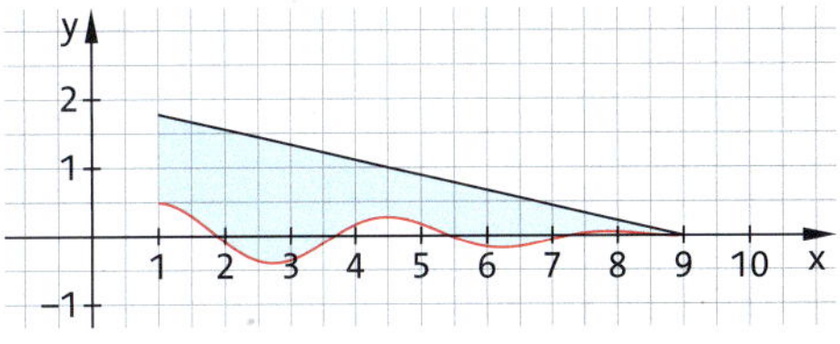

a) Ermitteln Sie die Funktionen f_1, f_2 und f_3 und skizzieren Sie ihre Graphen.

① f_1 ist die Sinusfunktion mit Periode $T = \frac{32}{9}$.

② Bei $x = \frac{T}{4}$ hat f_1 das erste Maximum rechts der y-Achse. Der Graph von f_2 entsteht aus dem von f_1 durch eine Verschiebung in x-Richtung, sodass f_2 das erste Maximum bei $x = 1$ einnimmt.

③ Die Amplitude von f_3 soll so abnehmen, dass die Maxima im Intervall [1; 9] auf dem Graphen zu $g(x) = \frac{1}{4} - \frac{1}{32}(x - 1)$ liegen: $f_3(x) = f_2(x) \cdot g(x)$

b) Beschreiben Sie, wie der Graph von g aus dem zu $g_0(x) = x$ hervorgeht.

Lösungen → S. 201

1 Bestimmen Sie das Vorzeichen von $f(10^6)$ und $f(-10^5)$, ohne die Funktionswerte genau zu berechnen.

a) $f(x) = 3x^7 - 3x^3 + 10$
b) $f(x) = x^6 + x^5 - 3x^2 - 10^9$
c) $f(x) = 10^{10} - x^2 - x^5$
d) $f(x) = 0{,}01x^4 - \frac{1}{10^6}x^2$
e) $f(x) = -0{,}01x^5 - \frac{1}{10^6}x^3$
f) $f(x) = (x^2 - 1)(x^3 + 1)$

2 Untersuchen Sie das Globalverhalten der Funktion f.

a) $f(x) = 2x^3 - 3x^2 + 2{,}5$
b) $f(x) = -x^4 + x^3 - 6x$
c) $f(x) = 5 - x + x^2 - x^5$
d) $f(a) = a^2 + 2a - x$
e) $f(x) = x(x - 1)(x + 1)$
f) $f(x) = ax^3 - 2x^2 + b - 1 \ (a < 0)$

3 a) Geben Sie die Intervalle an, auf denen die abgebildete ganzrationale Funktion 4. Grades streng monoton steigend bzw. fallend ist.

b) Lesen Sie näherungsweise die Hoch- und Tiefpunkte sowie die lokalen Maxima und Minima ab.

c) Erläutern Sie, ob ein globales Maximum oder Minimum existiert. Falls ja, geben Sie es an.

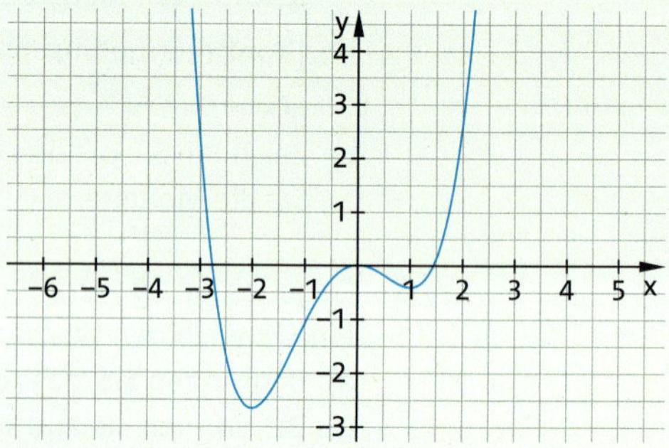

4 Untersuchen Sie anhand der Funktionsgleichung, ob der Graph der Funktion f achsensymmetrisch zur y-Achse bzw. punktsymmetrisch zum Ursprung ist.

a) $f(x) = \frac{1}{2}x^3 - 2x$
b) $f(x) = x^2 - x^4$
c) $f(x) = -x^6 + 2x^4 - \sqrt{5}$
d) $f(x) = x$
e) $f(x) = x(x + 1)(x - 1)$
f) $f(x) = (x^3 + x)(x^3 - x)$

5 Zu jedem der Graphen ① bis ④ gehört genau eine der Funktionsgleichungen. Ordnen Sie die Graphen den Funktionsgleichungen zu. Begründen Sie die Zuordnung mithilfe geeigneter Eigenschaften der Funktion.

$f(x) = x^6 + 3x^4 - 5x^2$

$g(x) = -x^5 + x^3 + x$

$h(x) = -x^6 - x^2 + x$

$i(x) = x^3 - 4x^2 + 3x$

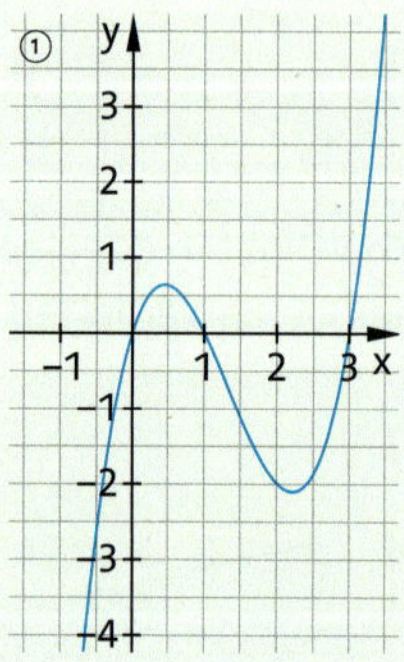

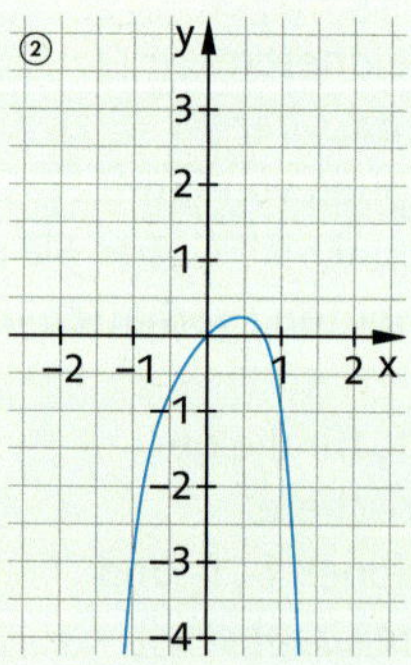

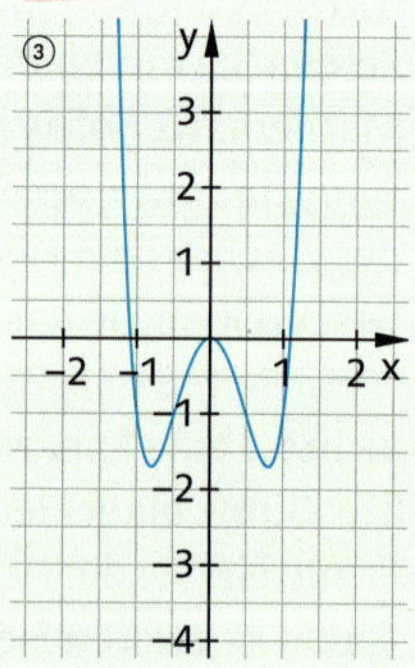

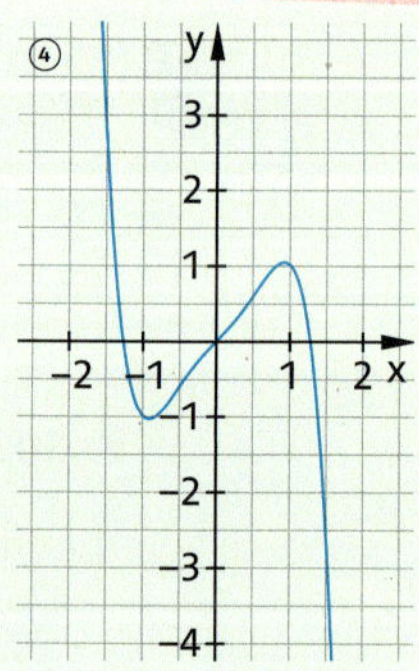

6 Gegeben ist die ganzrationale Funktion f mit der Gleichung $f(x) = x^3 - 3x^2 + 3x$. Ermitteln Sie die Koordinaten der Schnittpunkte des Graphen von f mit den Koordinatenachsen und geben Sie das Globalverhalten und das Symmetrieverhalten von f an.

7 Skizzieren Sie den Graphen einer ganzrationalen Funktion vierten Grades, die achsensymmetrisch zur y-Achse ist und ein globales Maximum 5 sowie ein lokales Minimum −2 hat.

Lösungen → S. 202

8 Der Graph von g entsteht aus dem Graphen der Funktion f mit $f(x) = x^3$ durch Strecken in y-Richtung und Verschiebungen entlang beider Achsen. Bestimmen Sie eine Funktionsgleichung von g.

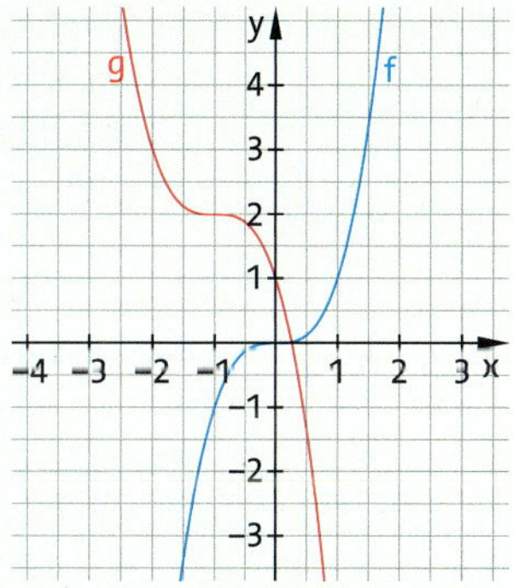

9 Es gilt $g(x) = a \cdot f(b(x - c)) + d$. Beschreiben Sie, wie der Graph von g aus dem Graphen von f entsteht.

a) $f(x) = x^2$ $\quad g(x) = -2(x + 3)^2 - 1$

b) $f(x) = \sin(x)$ $\quad g(x) = -3\sin(0{,}5x) - 1$

c) $f(x) = \frac{1}{x}$ $\quad g(x) = \frac{3}{x - 1} + 2$

d) $f(x) = 1{,}5^x$ $\quad g(x) = 3 - 1{,}5^{x-1}$

10 Beschreiben Sie den Verlauf des Graphen von f unter Verwendung der Fachsprache.

a) $f(x) = -0{,}5(x + 3)^2 - 1{,}5$ b) $f(x) = x^4 - 2x^2 + 1$ c) $f(x) = (x - 3)x(x + 3)$

11 Beschreiben Sie, wie der Graph von f mit $f(x) = 2\sin(x - \pi) + 3$ aus dem Graphen zu g mit $g(x) = \sin(x)$ hervorgeht. Erläutern Sie dann die Monotonie- und Symmetrieeigenschaften des Graphen von f sowie das Globalverhalten von f.

12 Von einer ganzrationalen Funktion vierten Grades ist bekannt, dass ihr Graph achsensymmetrisch zur y-Achse ist, sie die doppelte Nullstelle $x = -\sqrt{2}$ hat und ihr Graph die y-Achse im Punkt $S(0\,|\,8)$ schneidet. Ermitteln Sie eine Funktionsgleichung.

13 Beurteilen Sie die Aussage.

a) Der Graph einer ganzrationalen Funktion ist entweder achsensymmetrisch zur y-Achse oder punktsymmetrisch zum Ursprung.

b) Der Graph einer verschobenen Sinusfunktion ist nicht punktsymmetrisch zum Ursprung.

c) Wenn man den Graphen einer ganzrationalen Funktion in y-Richtung streckt, dann ändert sich nichts an seinem Symmetrieverhalten.

d) Die Sinusfunktion hat kein globales Maximum.

14 Das Ain Dubai ist mit 260 m Höhe das größte Riesenrad der Welt. Sein Durchmesser beträgt 250 m, eine Umdrehung dauert 38 Minuten. Die Fahrgäste steigen am tiefsten Punkt des Riesenrads ein, ohne dass dafür die Fahrt unterbrochen wird. Stellen Sie eine Funktionsgleichung auf, die die Fahrt des Ain Dubai modelliert, und beschreiben Sie, wie der Graph dieser Funktion aus dem Graphen von f mit $f(x) = \sin(x)$ hervorgeht.

Wo stehe ich?

	Ich kann...	Aufgabe	Nachschlagen
2.1	... Funktionen auf ihre Monotonie, ihre lokalen und globalen Extrema sowie ihr Globalverhalten untersuchen.	1, 2, 3, 6, 7, 10, 11	S. 34 Beispiel 1, S. 37 Beispiel 2
2.2	... Funktionsgraphen auf Symmetrien zum Koordinatensystem untersuchen.	4, 5, 6, 7, 10, 11, 12, 13	S. 41 Beispiel 1
2.3	... Funktionsgraphen entlang der Koordinatenachsen verschieben und passende Funktionsterme dazu aufstellen. ... Funktionsgraphen bezüglich der Koordinatenachsen strecken und passende Funktionsterme dazu aufstellen.	8, 9, 13	S. 44 Beispiel 1, S. 45 Beispiel 2, S. 46 Beispiel 3, S. 47 Beispiel 4
2.4	... Verschiebungen und Streckungen eines Funktionsgraphen in der richtigen Reihenfolge ausführen.	8, 9, 11, 14	S. 52 Beispiel 1, S. 52 Beispiel 2

Globalverhalten

Der Graph einer ganzrationalen Funktion f mit $f(x) = a_n x^n + a_{n-1} x^{n-1} + ... + a_1 x + a_0$ mit $a_n \neq 0$ verhält sich für $x \to \pm\infty$ wie der Graph von g mit $g(x) = a_n x^n$.

$f(x) = 0{,}5x^4 - x^2 + 0{,}5$; $g(x) = 0{,}5x^4$
Für $x \to \infty$ gilt $g(x) \to \infty$,
also auch $f(x) \to \infty$.
Für $x \to -\infty$ gilt $g(x) \to \infty$,
also auch $f(x) \to \infty$.

Monotonie, lokale und globale Extrema

Die Funktion f ist **streng monoton steigend** bzw. **streng monoton fallend** auf dem Intervall I, wenn für alle x_1 und x_2 aus I mit $x_1 < x_2$ gilt: $f(x_1) < f(x_2)$ bzw. $f(x_1) > f(x_2)$

Der Graph einer Funktion f hat an der Stelle x_E einen **Hochpunkt** bzw. **Tiefpunkt**, wenn $f(x_E)$ in einer Umgebung von x_E der **größte** bzw. **kleinste** Funktionswert von f ist.
Den Funktionswert $f(x_E)$ nennt man **lokales Maximum** bzw. **lokales Minimum**.
Ist f(x) der **größte** bzw. **kleinste** Funktionswert im Definitionsbereich von f, so ist f(x) ein **globales Maximum** bzw. **globales Minimum** von f.

$f(x) = 0{,}5x^4 - x^2 + 0{,}5$
streng monoton steigend für $-1 < x < 0$ und für $x > 1$,

streng monoton fallend für $x < -1$ und für $0 < x < 1$

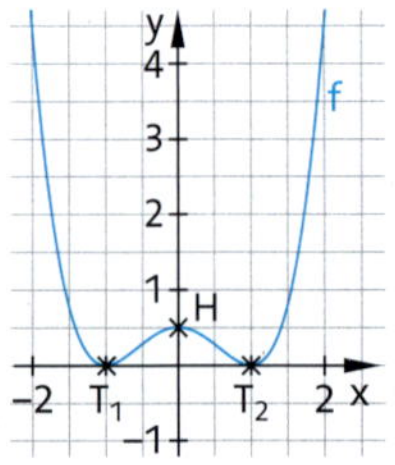

Hochpunkt: $H(0\,|\,0{,}5)$
Tiefpunkte: $T_1(-1\,|\,0)$; $T_2(1\,|\,0)$

$f(0) = 0{,}5$ ist ein lokales Maximum.
Ein globales Maximum existiert nicht.
Das lokale Minimum $f(-1) = f(1) = 0$ ist zugleich ein globales Minimum.

Symmetrie zum Koordinatensystem

Achsensymmetrie: Der Graph einer Funktion f ist achsensymmetrisch zur y-Achse, wenn für alle x aus dem Definitionsbereich gilt: $f(-x) = f(x)$

Punktsymmetrie: Der Graph einer Funktion f ist punktsymmetrisch zum Ursprung, wenn für alle x aus dem Definitionsbereich gilt: $f(-x) = -f(x)$

Der Graph einer ganzrationalen Funktion f ist genau dann **achsensymmetrisch zur y-Achse** bzw. **punktsymmetrisch zum Ursprung**, wenn der ausmultiplizierte Funktionsterm von f nur **gerade** bzw. nur **ungerade** Exponenten hat.

$f(x) = x^2 - 1$
$f(-x) = (-x)^2 - 1 = x^2 - 1 = f(x)$
Der Graph von f ist achsensymmetrisch zur y-Achse.

$g(x) = \frac{3}{x}$
$g(-x) = \frac{3}{-x} = -\frac{3}{x} = -g(x)$
Der Graph von g ist punktsymmetrisch zum Ursprung.

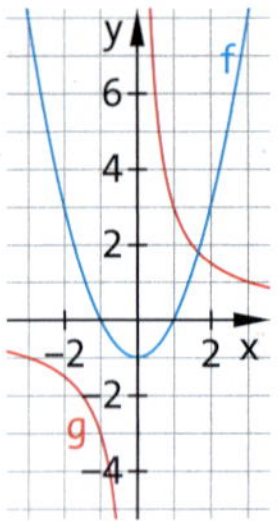

$f(x) = 0{,}5x^4 - x^2 + 0{,}5$ $\quad 0{,}5 = 0{,}5x^0$
Nur gerade Exponenten, der Graph ist achsensymmetrisch zur y-Achse.

$g(x) = -0{,}5x^5 + 1{,}5x^3 + 2x$ $\quad 2x = 2x^1$
Nur ungerade Exponenten, der Graph ist punktsymmetrisch zum Ursprung.

Transformationen

Der Graph der Funktion g mit $g(x) = a \cdot f(b(x - c)) + d$ (mit $a, b \neq 0$) geht aus dem Graphen von f hervor durch:

- **Streckung** bzw. **Stauchung** mit dem Faktor $|a|$ in **y-Richtung**
- für $a < 0$: **Spiegelung** an der **x-Achse**
- **Streckung** bzw. **Stauchung** mit dem Faktor $\frac{1}{|b|}$ in **x-Richtung**
- für $b < 0$: **Spiegelung** an der **y-Achse**
- **Verschiebung** um c Einheiten in **x-Richtung**
- **Verschiebung** um d Einheiten in **y-Richtung**

$f(x) = \sin(x)$
$g(x) = -2\sin(0{,}2(x - 1)) + 3$
Der Graph von g entsteht aus dem Graphen von f durch eine Streckung mit dem Faktor 2 in y-Richtung, eine Spiegelung an der x-Achse, eine Streckung mit dem Faktor 5 in x-Richtung, eine Verschiebung um 1 Einheit nach rechts und eine Verschiebung um 3 Einheiten nach oben.

3

Steigung und Ableitung

Nach diesem Kapitel können Sie

→ lokale und mittlere Änderungsraten bestimmen und interpretieren,
→ Funktionen grafisch ableiten,
→ ganzrationale Funktionen rechnerisch ableiten,
→ Sekanten-, Tangenten-, Normalensteigungen und Steigungswinkel berechnen.

Lösungen → S. 202

Terme umformen

1 Berechnen Sie den Termwert.

a) $\frac{2}{3}-\frac{1}{6}$ b) $\frac{5}{6}-2$ c) $0{,}5-\frac{2}{5}$ d) $\frac{2}{3}-\frac{2}{5}$ e) $\frac{1}{4}-\frac{2}{3}$

f) $\frac{2\cdot 3^2-2\cdot 2^2}{3-2}$ g) $\frac{\frac{1}{2}\cdot 6^2-\frac{1}{2}\cdot 4^2}{6-4}$ h) $\frac{-3\cdot 2^2-(-3\cdot 1^2)}{2-1}$ i) $\frac{-\frac{1}{2}\cdot 2^2-\left(-\frac{1}{2}\cdot 4^2\right)}{2-4}$ j) $\frac{2^2-5^2}{2-5}$

2 Kürzen Sie, falls möglich.

a) $\frac{a+2a^2}{2a^2}$ b) $\frac{xy-1}{y-1}$ c) $\frac{3+4a^2}{3a^2}$ d) $\frac{2x^3-x}{2x-x^2}$

3 Begründen Sie, dass der Term richtig umgeformt wurde.

a) $\frac{x^2-y^2}{x-y}=x+y\ (x\neq y)$ b) $\frac{(u+3)^2-9}{u}=u+6\ (u\neq 0)$ c) $\frac{2xy+y^2}{y}=2x+y\ (y\neq 0)$

4 Überprüfen Sie, ob die Termumformung korrekt ist. Begründen Sie Ihre Entscheidung und korrigieren Sie falsche Umformungen.

a) $\frac{(2+x)^2-4}{x}=x+4$ b) $\frac{(1+x)^2-1}{1+x}=x$ c) $\frac{-4a^2-(-4\cdot 2^2)}{a-2}=-4\cdot(a+2)$

5 Vereinfachen Sie.

a) $\frac{3-x}{x+3}+\frac{2x-2}{x+3}$ b) $\frac{x}{x-2}-\frac{x-3}{x-2}$ c) $\frac{4}{3y}-\frac{3}{y}+\frac{5}{2y}$ d) $\frac{3}{a}-\frac{2}{a^2}+\frac{1}{3a}$

e) $\frac{4}{xy}-\frac{3}{x^2}+\frac{5}{y^2}$ f) $\frac{1}{(x-3)}-\frac{x-1}{x\cdot(x-3)}$ g) $\frac{3}{x(x-3)}-\frac{x-1}{x}$ h) $\frac{x+y}{x-y}-\frac{x-y}{y}$

Gleichungen lösen

6 Bestimmen Sie die Lösungsmenge der Gleichung.

a) $x-6=3x$ b) $x^2+3x=4$ c) $(x-2)(x+2)=5$ d) $(x-1)^2=3-x$

e) $x^2+3=4x-1$ f) $x^2-1=x-x^2$ g) $3x^2+4x=3-x^2$ h) $2x^4-8=24$

7 Lösen Sie die Gleichung und machen Sie die Probe.

a) $2x^3+3=5$ b) $x^4+x^2=0$ c) $x^3=2x^2-x$ d) $x^5-x^3=0$

Lineare Funktionen

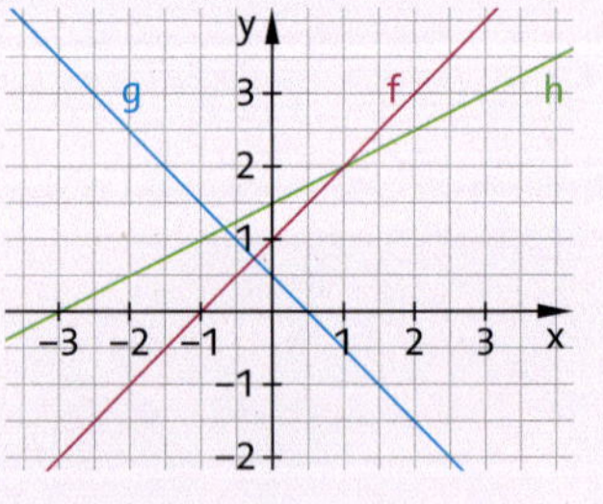

8 Die Abbildung zeigt die Graphen von drei linearen Funktionen. Ermitteln Sie die zugehörigen Funktionsgleichungen und geben Sie jeweils die Nullstelle der Funktion an.

9 Vom Graphen einer linearen Funktion f sind die Punkte A und B gegeben. Bestimmen Sie die Funktionsgleichung von f.

a) A(2|−1); B(3|−0,5) b) A(−3|1); B(3|−5)

c) A(−2|−2,5); B(4|−1) d) A(0|0,5); B(1|2,5)

10 Von einer linearen Funktion f sind die Nullstelle x_0 und ein Punkt des Graphen bekannt. Ermitteln Sie den Funktionsterm von f.

a) $x_0=1$ und (2|1) b) $x_0=0$ und (−2|2) c) $x_0=0{,}5$ und (3|5)

d) $x_0=-3$ und (−1|2) e) $x_0=10$ und (0|−5) f) $x_0=-7$ und (2|−3)

Lösungen
→ S. 203

Quadratische Funktionen

11 Geben Sie zu jeder der Parabeln einen Funktionsterm sowie die Nullstellen der Funktion an.

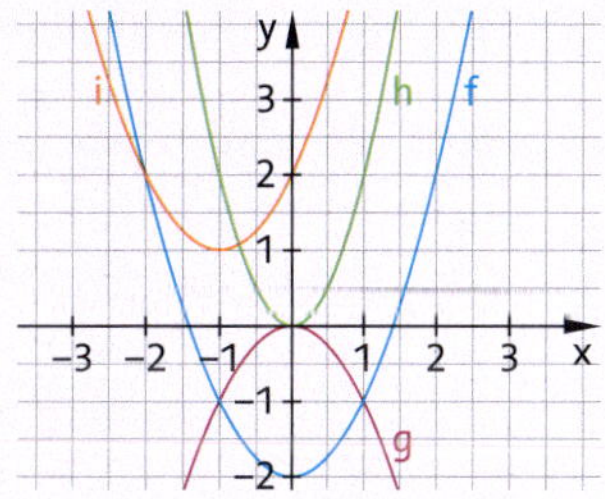

12 Gegeben ist die Funktion f mit $f(x) = x^2 - 2x - 3$.
a) Bestimmen Sie die Schnittpunkte des Graphen von f mit den Koordinatenachsen.
b) Bestimmen Sie alle Schnittpunkte der Graphen von f und g mit $g(x) = -x^2 - 4x + 1$.

13 Beschreiben Sie die Veränderung des Graphen von g gegenüber dem Graphen von f mit $f(x) = x^2$. Geben Sie den Wertebereich, alle Nullstellen und – falls möglich – den größten (kleinsten) Funktionswert von g an.

a) $g(x) = 0{,}5x^2$ b) $g(x) = -3x^2$ c) $g(x) = -x^2 - 1$
d) $g(x) = (x - 2)^2$ e) $g(x) = (x + 2)^2 - 9$ f) $g(x) = x^2 - 4x + 3$

Vermischtes

14 Sara läuft zum 4 km entfernten Nachbarort. Der Weg führt bergauf, da der Nachbarort 80 Meter höher liegt.
a) Berechnen Sie die durchschnittliche Steigung des Wegs.
b) Geben Sie die durchschnittliche Steigung für den Rückweg vom Nachbarort zum Ausgangsort an.

15 Berechnen Sie im abgebildeten Dreieck die Steigung in Prozent und mithilfe des Tangens den Steigungswinkel.

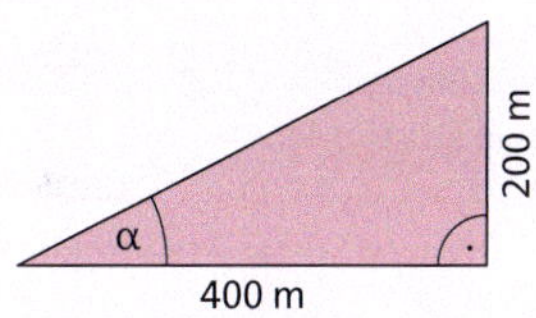

16 Die Abbildung zeigt eine Gerade.
a) Stellen Sie eine passende Geradengleichung auf.
b) Berechnen Sie den Steigungswinkel und die Steigung in Prozent.

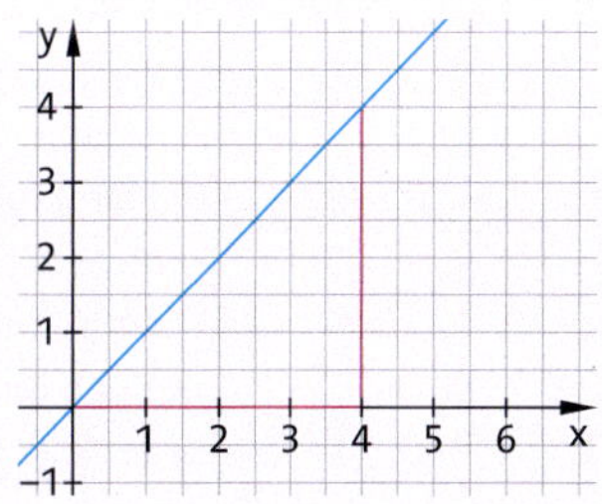

17 Frank hat die 24 km bis zum Freibad „ADRIA" in $1\frac{1}{4}$ h mit dem Fahrrad zurückgelegt. Berechnen Sie die Durchschnittsgeschwindigkeit für die gesamte Strecke.

18 a) Zeichnen Sie in ein Koordinatensystem einen Kreis mit dem Mittelpunkt M(0 | 0) und mit dem Durchmesser 6 LE. Zeichnen Sie die Sekante durch die Punkte A(0 | 3) und B(3 | 0) und geben Sie eine Gleichung für diese Sekante an.
b) Zeichnen Sie eine Tangente an den Kreis, die parallel zu dieser Sekante verläuft, und geben Sie ihre Steigung an.

19 Zeichnen Sie die Parabel zur Funktion f mit $f(x) = x^2$ und die Gerade g mit $g(x) = 2x - 1$ in ein gemeinsames Koordinatensystem. Erläutern Sie, dass man hier analog zur Kreistangente von einer Tangente an die Parabel sprechen kann.

20 Zeichnen Sie die Graphen von f und g mit $f(x) = (x + 2)^2 + 1$ und $g(x) = -x^2 + 3$ sowie die Gerade zu $y = 2x + 4$ in ein gemeinsames Koordinatensystem. Erläutern Sie die besondere Lage der Gerade bezüglich der Funktionsgraphen.

3.1 Änderungsraten

Die Tabelle zeigt die Messwerte eines Fahrers auf einer Etappe der Tour de France.

Zeit (in h)	0,5	2	2,5	2,75	3,5
Strecke (in km)	24	56	84,5	96	110

a) Berechnen Sie für die gesamte Strecke und für die einzelnen Zeitabschnitte die Durchschnittsgeschwindigkeit in km/h.
b) Beschreiben Sie, was Ihnen auffällt.

Grafische Deutung von Änderungsraten

In vielen Situationen spielt das Änderungsverhalten der untersuchten Größe eine wichtige Rolle. Dabei ist es hilfreich, die Zusammenhänge mithilfe von Funktionen und Graphen zu beschreiben, aus denen sich die Änderungen ablesen lassen.

Hinweis

Die Steigung ist von den Graphen linearer Funktionen bekannt. Sie kann auch für andere Graphen definiert werden, ändert sich dann aber möglicherweise in jedem Punkt.

- Ist der Graph fallend, so entspricht diese negative Änderung einer Verringerung der untersuchten Größe.
- Ist der Graph steigend, so entspricht diese positive Änderung einer Zunahme der untersuchten Größe.

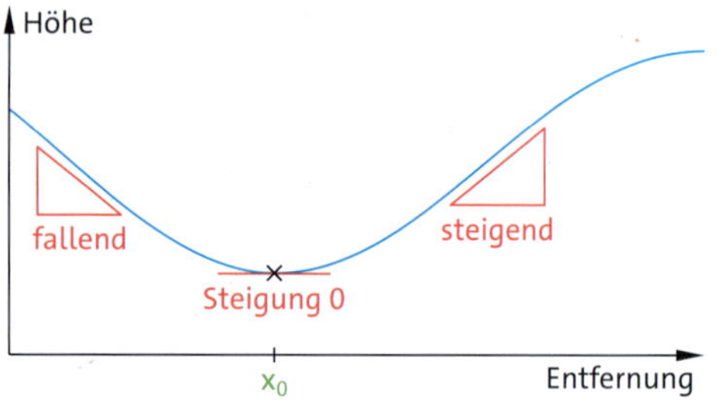

Das Änderungsverhalten kann man auch als Änderungsgraphen darstellen:
- Je steiler es bergab geht, desto kleiner werden die y-Werte des Änderungsgraphen.
- Je steiler es bergauf geht, desto größer werden die y-Werte des Änderungsgraphen.
- Die x-Achse des Änderungsgraphen hat die gleiche Einheit wie die des Funktionsgraphen. Die y-Achse hat eine andere Einheit.

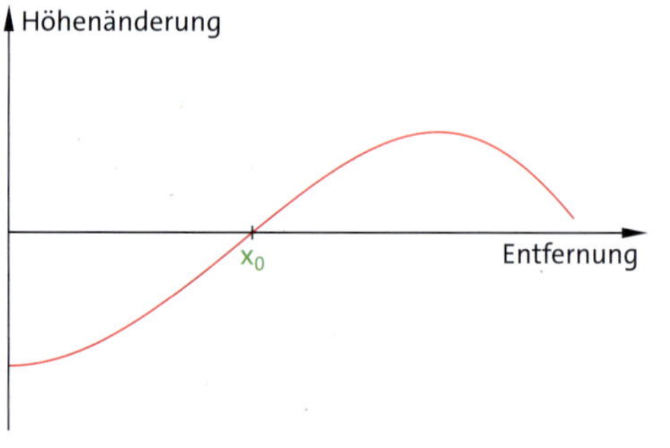

Beispiel 1

Der Graph zeigt die Entwicklung einer Bakterienkultur in Abhängigkeit von der Zeit. Beschreiben Sie die Änderung des Bakterienbestandes mit eigenen Worten und skizzieren Sie den zugehörigen Änderungsgraphen.

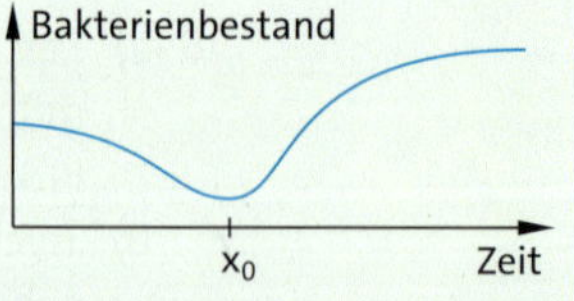

Lösung:
Zu Beginn nimmt der Bestand immer stärker ab, dann wird die Abnahme pro Zeiteinheit schwächer. Zum Zeitpunkt x_0 erreicht der Bestand sein Minimum.

Danach steigt er zunächst immer stärker an, dann wird der Anstieg schwächer. Am Ende ändert sich der Bestand nicht mehr.

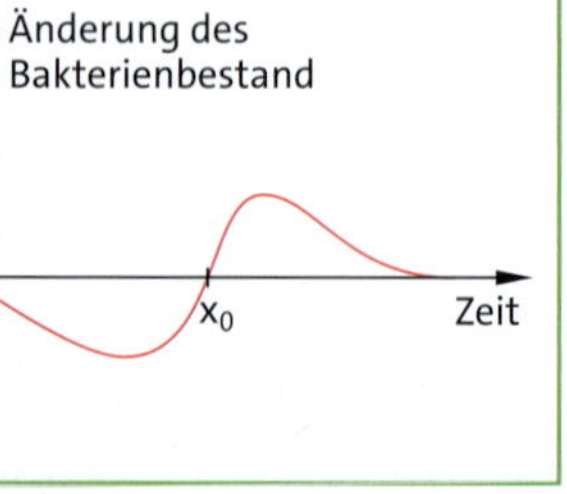

Basisaufgaben

1 Die Graphen ①–④ zeigen jeweils die zurückgelegte Strecke eines Autos in Abhängigkeit von der Zeit. Beschreiben Sie die Geschwindigkeit des Autos mit eigenen Worten und ordnen Sie jedem Graphen den passenden Änderungsgraphen aus Ⓐ–Ⓓ zu.

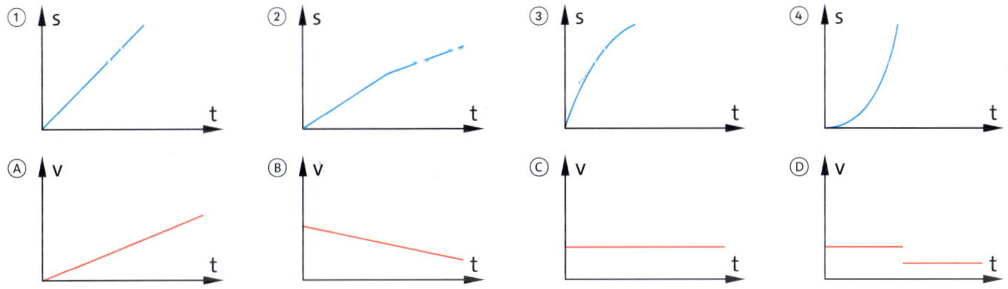

2 Die Abbildung zeigt die Entwicklung der Bevölkerungszahl eines Lands in Abhängigkeit von der Zeit. Beschreiben Sie das Bevölkerungswachstum. Skizzieren Sie einen Graphen, der die Änderung der Bevölkerungszahl pro Zeitschritt abbildet.

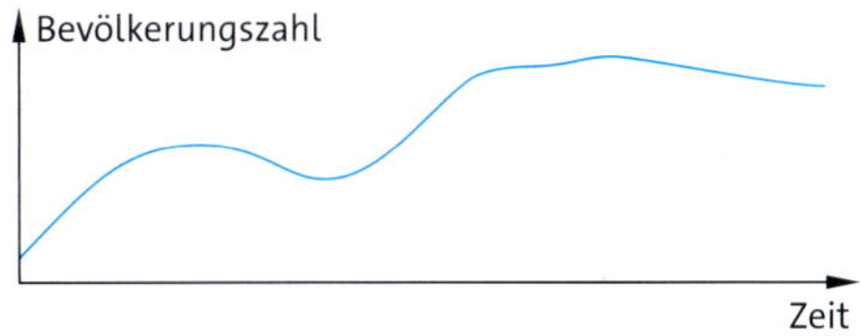

3 Vervollständigen Sie die Tabelle und vergleichen Sie untereinander.

Situation	Änderung
Zurückgelegter Weg eines Motorrads in km	Geschwindigkeit des Motorrads in km/h
Geländeprofil einer Straße in m	
Flughöhe eines Heißluftballons in m	
	Wasserzuflussrate einer Badewanne in cm/min
Per Bluetooth übertragene Datenmenge in MB	
	Beschleunigung eines Rennwagens in $\frac{m}{s^2}$

4 Die Abbildungen zeigen jeweils die Bestandsänderung eines Wolfsrudels in Abhängigkeit von der Zeit. Ordnen Sie jeder Aussage den passenden Graphen zu.

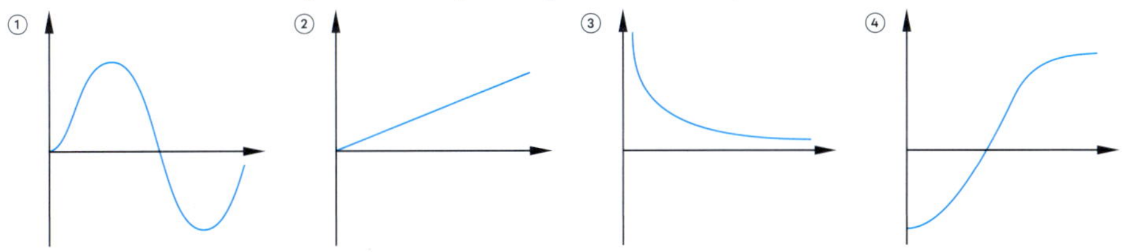

A Der Bestand wächst zunächst, dann verringert er sich.

B Die Zunahme des Bestandes verlangsamt sich.

C Der Bestand verringert sich zunächst, dann wächst er.

D Die Population wächst immer schneller.

5 Der Graph zeigt die Geschwindigkeit, mit der ein Heißluftballon zu Beginn seiner Fahrt in Abhängigkeit von der Zeit senkrecht steigt bzw. sinkt.

a) Bestimmen Sie den Zeitpunkt, zu dem der Ballon seine maximale Flughöhe erreicht.

b) Skizzieren Sie den Graphen, der die Höhe des Ballons in Abhängigkeit von der Zeit darstellt.

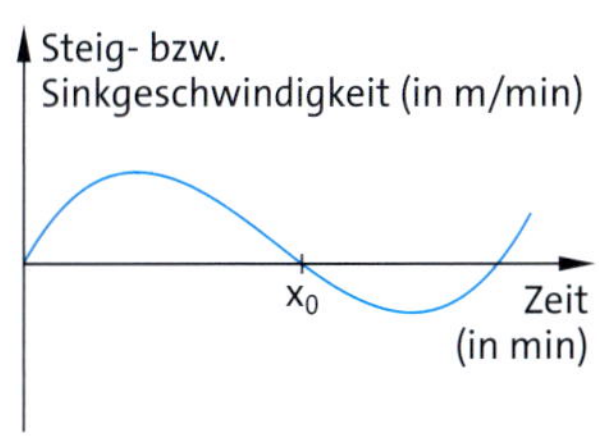

Mittlere Änderungsrate

Die Tabelle zeigt die Höhen einer Wanderstrecke. Aus diesen Angaben kann man die durchschnittliche Steigung der einzelnen Etappen berechnen.
Man dividiert dazu den Höhenunterschied (Etappe 1: 400 m) durch die horizontale Entfernung (Etappe 1: 2000 m). Die durchschnittliche Steigung von Etappe 1 ist also $m = \frac{y_2 - y_1}{x_2 - x_1} = \frac{400}{2000}$.

horizontale Distanz (in km)	0	2	4	6
Höhe (in m)	860	1260	1870	870

Abschnitt	Durchschnittliche Steigung
1. Etappe	$m = \frac{1260 - 860}{2000 - 0} = \frac{400}{2000} = 0{,}2$
2. Etappe	$m = \frac{1870 - 1260}{4000 - 2000} = \frac{610}{2000} = 0{,}305$
3. Etappe	$m = \frac{870 - 1870}{6000 - 4000} = \frac{-1000}{2000} = -0{,}5$

Erinnerung

Sekante am Kreis

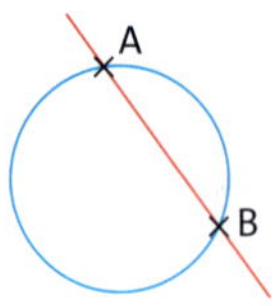

Die horizontale Entfernung ist auf der x-Achse und die Höhe auf der y-Achse eingetragen. Die Punkte wurden geradlinig zu einem Geländeprofil verbunden.
Die durchschnittliche Steigung entspricht der Steigung der **Sekante** vom Anfangs- bis zum Endpunkt jeder Etappe.
Die Steigung an einzelnen Stellen innerhalb der Etappen kann davon mal mehr, mal weniger abweichen, wie das tatsächliche Geländeprofil zeigt.

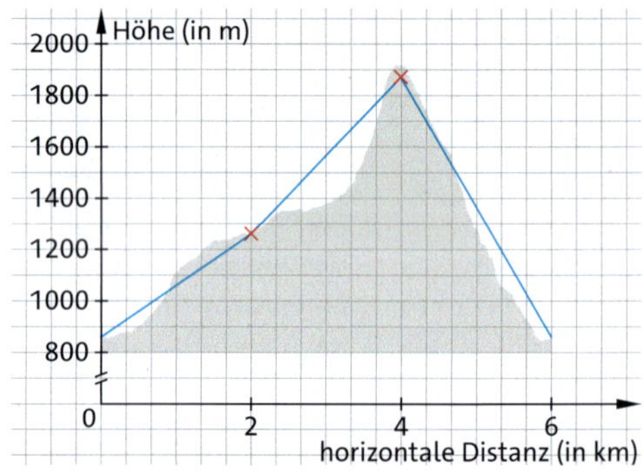

Wissen

Der **Differenzenquotient** $\frac{f(b) - f(a)}{b - a}$ gibt die **mittlere Änderungsrate** der Funktion f im Intervall [a; b] an.

Sie entspricht anschaulich der **Steigung** der **Sekante** durch die Punkte A(a | f(a)) und B(b | f(b)).

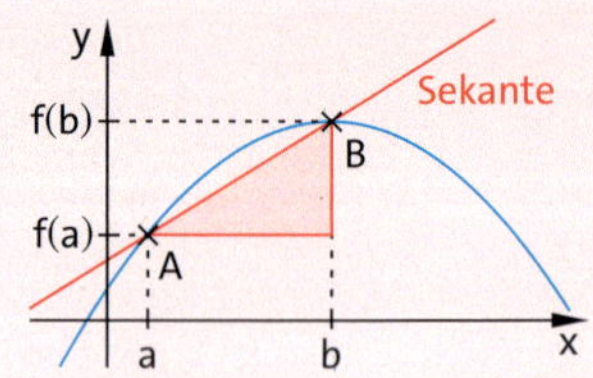

Beispiel 2

Berechnen Sie die mittlere Änderungsrate von f mit $f(x) = 3x^2 - x$ im Intervall [−1; 2].

Lösung:
Setzen Sie die Intervallgrenzen a = −1 und b = 2 in den Differenzenquotienten $m = \frac{f(b) - f(a)}{b - a}$ ein und berechnen Sie seinen Wert.

$$m = \frac{f(2) - f(-1)}{2 - (-1)}$$
$$= \frac{(3 \cdot 2^2 - 2) - (3 \cdot (-1)^2 - (-1))}{3} = \frac{10 - 4}{3} = 2$$

Beispiel 3

Die Funktion f mit $f(x) = 2x^2$ beschreibt den zurückgelegten Weg (in m) eines anfahrenden Autos in Abhängigkeit von der Zeit (in s). Berechnen Sie die Durchschnittsgeschwindigkeit des Autos zwischen den Zeitpunkten x = 1 und x = 3.

Lösung:
Berechnen Sie die Durchschnittsgeschwindigkeit mit dem Differenzenquotienten.
Setzen Sie dazu die Intervallgrenzen a = 1 und b = 3 in den Differenzenquotienten $m = \frac{f(b) - f(a)}{b - a}$ ein und berechnen Sie.

$$m = \frac{f(3) - f(1)}{3 - 1} = \frac{18 - 2}{2} = 8$$

Das Auto fährt zwischen der 1. und der 3. Sekunde durchschnittlich 8 m/s.

Basisaufgaben

Lösungen zu 6

−4 4 5 15 1 7 −9 15 1

6 Berechnen Sie für die Funktion f die mittlere Änderungsrate in den Intervallen I = [1; 3], J = [−3; −1] und K = [−1; 2].
a) $f(x) = x^2$ b) $f(x) = x^3 + 2x$ c) $f(x) = 2x^2 - x$

7 Die Funktion f mit $f(x) = 2{,}3x^2$ beschreibt den zurückgelegten Weg (in m) eines 100-m-Läufers in Abhängigkeit von der Zeit (in s) nach dem Start. Berechnen Sie die Durchschnittsgeschwindigkeit des Läufers in den ersten beiden Sekunden.

8 Bestimmen Sie zu den Funktionen f und g die Sekantensteigungen im Intervall [−1; 2].

a)

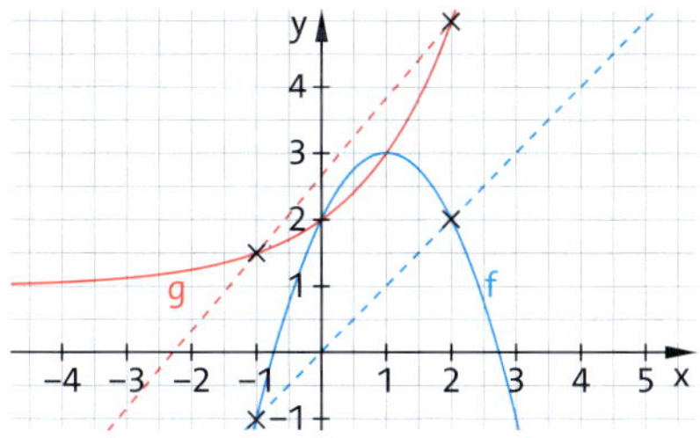

b)

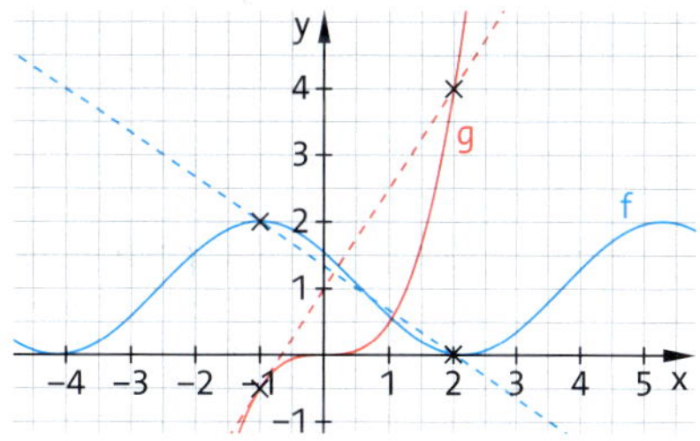

9 a) Betrachten Sie die Funktionen f und g mit $f(x) = 2x - 3$ und $g(x) = \frac{1}{2}x + 1$. Berechnen Sie jeweils die Sekantensteigung auf [2; 6]. Vergleichen Sie mit den Funktionstermen.
b) Erklären Sie das Ergebnis aus a), indem Sie die Graphen von f und g skizzieren. Erläutern Sie, dass das Ergebnis aus a) auch für beliebige Intervalle zutrifft.

10 Geben Sie an, was die mittlere Änderungsrate beschreibt. Nennen Sie auch ihre Einheit.
a) vergangene Zeit in s → zurückgelegter Weg in m beim Laufen
b) horizontale Entfernung in m → Höhe in m beim Fahrradfahren
c) Zeit in Tagen → Anzahl der Infizierten bei einer Epidemie

11 Die Tabelle zeigt die Entwicklung des Verbrauchs an Plastiktüten in Deutschland.

Jahr	2000	2012	2015	2016	2017	2018	2019
Verbrauch Plastiktüten in Mrd.	7	6,1	5,6	3,7	2,4	2	1,7

a) Berechnen Sie die mittlere Änderungsrate des Plastiktütenverbrauchs für den Zeitabschnitt von 2000 bis 2012 und interpretieren Sie das Ergebnis im Sachzusammenhang.
b) Berechnen Sie die mittleren Änderungsraten für die übrigen Zeitabschnitte und geben Sie die Zeitabschnitte der stärksten und schwächsten Abnahme an.
MK c) Recherchieren Sie die Entwicklung des Plastiktütenverbrauchs in den folgenden Jahren und geben Sie Gründe für diese Entwicklung an.

12 Die Tabelle zeigt Messwerte einer Autobahnfahrt. Ermitteln Sie den Abschnitt mit der größten Durchschnittsgeschwindigkeit.

a)

h	0	1,5	3	4,5	6
km	0	120	330	480	660

b)

h	0	1,4	3,8	4,7	6,8
km	0	150	400	520	750

Hinweis

Die CO_2-Konzentration wird in ppm (parts per million) gemessen.

13 Der Graph zeigt die Messwerte einer CO_2-Ampel während einer Unterrichtsstunde.
a) Beschreiben Sie den Verlauf der CO_2-Konzentration.
b) Bestimmen Sie die mittlere Änderungsrate der CO_2-Konzentration zwischen der 25. und der 30. Minute.

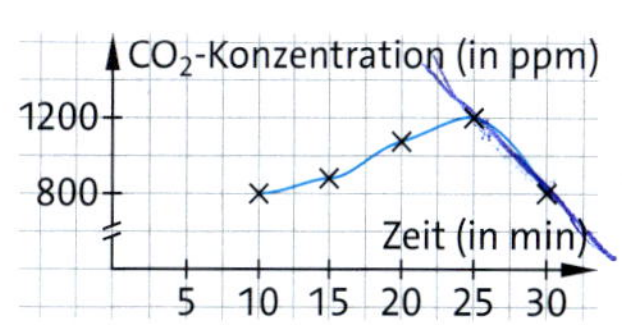

Weiterführende Aufgaben

Zwischentest

Hilfe

14 Durch ein Ventil wird Wasser in ein quaderförmiges Gefäß gefüllt bzw. herausgelassen. Der Graph zeigt das Volumen des Wassers im Gefäß in Abhängigkeit von der Zeit. Beschreiben Sie die Zuflussgeschwindigkeit des Wassers in Worten und skizzieren Sie den Änderungsgraphen.

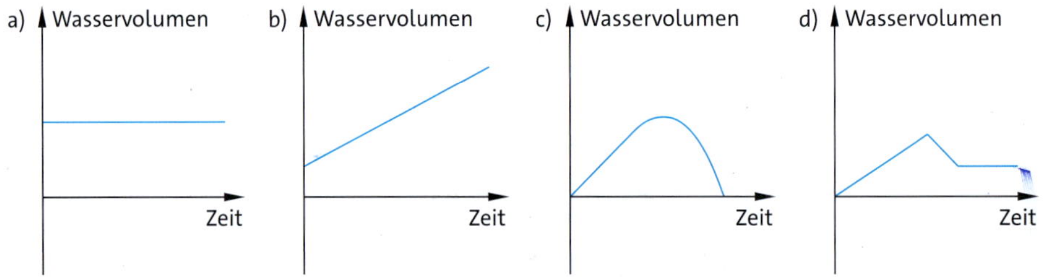

15 Ordnen Sie die Graphen von Bestandsfunktionen den passenden Kärtchen zu.

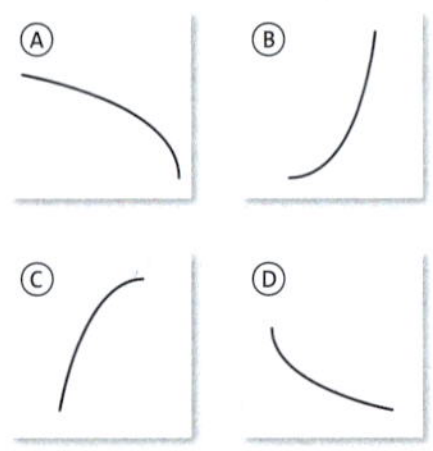

(I) Die mittlere Änderungsrate steigt immer schneller.

(II) Die mittlere Änderungsrate fällt immer schneller.

(III) Die mittlere Änderungsrate steigt immer langsamer.

(IV) Die mittlere Änderungsrate fällt immer langsamer.

16 Der Graph gibt im Intervall [0; 19] in etwa das Profil einer Mountainbiketour wieder.

a) Lesen Sie die Koordinaten der Punkte A–G ab und berechnen Sie die durchschnittliche Steigung zwischen je zwei benachbarten Punkten.

b) Geben Sie an, in welchem Abschnitt die Strecke am steilsten ist.

c) Geben Sie die Bedeutung des Vorzeichens der Steigung für den Fall an, dass das Profil von links nach rechts durchfahren wird.

d) Begründen Sie, in welchem Abschnitt die durchschnittliche Steigung das Profil besonders schlecht wiedergibt.

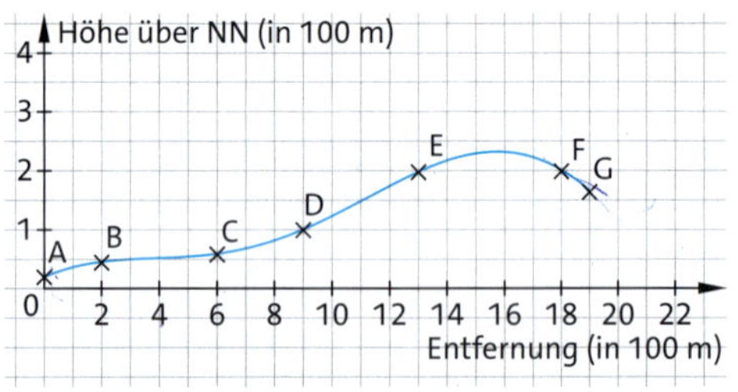

17 **Stolperstelle:**
Tim soll die mittlere Änderungsrate der Funktion f mit dem abgebildeten Graphen im Intervall [−1; 1] bestimmen. Er berechnet dazu die Sekantensteigung und meint:

„Es gilt $m = \frac{2-2}{1-(-1)} = 0$. Also steigt der Graph im Intervall [−1; 1] nicht und fällt auch nicht."

Nehmen Sie Stellung.

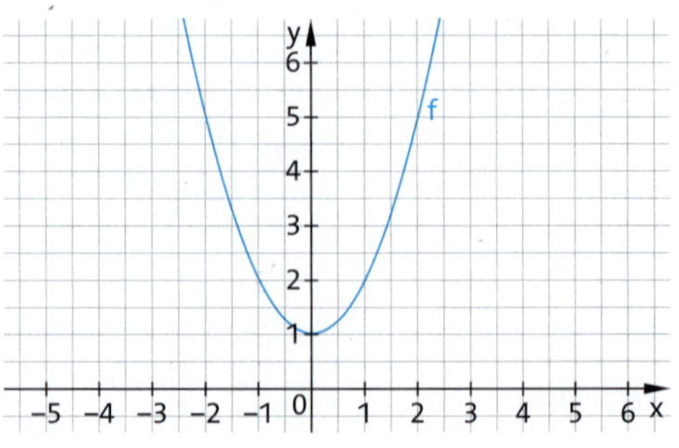

18 Begründen Sie, dass man die mittlere Änderungsrate einer Funktion f auf einem Intervall [a; b] auch als $\frac{f(a) - f(b)}{a - b}$ berechnen kann.

19 Es ist möglich, dass in einem Intervall die Sekantensteigung 0 ist, obwohl der Graph der Funktion in diesem Intervall nicht horizontal verläuft.
a) Prüfen Sie dies bei der Funktion f mit $f(x) = (x + 1)^2 - 2$ im Intervall [−3; 1] durch eine Skizze des Graphen und Berechnung der Sekantensteigung.
b) Geben Sie zur Funktion f mit $f(x) = (x - 3)^2$ ein Intervall mit der Sekantensteigung 0 an.

20 Gegeben ist die Funktion f mit $f(x) = 2^x$.
a) Zeichnen Sie den Graphen von f für $-2 \leq x \leq 3$.
b) Zeichnen Sie die Sekanten für [−1; 1] und [−1; 2] ein und lesen Sie ihre Steigung ab.

21 Die Tabelle zeigt die aktiven Covid-19-Infektionen in Deutschland von 2020 bis 2021.

15.08.20	15.09.20	15.10.20	15.11.20	15.12.20	15.01.21	15.02.21	15.03.21	15.04.21	15.05.21
12288	16299	54406	287852	351526	335964	152121	146170	278775	233703

a) Berechnen Sie die mittlere Änderungsrate der Fallzahlen im Beobachtungszeitraum.
b) Bestimmen Sie den stärksten täglichen Anstieg und die stärkste tägliche Abnahme der Fallzahlen innerhalb eines Monats. Geben Sie mögliche Gründe für diese Entwicklungen an und recherchieren Sie, wie sich die Fallzahlen in den folgenden Monaten entwickelten.

22 Die Abbildung zeigt die zurückgelegte Strecke zweier Läufer (in m) in Abhängigkeit von der Zeit (in min).
a) Beschreiben Sie die Situation.
b) Berechnen Sie die ungefähre durchschnittliche Geschwindigkeit der Läufer bis zum Zeitpunkt t = 15.
c) Nennen Sie einen möglichen Grund dafür, dass Läufer 2 kurz vor t = 10 deutlich schneller wird.

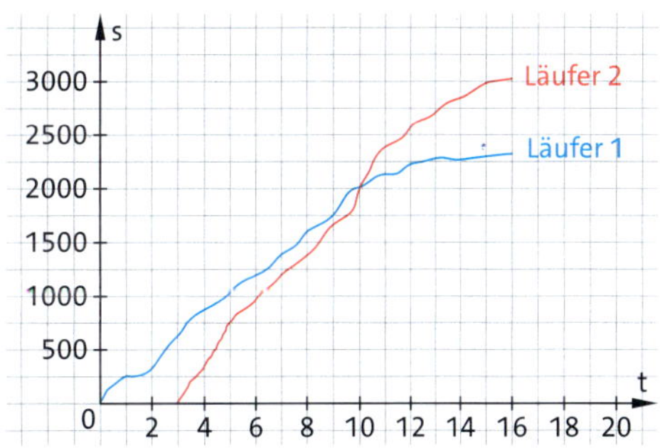

23 Der Graph der Funktion $f(x) = x^3$ beschreibt, von links nach rechts betrachtet, erst eine Rechts- und dann eine Linkskurve. Beschreiben Sie, wie sich die mittleren Änderungsraten von f in gleich großen Intervallen von links nach rechts verändern.

Hilfe

24 **Ausblick:**
Ein Fahrstuhl beginnt seine Fahrt im Erdgeschoss und wird von dort aus nach oben oder nach unten gerufen. Der abgebildete Änderungsgraph zeigt, wie viele Meter der Fahrstuhl pro Sekunde nach oben bzw. nach unten zurücklegt. Brems- und Beschleunigungsphasen werden dabei vernachlässigt.

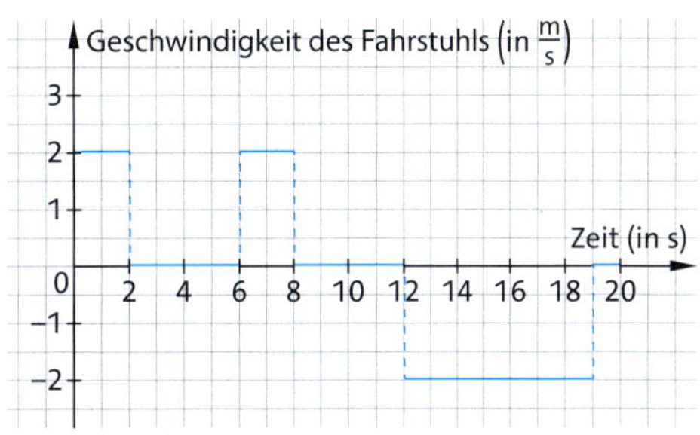

a) Beschreiben Sie die Fahrt des Fahrstuhls mit eigenen Worten.
b) Geben Sie an, wie viele Meter der Fahrstuhl nach 8 Sekunden zurückgelegt hat.
c) Begründen Sie, wann sich der Fahrstuhl wieder im Erdgeschoss befindet.
d) Stellen Sie die Höhe des Fahrstuhls in Abhängigkeit von der Zeit grafisch dar.

3.2 Lokale Änderungsrate und Ableitung

Vergleichen Sie die beiden Abbildungen des Graphen zu $f(x) = x^2$.
Verwenden Sie Lineal und Geodreieck und lesen Sie näherungsweise die Steigung des Graphen im Punkt $P(1\,|\,1)$ und im Punkt $Q\left(\frac{1}{2}\,\middle|\,\frac{1}{4}\right)$ ab, indem Sie die Punkte P und Q mit anderen, möglichst nahe gelegenen Punkten auf dem Graphen verbinden.

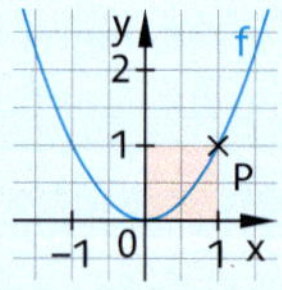

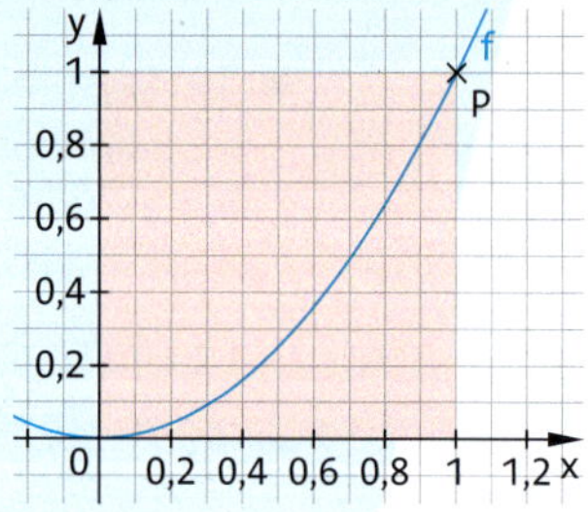

Lokale Änderungsrate – Ableitung

Mit der mittleren Änderungsrate kann man die Durchschnittsgeschwindigkeit in einem Zeitintervall berechnen. Nun soll die Momentangeschwindigkeit zu einem Zeitpunkt bestimmt werden.
Ein startendes Auto legt in t Sekunden die Strecke $s(t) = 2t^2$ in Metern zurück. Die mittlere Änderungsrate im Intervall [1; 2] ist die Durchschnittsgeschwindigkeit in $\frac{m}{s}$ zwischen der ersten und der zweiten Sekunde und beträgt $\frac{s(2)-s(1)}{2-1} = \frac{8-2}{1} = 6$.

Die **Momentangeschwindigkeit** des Autos genau zum Zeitpunkt t = 1 kann man nicht mit dem Differenzenquotienten berechnen, da man nicht durch 0 dividieren darf. Mithilfe immer kleiner werdender Zeitintervalle lassen sich aber Näherungswerte bestimmen.

[1; t]	$\frac{s(t)-s(1)}{t-1}$
[1; 2]	6
[1; 1,5]	5
[1; 1,1]	4,2
[1; 1,01]	4,02
[1; 1,0001]	4,0002

Die **Näherungstabelle** zeigt, dass sich die Durchschnittsgeschwindigkeit in $\frac{m}{s}$ dem Wert 4 annähert. Man kann also vermuten, dass die Momentangeschwindigkeit $4\frac{m}{s}$ beträgt. Die mittlere Änderungsrate entspricht der Steigung der Sekante durch die Punkte P und Q. Wählt man das Intervall für die mittlere Änderungsrate immer kleiner, so bedeutet dies am Graphen, dass der Punkt Q immer näher an den Punkt P heranwandert. Die Sekanten nähern sich einer Tangente an. Dabei spielt es keine Rolle, aus welcher Richtung Q sich P annähert. Die Steigung der Tangente entspricht der Steigung des Graphen im Berührpunkt P und der lokalen Änderungsrate der Funktion.

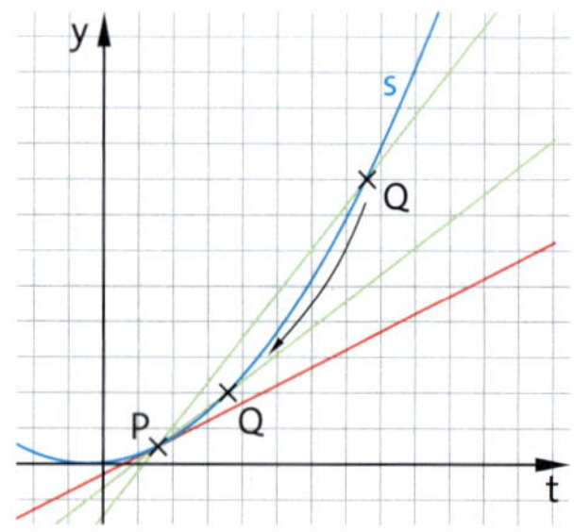

Hinweis

Eine Tangente berührt den Graphen.
Zur Veranschaulichung der Sekanten und Tangente mit einer DGS siehe S. 131.

Wissen

Wenn sich der Wert des Differenzenquotienten $\frac{f(x)-f(x_0)}{x-x_0}$ für $x \to x_0$ von beiden Seiten dem gleichen festen Wert annähert, so heißt dieser Wert **Ableitung** $f'(x_0)$. Er gibt die **lokale Änderungsrate** der Funktion f an der Stelle x_0 an.
Die Ableitung $f'(x_0)$ entspricht der **Steigung der Tangente** an den Graphen von f im Punkt $P(x_0\,|\,f(x_0))$. Dies ist die **Steigung des Graphen von f im Punkt P.**

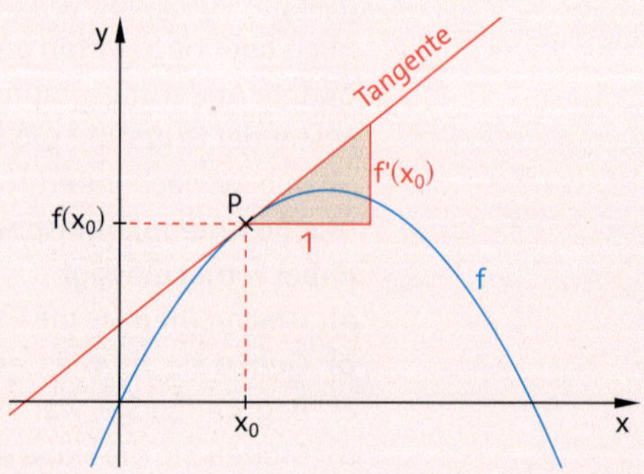

Beispiel 1

Bestimmen Sie näherungsweise die Ableitung der Funktion f mit $f(x) = x^2$ an der Stelle $x_0 = 4$.

Lösung:

Erstellen Sie eine Näherungstabelle. Setzen Sie in den Differenzenquotienten Werte für x ein, die immer näher bei 4 liegen.
Die Tabelle zeigt, dass sich die Werte des Differenzenquotienten immer stärker 8 annähern.
Bei einer Annäherung an x_0 von unten erhalten Sie das gleiche Ergebnis.
Also gilt vermutlich $f'(4) \approx 8$.

[4; x]	$\frac{f(x) - f(x_0)}{x - x_0}$
[4; 5]	$\frac{5^2 - 4^2}{5 - 4} = 9$
[4; 4,1]	$\frac{4{,}1^2 - 4^2}{4{,}1 - 4} = 8{,}1$
[4; 4,01]	$\frac{4{,}01^2 - 4^2}{4{,}01 - 4} = 8{,}01$
[4; 4,001]	$\frac{4{,}001^2 - 4^2}{4{,}001 - 4} = 8{,}001$

Basisaufgaben

1 Bestimmen Sie näherungsweise die Ableitung an der Stelle $x_0 = 1$. Stellen Sie dazu eine Näherungstabelle für den Differenzenquotienten auf und veranschaulichen Sie die zugehörigen Sekanten sowie die Tangente bei $x_0 = 1$ mit einer Software.
a) $f(x) = x^2$ b) $f(x) = x^3$ c) $f(x) = x^2 + 3$ d) $f(x) = 2x^3 - 1$

2 Bestimmen Sie $f'(x_0)$ mithilfe der Steigung der eingezeichneten Tangente.
a) $x_0 = 0$

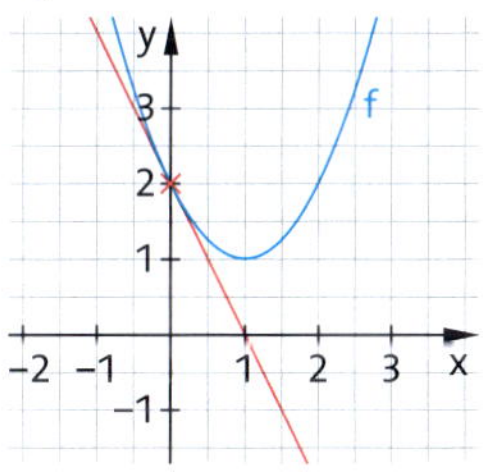

b) $x_0 = 1$

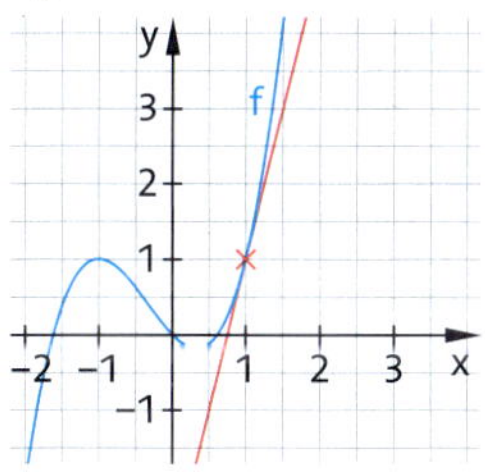

c) $x_0 = \frac{\pi}{2}$

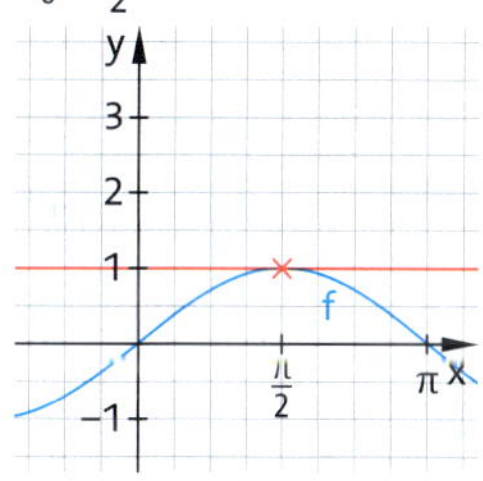

3 a) Zeichnen Sie den Graphen der Funktion f mit $f(x) = -\frac{1}{4}x^2 + 2$ für $0 \le x \le 4$. Zeichnen Sie möglichst exakt die Tangente an der Stelle 1 ein. Lesen Sie ihre Steigung ab.
b) Überprüfen Sie Ihr Ergebnis aus a) mit einer Mathematik-Software.

4 Die Ableitung einer Funktion an einer Stelle ist 0. Beschreiben Sie, wie die Tangente an dieser Stelle aussieht.

5 Die von einem Schlitten zurückgelegte Strecke s (in Metern) wird durch die Funktion s mit $s(t) = \frac{1}{2}t^2$ ($t \ge 0$ in Sekunden) beschrieben.

a) Berechnen Sie die Durchschnittsgeschwindigkeit des Schlittens während der ersten 5 Sekunden und für die Intervalle [4; 5], [4,9; 5] und [4,99; 5].
b) Geben Sie einen Wert für die Momentangeschwindigkeit nach 5 Sekunden an.
c) Bestimmen Sie wie in a) und b) einen Näherungswert für die Momentangeschwindigkeit nach 2 Sekunden und nach 3 Sekunden.

Ableitung an einer Stelle berechnen

Hinweis

Streben Zähler und Nenner für $x \to x_0$ gegen 0, lässt sich keine Aussage über das Verhalten des Bruchs treffen.

Bisher wurde die Ableitung als Grenzwert der Sekantensteigungen näherungsweise ermittelt. Wenn man den Differenzenquotienten mit $x - x_0$ kürzen kann, verschwindet der Bruchterm und man kann die Ableitung exakt berechnen.

Das Kürzen gelingt leichter, wenn man $x - x_0 = h$ setzt (**h-Methode**), also statt $[x_0; x]$ die Intervalle $[x_0; x_0 + h]$ betrachtet.

Dann gilt mit $x = x_0 + h$:

$$\frac{f(x) - f(x_0)}{x - x_0} = \frac{f(x_0 + h) - f(x_0)}{h}$$

Zur exakten Berechnung der Ableitung an der Stelle x_0 muss man dann den Grenzwert für $h \to 0$ statt für $x \to x_0$ bestimmen.

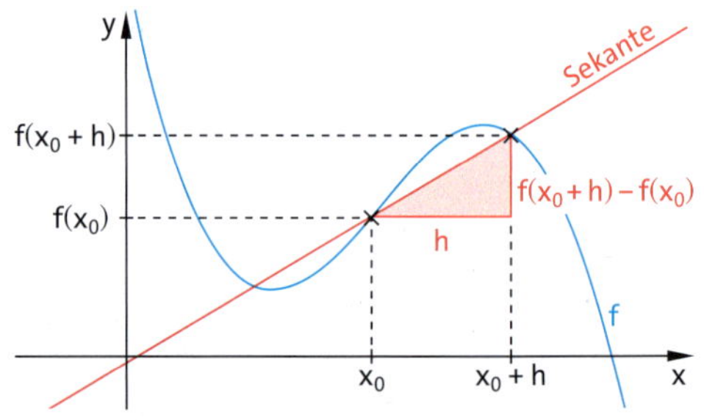

Hinweis

Der Grenzwert des Differenzenquotienten wird als **Differenzialquotient** bezeichnet.

Wissen **Berechnung der Ableitung mit dem Differenzialquotienten**

Die Ableitung der Funktion f an der Stelle x_0 kann man mit dem **Grenzwert (Limes) des Differenzenquotienten** berechnen. Schreibweise:

$$f'(x_0) = \lim_{h \to 0} \frac{f(x_0 + h) - f(x_0)}{h}$$

Beispiel 2 Berechnen Sie mithilfe des Differenzialquotienten die Ableitung der Funktion f mit $f(x) = x^2$ an der Stelle $x_0 = 4$. Überprüfen Sie Ihr Ergebnis grafisch.

Lösung:

Setzen Sie $x_0 = 4$ in den Differenzenquotienten mit h ein und formen Sie ihn für $f(x) = x^2$ so lange um, bis h aus dem Nenner gekürzt werden kann.

$$\frac{f(x_0 + h) - f(x_0)}{h} = \frac{f(4 + h) - f(4)}{h} = \frac{(4 + h)^2 - 4^2}{h}$$

$$= \frac{16 + 8h + h^2 - 16}{h} = \frac{8h + h^2}{h} = \frac{h(8 + h)}{h}$$

$$= 8 + h$$

Damit lässt sich der Grenzwert für $h \to 0$ ablesen. Er entspricht der Ableitung $f'(4)$.

$$f'(4) = \lim_{h \to 0} \frac{f(4 + h) - f(4)}{h} = \lim_{h \to 0} (8 + h) = 8$$

Zeichnen Sie zur Überprüfung den Graphen von f und die Tangente an den Graphen bei $x_0 = 4$ ein. Bestimmen Sie die Steigung der Tangente und vergleichen Sie sie mit Ihrer berechneten Ableitung.

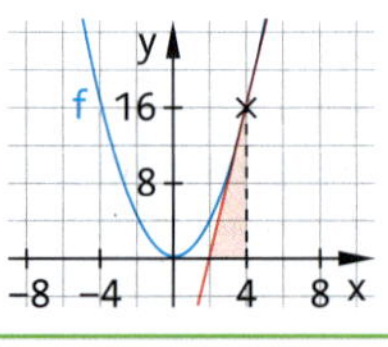

Die Steigung der Tangente entspricht der Ableitung von f.

Beispiel 3 Die beim freien Fall eines Gegenstands zurückgelegte Strecke s (in m) lässt sich näherungsweise durch die Funktion s mit $s(t) = 5t^2$ in Abhängigkeit von der Zeit t (in s) beschreiben. Bestimmen Sie die Momentangeschwindigkeit des Gegenstands zum Zeitpunkt $t_0 = 2$.

Lösung:

Setzen Sie $t_0 = 2$ in den Differenzenquotienten ein und formen Sie ihn für $s(t) = 5t^2$ so lange um, bis h aus dem Nenner gekürzt werden kann.

$$\frac{s(t_0 + h) - s(t_0)}{h} = \frac{s(2 + h) - s(2)}{h}$$

$$= \frac{5(2 + h)^2 - 5 \cdot 2^2}{h} = \frac{20h + 5h^2}{h}$$

$$= 20 + 5h$$

Lesen Sie dann den Grenzwert für $h \to 0$ ab.

$$s'(2) = \lim_{h \to 0} (20 + 5h) = 20$$

Die Momentangeschwindigkeit zum Zeitpunkt $t_0 = 2$ beträgt 20 m/s.

Basisaufgaben

Lösungen zu 6

4
12
−4
−0,8

6 Berechnen Sie die Ableitung der Funktion an der Stelle $x_0 = 2$.
a) $f(x) = x^2$ b) $f(x) = 3x^2$ c) $f(x) = -x^2$ d) $f(x) = -\frac{1}{5}x^2 + 1$

7 Berechnen Sie mithilfe des Differenzialquotienten die Ableitung der Funktion f mit $f(x) = x^3$ an der Stelle $x_0 = -2$. Kontrollieren Sie Ihr Ergebnis mit einer Mathematik-Software.
Hinweis: $(a + b)^3 = a^3 + 3a^2b + 3ab^2 + b^3$

8 Die Strecke, die ein Formel-1-Auto bei stehendem Start zurücklegt, lässt sich durch die Funktion $f(t) = 6t^2$ beschreiben (t: Zeit seit dem Start in s; f(t): zurückgelegte Strecke in m). Nach 2,5 Sekunden muss der Fahrer für die erste Kurve bremsen. Berechnen Sie zu diesem Zeitpunkt die Momentangeschwindigkeit in km/h.

9 Vervollständigen Sie die Tabelle.

Bezeichnung des Terms	grafische Interpretation	Anwendung	Art der Geschwindigkeit
Differenzenquotient	Sekantensteigung		
↓	↓ $\lim_{h \to 0}$	↓	↓
Ableitung		lokale Änderungsrate	

Weiterführende Aufgaben

Zwischentest

10 Bestimmen Sie zu zweit näherungsweise die Ableitung der Funktion f mit $f(x) = \frac{2}{3}x^2$ an der Stelle $x_0 = 6$ mithilfe einer Näherungstabelle. Legen Sie vorher fest, wer für x die Werte 7, 6,5, 6,1 und 6,01 und wer die Werte 5, 5,5, 5,9 und 5,99 einsetzt. Vergleichen Sie Ihre Ergebnisse und formulieren Sie eine Beobachtung.

11 Durch ein Ventil wird Wasser in einen Tank gefüllt bzw. aus dem Tank gelassen. Der Graph zeigt die Füllmenge des Tanks über einen Zeitraum von 40 Stunden.
a) Beschreiben Sie den Wasserzulauf bzw. -ablauf in den Zeitintervallen [0; 20], [20; 25], [25; 30] und [30; 40] in Worten.
b) Bestimmen Sie die momentane Zulaufrate des Wassers zu den Zeitpunkten $t_1 = 15$ und $t_2 = 30$.

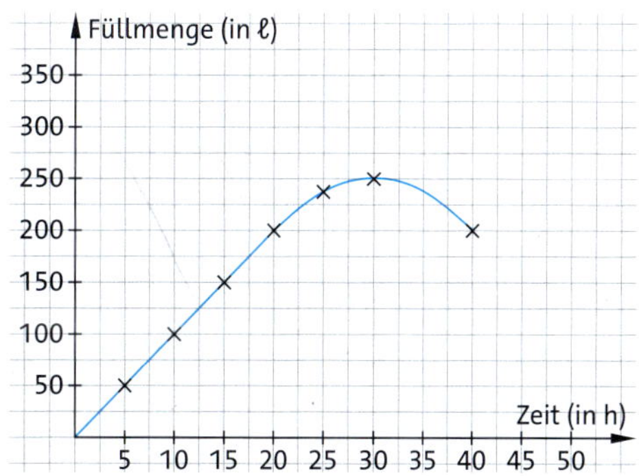

12 Die Funktion f mit $f(t) = 5t^2$ beschreibt näherungsweise, welche Strecke ein Körper im freien Fall zurücklegt, wenn er zum Zeitpunkt $t = 0$ losgelassen wird (f(t) in m; t in s).
a) Berechnen Sie die durchschnittliche Geschwindigkeit des Körpers für die ersten zwei, drei und vier Sekunden des Fallvorgangs.
b) Berechnen Sie die Momentangeschwindigkeit des Körpers nach der ersten, zweiten, dritten und vierten Sekunde des Fallvorgangs.

13 Skizzieren Sie einen Funktionsgraphen im Intervall [−4; 4], für den Folgendes gilt.
a) Die Steigung ist für $x < 1$ negativ, für $x = 1$ null und für $x > 1$ positiv.
b) Die Steigung ist überall negativ und wird für zunehmendes x größer.

14 a) Ordnen Sie die Steigung an den Punkten A, B, C, D, E und F des abgebildeten Funktionsgraphen der Größe nach.

b) Skizzieren Sie im Intervall [0; 10] den Graphen einer Funktion f mit $f'(7) > f'(3) > f'(5) > f'(9) > f'(1)$ und $f'(5) = 0$.

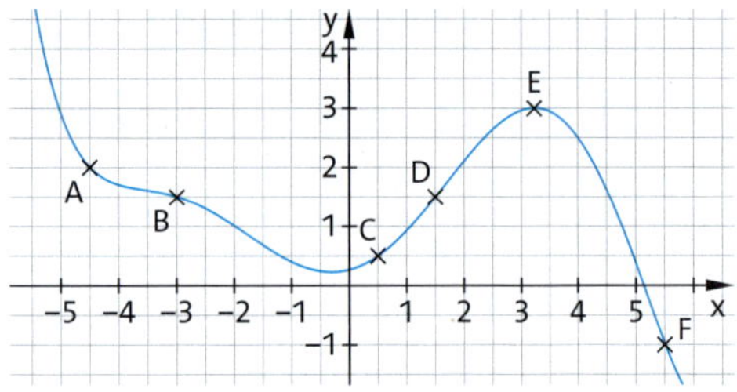

15 **Stolperstelle:** Felix hat die Ableitung der Funktion f mit $f(x) = -5x^2$ an der Stelle $x_0 = 1$ bestimmt. Erklären und korrigieren Sie seinen Fehler.

$$f'(1) = \lim_{h \to 0} \frac{f(1+h) - f(1)}{h} = \lim_{h \to 0} \frac{-5 \cdot 1^2 + h - (-5 \cdot 1^2)}{h} = \lim_{h \to 0} \frac{h}{h} = \lim_{h \to 0} 1 = 1$$

16 Herr Müller wurde an einer Baustelle mit 120 km/h geblitzt. „Das kann nicht sein", meint er, „ich habe für die 90 km Autobahn 54 Minuten gebraucht!"
Spielen Sie zu zweit das Streitgespräch zwischen Herrn Müller und der Polizistin, die ihm seinen Denkfehler erklärt, nach.

17 Nehmen Sie Stellung zum Dialog.

Paul: „Laut Steigungsdreieck ist die Steigung zwischen 0,5 und 1,5 gleich 1."

Lisa: „Aber bei A ist sie flacher und bei B steiler als 1. Wie groß ist denn die Steigung in den beiden Punkten?"

Paul: „In einem Punkt kann ich kein Steigungsdreieck zeichnen. Überhaupt: Innerhalb eines Punktes steigt doch gar nichts! Eine Steigung in einem Punkt gibt es doch gar nicht."

Lisa: „Aber man sieht doch, dass die Steigung in jedem Punkt anders ist!"

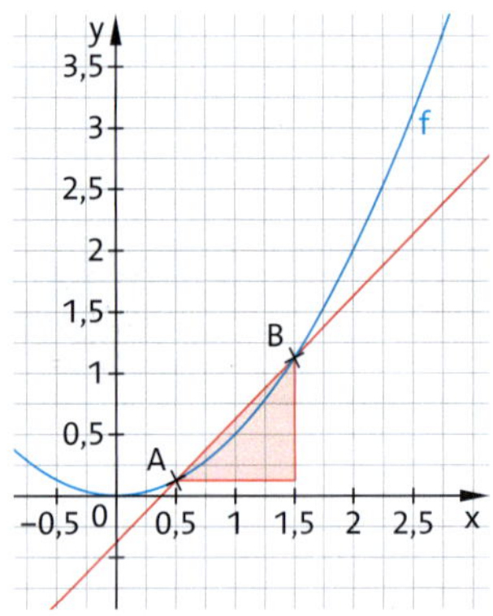

18 **Grenzwertberechnung ohne h-Methode:** Ella bestimmt die Ableitung der Funktion f mit $f(x) = -4x^2$ an der Stelle $x_0 = 2$ so:

$$f'(2) = \lim_{x \to 2} \frac{f(x) - f(2)}{x - 2} = \lim_{x \to 2} \frac{-4x^2 - (-4 \cdot 2^2)}{x - 2} = \lim_{x \to 2} \frac{-4(x^2 - 2^2)}{x - 2} = \lim_{x \to 2} \frac{-4(x+2)(x-2)}{x - 2}$$

$$= \lim_{x \to 2} -4(x + 2) = -4(2 + 2) = -16$$

Erklären Sie die einzelnen Rechenschritte von Ella. Bestimmen Sie f'(2) mithilfe der h-Methode und geben Sie begründet an, welcher Weg Ihnen einfacher erscheint.

Hilfe

19 Ermitteln Sie anhand der Funktionsgleichung – ohne konkrete Berechnungen anzustellen – das Vorzeichen der Ableitung an den Stellen $x = -3$, $x = -1$, $x = 0$, $x = 1$ und $x = 3$.

a) $g(x) = \frac{1}{2}(x - 2)^2 + 1$ b) $k(x) = -(x + 1)^2 - 2$

20 a) Zeichnen Sie den Graphen zu f mit $f(x) = (x - 2)^2$ in ein Koordinatensystem. Zeichnen Sie vom Punkt $A(1 \mid 1)$ des Graphen aus vier Sekanten zu Punkten $(1 + h \mid f(1 + h))$ für $h = 2$, $h = 1{,}5$, $h = 1$ und $h = 0{,}5$ ein.

b) Weisen Sie rechnerisch nach, dass $f(1 + h) = 1 - 2h + h^2$ gilt.

c) Zeigen Sie mithilfe des Differenzenquotienten, dass für die Steigungen der Sekanten aus a) gilt: $m_h = -2 + h$

d) Überprüfen Sie die Sekantensteigungen aus c) anhand Ihrer Zeichnung.

e) Bestimmen Sie die Steigung im Punkt A rechnerisch und zeichnen Sie die Tangente.

21 Gegeben sind die Funktionen f und g mit $f(x) = -x^2 + 4x$ und $g(x) = -x^3 + 4x^2$.

a) Bestimmen Sie näherungsweise die Steigung der Tangenten an die Graphen von f und g an der Stelle $x_0 = 1$ mithilfe einer Näherungstabelle.

b) Berechnen Sie f'(1) und g'(1) mithilfe der h-Methode und vergleichen Sie mit a).

22 Berechnen Sie für die Funktion f mit $f(x) = 2x^2 - x$ mithilfe der h-Methode die Steigung der Tangente an den Stellen $x_0 = -1$, $x_1 = 0$, $x_2 = 2$ und $x_3 = 12$.

23 Berechnen Sie die Ableitung $f'(x_0)$ für eine beliebige Stelle x_0 mit der h-Methode. Begründen Sie Ihr Ergebnis mithilfe des Graphen von f.

a) $f(x) = x$
b) $f(x) = c$ mit $c \in \mathbb{R}$
c) $f(x) = mx + b$

Hilfe

24 Das Kirchenmittelschiff der Heilig-Kreuz-Kirche in Gelsenkirchen wird von steilen Parabelbögen überspannt. Ein Parabelbogen ist 10 m breit und 15 m hoch.

a) Skizzieren Sie den Parabelbogen in ein geeignetes Koordinatensystem.

b) Bestimmen Sie die Funktionsgleichung der Parabel.

MK

c) Überprüfen Sie Ihr Ergebnis mit einem Funktionenplotter.

d) Bestimmen Sie die Steigung des Parabelbogens in seinen Endpunkten rechnerisch und grafisch.

25 Die Flugbahn eines Basketballwurfs kann mit der Funktionsgleichung $h(x) = -0{,}1x^2 + 0{,}8x + 2$ modelliert werden (h: Höhe in m; x: horizontale Entfernung des Balls vom Werfer in m).

a) Bestimmen Sie die Steigung der Tangente im Abwurfpunkt mit dem Grenzwert des Differenzenquotienten.

b) Ermitteln Sie, unter welchem Winkel der Ball die Hand des Werfers verlässt.

c) Der Ball trifft in der fallenden Bewegung den Korb in 3,05 m Höhe. Bestimmen Sie die horizontale Entfernung des Werfers zum Korb und runden Sie auf cm. Ermitteln Sie den Winkel, in dem der Ball den Korb trifft.

26 **Ausblick:**

a) Bestimmen Sie für die Betragsfunktion f mit $f(x) = |x^2 - 9|$ den Grenzwert des Differenzenquotienten an der Stelle $x_0 = 3$ mithilfe einer Näherungstabelle. Setzen Sie dabei Werte für $x > 3$ und $x < 3$ ein, um sich der Stelle $x_0 = 3$ von links und von rechts zu nähern.
Beschreiben Sie Ihre Beobachtung.

b) Erläutern Sie, welche Probleme sich beim Zeichnen der Tangente an der Stelle $x_0 = 3$ ergeben.

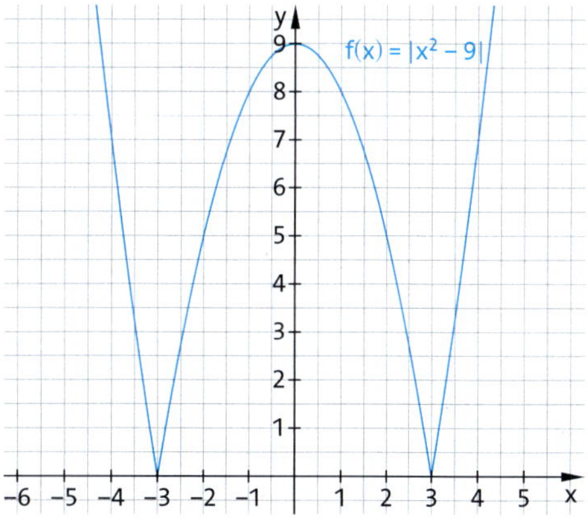

Differenzierbarkeit

Die Abbildung zeigt den Graphen der Funktion f mit $f(x) = 3|\sin(x)|$. Begründen Sie, dass an der Stelle x = 0 keine eindeutige Tangente an den Graphen eingezeichnet werden kann.

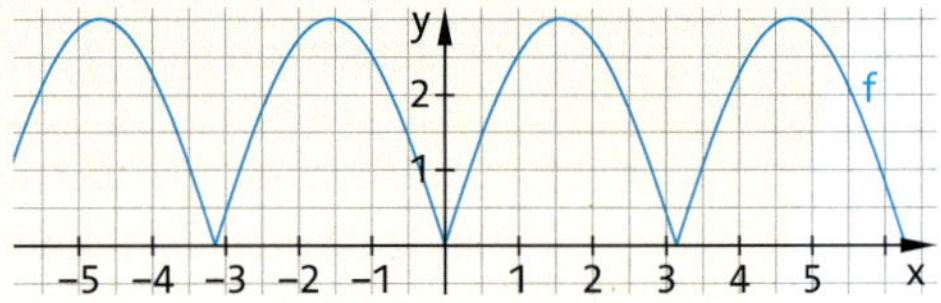

Bei abschnittsweise definierten Funktionen kann es an den Nahtstellen passieren, dass die Steigung des Graphen bei links- und rechtsseitiger Annäherung nicht gegen denselben Wert strebt. Der Graph hat an dieser Stelle einen „Knick“, es existiert keine Tangente an dieser Stelle und die Ableitung ist dort nicht definiert. Die Funktion ist dort **nicht differenzierbar**.

$$f(x) = \begin{cases} 0{,}5x^2 & \text{für } x < 0 \\ 0{,}5x^3 & \text{für } x \geq 0 \end{cases}$$

$$g(x) = |x| = \begin{cases} -x & \text{für } x < 0 \\ x & \text{für } x \geq 0 \end{cases}$$

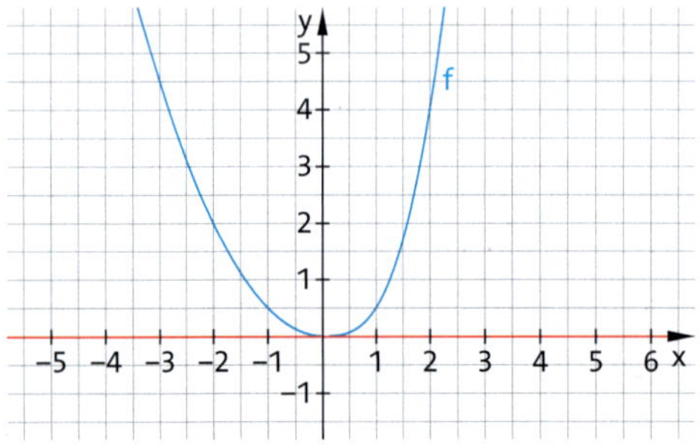

Der Graph von f hat keinen Knick. Es existiert eine (eindeutige) Tangente an den Graphen an der Stelle x = 0. Die Funktion f ist somit bei x = 0 differenzierbar.

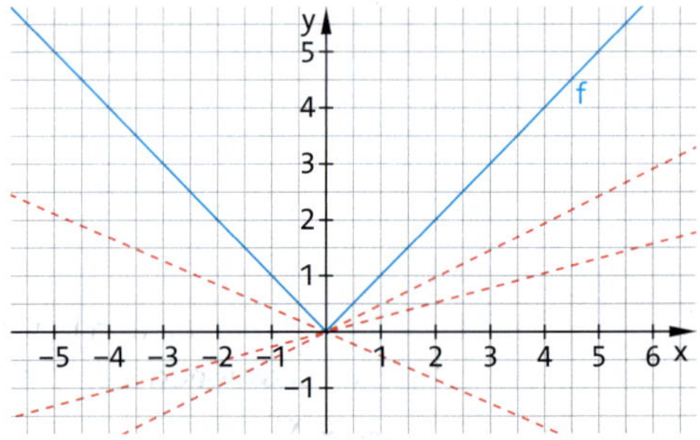

Der Graph von g hat im Punkt (0|0) einen Knick. Es existiert keine Tangente an den Graphen bei x = 0. Die Funktion g ist somit bei x = 0 nicht differenzierbar.

Wissen

Eine Funktion f heißt an einer Stelle x_0 ihres Definitionsbereichs **differenzierbar**, wenn der Grenzwert des Differenzenquotienten $\lim\limits_{x \to x_0} \frac{f(x) - f(x_0)}{x - x_0}$ an dieser Stelle existiert. Dieser Grenzwert heißt **Differenzialquotient** und entspricht dann der Ableitung $f'(x_0)$.

Beispiel 1

Geben Sie den Term einer Funktion an, die an der Stelle x = 2 nicht differenzierbar ist, und skizzieren Sie ihren Graphen.

Lösung:

Wählen Sie eine abschnittsweise definierte Funktion mit der Nahtstelle x = 2.
Die Steigungen der Graphen links und rechts der Nahtstelle müssen sich unterschiedlichen Werten annähern.

z. B. $f(x) = |x - 2| = \begin{cases} -x + 2 & \text{für } x < 2 \\ x - 2 & \text{für } x \geq 2 \end{cases}$

Für x < 2 ist die Steigung −1, für x > 2 ist die Steigung 1. Also ist f bei x = 2 nicht differenzierbar.

Skizzieren Sie dann den Graphen von f. An der Stelle x = 2 hat der Graph einen Knick.

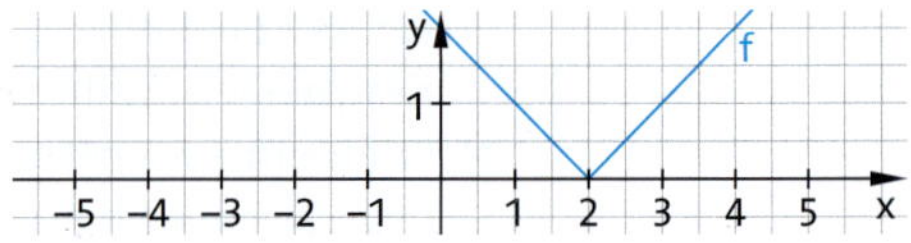

Aufgaben

1 Begründen Sie anhand des Graphen, an welchen Nahtstellen die Funktion nicht differenzierbar ist.

a) 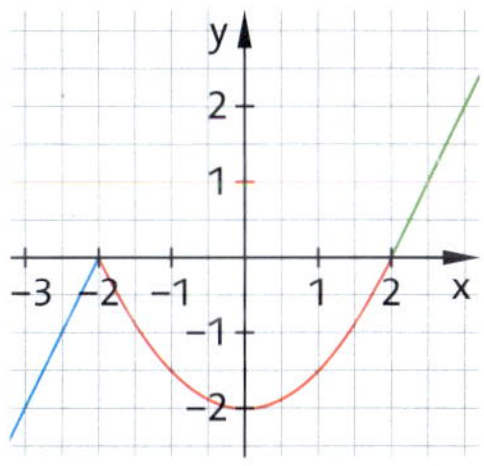

b) 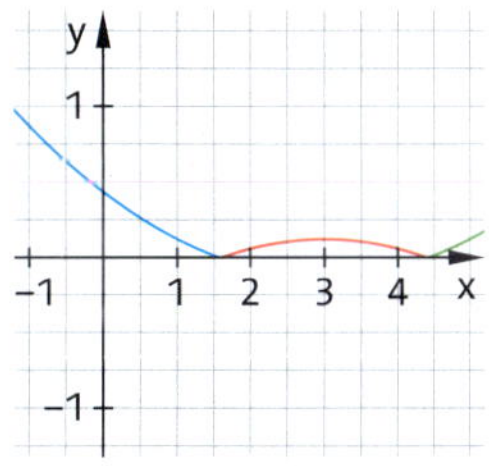

c) 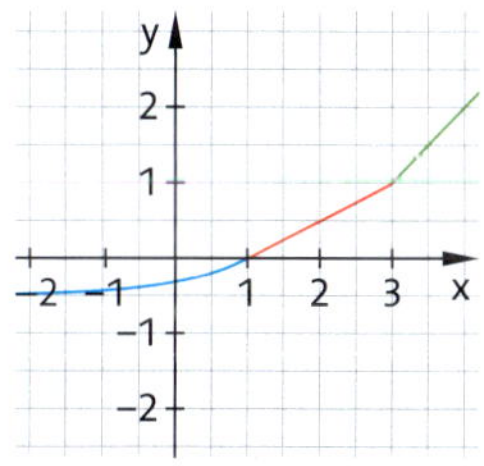

2 Untersuchen Sie die Funktion f mithilfe einer dynamischen Geometrie-Software auf Differenzierbarkeit an der Nahtstelle.

a) $f(x) = \begin{cases} \cos(x) & \text{für } x < \pi \\ (x - \pi)^2 - 1 & \text{für } x \geq \pi \end{cases}$

b) $f(x) = \begin{cases} \sin(x) & \text{für } x < 0 \\ x & \text{für } x \geq 0 \end{cases}$

c) $f(x) = \begin{cases} 2 & \text{für } x < 1 \\ 0{,}5(x - 1)^2 + 2 & \text{für } x \geq 1 \end{cases}$

d) $f(x) = \begin{cases} x^2 - 2x + 2 & \text{für } x < 2 \\ \frac{4}{x} & \text{für } x \geq 2 \end{cases}$

3 Die Funktion f mit $f(x) = \begin{cases} 0{,}5x & \text{für } x < 4 \\ x - 3 & \text{für } x \geq 8 \end{cases}$ ist für $4 \leq x < 8$ nicht definiert. Sie wird in diesem Bereich durch g ergänzt. Skizzieren Sie den Graphen der so entstehenden Funktion und begründen Sie, ob sie an den Nahtstellen differenzierbar ist.

a) $g(x) = \frac{3}{4}x - 1$
b) $g(x) = \frac{1}{16}x^2 + 1$
c) $g(x) = x - 3$

4 Geben Sie den Term einer Funktion an, die
a) im Punkt $(0 \mid -2)$,
b) im Punkt $(3 \mid 0)$,
c) im Punkt $(3 \mid 4)$

nicht differenzierbar ist. Kontrollieren Sie sich gegenseitig.

5 Geben Sie zwei verschiedene Funktionsterme an, die die folgenden Bedingung erfüllen.
a) Die Funktion ist bei $x = 2$ differenzierbar und hat die Nullstellen $x = -2$ und $x = 4$.
b) Die Funktion ist an der Stelle $x = 2$ nicht differenzierbar.
c) Die Funktion ist an den Stellen $x = -2$ und $x = 2$ nicht differenzierbar.

6 Die Abbildung zeigt den Graphen der Funktion f mit

$$f(x) = \begin{cases} \frac{1}{3}x^3 & \text{für } x \leq 0 \\ \frac{1}{2}x^2 - 1 & \text{für } x > 0. \end{cases}$$

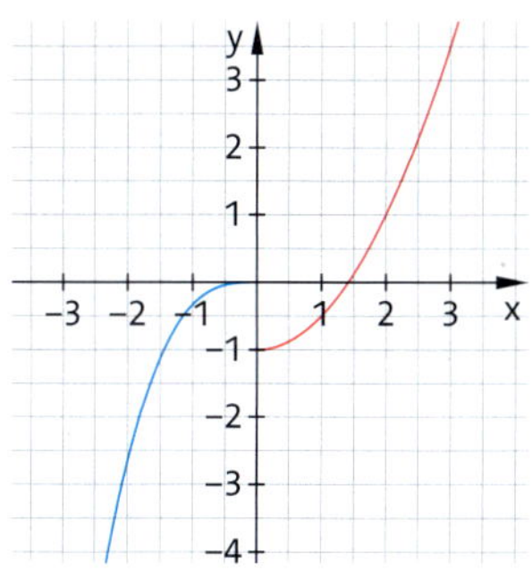

Sophie untersucht die Funktion auf Differenzierbarkeit bei $x = 0$:

Es gibt zwei Tangenten in x = 0, je nachdem, ob man von links oder rechts kommt. Beide haben die Steigung 0. Also ist f bei x = 0 differenzierbar.

Nehmen Sie Stellung.

7 Geben Sie den Term einer passenden Funktion f an. Vergleichen Sie zu zweit.
a) f ist für $x < 4$ streng monoton fallend, für $x > 4$ streng monoton steigend und bei $x = 4$ nicht differenzierbar.
b) f hat für $x < -2$ die Steigung 0,5, ist bei $x = -2$ nicht differenzierbar und besitzt für $x = 0$ eine waagerechte Tangente.

8 Untersuchen Sie mit einem Plotter, für welche Werte von a die Funktion f an der Nahtstelle differenzierbar ist.

a) $f(x) = \begin{cases} x^2 - a & \text{für } x < 1 \\ 2x - 2 & \text{für } x \geq 1 \end{cases}$

b) $f(x) = \begin{cases} -ax + 1 & \text{für } x < 0 \\ \frac{x^2}{a} - 2x + 1 & \text{für } x \geq 0 \end{cases}$

c) $f(x) = \begin{cases} x^2 + a^2x + 2 & \text{für } x < 0 \\ 2ax + 2 & \text{für } x \geq 0 \end{cases}$

d) $f(x) = \begin{cases} ax^2 - ax & \text{für } x < 1 \\ ax - a & \text{für } x \geq 1 \end{cases}$

9 Zeigen Sie mithilfe des Differenzialquotienten, dass die Funktion f mit $f(x) = \frac{1}{x}$ auf dem gesamten Definitionsbereich differenzierbar ist.
Begründen Sie damit, dass die Steigung des Graphen von f in jedem Punkt negativ ist.

10 Eine Funktion ist stetig, wenn ihr Graph keinen Sprung hat, wenn man den Graphen also zeichnen kann, ohne den Stift abzusetzen.
Jede differenzierbare Funktion ist stetig, aber nicht jede stetige Funktion ist differenzierbar.
Geben Sie den Term einer Funktion an, die im Punkt $(1 \mid 2)$
a) stetig und differenzierbar,
b) stetig, aber nicht differenzierbar,
c) weder stetig noch differenzierbar ist.

11 Betrachten Sie die Funktionen f und g mit $f(x) = |2x - 4|$ und $g(x) = (x - 2)^2$ bei $x = 2$.
a) Berechnen Sie jeweils den Differenzenquotienten für $h = -2; -1; -0{,}5; 0{,}5; 1; 2$.
b) Prüfen Sie rechnerisch, ob f und g an der Stelle $x = 2$ differenzierbar sind.
c) Skizzieren Sie die Graphen von f und g sowie die Sekanten für $h = -2; -1; -0{,}5; 0{,}5; 1; 2$.

12 Zur Beschreibung einer Rutschbahn wurde die Funktion f abschnittsweise definiert:

$f(x) = \begin{cases} -x + 2 & \text{für } 0 < x < 1 \\ (x - 2)^2 & \text{für } 1 \leq x \leq 2{,}5 \end{cases}$

Zeigen Sie rechnerisch, dass der Graph von f im Punkt $P(1 \mid 1)$ einen Knick hat und daher zur Beschreibung der Rutschbahn ungeeignet ist.

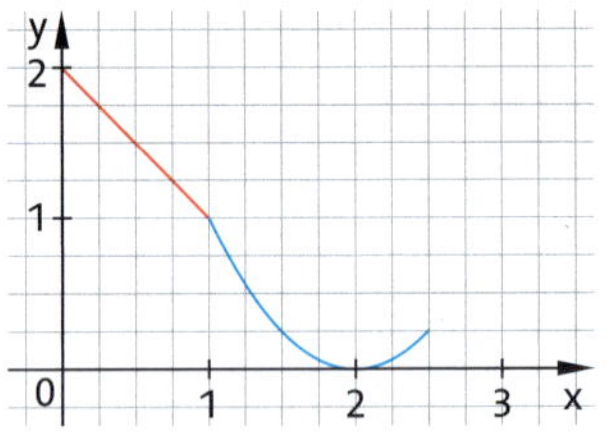

13 In einem Wasserpark wird eine Rutsche geplant. Sie wird durch die Funktion f beschrieben:

$f(x) = \begin{cases} -\frac{1}{4}x^2 + \frac{5}{2} & \text{für } 0 < x < 2 \\ \frac{1}{6}(x - 5)^2 & \text{für } 2 \leq x \leq 5 \end{cases}$

a) Stellen Sie den Graphen von f mit einem Plotter dar.
b) Zeigen Sie rechnerisch, dass der Graph von f knickfrei ist.
c) Geben Sie die lokale Änderungsrate am Ende der Rutsche an und erläutern Sie die Bedeutung des Werts im Sachzusammenhang.

14 Der britische Mathematiker und Physiker Oliver Heaviside hat die nach ihm benannte **Heaviside-Funktion** H zum Beschreiben physikalischer Vorgänge eingeführt:

$H(x) = \begin{cases} 0 & \text{für } x \leq 0 \\ 1 & \text{für } x > 0 \end{cases}$

a) Zeichnen Sie den Graphen der Heaviside-Funktion.
b) Zeigen Sie, dass H an der Stelle $x = 0$ nicht differenzierbar ist.
c) Zeichnen Sie die Graphen der Funktionen f mit $f(x) = x \cdot H(x)$ und g mit $g(x) = x^2 \cdot H(x)$. Untersuchen Sie, ob f und g an der Stelle $x = 0$ differenzierbar sind.

3.3 Ableitungsfunktion

Eine Sprungschanze für Snowboarder soll durch den Graphen der Funktion f mit $f(x) = \frac{1}{4}x^2$ beschrieben werden.
(1 LE entspricht 10 m.)

a) Bestimmen Sie die Steigung der Rampe bei $x = -1$, $x = 0{,}5$, $x = 1$ und $x = 1{,}5$.
b) Geben Sie eine Vermutung für die Steigung von f an einer beliebigen Stelle x an.

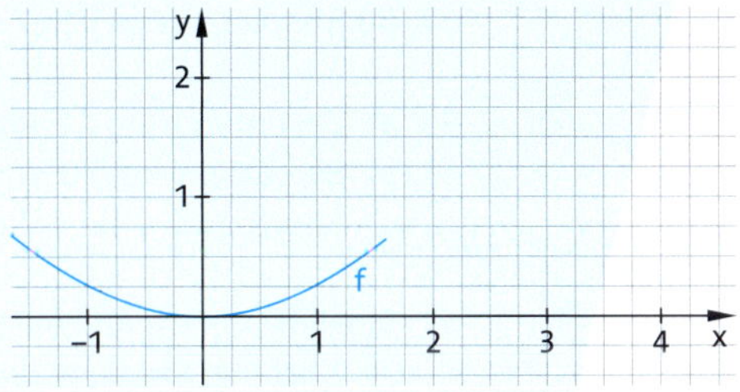

Wenn man den Wert der Ableitung einer Funktion an mehreren Stellen sucht, ist es aufwendig, für jede Stelle einzeln den Differenzenquotienten zu bilden. Berechnet man allgemein für eine beliebige Stelle x die Ableitung, muss man den Differenzenquotienten nur einmal bilden und davon den Grenzwert bestimmen. Dadurch wird jeder Stelle x_0 ihre Ableitung $f'(x_0)$ zugeordnet. Diese eindeutige Zuordnung heißt **Ableitungsfunktion f'** von f oder kurz Ableitung von f.

Definition

Die **Ableitungsfunktion f'** einer Funktion f ordnet jeder Stelle x die Ableitung $f'(x)$ zu.

Hinweis

Das Berechnen der Ableitungsfunktion nennt man **Ableiten**. Spricht man von „**Ableitung**" ohne Angabe einer Stelle, so ist damit die Ableitungsfunktion gemeint.

Die Ableitungsfunktion f' beschreibt das gesamte Steigungsverhalten des Graphen von f.

Beispiel 1

a) Bestimmen Sie zur Funktion f mit $f(x) = x^2 + 4$ den Term der Ableitungsfunktion f'.
b) Berechnen Sie $f'(3)$ sowie die Steigung der Tangente im Punkt $(-5 \mid f(-5))$ mithilfe der Ableitungsfunktion.
c) Berechnen Sie die Stellen, an denen der Graph von f die Steigung 7 hat.

Lösung:

a) Bilden und vereinfachen Sie den Differenzenquotienten. Verwenden Sie dafür die erste binomische Formel.
Bestimmen Sie den Grenzwert des vereinfachten Differenzenquotienten.

$$\frac{f(x+h)-f(x)}{h} = \frac{(x+h)^2+4-(x^2+4)}{h}$$
$$= \frac{x^2+2xh+h^2+4-x^2-4}{h} = \frac{2xh+h^2}{h} = \frac{h(2x+h)}{h}$$
$$= 2x + h$$
$$f'(x) = \lim_{h \to 0} \frac{f(x+h)-f(x)}{h} = \lim_{h \to 0} (2x+h) = 2x$$

b) Setzen Sie $x = 3$ bzw. $x = -5$ in die Gleichung von f' ein.

$f'(3) = 2 \cdot 3 = 6$
Tangentensteigung: $f'(-5) = 2 \cdot (-5) = -10$

c) Setzen Sie $f'(x) = 7$ und lösen Sie nach x auf.

$f'(x) = 7$
$2x = 7$, also $x = 3{,}5$

Basisaufgaben

1 Bestimmen Sie den Funktionsterm der Ableitungsfunktion mit dem Grenzwert des Differenzenquotienten.

a) $f(x) = 0{,}5x$ b) $f(x) = 2x + 3$ c) $f(x) = x^2 + 5$
d) $f(x) = 3x^2$ e) $f(x) = -x^2 + 7x$ f) $f(x) = 3x^2 - 2x + 4$

2 Bestimmen Sie die Ableitungsfunktion als Grenzwert des Differenzenquotienten von f mit $f(x) = mx + b$. Die Ableitung beschreibt die Steigung des Graphen. Stellen Sie einen Zusammenhang mit dem Steigungsparameter m einer Gerade her.

MK **3** Erstellen Sie mit einer Software die Graphen der Funktionen f, g, h und i mit $f(x) = x^3 - 3x^2 + 2x + 1$, $g(x) = -4x + 4$, $h(x) = -2x^2 + 4x - 2$ und $i(x) = 3x^2 - 6x + 2$. Begründen Sie, welche Funktion die Ableitung welcher anderen Funktion ist.

4 a) Bestimmen Sie die Ableitung der Funktion f mit $f(x) = -2x^2 + 4x$.
b) Berechnen Sie $f'(0)$ und geben Sie die Steigung der Tangente im Punkt $P(2 \mid 0)$ an.
c) Ermitteln Sie die x-Werte, für die gilt: $f'(x) = -2$

5 Auch die Ableitung konstanter Funktionen lässt sich mit Differenzenquotienten ermitteln.
a) Zeichnen Sie den Graphen der konstanten Funktion f mit $f(x) = 3$.
b) Geben Sie die Funktionswerte $f(4)$, $f(-7)$ und $f(1000)$ an.
c) Stellen Sie eine Vermutung auf, was die Ableitungsfunktion von f sein könnte.
d) Überprüfen Sie Ihre Vermutung aus c), indem Sie den Grenzwert des Differenzenquotienten bilden.

Hinweis zu 6

$(a + b)^3 = a^3 + 3a^2b + 3ab^2 + b^3$

MK **6** Bestimmen Sie die Ableitungsfunktion der Funktion f mit $f(x) = x^3$ mit dem Grenzwert des Differenzenquotienten. Überprüfen Sie Ihr Ergebnis mit einer Mathematik-Software.

7 Bestimmen Sie die Stelle x, an der die Graphen der Funktionen f mit $f(x) = 0{,}5x^2 + x - 1$ und g mit $g(x) = x^2 - 1{,}5x + 2$ die gleiche Steigung haben.

8 In 14,80 m Höhe lässt Annika eine Kugel aus dem Fenster fallen. Die Höhe der Kugel zum Zeitpunkt t ist näherungsweise gegeben durch $s(t) = 14{,}8 - 5t^2$ (s in Metern, t in Sekunden).
a) Bestimmen Sie die Funktionsgleichung für die Momentangeschwindigkeit $v(t) = s'(t)$ der Kugel. Begründen Sie, warum $s'(t)$ die Momentangeschwindigkeit beschreibt.
b) Geben Sie an, wie schnell die Kugel nach 1,4 s ist.
c) Berechnen Sie, wann und mit welcher Geschwindigkeit die Kugel am Boden aufprallt.

9 Der Start eines Airbus A320 kann bis zum Abheben von der Rollbahn (ohne Luftwiderstand) durch die Zeit-Weg-Funktion s mit $s(t) = 1{,}5t^2$ modelliert werden (s in Metern, t in Sekunden).

a) Berechnen Sie die Funktionsgleichung der Momentangeschwindigkeit $v(t) = s'(t)$.
b) Geben Sie die Momentangeschwindigkeit nach 10 und nach 20 Sekunden an.
c) Bei einer Geschwindigkeit von ca. 72 m/s hebt der A320 ab. Berechnen Sie, nach wie vielen Sekunden das Flugzeug diese Abhebgeschwindigkeit erreicht.
d) Ermitteln Sie, welche Strecke das Flugzeug bis zum Abheben zurücklegt.

10 Die Funktion f beschreibt die von einem Windrad bis zum Zeitpunkt t (in h) erzeugte Energiemenge in Kilowattstunden (kWh). Die Ableitung f' mit $f'(t) = 6t^2 - 72t + 216$ beschreibt für $0 \le t \le 12$ die Leistung (in kW), die das Windrad zum Zeitpunkt t bereitstellt.

a) Skizzieren Sie den Graphen von f'.
b) Beschreiben Sie den Verlauf des Graphen der Ableitungsfunktion.
c) Bestimmen Sie die Werte $f'(2)$, $f'(4)$ und $f'(10)$ und geben Sie jeweils ihre Bedeutung im Sachzusammenhang an. Interpretieren Sie auch den Wert $f'(6)$ im Sachzusammenhang.

Grafisches Ableiten

Der Funktionswert der Ableitungsfunktion f′ an einer Stelle x entspricht der Steigung des Graphen von f an dieser Stelle.

In den Intervallen, in denen der Graph von f steigt (bzw. fällt), in denen also die Steigung positiv (bzw. negativ) ist, verläuft der Graph von f′ oberhalb (bzw. unterhalb) der x-Achse.

An den Hoch- und Tiefpunkten (hier bei $x = -1$ und $x = 3$) hat der Graph von f eine waagerechte Tangente. Seine Steigung ist dort 0 und f′ hat Nullstellen.

Für $x \geq 3$ wird der Graph von f immer steiler, die Funktionswerte von f′ also immer größer. Der Graph von f fällt bei $x = 1$ am steilsten ab. An dieser Stelle hat der Graph von f′ einen Tiefpunkt.
Die Tangente bei $x = 4$ hat die Steigung 1,25. Der Graph von f′ verläuft durch den Punkt L(4 | 1,25).

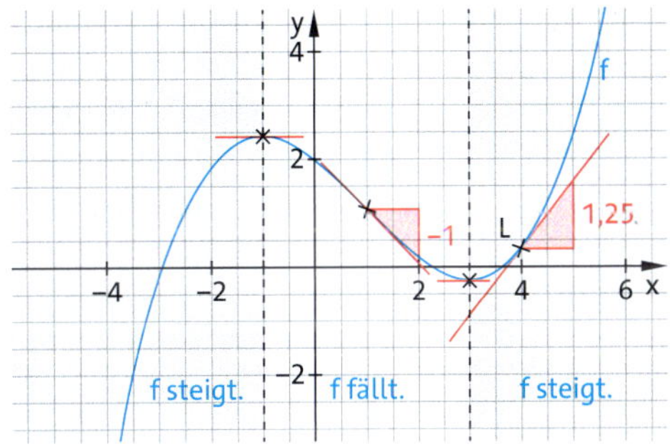

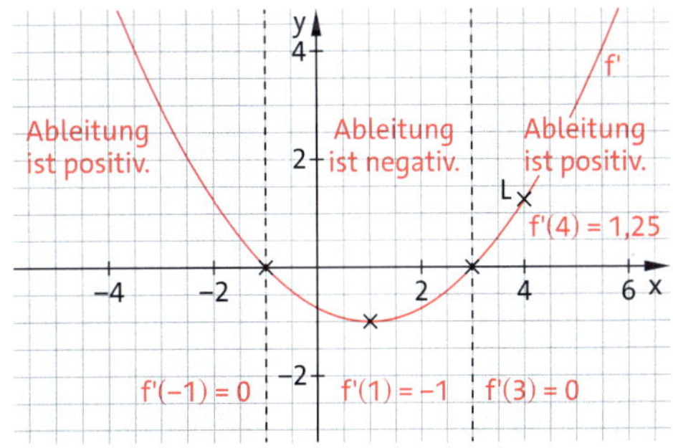

Beispiel 2 Skizzieren Sie zum abgebildeten Graphen von f den Graphen der Ableitungsfunktion f′.
Markieren Sie die Nullstellen von f′ sowie die Intervalle, in denen die Ableitung positiv bzw. negativ ist.

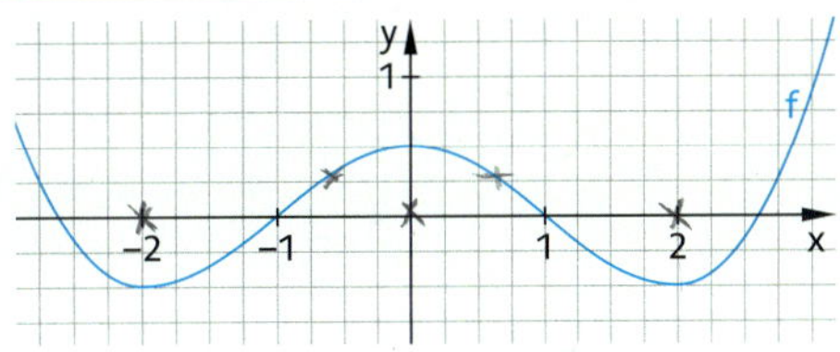

Lösung:
Der Graph von f hat Tiefpunkte bei $x = -2$ und $x = 2$ sowie einen Hochpunkt bei $x = 0$. An diesen Stellen hat f′ daher Nullstellen.

In den Bereichen $x < -2$ und $0 < x < 2$ fällt der Graph von f, hier ist f′(x) negativ.

In den Bereichen $-2 < x < 0$ und $x > 2$ steigt der Graph von f, hier ist f′(x) positiv.

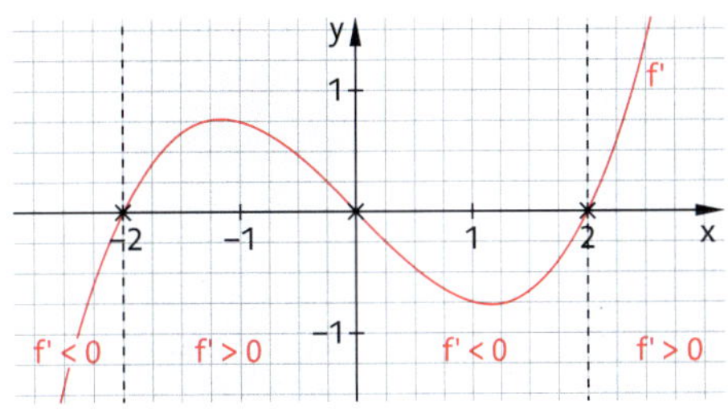

Hinweis

f′ < 0 ist die Kurzschreibweise für f′(x) < 0 für alle x im betrachteten Intervall.

Basisaufgaben

11 Skizzieren Sie den Graphen von f′.

a)

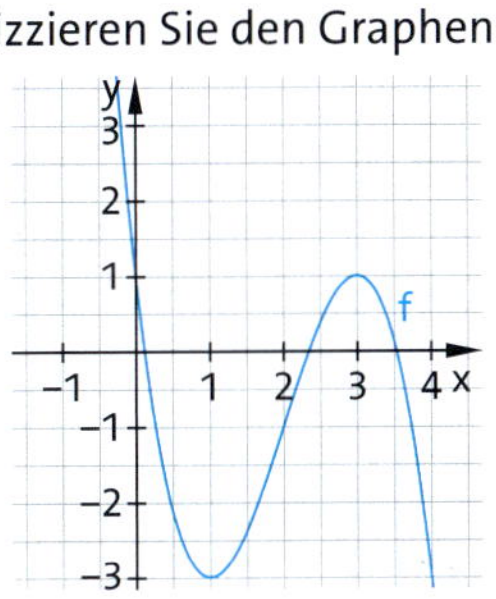

b)

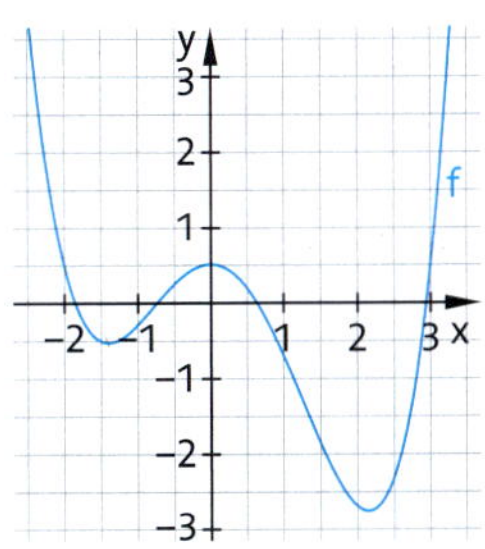

c)

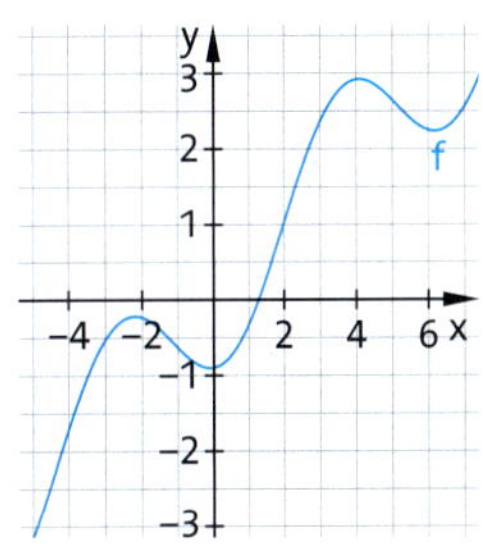

12 a) Notieren Sie möglichst viele Zusammenhänge, die zwischen dem Graphen einer Funktion f und dem ihrer Ableitungsfunktion f′ bestehen.

b) Überprüfen Sie die Graphen von f und g auf die Zusammenhänge aus a) und entscheiden Sie so, ob g die Ableitungsfunktion von f sein kann.

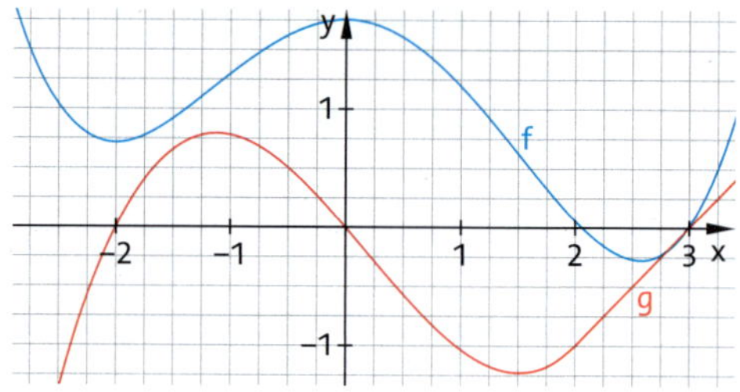

13 Skizzieren Sie die Graphen zu f und f′ und erläutern Sie die Zusammenhänge.

a) $f(x) = x^2 - 4$

b) $f(x) = \frac{4}{3}x^3 - 4x$

14 Schätzen Sie die Tangentensteigungen an den Punkten A bis K. Tragen Sie die diesen Steigungen entsprechenden Punkte des Graphen der Ableitung f′ in ein Koordinatensystem ein und skizzieren Sie so den Graphen der Ableitung von f.

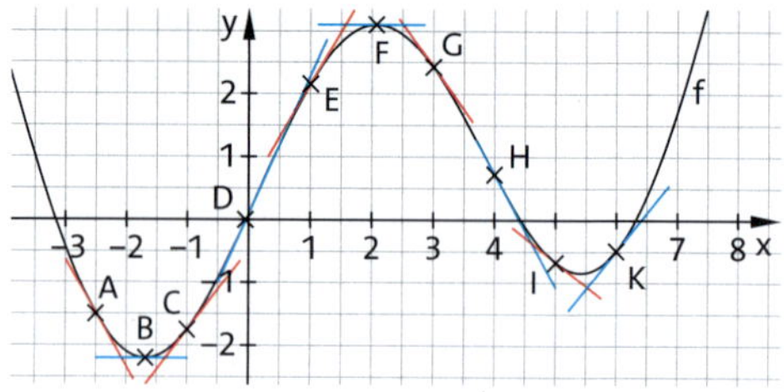

15 Ordnen Sie jeder der Funktionen $f_1, ..., f_5$ ihre Ableitung aus den Funktionen $g_1, ..., g_5$ zu. Begründen Sie Ihre Entscheidung.

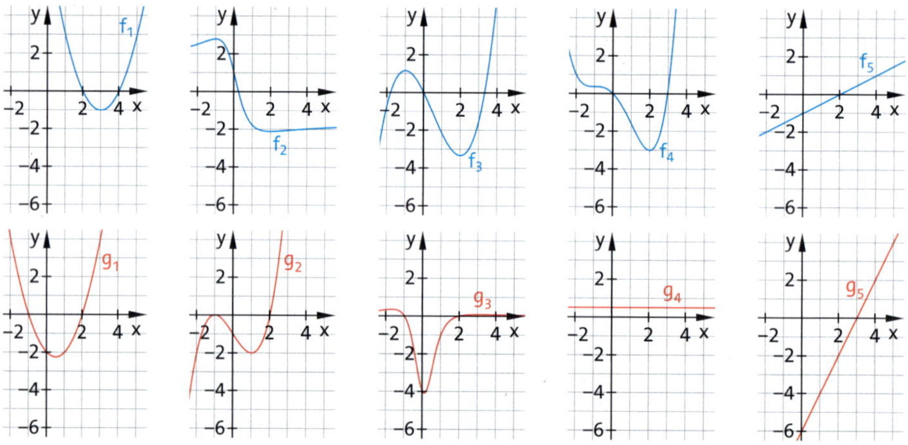

16 Jede der Funktionen f, g, h und k ist die Ableitung einer der anderen drei Funktionen. Ordnen Sie begründet zu.

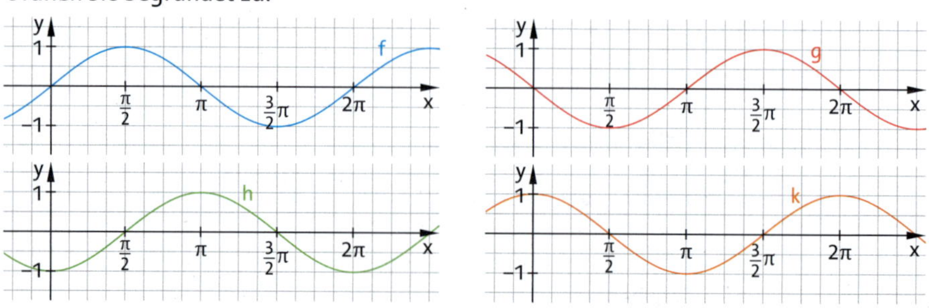

17 Zeichnen Sie den Graphen einer beliebigen Funktion. Tauschen Sie untereinander und skizzieren Sie den Verlauf des Graphen der Ableitungsfunktion. Überprüfen Sie gegenseitig.

Weiterführende Aufgaben

Zwischentest

18 Ordnen Sie jeder Eigenschaft des Graphen einer Funktion die zugehörige Eigenschaft des Graphen der Ableitung zu. Legen Sie dazu eine Tabelle an.

Graph der Funktion: fallend · steilster Anstieg · Gerade · Hoch- oder Tiefpunkt · Parallele zur x-Achse · steilster Abfall · steigend

Graph der Ableitung: Tiefpunkt · unterhalb der x-Achse · Parallele zur x-Achse · Schnittpunkt mit der x-Achse · oberhalb der x-Achse · Hochpunkt · x-Achse

19 Abgebildet ist der Graph von f. Prüfen Sie, ob die Aussage über die Ableitungsfunktion f' wahr sein kann.

a) f' hat die Nullstelle $x = -2$.
b) f' hat die Nullstelle $x = -3{,}19$.
c) Der Graph von f' hat bei $x = -0{,}04$ einen Hochpunkt.
d) $f'(x)$ ist für $x > 2{,}14$ negativ.
e) Der Graph von f' hat bei $x = 2{,}14$ einen Tiefpunkt.
f) $f'(-2) < 0$

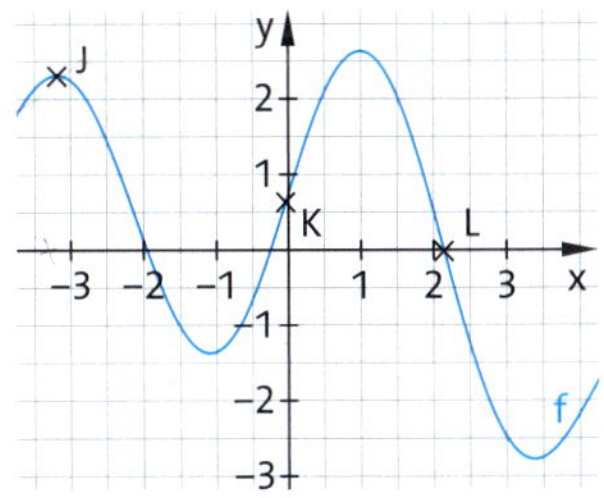

20 Gegeben ist die Funktion f mit $f(x) = \frac{1}{2}x^2 + 1$.

a) Bestimmen Sie die Ableitung als Grenzwert des Differenzenquotienten.
b) Zeichnen Sie die Graphen von f und f' im Bereich $-3 < x < 3$ in ein Koordinatensystem.
c) Zeichnen Sie an den Stellen $x = -2$, $x = 0$ und $x = 1{,}5$ mithilfe von f' Tangenten an den Graphen ein.

21 **Stolperstelle:** Erläutern Sie den Fehler beim Skizzieren des Graphen von f' und korrigieren Sie ihn.

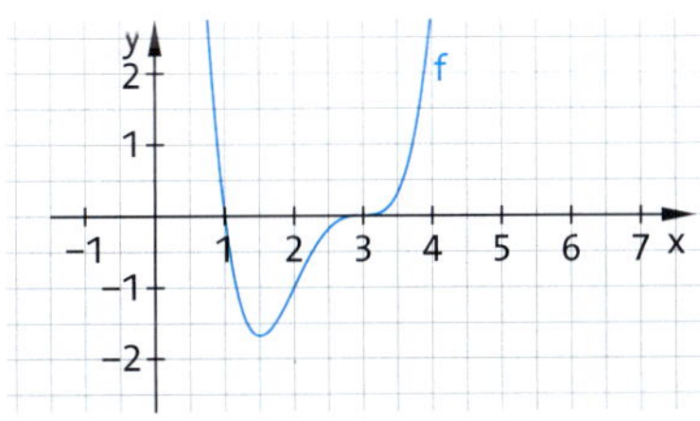

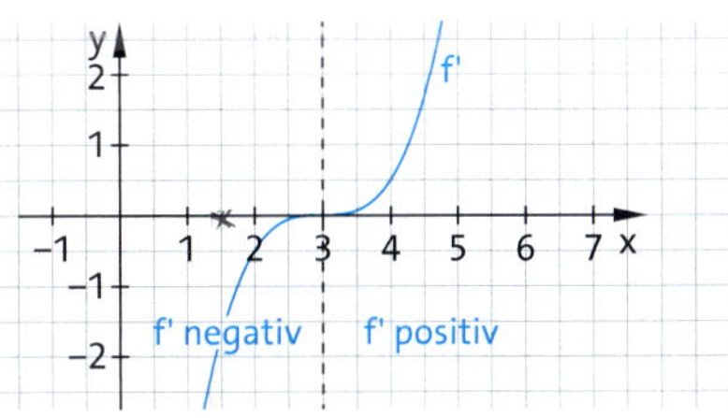

22 Die Rechnung zur Bestimmung der Ableitung von f mit $f(x) = x^2 - 2x$ ist fehlerhaft:

$$\frac{f(x+h) - f(x)}{h} = \frac{(x+h)^2 - 2(x+h) - x^2 - 2x}{h} = \frac{x^2 + 2xh + h^2 - 2x - 2h - x^2 - 2x}{h} = \frac{2xh + h^2 - 2h - 4x}{h}$$

Korrigieren Sie den Fehler und berechnen Sie die Ableitung von f.

23 Die Abbildung zeigt die Graphen einer Funktion f und ihrer Ableitungsfunktion f'.
Benennen Sie die Besonderheit des Graphen von f' an den Punkten A, B und C und erläutern Sie ihre Bedeutung für den Graphen von f.

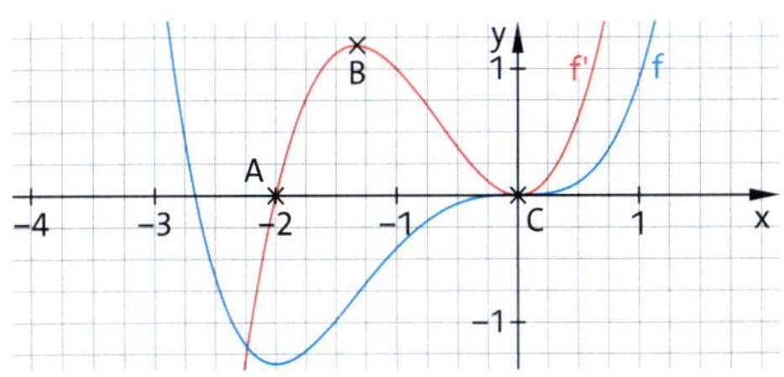

24 Untersuchen Sie an einem Beispiel, wie sich der Graph von f an den Hoch- und Tiefpunkten von f' verhält.

25 Die Abbildung zeigt den Graphen der Funktion f, die für einen Zeitraum von 8 Tagen die Höhe des Wasserstands im Ausgleichsbecken einer Kanalisation beschreibt.

a) Skizzieren Sie den Graphen der Ableitung f′.

b) Es gilt $f'(3) = -0{,}45$. Erklären Sie die Bedeutung dieser Zahl im Sachzusammenhang.

c) Beschreiben Sie den Verlauf des Graphen von f′ im Sachzusammenhang.

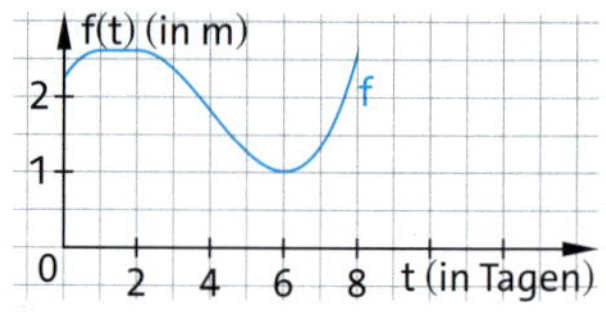

Hilfe

26 Der Graph von f stellt die Anzahl der Infizierten (in 100) während einer Epidemie dar.

a) Interpretieren Sie die Koordinaten des Hochpunktes mit dem größten Funktionswert sowie die Nullstelle im Sachzusammenhang.

b) Skizzieren Sie den Graphen der Ableitung und beschreiben Sie den Verlauf der Infektionsrate.

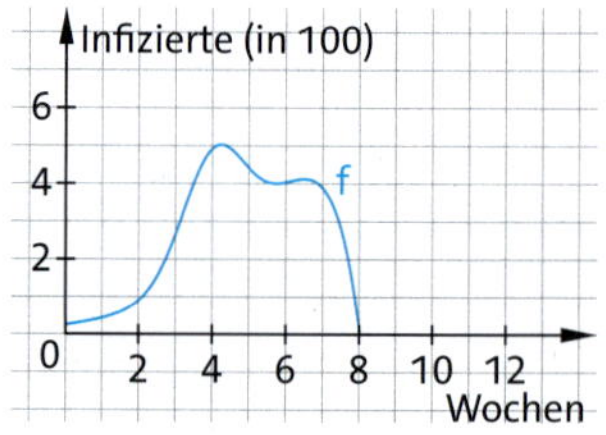

Hilfe

Hinweis zu 27

Knickfrei bedeutet, dass die Gerade und die Parabel an der Übergangsstelle dieselbe Steigung besitzen.

27 Der aus Stücken einer Geraden und einer Parabel knickfrei zusammengesetzte Graph beschreibt den Querschnitt eines 20 m hohen Damms. Die Steigung von g ist 0,8, die Parabel ist der Graph von f mit $f(x) = -\frac{1}{20}x^2 + 20$.

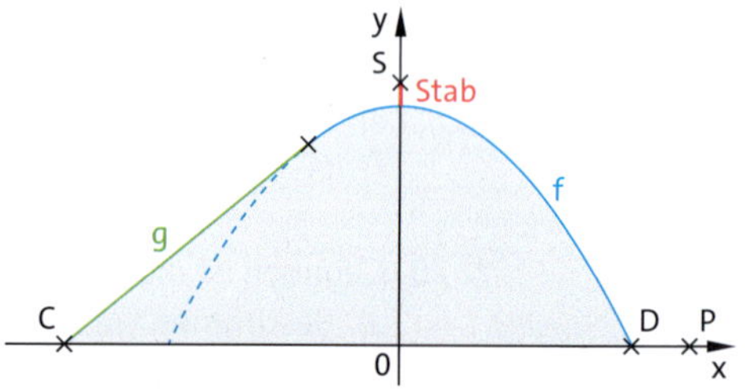

a) Berechnen Sie die Geradengleichung und die Länge des Querschnitts $\overline{CD}$.

b) Auf dem Damm steht ein 2 m hoher Stab. Prüfen Sie, ob man vom Punkt P(25 | 0) die Spitze des Stabs sehen kann.

28 Die Funktion w mit $w(t) = -\frac{4}{3}t^2 + \frac{10}{3}t + 2$ beschreibt näherungsweise die Höhe eines zum Zeitpunkt t = 0 senkrecht nach oben geworfenen Tennisballs (t: Zeit in s; w(t): Höhe in m).

a) Skizzieren Sie den Graphen von w.

b) Ermitteln Sie den Zeitpunkt, zu dem der Tennisball wieder auf den Boden auftrifft.

c) Berechnen Sie die mittlere Änderungsrate bis zum Erreichen des höchsten Punktes über dem Boden. Geben Sie die Bedeutung dieser Änderungsrate im Sachzusammenhang an.

d) Bestimmen Sie die Ableitung w′ von w und zeichnen Sie den Graphen von w′.

29 Gegeben sind eine beliebige Funktion f und ihre Ableitung f′. Beschreiben Sie begründet, was mit dem Graphen von f′ geschieht, wenn der Graph von f

a) um 3 Einheiten nach oben verschoben wird,

b) um 1 Einheit nach rechts verschoben wird,

c) an der x-Achse gespiegelt wird,

d) an der y-Achse gespiegelt wird.

30 Louis behauptet: „Wenn der Graph von f achsensymmetrisch zur y-Achse ist, dann ist der Graph von f′ punktsymmetrisch zum Ursprung.“ Nehmen Sie begründet Stellung.

31 **Ausblick:** Gegeben ist die Ableitung einer Funktion f durch $f'(x) = (x-2)^2 - 1$. Skizzieren Sie einen möglichen Verlauf des Graphen von f. Erläutern Sie, weshalb es mehrere Lösungen gibt.

3.4 Ableitung ganzrationaler Funktionen

Die Tabelle zeigt die Terme einiger Funktionen und ihrer Ableitungen. Formulieren Sie aufgrund dieser Ableitungen eine Vermutung für die Ableitung zu $f(x) = x^n$ für ein beliebiges $n \in \mathbb{N}$.

f(x)	f'(x)
x^2	$2x$
x^3	$3x^2$
x^4	$4x^3$

Ableitung von Potenzfunktionen mit natürlichen Exponenten

Es gibt Regeln, die das Ableiten erheblich vereinfachen. Beim Ableiten von $f(x) = x^3$ oder $f(x) = x^2$ wird der Exponent von f(x) zum Vorfaktor von f'(x). Außerdem verkleinert sich der Exponent um 1. Dies gilt allgemein für alle Potenzfunktionen mit natürlichen Exponenten.

$f(x) = x^3$
$f'(x) = 3x^2$

$f(x) = x^2$
$f'(x) = 2x^1 = 2x$

Hinweis

Der Beweis ist Thema von Aufgabe 20.

Satz **Potenzregel für Potenzen mit natürlichen Exponenten**
Die Funktion f mit $f(x) = x^n$ und $n \in \mathbb{N}$, $n > 1$, hat die Ableitung $f'(x) = n \cdot x^{n-1}$.

Auch die Ableitungen zu $f(x) = x$ und $g(x) = 1$ lassen sich mithilfe dieser Regel bestimmen (siehe rechts).
Für den Fall $x = 0$ lässt sich die Ableitung mithilfe des Differenzenquotienten bestimmen.

$f(x) = x = x^1$
$f'(x) = 1 \cdot x^{1-1} = 1 \cdot x^0 = 1$

$g(x) = 1 = x^0$
$g'(x) = 0 \cdot x^{0-1} = 0 \cdot x^{-1} = 0$

Beispiel 1

Berechnen Sie $f'(-2)$ für die Funktion f mit $f(x) = x^6$.

Lösung:
Beim Ableiten von f wird der Exponent 6 zum Vorfaktor, der Exponent von x wird um 1 verkleinert.
$f(x) = x^6$
$f'(x) = 6x^5$

Setzen Sie $x = -2$ in f'(x) ein.
$f'(-2) = 6 \cdot (-2)^5 = 6 \cdot (-32) = -192$

Basisaufgaben

1 Bestimmen Sie die Ableitung der Funktion.
a) $f(x) = x^7$
b) $f(x) = x^9$
c) $h(x) = x^{100}$
d) $f(x) = x^{m+1}$
e) $g(x) = x^{2n}$
f) $v(t) = t^2$

2 Bestimmen Sie die Ableitung der Funktion an der Stelle x_0.
a) $f(x) = x^5$; $x_0 = 2$
b) $f(x) = x^2$; $x_0 = -3$
c) $f(x) = x^3$; $x_0 = 4$
d) $f(x) = x^4$; $x_0 = -2$
e) $f(x) = x^7$; $x_0 = -1$
f) $f(x) = x$; $x_0 = 9$

Lösungen zu 2

80 −6 1 48 7 −32

3 Begründen Sie, warum die Potenzregel für die Funktionen f und g mit $f(x) = x^1 = x$ und $g(x) = x^0 = 1$ an der Stelle $x = 0$ nicht angewendet werden kann. Weisen Sie mithilfe des Differenzenquotienten nach, dass dennoch $f'(x) = 1$ und $g'(x) = 0$ für alle $x \in \mathbb{R}$ gilt.

4 Untersuchen Sie mithilfe der Ableitung der Potenzfunktion f mit $f(x) = x^n$ und $n \in \mathbb{N}$, $n \geq 2$, für welche x die Steigung des Graphen positiv, negativ oder null ist. Unterscheiden Sie die Fälle, ob n ungerade oder n gerade ist.

Faktorregel

Der Graph von f mit $f(x) = 3x^3$ entsteht aus dem Graphen von g mit $g(x) = x^3$ durch eine Streckung in y-Richtung mit dem **konstanten Faktor** 3.

Bei der Streckung des Graphen wird jede beliebige Tangente dreimal so steil, wie das gestreckte Steigungsdreieck veranschaulicht. Es gilt: $f'(x) = 3 \cdot g'(x)$

Das lässt sich auf beliebige Funktionen f und g mit $f(x) = k \cdot g(x)$, $k \in \mathbb{R}$, verallgemeinern, siehe Aufgabe 21.

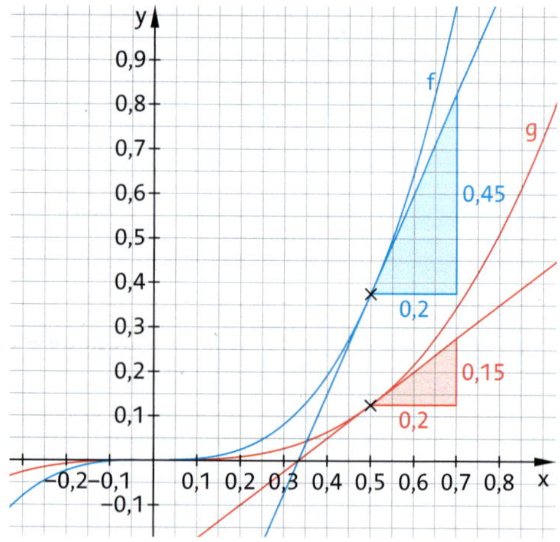

Merkregel

Ein konstanter Faktor bleibt beim Ableiten erhalten.

Satz **Faktorregel**

Für differenzierbare Funktionen f und g mit $f(x) = k \cdot g(x)$ und der Konstanten $k \in \mathbb{R}$ gilt:
$f'(x) = k \cdot g'(x)$

Beispiel 2

Bestimmen Sie die Ableitungen zu f und g mit $f(x) = -6x^3$ und $g(x) = \frac{2}{3}x$.

Lösung:

Leiten Sie jeweils den Term ab, der x enthält. Der konstante Faktor bleibt unverändert erhalten.

$f'(x) = [-6x^3]' = -6 \cdot [x^3]' = -6 \cdot 3x^2 = -18x^2$

$g'(x) = \left[\frac{2}{3}x\right]' = \frac{2}{3} \cdot [x]' = \frac{2}{3} \cdot 1 = \frac{2}{3}$

Basisaufgaben

5 Bestimmen Sie die Ableitung der Funktion.
a) $f(x) = 3x^4$ b) $f(x) = 0{,}5x^2$ c) $f(x) = -\frac{3}{4}x$
d) $f(x) = \frac{1}{3}x^3$ e) $f(x) = 2x^7$ f) $f(x) = -0{,}2x^{15}$

6 Schreiben Sie den Funktionsterm so um, dass ein konstanter Faktor entsteht, und leiten Sie dann ab.
a) $f(x) = \frac{x^4}{2}$ b) $f(x) = \frac{3x^2}{2}$ c) $f(x) = \frac{-x}{2}$
d) $f(x) = -6 \cdot \frac{x^3}{5}$ e) $f(x) = (3x)^3$ f) $f(x) = -(-2x)^2$

Lösungen zu 7

−1 0 −2 24 5 $-\frac{3}{8}$

7 Bestimmen Sie die Ableitung der Funktion an der Stelle x_0.
a) $f(x) = -4x^2$; $x_0 = -3$ b) $f(x) = -\frac{2}{3}x^3$; $x_0 = -1$ c) $f(x) = -x$; $x_0 = 0$
d) $f(x) = \frac{-3x^4}{4}$; $x_0 = 0{,}5$ e) $f(x) = 8$; $x_0 = 2$ f) $f(x) = 5x$; $x_0 = -9$

8 Bestimmen Sie die Ableitungsfunktion.
a) $f(x) = ax^2$ b) $g(y) = -2y^3$ c) $h(t) = vt$

9 Geben Sie die Funktionsterme der Funktion f und ihrer Ableitungsfunktion f' an.
a) $g(x) = x^2$; $f(x) = 5 \cdot g(x)$ b) $g(x) = 2x^2$; $f(x) = 2 \cdot g(x)$ c) $g(x) = 5x^4$; $f(x) = \frac{1}{3} \cdot g(x)$

Summenregel

Um für f mit $f(x) = \frac{1}{3}x^2 + \frac{1}{2}x$ die Steigung der Tangente bei x = 2 zu ermitteln, kann man f als **Summe** der Funktionen g und k mit $g(x) = \frac{1}{3}x^2$ und $k(x) = \frac{1}{2}x$ auffassen:

Es gilt z. B. $f(2) = g(2) + k(2) = \frac{4}{3} + \frac{2}{2} = \frac{7}{3}$.

Mit der Faktor- und Potenzregel erhält man $g'(x) = \frac{2}{3}x$ und $k'(x) = \frac{1}{2}$, also $g'(2) = \frac{4}{3} \approx 1{,}33$ und $k'(2) = \frac{1}{2} = 0{,}5$.

Die Abbildung zeigt, dass $f'(2) = g'(2) + k'(2)$ gilt.
Das lässt sich auf beliebige Funktionen g, k und f mit $f(x) = g(x) + k(x)$ für alle $x \in D$ verallgemeinern. Für die Sekantensteigung m_f von f gilt dann:

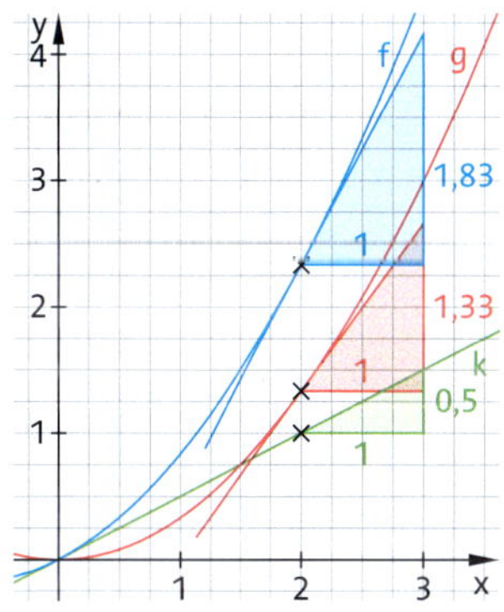

$$m_f = \frac{f(x+h) - f(x)}{h} = \frac{[g(x+h) + k(x+h)] - [g(x) + k(x)]}{h} = \frac{g(x+h) - g(x) + k(x+h) - k(x)}{h}$$

$$= \frac{g(x+h) - g(x)}{h} + \frac{k(x+h) - k(x)}{h} = m_g + m_k$$

Grenzwerte dürfen summandenweise gebildet werden:

$$\begin{array}{ccccc} m_f & = & m_g & + & m_k \\ \downarrow h \to 0 & & \downarrow h \to 0 & & \downarrow h \to 0 \\ f'(x) & = & g'(x) & + & k'(x) \end{array}$$

Satz **Summenregel**
Für Funktionen f, g und k mit $f(x) = g(x) + k(x)$ gilt: $f'(x) = g'(x) + k'(x)$

Beispiel 3 Bestimmen Sie die Ableitung.
a) $f(x) = x^3 + 7x$
b) $g(x) = 1 + x^2 - 2x$

Lösung:
Leiten Sie die Summanden einzeln ab und bilden Sie die Summe.
a) $f'(x) = 3x^2 + 7$
b) $g'(x) = 0 + 2x - 2 = 2x - 2$

Basisaufgaben

10 Bestimmen Sie die Ableitung.
a) $f(x) = x^3 + x^2$
b) $f(x) = x^4 - x^3 + 5$
c) $f(x) = x - 3$
d) $f(x) = x^3 - x^2 + x$
e) $f(x) = 3 + x^5 + x^2$
f) $f(x) = -x^7 + x^3 - x^4 + \frac{1}{2}$

11 Bestimmen Sie die Ableitung.
a) $f(x) = 7x^3 - 5x^2 + 9x - 2$
b) $f(x) = 5 - 6x^3$
c) $f(x) = -4x + 2$
d) $f(x) = \frac{1}{3}x^3 + \frac{1}{2}x^2 + x$
e) $f(x) = \frac{1}{5} - \frac{2}{5}x^5 - 4x^4$
f) $f(x) = 3x + \frac{1}{3} - x^8$

12 Bestimmen Sie die Ableitung der Funktion an der Stelle x_0.
a) $f(x) = 3x^4 - 2x^3$; $x_0 = -1$
b) $f(x) = 2x - 6$; $x_0 = 8$
c) $f(x) = 3x + 2x^2$; $x_0 = 3$
d) $f(x) = \frac{4}{5}x - \frac{2}{5}$; $x_0 = 0$
e) $f(x) = -3x^3 + 2x$; $x_0 = -\frac{1}{3}$
f) $f(x) = \frac{3}{4}\left(x^3 - \frac{1}{2}x^2\right)$; $x_0 = 1$

Lösungen zu 12
2 15 1 −18 $\frac{3}{2}$ $\frac{4}{5}$

13 Multiplizieren Sie den Funktionsterm aus und bestimmen Sie die Ableitungsfunktion.
a) $f(x) = x(x^2 - 3)$
b) $f(x) = (x - 2)(x + 4)$
c) $f(x) = (x - 3)(x + 3)$
d) $f(x) = 2(x - 9)^2$
e) $f(x) = 4(x^2 + 1)^2(x^2 - 1)$
f) $f(x) = (x - 2)^3$

Weiterführende Aufgaben

Zwischentest

14 Bestimmen Sie alle Stellen, an denen die Graphen der Funktionen f und g dieselbe Steigung haben. Überprüfen Sie Ihre Ergebnisse, indem Sie mithilfe eines Funktionenplotters die Steigungen an den berechneten Stellen anzeigen lassen.
a) $f(x) = x^2;\quad g(x) = x - 2$ b) $f(x) = x;\quad g(x) = x^3$ c) $f(x) = x;\quad g(x) = x + 4$

15 Begründen Sie, welcher Funktionsterm die Ableitung von f mit $f(x) = 2x^2 - x + 3$ beschreibt.
(A) $2x - 1$ (B) $4x + 1$ (C) $4x - 1$ (D) $4x - 1 + 3$

16 Bestimmen Sie alle Stellen, an denen die Funktion die Steigung m hat.
a) $f(x) = 2x^3;\ m = 6$ b) $f(x) = \frac{3x^4}{2};\ m = 48$ c) $f(x) = 0{,}5x^2 + 1{,}5;\ m = -0{,}5$
d) $f(x) = \frac{x^2}{5};\ m = 10$ e) $f(x) = 3x;\ m = 3$ f) $f(x) = 5x;\ m = 3$
g) $f(x) = \frac{2}{3}x^3 - 1;\ m = -2$ h) $f(x) = -3x^2 + x;\ m = 7$ i) $f(x) = 2x^3 - 3x^2 - x;\ m = 0$

17 Stolperstelle: Beschreiben und korrigieren Sie die Fehler.
a) $f(x) = x^2 - 6$
$f'(x) = 2x - 6$
b) $f(x) = a^2 + x$
$f'(x) = 2a + 1$
c) $f(x) = x^2(3x - 1)$
$f'(x) = 2x \cdot 3$

18 Bestimmen Sie die Ableitung und erläutern Sie Ihren Rechenweg.
a) $f(x) = \frac{1}{10}(3x^7 - 5x^2 + 2)$ b) $f(x) = \frac{x^3 + x^2}{3}$
c) $f(x) = -2(3 - 2x + 2x^2 - x^3)$ d) $f(x) = (x^2 - 3x)^2$

Hilfe

19 Es sei f eine Potenzfunktion mit $f(x) = x^n$ und $n \in \mathbb{N}$. Zeigen Sie:
a) Für jedes $n \geq 2$ hat f genau eine Stelle mit waagerechter Tangente.
b) Ist n ungerade, so gibt es zu jeder Tangente an den Graphen von f mit Steigung $m > 0$ eine parallele Tangente. Erläutern Sie, welcher besondere Fall sich für $n = 1$ ergibt.

20 Herleitung der Potenzregel:
a) Es gilt: $(x + h)^4 = x^4 + 4x^3h + 6x^2h^2 + 4xh^3 + h^4 = x^4 + 4x^3h + h^2 \cdot (...)$
Bestimmen Sie den Term in der blauen Klammer. Begründen Sie, warum es möglich ist, h^2 auszuklammern.
b) Zeigen Sie, dass die Funktion f mit $f(x) = x^4$ die Ableitung $f'(x) = 4x^3$ hat. Erläutern Sie dazu die folgende Umformung und führen Sie die Bestimmung des Grenzwerts zu Ende.
$$\lim_{h \to 0} \frac{(x+h)^4 - x^4}{h} = \lim_{h \to 0} \frac{x^4 + 4x^3h + h^2 \cdot (...) - x^4}{h} = \lim_{h \to 0} \frac{4x^3h + h^2 \cdot (...)}{h} = ...$$
c) Zeigen Sie, dass die Funktion f mit $f(x) = x^n$ und $n \in \mathbb{N}$ auch für $n > 4$ die Ableitung $f'(x) = nx^{n-1}$ hat. Gehen Sie vor wie in b). Verwenden Sie die Umformung
$(x + h)^n = x^n + nx^{n-1}h + \frac{n \cdot (n-1)}{2}x^{n-2}h^2 + ... + nxh^{n-1} + h^n = x^n + nx^{n-1}h + h^2 \cdot (...)$.

21 Beweis der Faktorregel:
Beweisen Sie die Faktorregel. Bilden Sie dazu den Grenzwert der Sekantensteigung der Funktion f mit $f(x) = k \cdot g(x)$, $k \in \mathbb{R}$, für eine beliebige Funktion g.

22 Prüfen Sie am Beispiel der Funktion f mit $f(x) = x^2 \cdot x^3$, ob die Ableitung eines Produkts zweier Funktionen das Produkt der Ableitungen der beiden Funktionen ist.

23 Begründen Sie mithilfe der Summenregel:
Zwei Funktionen, die sich nur um einen konstanten Summanden unterscheiden, haben die gleiche Ableitungsfunktion.

24 Bestimmen Sie die Ableitung der Funktion.
a) $f(s) = s^2 - 3sy - 2$
b) $f(x) = ax^3 + bx^2$
c) $f(t) = k - t$
d) $g(x) = mx + b$
e) $s(t) = \frac{9}{2}t^2 - 0{,}3t + 2$
f) $f(x) = ax^4 + bx^3 + cx^2 + dx + e$

25 Bestimmen Sie die Ableitung der Funktion.
a) $f(x) = x^n + x^{n-1}$
b) $f(x) = x^{2n} - 2x^n$
c) $f(x) = \frac{1}{n}x^n + \frac{1}{2}x^{2n}$

26 a) Bestimmen Sie die Steigung des Graphen von f mit $f(x) = x^2 - 1$ in seinen Schnittpunkten mit der x-Achse.
b) Berechnen Sie, in welchen Punkten der Graph von f mit $f(x) = x^3 - 3x - 1$ waagerechte Tangenten hat.
c) Begründen Sie ohne Rechnung mithilfe des Graphen, dass für f mit $f(x) = 5x - 5$ für alle $x \in \mathbb{R}$ gilt: $f'(x) \neq 0$

27 Tom hat Merkregeln aufgeschrieben. Überprüfen und korrigieren Sie sie, falls nötig.
a) *Die Streckung der Funktion mit dem Faktor a in y-Richtung ändert die Ableitung nicht.*
b) *Die Verschiebung des Graphen in y-Richtung verändert die Ableitung nicht.*
c) *Die Ableitung einer Summe erhält man durch Ableiten der Summanden.*
d) *Die Ableitung einer ganzrationalen Funktion mit Grad n hat den Grad n − 1.*
e) *Der Graph der Ableitung einer quadratischen Funktion ist eine Gerade. Ihre Steigung ist so groß wie der Vorfaktor von x^2.*

28 Die Lenggrieser Weltcup-Abfahrtsstrecke beginnt mit dem Garland-Hang. Das Profil des Hangs wird näherungsweise durch die Funktion f mit $f(x) = 0{,}0001x^2 + 1004$ im Intervall $[1400; 2350]$ beschrieben (x, f(x) in m).
a) Geben Sie den Funktionsterm der Funktion an, die die Steigung des Hangs beschreibt.
b) Berechnen Sie die Steigung des Hangs am Start- und am Zielpunkt der Strecke.

Hilfe

MK **29** Die Funktion f mit $f(t) = 5t^3 - 30t^2 + 60t$ gibt für $0 \leq t \leq 3$ die seit Freitag 0 Uhr gefallene Niederschlagsmenge (in mm) an einem verregneten Wochenende wieder (t in Tagen).
a) Zeichnen Sie den Graphen von f mit einem Funktionenplotter.
b) Berechnen Sie die Niederschlagsmenge für das Ende des ersten, zweiten und dritten Tages.

c) Berechnen Sie f′(1) und geben Sie die Bedeutung dieser Zahl im Sachkontext an.
d) Weisen Sie rechnerisch nach, dass es am Ende des zweiten Tages eine (sehr kurze) Regenpause gab.
e) Entnehmen Sie dem Graphen von f den Zeitpunkt t mit $0 \leq t \leq 3$, an dem es am stärksten geregnet hat. Berechnen Sie die Stärke des Regens in mm/Tag zu diesem Zeitpunkt.

30 **Ausblick: Höhere Ableitungen:** Leitet man Ableitungsfunktion f′ einer Funktion f erneut ab, erhält man die **zweite Ableitung f″**. Die Ableitung der zweiten Ableitung heißt **dritte Ableitung f‴**. Leitet man eine Funktion f n-mal ab, erhält man die **n-te Ableitung $f^{(n)}$**.
Bestimmen Sie die ersten drei Ableitungen der Funktion f. Geben Sie an, ab welchem n für die n-te Ableitung $f^{(n)} = 0$ gilt.
a) $f(x) = x^2 - 3x + 1$
b) $f(x) = 3x^4 - 2x^3 + x^2 - 5x - 3$
c) $f(x) = -x^5 + x^4 - x$
d) $f(x) = x - 3$

3.5 Tangenten und Steigungswinkel

Gegeben sind die Funktion f mit $f(x) = -\frac{1}{8}x^2 + 3$ sowie drei Geraden:
① $y = -0{,}5x + 3$ ② $y = -0{,}25x + 3$
③ $y = -0{,}5x + 3{,}5$
Untersuchen Sie, welche dieser Geraden die Tangente an den Graphen von f an der Stelle $x = 2$ ist.

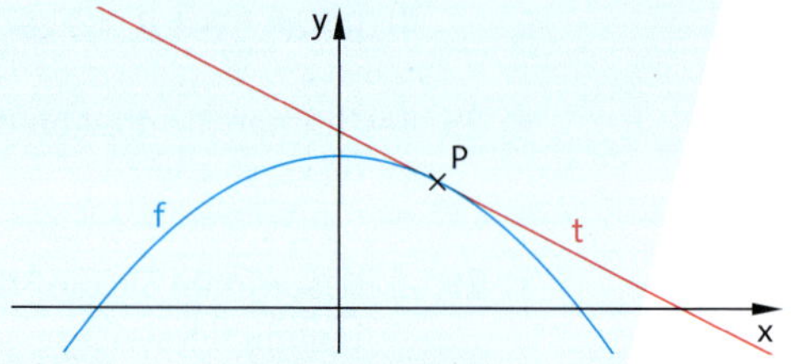

Tangentengleichung

Die Tangente an den Graphen im Punkt $P(x_0 | f(x_0))$ hat die Steigung $m = f'(x_0)$. Mithilfe von P und der Steigung lässt sich die Geradengleichung $t(x) = mx + b$ der Tangente bestimmen.

Wissen

Bestimmen der Gleichung $t(x) = mx + b$ der Tangente t an den Graphen von f im Punkt $P(x_0 | f(x_0))$:
① Steigung $m = f'(x_0)$ berechnen.
② Einsetzen der Koordinaten von P in die Tangentengleichung ergibt $f(x_0) = m \cdot x_0 + b$. Diese Gleichung nach b auflösen und b berechnen.

Beispiel 1 Gegeben ist die Funktion f mit $f(x) = -x^3 + 2x^2 + 4$.
a) Bestimmen Sie die Gleichung der Tangente an den Graphen von f an der Stelle $x_0 = 2$.
b) Bestimmen Sie die Stelle, an der die Tangente die x-Achse schneidet.

Lösung:

a) Bestimmen Sie die Ableitung f'.
Die Ableitung an der Stelle $x_0 = 2$ ergibt die Steigung m der Tangente.
Berechnen Sie den Funktionswert an der Stelle $x_0 = 2$. Setzen Sie den x-Wert 2, den Funktionswert 4 und $m = -4$ in den Ansatz $t(x) = mx + b$ ein und lösen Sie die Gleichung nach b auf.

Ansatz: $t(x) = mx + b$
① $f'(x) = -3x^2 + 4x$
$m = f'(2) = -4$
② $f(2) = 4$
$4 = -4 \cdot 2 + b$, also $b = 12$

Tangentengleichung: $t(x) = -4x + 12$

b) Die gesuchte Stelle ist die Nullstelle von t. Setzen Sie t(x) gleich null und lösen Sie nach x auf.

$-4x + 12 = 0$, also $x = 3$
Die Tangente schneidet die x-Achse bei $x = 3$.

Basisaufgaben

1 Gegeben ist die Funktion f mit $f(x) = \frac{1}{2}x^2 - 3x + 1$. Bestimmen Sie die Gleichung der Tangente an den Graphen von f im Punkt P.
a) $P(4 | -3)$ b) $P(1 | -1{,}5)$ c) $P(-4 | 21)$ d) $P(0 | 1)$

2 Bestimmen Sie die Gleichung der Tangente an den Graphen der Funktion f im Punkt $P(x_0 | f(x_0))$.
a) $f(x) = 2x^3 - 1$; $x_0 = -1$
b) $f(x) = -x^4 + x^2 + 2$; $x_0 = 1$
c) $f(x) = \frac{1}{3}x^2 + x$; $x_0 = -3$
d) $f(x) = x^2 - 5x$; $x_0 = -2$

3 Bestimmen Sie die Gleichung der Tangente an den Graphen der gegebenen Funktion an der Stelle x_0 und die Schnittpunkte der Tangente mit den Koordinatenachsen. Überprüfen Sie Ihr Ergebnis mit einem Funktionenplotter.

a) $f(x) = -\frac{1}{2}x^2 + \frac{3}{2}$; $x_0 = 1$ b) $g(x) = x^2 - 2x + 1$; $x_0 = 0$

c) $h(x) = x^3 - 4x$; $x_0 = 1$ d) $k(x) = (x + 2)^2$; $x_0 = -5$

4 Gegeben ist die Funktion f mit $f(x) = x^3 + 3x$.

a) Bestimmen Sie die Gleichung der Tangente t an den Graphen von f bei $x = -2$.

b) Ermitteln Sie die Gleichung einer zweiten Tangente, die zu t parallel ist.

5 a) Zeichnen Sie den Graphen von f mit $f(x) = \frac{1}{2}x^2 - 2x$ und die Sekante durch die Punkte $A(0 \mid f(0))$ und $B(6 \mid f(6))$.

b) Bestimmen Sie die Steigung der Sekante.

c) Berechnen Sie die Ableitungsfunktion von f.

d) Bestimmen Sie einen Punkt C des Graphen von f, in welchem die Tangente parallel zur Sekante AB verläuft. Ermitteln Sie die Gleichung der Tangente und zeichnen Sie diese.

6 Gegeben ist die Funktion f mit $f(x) = \frac{1}{3}x^3 - \frac{3}{2}x^2$.

a) Bestimmen Sie diejenigen Punkte des Graphen von f, an denen die Tangente von f waagerecht verläuft.

b) Bestimmen Sie die Gleichungen derjenigen Tangenten an den Graphen von f, die parallel zur Gerade h mit $h(x) = -2x + 5$ verlaufen.

c) Eine Tangente an den Graphen von f verläuft durch die Punkte $P\left(0 \,\middle|\, \frac{9}{8}\right)$ und $N\left(\frac{1}{2} \,\middle|\, 0\right)$. Bestimmen Sie den Berührpunkt der Tangente mit dem Graphen von f und geben Sie die Gleichung der Tangente an.

Steigungswinkel

Der **Steigungswinkel** des Graphen einer Funktion f an der Stelle x_0 entspricht dem Steigungswinkel der zugehörigen Tangente im Punkt $(x_0 \mid f(x_0))$.

Der Steigungswinkel der Tangente ergibt sich aus dem kleineren der Winkel, den die Tangente mit der x-Achse einschließt. Im abgebildeten Steigungsdreieck ist der Tangens des Steigungswinkels α der Quotient aus der Gegenkathete der Länge $m = f'(x_0)$ und der Ankathete der Länge 1:

$$\tan(\alpha) = \frac{m}{1} = f'(x_0)$$

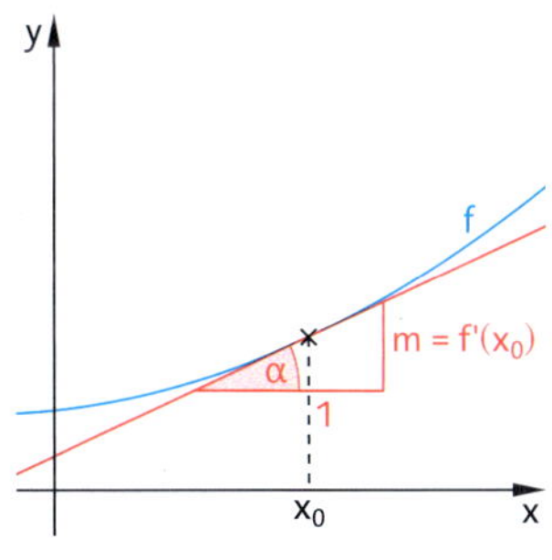

Hinweis

Für negative Steigungen ist der Steigungswinkel ebenfalls negativ, z. B. $g(x) = -x$, $\alpha = -45°$.

Wissen

Der **Steigungswinkel** α des Graphen einer Funktion f an der Stelle x_0 ist $\alpha = \arctan(f'(x_0))$.

Beispiel 2 Gegeben ist die Funktion f mit $f(x) = -\frac{1}{4}x^2 + 5x + 1$.
Bestimmen Sie die Steigung sowie den Steigungswinkel des Graphen an der Stelle $x_0 = 2$.

Lösung:

Bestimmen Sie die Ableitung von f und setzen Sie die Stelle 2 ein. Wenden Sie die Umkehrtaste $\tan^{-1}$ Ihres Taschenrechners auf $f'(2) = 4$ an, um den arctan dieses Werts zu berechnen.

$f'(x) = -\frac{1}{2}x + 5$, $f'(2) = 4$

$\alpha = \arctan(4) \approx 75{,}96°$

Der Graph von f hat an der Stelle $x_0 = 2$ die Steigung 4 und den Steigungswinkel $\alpha \approx 75{,}96°$.

Hinweis

Achten Sie darauf, dass Ihr Taschenrechner auf das Gradmaß (meist DEG oder D) eingestellt ist.

Basisaufgaben

7 Bestimmen Sie die Steigung und den Steigungswinkel des Graphen von f bei x_0.

a) $f(x) = 2x^3$; $x_0 = -1$
b) $f(x) = -x^4 + x^3$; $x_0 = 0$
c) $f(x) = -x^2 - 5x$; $x_0 = 0$
d) $f(x) = 2x^5$; $x_0 = -1$
e) $f(x) = (2x + 1)^2$; $x_0 = -\frac{1}{2}$
f) $f(x) = (x - 1)(x + 2)$; $x_0 = 0$

MK **8** Bestimmen Sie die Steigung und den Steigungswinkel des Graphen von f an der Stelle x_0. Überprüfen Sie Ihre Ergebnisse mit einem Funktionenplotter.

a) $f(x) = -x^2 - 1$; $x_0 = -2$
b) $f(x) = (x - 1)^2$; $x_0 = 2$
c) $f(x) = -3x^2 + 5x + 1$; $x_0 = 1$
d) $f(x) = x^3 + 2x^2 + x$; $x_0 = 1$

9 Gegeben sei die Funktion f mit $f(x) = x^2 + 2x - 3$.

a) Bestimmen Sie die Winkel, unter denen der Graph von f die x-Achse schneidet.
b) Ermitteln Sie die Stelle x_0, an der der Graph von f einen Steigungswinkel von 45° hat.

10 Der Graph einer Funktion hat an der Stelle $x_0 = 1$ den Steigungswinkel 30°. Treffen Sie eine Aussage über den Funktionsterm der Tangente.

Weiterführende Aufgaben

Zwischentest

11 Untersuchen Sie, welche der Geraden in der Abbildung Tangenten an den Graphen von f mit $f(x) = -\frac{1}{4}x^2 + x$ sind.

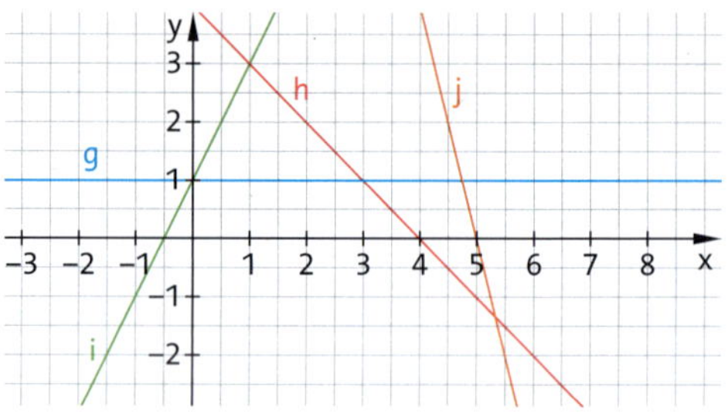

12 **Stolperstelle:** Amy möchte mit $f(2) = -3$ und $f'(2) = 4$ die Gleichung der Tangente an den Graphen von f an der Stelle 2 aufstellen und den Steigungswinkel berechnen. Beschreiben Sie ihre Fehler.

t: 2 = 4·(−3) + b, also b = 14, also t(x) = 4x + 14
tan(4) ≈ 0,07, also α ≈ 0,07°

13 Der Verlauf einer Kaimauer ist zwischen den Punkten A und B gegeben durch den Graphen zu $f(x) = x^3 - 3x^2 + 4$, zwischen A und N_1 durch die Tangente g_1 an den Graphen von f im Punkt $A\left(-\frac{1}{2}\middle|f\left(-\frac{1}{2}\right)\right)$ und zwischen B und N_2 durch die Tangente g_2 im Punkt B.

a) Ermitteln Sie die Steigung und die Gleichung von g_1.
b) Die Gerade g_2 hat die Steigung $m_2 = -3$. Berechnen Sie die Koordinaten von B und die Gleichung von g_2.
c) N_1 und N_2 sind die Schnittpunkte der beiden Tangenten mit der x-Achse. Berechnen Sie die Koordinaten dieser Punkte.
d) Ermitteln Sie den Schnittpunkt S der beiden Tangenten und den Flächeninhalt des Dreiecks N_1N_2S. Sie erhalten damit einen Näherungswert für den Flächeninhalt der Figur.

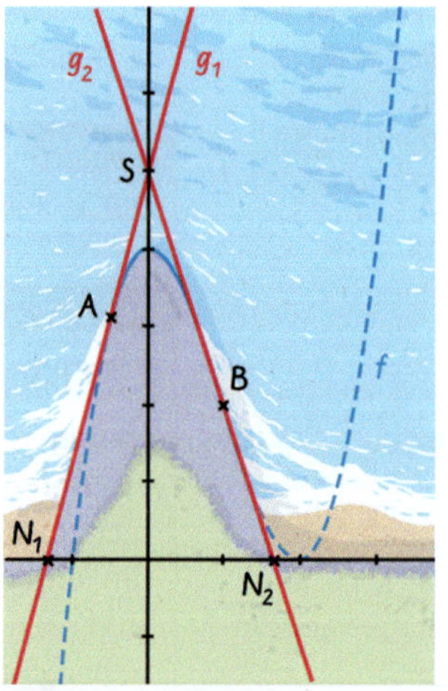

Erinnerung

Ein Dreieck mit Grundseite g und Höhe h hat den Flächeninhalt $A = \frac{g \cdot h}{2}$.

14 Tim möchte seinen ferngesteuerten Rennwagen den abgebildeten Hügel vom linken Fußpunkt aus hinauffahren lassen. Der Wagen hat eine Steigfähigkeit von höchstens 45°. Die Profilkurve des Hügels wird näherungsweise durch die Funktion h mit $h(x) = -\frac{1}{4}x^2 + 3x - 6$ beschrieben (x, h(x) in Metern).

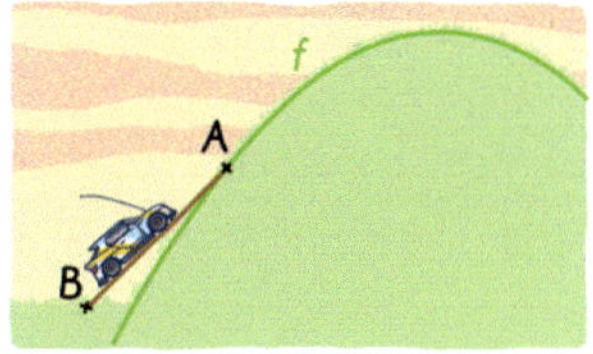

a) Weisen Sie nach, dass der Hügel zu steil für den Rennwagen ist.
b) Tim lehnt ein Brett als Rampe an, so dass dieses den Hügel in 1,5 Metern Höhe vom Boden aus berührt. Prüfen Sie, ob der Wagen es schafft, die Rampe hochzufahren.
c) Bestimmen Sie die niedrigste Höhe, an der Tim die Rampe am Hügel anlehnen muss, damit das Auto den Anstieg noch schafft. Bestimmen Sie, in welcher Entfernung vom linken Fußpunkt des Hügels aus diese Rampe auf den Boden aufgesetzt werden muss.

15 Gegeben ist der parabelförmige Graph der Ableitungsfunktion f'. Entscheiden Sie begründet, ob die Aussage wahr oder falsch ist:
„Zu jeder Tangente t an den Graphen von f gibt es eine weitere Tangente an den Graphen von f, die parallel zu t verläuft."

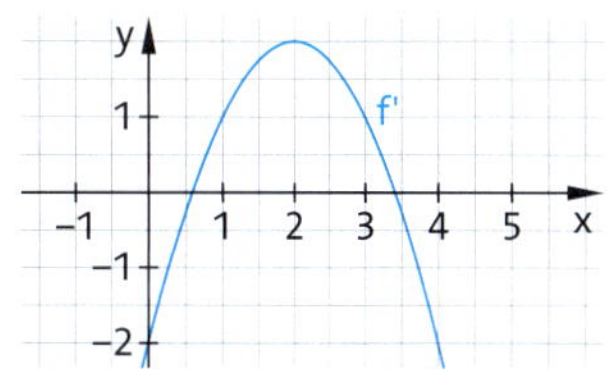

16 **Formel für die Tangentengleichung:**
Zur Bestimmung der Gleichung der Tangente t an den Graphen der Funktion f im Punkt $(x \mid f(x_0))$ gibt es die Formel $t(x) = f'(x_0) \cdot (x - x_0) + f(x_0)$.
Weisen Sie die Gültigkeit der Formel nach, indem Sie den Punkt und die Steigung der Tangente in die allgemeine Form der Geradengleichung einsetzen und nach dem y-Achsenabschnitt b auflösen.

Wissen **Normale**
Die Gerade, die senkrecht zur Tangente an den Graphen einer Funktion f im Punkt $P(x_0 \mid f(x_0))$ verläuft, heißt **Normale** an den Graphen von f im Punkt P.
Für die Steigung der Normale gilt: $m = -\frac{1}{f'(x_0)}$

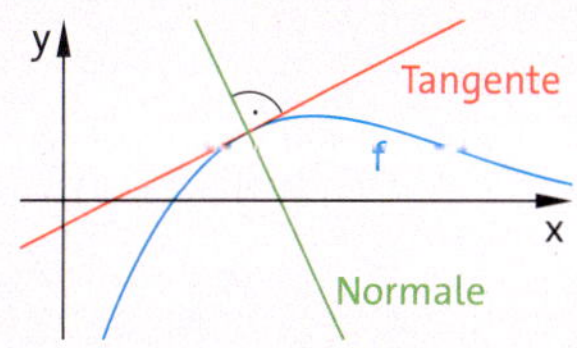

17 Gegeben ist die Funktion f mit $f(x) = (x - 1)^2 - 2$.
a) Bestimmen Sie die Gleichung der Tangente an den Graphen von f an der Stelle $x_0 = 2$.
b) Zeichnen Sie den Graphen von f in ein Koordinatensystem und tragen Sie die Tangente im Punkt $P(2 \mid f(2))$ ein.
c) Zeichnen Sie die Normale an den Graphen von f im Punkt P ein und lesen Sie deren Steigung ab. Vergleichen Sie mit dem Wert, der sich aus $m = -\frac{1}{f'(x_0)}$ ergibt.
d) Stellen Sie die Gleichung der Normale auf.

MK **18** Bestimmen Sie die Gleichungen der Tangente und der Normale an der Stelle x_0.
Überprüfen Sie Ihr Ergebnis mit einem Funktionenplotter.
a) $f(x) = x^3 - 2x + 6;\ x_0 = 1$ b) $f(x) = 2x^2 + 6x;\ x_0 = -2$ c) $f(x) = x^4 - 6x;\ x_0 = -0{,}5$

19 **Formel für die Normalengleichung:**
Zur Bestimmung der Normalengleichung an den Graphen der Funktion f im Punkt $P(x_0 \mid f(x_0))$ gibt es die Formel $n(x) = -\frac{1}{f'(x_0)} \cdot (x - x_0) + f(x_0)$.
Stellen Sie mithilfe der Formel die Gleichung der Normale auf.
a) $f(x) = -x^2 + 4;\ x_0 = 2$ b) $f(x) = x^3 + 2x^2;\ x_0 = 1$ c) $f(x) = 0{,}5x^4 - x - 3;\ x_0 = 0$

20 a) Zeichnen Sie mit einem Funktionenplotter den Graphen der Funktion f mit $f(x) = -x^3 + 9x^2$. Bestimmen Sie alle Punkte, in denen der Graph die Steigung −9 hat.
b) Bestimmen Sie den Punkt P, in dem die Gerade g mit $g(x) = 15x - 7$ eine Tangente an den Graphen ist. Lassen Sie die Normale in diesem Punkt anzeigen und geben Sie ihre Gleichung an.

21 a) Bestimmen Sie die Gleichungen der Tangente und der Normale an den Graphen der Funktion f mit $f(x) = 0{,}1x^3 - x^2$ im Punkt $P(8\,|\,f(8))$.
b) Die Tangente und die Normale schließen mit den Achsen des Koordinatensystems ein Viereck ein. Bestimmen Sie den Flächeninhalt dieses Vierecks.

22 Schnittwinkel zweier Graphen:
Der Schnittwinkel zweier Graphen in einem Punkt ist der kleinere der beiden Winkel, unter denen sich die Tangenten der Graphen in diesem Punkt schneiden. Die Graphen der Funktionen f und g mit $f(x) = x^2$ und $g(x) = -(x-2)^3$ schneiden sich im Punkt $(1\,|\,1)$. Erklären Sie anhand der Abbildung, wie man den Schnittwinkel der Graphen von f und g bestimmen kann. Berechnen Sie ihn anschließend.

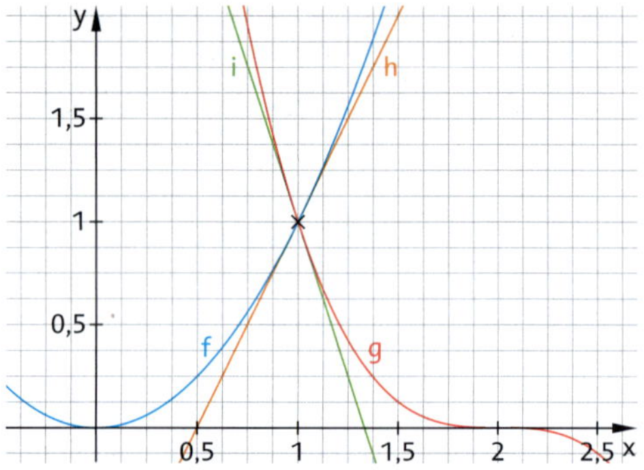

23 Bestimmen Sie alle Schnittstellen und zugehörigen Schnittwinkel der Graphen von f und g.

a) $f(x) = x^3 + 2x + 2$
$g(x) = 2 - x^3$

b) $f(x) = -\frac{1}{2}x^2 - 3x + 1$
$g(x) = 2x + 1$

c) $f(x) = (x+1)^2 - 1$
$g(x) = -1{,}5x + 4{,}5$

d) $f(x) = 2x^2 + 4x - 7$
$g(x) = -\frac{1}{2}x^2 - 42$

e) $f(x) = (x-3)^2 + 1$
$g(x) = -\frac{1}{2}x^2 + 3x - 5$

f) $f(x) = 2$
$g(x) = x^2 - 1$

24 Gegeben ist die Funktion f mit $f(x) = 0{,}5x^2 - 2x$.
a) Ermitteln Sie den Funktionsterm einer Funktion g, sodass sich die Graphen von f und g an der Stelle $x_0 = 1$ im Winkel von 40° schneiden.
b) Untersuchen Sie die Graphen von f und g auf weitere Schnittpunkte. Bestimmen Sie die weiteren Schnittwinkel, falls vorhanden.

Hilfe

25 Gegeben ist die Funktion f mit $f(x) = \frac{1}{3}x^3 - x^2 + x + \frac{1}{3}$.
a) Bestimmen Sie die Gleichung der Tangente im Punkt $A(-1\,|\,f(-1))$. Berechnen Sie auch ihren Steigungswinkel.
b) Ermitteln Sie die Gleichungen der Tangenten des Graphen, die mit der x-Achse einen Winkel von 45° einschließen.

26 Gegeben sind die Funktion f mit $f(x) = -\frac{1}{2}x^4 + 4x^2 - 3x - 5$ und die Gerade g mit $g(x) = -3x + 3$.
a) Weisen Sie rechnerisch nach, dass g in zwei Punkten P und Q eine Tangente an den Graphen von f ist. Geben Sie die Koordinaten von P und Q an.
b) Der Graph von f wird um eine Einheit nach links und um a Einheiten nach oben verschoben, sodass die Gerade g wieder in zwei Punkten Tangente an den neuen Graphen ist. Geben Sie a an und begründen Sie Ihre Angabe.

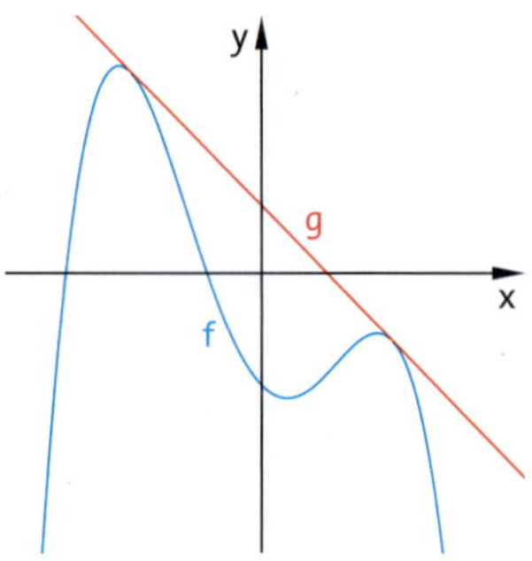

Hilfe

27 Die Abbildung zeigt den Graphen von f mit $f(x) = -x^2 + 4$.

a) Ermitteln Sie die Koordinaten der Punkte A, B und D.

b) Berechnen Sie den Flächeninhalt des Dreiecks ABD.

c) Bestimmen Sie die Gleichungen der Tangenten an den Schnittpunkten A und B des Graphen mit der x-Achse.

d) Berechnen Sie den Schnittpunkt C der beiden Tangenten. Ermitteln Sie auch ihren Schnittwinkel.

e) Zeigen Sie, dass die Flächeninhalte der Dreiecke ABC und ABD zueinander im Verhältnis 2 : 1 stehen.

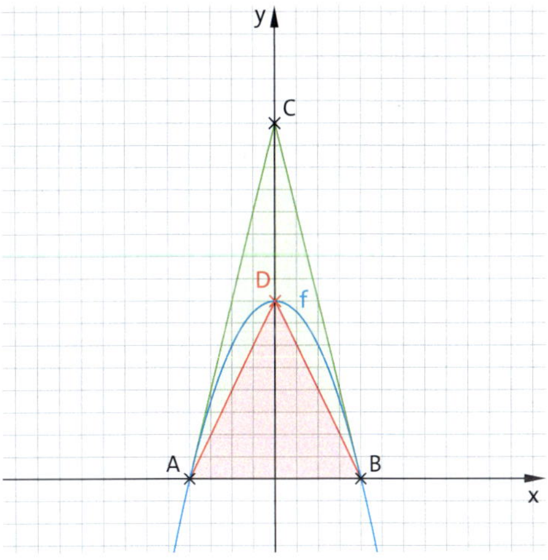

MK **28** Gegeben sind die Funktionen f und h mit $f(x) = 0{,}2x^2 + 1{,}2x - 1$ und $h(x) = -0{,}1(x-1)(x-10)$. Pascal behauptet: „Im Punkt $A(0\,|\,-1)$ haben die beiden Graphen dieselbe Tangente.“ Begründen Sie mithilfe eines Funktionenplotters, ob Pascal recht hat.

29 Eine Skisprungschanze steht an einem Hang, dessen Profil durch den Graphen von h mit $h(x) = -\frac{2}{5}x^3 + \frac{6}{5}x^2 - \frac{359}{250}x + \frac{9}{10}$ (in 100 m) gegeben ist.
Die Schanze entspricht dem Graphen von s mit $s(x) = -\frac{5}{8}x^5 + \frac{3}{4}x^4 + \frac{1}{2}x^3 - \frac{3}{2}x + \frac{6}{5}$.

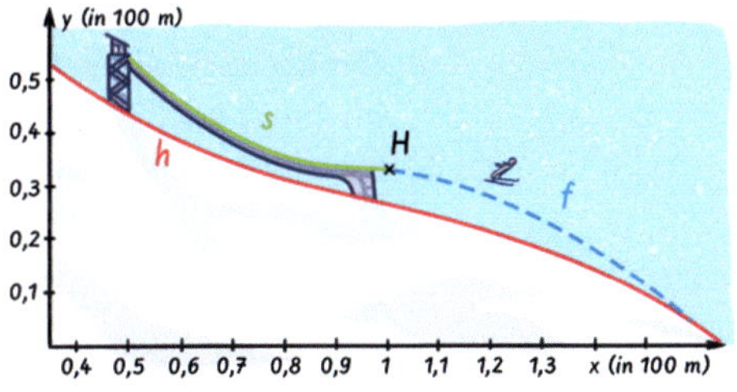

a) Zeigen Sie, dass bei $x = 0{,}8$ die Schanze genau so steil ist wie der Hang.

b) Eine Kugel, die die Schanze herunterrollt, würde ohne Erdanziehung ab dem Punkt $H(1\,|\,0{,}325)$ geradlinig weiterfliegen. Ermitteln Sie die Gleichung dieser Gerade.

c) Zeigen Sie, dass der Graph von f mit $f(x) = -\frac{3}{5}x^2 + \frac{43}{40}x - \frac{3}{20}$ eine mögliche Flugbahn eines Skispringers beschreibt, indem Sie nachweisen, dass der Graph von f im Punkt H knickfrei an den Graphen von s anschließt.

d) Ermitteln Sie die Steigung sowie den Steigungswinkel der Schanze an ihrem höchsten Punkt bei $x = 0{,}5$.

e) Bestimmen Sie den Winkel, unter dem der Skispringer auf dem Hang landet.

30 a) Beschreiben Sie, wie dieses Bild entstanden ist.

MK b) Erzeugen Sie mithilfe eines geeigneten digitalen Hilfsmittels ähnliche Bilder.

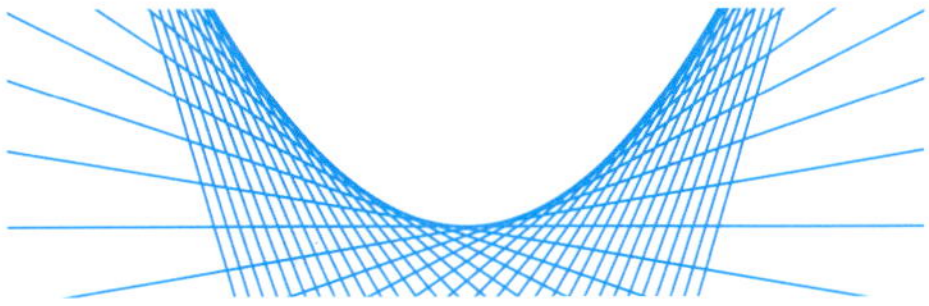

31 **Ausblick:** Gegeben ist der Graph von f.

a) Geben Sie die Gleichung der Normale an der Stelle $x = 1$ an. Erläutern Sie, dass Sie ihre Steigung nicht mit der Formel aus der Tangentensteigung erhalten.

b) Entscheiden Sie begründet, ob ein Funktionsgraph eine Normale mit der Steigung 0 haben kann.

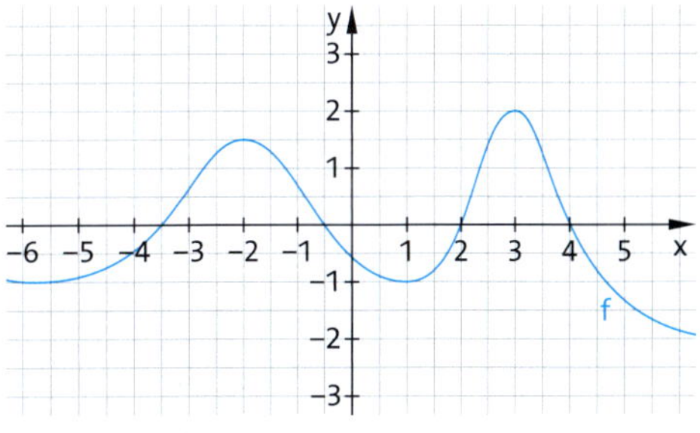

Ableitungen mit einer Mathematik-Software durchführen

a) Ermitteln Sie mithilfe einer geeigneten Mathematik-Software die Sekantensteigungen der Funktion f mit $f(x) = \frac{1}{5}x^3 - \frac{3}{2}x^2 + 2x + 2$ zwischen den Punkten P(0 | 2) und Q(a | f(a)) für a = 1, a = 0,5 und a = 0,1.

b) Lassen Sie von der Software die Ableitungsfunktion f' zeichnen und bestimmen Sie damit die Steigung von f an den Stellen 0, 2 und 5.

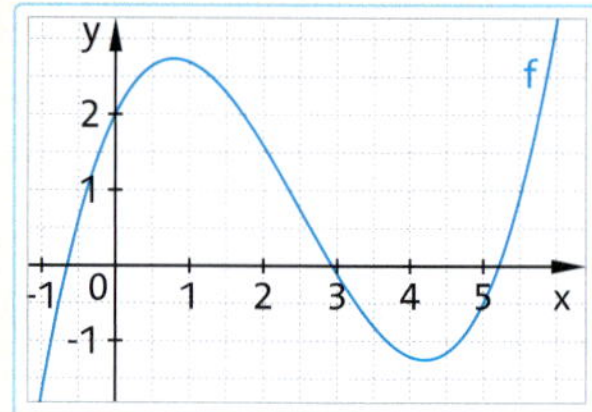

Von der Sekante zur Tangente

Die mittlere Änderungsrate einer Funktion wird an ihrem Graphen durch eine Sekante dargestellt. Wird das betrachtete Intervall immer kleiner, so nähert sich die mittlere Änderungsrate immer mehr der lokalen Änderungsrate an, im Schaubild nähert sich die Sekante immer mehr einer Tangente an. Dieser Übergang lässt sich mit einer Software gut veranschaulichen.

Beispiel 1 Untersuchen Sie die Funktion f mit $f(x) = \frac{1}{4}x^2$ mit einer Mathematik-Software.

a) Ermitteln Sie einen Näherungswert für die Steigung der Tangente an den Graphen von f im Punkt A(2 | 1), indem Sie die Steigungen verschiedener Sekanten betrachten.

b) Überprüfen Sie Ihren Näherungswert aus a), indem Sie die Tangente einzeichnen.

Lösung:

a) Gehen Sie wie folgt vor:
- Erstellen Sie einen Schieberegler. Wählen Sie als Minimalwert und als Schrittweite jeweils 0,1.
- Lassen Sie den Graphen von f zeichnen.
- Erstellen Sie den Punkt A(2 | 1) auf dem Graphen von f.
- Definieren Sie den Punkt B mit der x-Koordinate „x-Wert von A plus Wert des Schiebereglers" und der y-Koordinate „zugehöriger Funktionswert". Der Punkt B liegt auf dem Graphen und lässt sich mithilfe des Schiebereglers verschieben.
- Erstellen Sie die Gerade durch A und B und lassen Sie ihre Steigung angeben. Die verschiedenen Sekantensteigungen lassen vermuten, dass die gesuchte Tangentensteigung den Wert 1 hat.

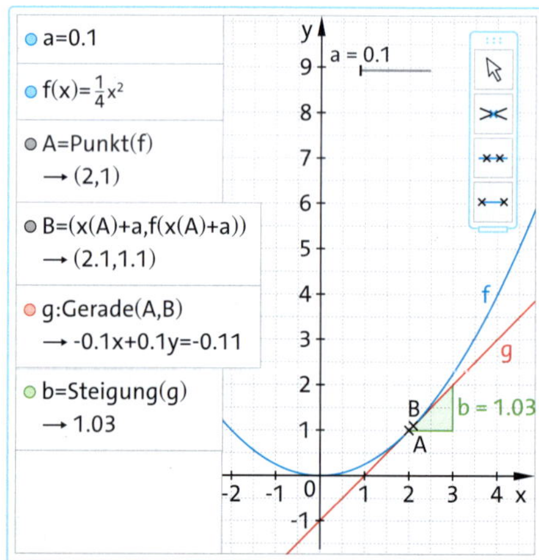

Schieberegler	2	1	0,5	0,1
Sekantensteigung	1,5	1,25	1,13	1,03

Vermuteter Näherungswert: 1

b) Erstellen Sie die Tangente in A an den Graphen von f. Ihre Steigung ist wie vermutet 1.

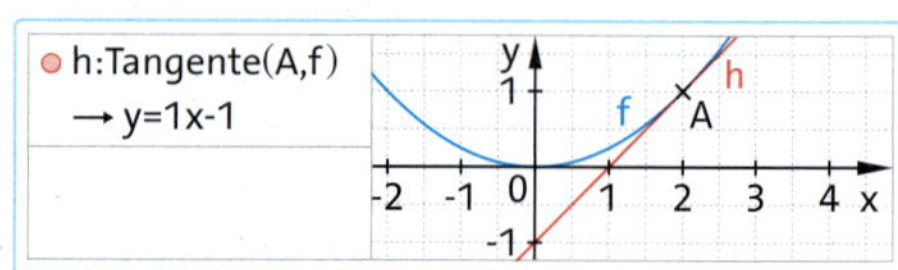

Aufgaben

MK **1** Ermitteln Sie mithilfe eines Schiebereglers die mittlere Änderungsrate der Funktion f mit $f(x) = -0{,}1x^2 + x + 2$ in den Intervallen [0; 2], [0; 5] und [0; 10].

MK **2** Zeichnen Sie mit einer Mathematik-Software den Graphen der Funktion f und die Tangente an den Graphen an der Stelle x_0. Geben Sie auch die Tangentengleichung an.
a) $f(x) = 2x^2 + 4x + 1;\ x_0 = 0$
b) $f(x) = -0{,}5x^3 + 2x^2;\ x_0 = 1$

MK **3** Die Funktion f mit der Funktionsgleichung $f(x) = -\frac{500}{27}x^3 + \frac{2000}{3}x^2 - 7500x + 27\,000$ beschreibt näherungsweise die Anzahl der Personen in einem Vergnügungspark um x Uhr.
a) Zeichnen Sie den Graphen von f mit einer Mathematik-Software. Wählen Sie eine geeignete Skalierung für die Achsen.
b) Ermitteln Sie die Öffnungszeiten des Parks. Erläutern Sie, für welche Uhrzeiten die Funktion den Sachverhalt nicht beschreibt.
c) Ermitteln Sie, zwischen welchen vollen Stunden die Besucherzahl am stärksten steigt.
d) Geben Sie an, wann sich die meisten Personen im Park aufhalten. Ermitteln Sie auch die Anzahl der Personen im Park um diese Uhrzeit.

Ableitungsfunktion

Wenn eine Funktion f in eine Mathematik-Software eingegeben ist, erhält man mit dem Befehl „f'(x)" die zugehörige Ableitungsfunktion.

MK **4** Zeichnen Sie mit einer Mathematik-Software die Graphen der Funktion f und ihrer Ableitungsfunktion f'.
a) $f(x) = x^2 - 5x - 3$
b) $f(x) = x^4 - x^2 + x + 2$
c) $f(x) = 0{,}1x^5 - 0{,}5x^3 + 1$

MK **5** Skizzieren Sie den Graphen der Ableitungsfunktion auf Papier. Prüfen Sie dann Ihr Ergebnis, indem Sie den Graphen von f' mit einer Mathematik-Software zeichnen.
a) $f(x) = -0{,}25x^3 - x^2 + x + 2$

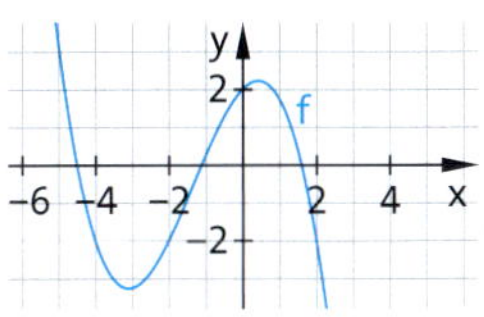

b) $f(x) = -0{,}5x^4 + 3x^2 - 1$

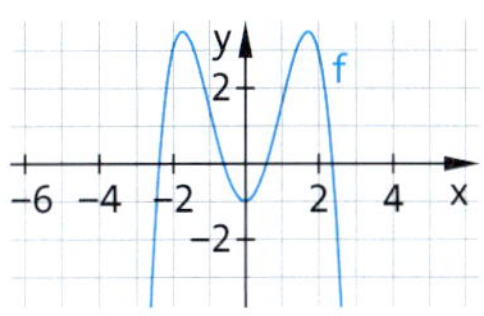

c) $f(x) = 2 \cdot \sin(x) + 2$

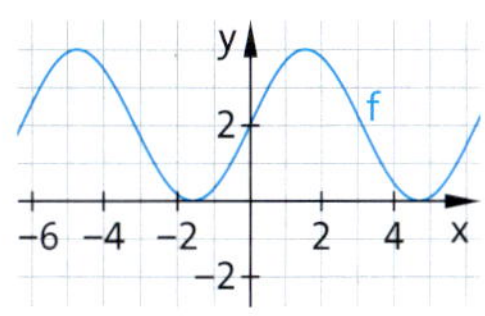

MK **6** Eine Straße im Gebirge kann für $0 \le x \le 12$ durch die Funktion f mit $f(x) = -\frac{1}{1080}x^3 + \frac{1}{60}x^2$ modelliert werden. Eine Längeneinheit entspricht 100 m.
a) Zeichnen Sie die Graphen von f und f' sowie den Graphen der Ableitungsfunktion f'' von f'. Bestimmen Sie die Nullstelle von f''.
b) Die Nullstelle von f'' ist die Stelle, an der f die größte Steigung hat. Ermitteln Sie den Wert dieser Steigung.
c) Geben Sie die Gleichung der Tangente an den Graphen von f im steilsten Punkt an. Ermitteln Sie die maximale Steigung der Straße in %.

3.6 Klausur- und Abiturtraining

Aufgaben ohne Hilfsmittel

1 Bestimmen Sie die Ableitungen der Funktionen f, g und h. Vergleichen Sie und begründen Sie Ihre Beobachtung.
$f(x) = -0{,}5x^4 + 4x^2 - x + 1$ $\quad g(x) = -0{,}5x^4 + 4x^2 - x + 8$ $\quad h(x) = -0{,}5x^4 + 4x^2 - x - 2$

2 Gegeben ist die Funktion f mit $f(x) = x(x-2)(x-6)$.
a) Stellen Sie die Gleichung der Tangente an den Graphen von f im Punkt $P(3\,|\,f(3))$ auf.
b) Bestimmen Sie die gemeinsamen Punkte des Graphen von f mit seiner Tangente im Ursprung.

3 Der Graph der Funktion f mit $f(x) = ax^2 + c$ besitzt im Punkt $P(2\,|\,0)$ die Tangente t mit der Gleichung $t(x) = -x + 2$. Bestimmen Sie die Werte von a und c.

4 Überprüfen Sie, ob der Graph von f mit $f(x) = 0{,}5(x-2)x(x+2)$ punktsymmetrisch ist. Bestimmen Sie alle Tangenten des Graphen, die parallel zur Gerade durch die Punkte $(0\,|\,0)$ und $(1\,|\,4)$ sind.

5 a) Berechnen Sie mithilfe des Differenzialquotienten die lokale Änderungsrate der Funktion A mit $A(r) = \pi r^2$ an der Stelle r. Erklären Sie die anschauliche Bedeutung von A und A'.
b) Bestimmen Sie mithilfe der h-Methode die lokale Änderungsrate der Funktion $V(a) = a^3$ an der Stelle a.

6 Die Funktion s mit $s(t) = \frac{1}{6}t^3 + \frac{1}{2}t^2$ beschreibt die Bewegung eines Objekts. Dabei ist t die Zeit in Sekunden und s(t) die zurückgelegte Strecke in Metern.
a) Berechnen Sie die mittlere Geschwindigkeit innerhalb der ersten 3 Sekunden.
b) Bestimmen Sie die Momentangeschwindigkeit nach 3 Sekunden.
c) Erläutern Sie den Unterschied zwischen den beiden Werten aus a) und b).

7 Die Abbildung zeigt den Graphen von f'. Entscheiden Sie begründet, ob die Aussage wahr oder falsch ist.
a) Der Graph von f hat an drei Stellen waagerechte Tangenten.
b) Der stärkste Anstieg einer Tangente von f ist bei $x = 2$.
c) Der Graph von f verläuft von links oben nach rechts oben und hat in $x = 0$ eine Nullstelle.

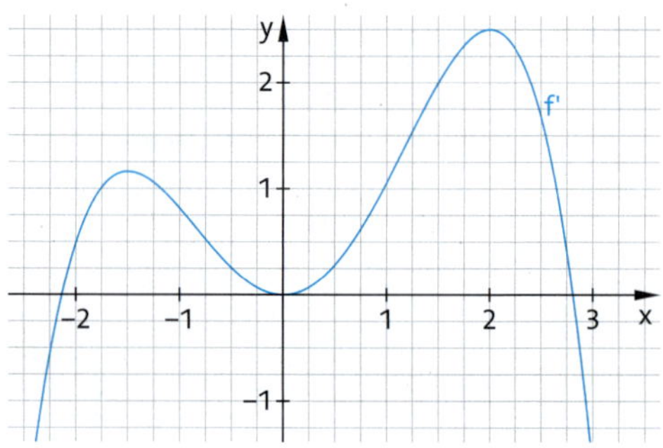

8 Gegeben ist die Funktion f mit $f(x) = x^2 - 4$.
a) Berechnen Sie die Stelle x_0, an der die momentane Änderungsrate identisch mit der mittleren Änderungsrate im Intervall $[-1; 2]$ ist.
Skizzieren Sie die Situation.
b) Betrachten Sie nun das Intervall $[a; 2]$. Berechnen Sie alle a, für die die Sekante die x-Achse im 45°-Winkel schneidet.
c) Zeigen Sie:
Es existiert immer eine Stelle x, in der die Tangente parallel zur Sekante auf dem Intervall $[a; b]$ verläuft. Dabei ist x der Mittelwert der Intervallgrenzen.

Aufgaben mit Hilfsmitteln

9 Ein Baumarkt plant ein neues, ungewöhnliches Kinderspielhaus. Die Abbildung zeigt einen Querschnitt des Hauses. Der linke Dachteil kann durch den Graphen der Funktion f mit $f(x) = \frac{2}{3}x^2 + 2x + 3$ im Intervall $\left[-\frac{3}{2}; 0\right]$ beschrieben werden. Für den rechten Teil des Dachs wird der Graph der Funktion g mit $g(x) = \frac{192}{125}x^3 - \frac{72}{25}x^2 + 3$ im Intervall $\left[0; \frac{3}{2}\right]$ verwendet (x, f(x), g(x) in m).

a) Weisen Sie nach, dass der linke Dachteil waagerecht beginnt. Der rechte Dachteil verläuft an seiner tiefsten Stelle waagerecht. Bestimmen Sie die Höhe h des Dachs über dem Erdboden an dieser Stelle.

b) Zeigen Sie, dass der Steigungswinkel des linken Dachteils bei x = 0 ca. 63,43° beträgt. Berechnen Sie auch den Steigungswinkel des rechten Dachteils bei x = 0 und beschreiben Sie, wie man damit den Schnittwinkel der beiden Dachteile bestimmen kann.

c) Das Gefälle eines Dachs ist entscheidend dafür, wie schnell Wasser abfließen kann. Berechnen Sie das mittlere Gefälle des linken und des rechten Dachteils.
Zeigen Sie, dass $g'(x) = \frac{576}{125}\left(x^2 - \frac{5}{4}x\right)$ gilt, und bestimmen Sie mithilfe quadratischer Ergänzung die Scheitelpunktform von g′. Begründen Sie, dass Sie aus diesem Funktionsterm ablesen können, an welcher Stelle der rechte Dachteil das größte Gefälle hat. Geben Sie für diese Stelle den Steigungswinkel des Dachs an.

Erinnerung

Quadratische Ergänzung:
$a(x^2 + bx)$
$= a\left(\left(x + \frac{b}{2}\right)^2 - \left(\frac{b}{2}\right)^2\right)$

d) Der Baumarkt hat noch 1,6 m hohe, vorgefertigte Seitenwände vorrätig, die für die schrägen Seitenwände des Hauses verwendet werden sollen. Der Dachvorsprung soll auf beiden Seiten jeweils 0,25 m (waagerecht gemessen) betragen. Berechnen Sie die Breite des Hausbodens. Ermitteln Sie, wie steil dann die Seitenwände sind.

e) Auf halber Dachhöhe soll am linken Dachteil ein 1 Meter langer Fahnenmast senkrecht zur Dachfläche angebracht werden. Untersuchen Sie, ob die Spitze des Fahnenmasts über die Firsthöhe hinausreicht.

10 Der linke und der rechte Rand einer Minigolfbahn werden in der Draufsicht durch die Graphen der Funktionen f und g mit $f(x) = x^3 + x$ und $g(x) = -(x - 4)^3 - (x - 4)$ beschrieben.

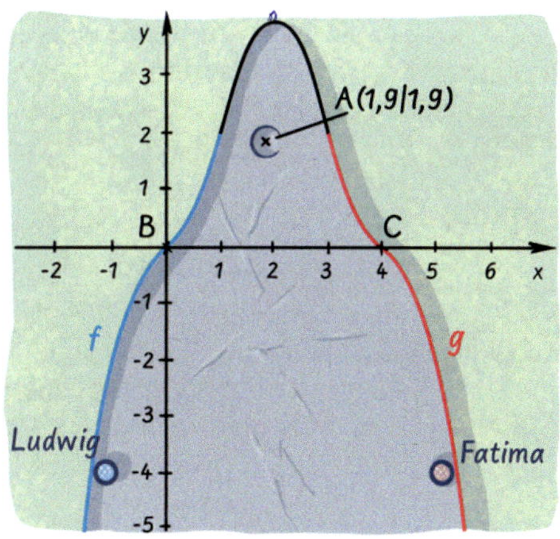

a) Beschreiben Sie, wie der Graph von g aus dem Graphen von f hervorgeht. Begründen Sie damit die Symmetrie der beiden Graphen zur Gerade x = 2.

b) Ermitteln Sie die Gleichung der Parabel, die das Mittelstück im Intervall [1; 3] beschreibt. Beachten Sie dabei, dass die Randlinie an den Nahtstellen knickfrei verlaufen soll.

c) Ludwig hat den Ball so geschlagen, dass er am linken Rand der Bahn am Graphen von f entlangläuft und dann vom Punkt B aus geradlinig weiterrollt. Zeigen Sie, dass der Ball das Loch im Punkt A trifft.

d) Fatimas Ball rollt am rechten Rand der Bahn am Graphen von g entlang und vom Punkt C aus geradlinig weiter. Untersuchen Sie, ob Fatima das Loch im Punkt A trifft. Begründen Sie, dass die Laufbahnen der Bälle ab den Punkten B bzw. C mit der x-Achse ein gleichschenkliges Dreieck bilden. Ermitteln Sie damit den Schnittpunkt und den Schnittwinkel der beiden Bahnen.

Lösungen
→ S. 204

1 Der Graph zeigt den Einparkversuch eines Fahrschülers in Abhängigkeit von der Zeit t.

a) Interpretieren Sie den Graphen im Sachzusammenhang.

b) Geben Sie die Zeitpunkte an, an denen die Fahrlehrerin vehement auf die Bremse getreten ist.

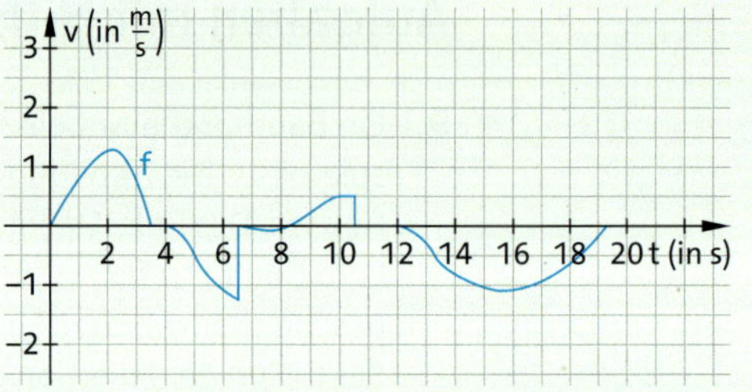

2 Die Bevölkerungszahl der Erde betrug im Jahr 1700 etwa 600 Millionen, im Jahr 1800 etwa 900 Millionen, im Jahr 1900 etwa 1,6 Milliarden Menschen und im Jahr 2000 ca. 6 Milliarden Menschen. Für das Jahr 2100 wird die Erdbevölkerung auf etwa 10 Milliarden Menschen geschätzt.

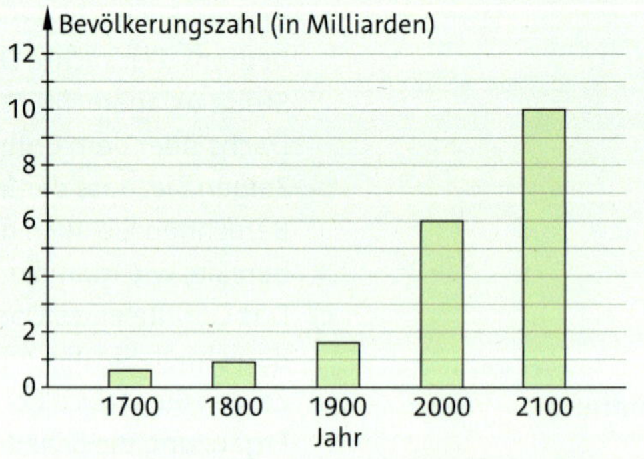

a) Berechnen Sie die mittlere Zuwachsrate der Erdbevölkerung während des gesamten Zeitraums.

b) Ermitteln Sie, in welchem der vier Zeitintervalle die Erdbevölkerung am stärksten (am wenigsten) wuchs.

3 a) Zeichnen Sie den Graphen der Funktion f mit $f(x) = x - x^2$ für $-1 \le x \le 2$.

b) Zeichnen Sie die Sekante zum Differenzenquotienten $\frac{f(1) - f(-1)}{1 - (-1)}$ und geben Sie eine Gleichung dieser Sekante an.

c) Ermitteln Sie die Steigung von f an der Stelle $x_0 = 1$ mit dem Grenzwert des Differenzenquotienten.

d) Geben Sie die Gleichung der Tangente an den Graphen von f an der Stelle $x_0 = 1$ an.

4 Gegeben ist die Funktion f mit $f(x) = \frac{1}{4}x^2$.

a) Ermitteln Sie die mittlere Änderungsrate von f im Intervall [0; 1].

b) Bestimmen Sie die Ableitungsfunktion f' mit dem Grenzwert des Differenzenquotienten.

5 Bestimmen Sie die Ableitung der Funktion f an der Stelle x_0.

a) $f(x) = x^2$; $x_0 = 5$
b) $f(x) = x^3$; $x_0 = \sqrt{2}$
c) $f(x) = 4x^4$; $x_0 = -0{,}5$
d) $f(x) = 2^4$; $x_0 = \pi$

6 Ermitteln Sie zur Funktion f die Ableitung f'. Alle Exponenten sind natürliche Zahlen.

a) $f(x) = x^3$
b) $f(x) = 2x$
c) $f(t) = 3t^2$
d) $f(x) = \frac{1}{3}x^3$
e) $f(x) = \frac{1}{3}x^n$
f) $f(u) = 2u^0$
g) $f(x) = a \cdot x^3$
h) $f(x) = 3^2$
i) $f(x) = x^{n+2}$
j) $f(p) = p^{n-1}$
k) $f(t) = 0{,}5t^{2n}$
l) $f(v) = a^n v^{n+1}$

7 Geben Sie zwei verschiedene Funktionen f mit der Ableitungsfunktion $f'(x) = 5$ an.

8 Der zurückgelegte Weg eines Turmspringers vom 10-m-Brett (freier Fall) lässt sich mit der Funktion s mit $s(t) = 5t^2$ berechnen. Dabei gibt t die Zeit in Sekunden und s den Weg in Metern an.

a) Ermitteln Sie die Momentangeschwindigkeit des Turmspringers nach einer halben Sekunde und nach einer Sekunde.

b) Berechnen Sie die Geschwindigkeit, mit der der Turmspringer in das Wasser eintaucht.

Lösungen → S. 204

9 Ordnen Sie den Graphen ① – ③ die Graphen ihrer Ableitungsfunktionen Ⓐ–Ⓒ zu.

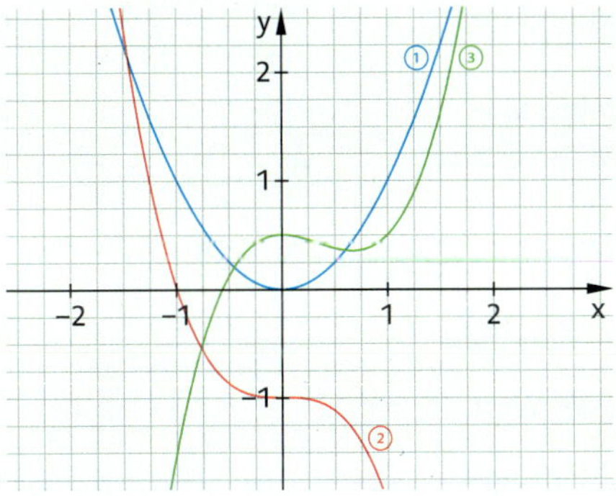

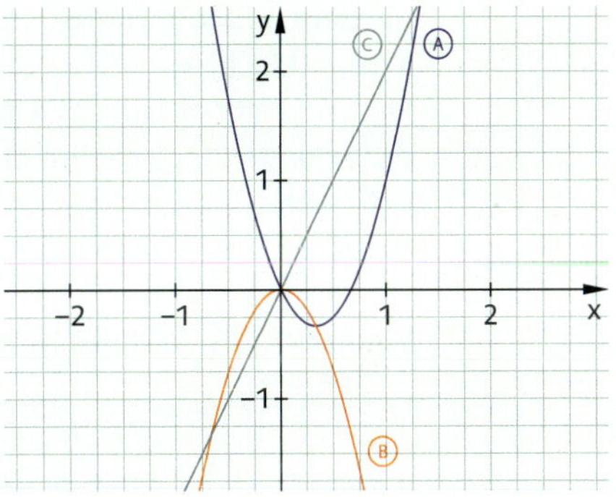

10 Bestimmen Sie den Funktionsterm der Ableitung der Funktion f.

a) $f(x) = 3x^3 + 2x^2$ b) $f(t) = t^4 - t + 1$ c) $f(x) = (3 + x)(3 - x)$ d) $f(x) = 3x^3 \cdot 2x^2$
e) $f(x) = 3x^2 - 4a^2$ f) $f(a) = 3x^2 - 4a^2$ g) $f(x) = 2(x - a)^2$ h) $f(t) = t^2 - (2 - t)^2$

11 Ermitteln Sie, an welchen Stellen die Tangente an den Graphen der Funktion f mit $f(x) = 0{,}2x^3 - 0{,}3x^2 - 3{,}6x + 2$ parallel zur x-Achse verläuft.

12 Bestimmen Sie für die Funktion f mit $f(x) = (x + 0{,}5)(x - 1{,}5)$ die Tangenten an den Graphen von f in den Nullstellen von f sowie ihre Schnittwinkel mit der x-Achse.

13 Das Profil einer Rutsche kann näherungsweise durch die Funktion f mit $f(x) = 0{,}1x^3 - 0{,}6x^2 + 3{,}2$ für $0 \le x \le 4$ beschrieben werden.

a) Berechnen Sie das durchschnittliche Gefälle der Rutsche.
b) Das Gefälle der Rutsche ist bei x = 2 am größten. Berechnen Sie ihren Neigungswinkel gegenuber der Horizontalen an dieser Stelle.

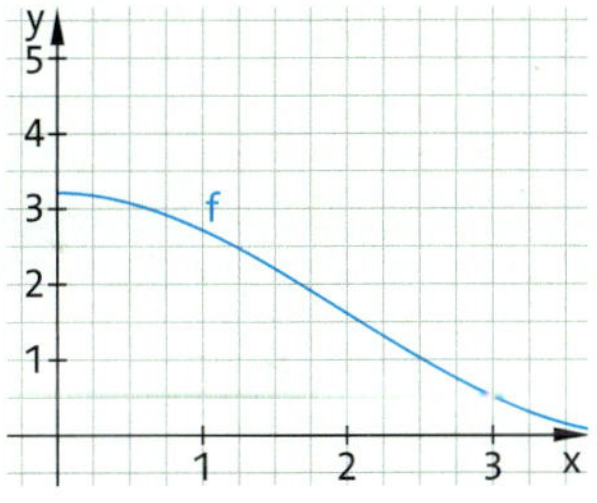

Wo stehe ich?

	Ich kann...	Aufgabe	Nachschlagen
3.1	... Änderungen grafisch und im Sachzusammenhang interpretieren. ... mittlere Änderungsraten berechnen.	1, 2, 3, 4, 13	S. 66 Beispiel 1, S. 68 Beispiel 2, S. 68 Beispiel 3
3.2	... lokale Änderungsraten berechnen. ... die Ableitung einer Funktion an einer Stelle berechnen.	3, 5, 8	S. 73 Beispiel 1, S. 74 Beispiel 2, S. 74 Beispiel 3
3.3	... rechnerisch die Ableitungsfunktion einer Funktion bestimmen. ... Funktionen grafisch ableiten.	4, 6, 7, 8, 9	S. 81 Beispiel 1, S. 83 Beispiel 2
3.4	... ganzrationale Funktionen mithilfe der Potenzregel, der Faktorregel und der Summenregel ableiten.	10, 11, 12, 13	S. 87 Beispiel 1, S. 88 Beispiel 2, S. 89 Beispiel 3
3.5	... Gleichungen von Tangenten an einen Graphen bestimmen. ... den Steigungswinkel eines Graphen an einer bestimmten Stelle berechnen.	11, 12, 13	S. 92 Beispiel 1, S. 93 Beispiel 2

Mittlere Änderungsrate

Der **Differenzenquotient** $\frac{f(b)-f(a)}{b-a}$ gibt die **mittlere Änderungsrate** der Funktion f im Intervall $[a; b]$ an.
Sie entspricht anschaulich der **Steigung m der Sekante** durch die Punkte $A(a \mid f(a))$ und $B(b \mid f(b))$.

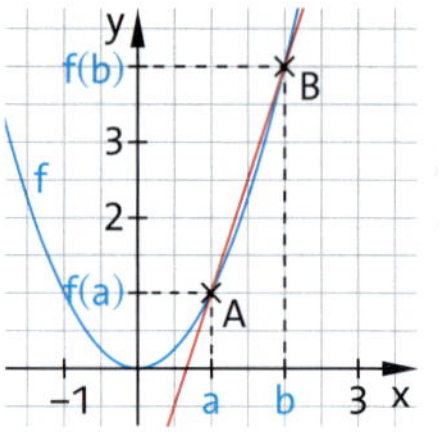

$f(x) = x^2$
mittlere Änderungsrate von f im Intervall $[1; 2]$:
$\frac{f(2)-f(1)}{2-1} = \frac{2^2-1^2}{1} = 3$

Lokale Änderungsrate, Steigung und Ableitung

Wenn sich der Wert des Differenzenquotienten $\frac{f(x)-f(x_0)}{x-x_0}$ für $x \to x_0$ einem festen Wert annähert, so heißt dieser Wert **Ableitung $f'(x_0)$**. Er gibt die **lokale Änderungsrate** der Funktion f an der Stelle x_0 an.

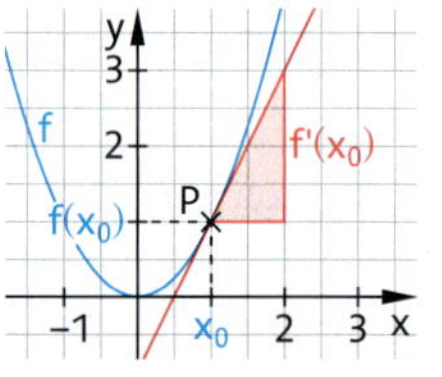

$f(x) = x^2$

Die Ableitung $f'(x_0)$ entspricht der **Steigung der Tangente** an den Graphen von f im Punkt $P(x_0 \mid f(x_0))$.
Die Ableitung der Funktion f an der Stelle x_0 kann man mit dem **Grenzwert (Limes) des Differenzenquotienten** berechnen:

$$f'(x) = \lim_{x \to x_0} \frac{f(x)-f(x_0)}{x-x_0} \text{ oder}$$

$$f'(x) = \lim_{h \to 0} \frac{f(x_0+h)-f(x_0)}{h}$$

Näherungsweises Bestimmen von $f'(1)$:

x	$\frac{f(x)-f(x_0)}{x-x_0}$
1,1	$\frac{1{,}1^2-1^2}{1{,}1-1} = 2{,}1$
1,01	$\frac{1{,}01^2-1^2}{1{,}01-1} = 2{,}01$
1,001	$\frac{1{,}001^2-1^2}{1{,}001-1} = 2{,}001$

Vermutung: $f'(1) = 2$
Berechnen von $f'(1)$:

$$f'(1) = \lim_{h \to 0} \frac{f(1+h)-f(1)}{h} = \lim_{h \to 0} \frac{(1+h)^2-1}{h}$$
$$= \lim_{h \to 0} \frac{2h+h^2}{h} = \lim_{h \to 0} (2+h) = 2$$

Die **Ableitungsfunktion** f′ zu einer Funktion f ordnet jeder Stelle x ihren Ableitungswert $f'(x)$ zu.

Ableitungsfunktion: $f'(x) = 2x$

Ableitung ganzrationaler Funktionen

Potenzregel für Potenzen mit natürlichen Exponenten
Die Funktion f mit $f(x) = x^n$, $n \in \mathbb{N}$, $n > 1$, hat die Ableitung $f'(x) = n \cdot x^{n-1}$.

$f(x) = x^5$ $\quad$ $s(t) = t^9$
$f'(x) = 5x^4$ $\quad$ $s'(t) = 9t^8$

Faktorregel
Die Funktion f mit $f(x) = k \cdot g(x)$, $k \in \mathbb{R}$, hat die Ableitung $f'(x) = k \cdot g'(x)$.

$f(x) = 3x^2$ $\quad$ $s(t) = -2t^4$
$f'(x) = 3 \cdot 2x = 6x$ $\quad$ $s'(t) = -8t^3$

Summenregel
Für die Funktion f mit $f(x) = g(x) + k(x)$ gilt:
$f'(x) = g'(x) + k'(x)$

$f(x) = x^2 + 4x$ $\quad$ $s(t) = 2t^3 - 3t^2$
$f'(x) = 2x + 4$ $\quad$ $s'(t) = 6t^2 - 6t$

Tangentengleichung und Steigungswinkel

Die **Tangente** an den Graphen von f im Punkt $P(x_0 \mid f(x_0))$ hat die Steigung $m = f'(x_0)$. Den y-Achsenabschnitt b berechnet man durch Auflösen der Gleichung $f(x_0) = f'(x_0) \cdot x_0 + b$.
Für den Steigungswinkel α des Graphen von f an der Stelle x_0 gilt: $\alpha = \arctan(f'(x_0))$

$f(x) = 5x^2 + 3x$ $\quad$ $x_0 = 1$, $f(x_0) = 8$
$f'(x) = 10x + 3$
$m = f(1) = 13$
$8 = 13 \cdot 1 + b$, also $b = -5$
Tangentengleichung:
$t(x) = 13x - 5$
Steigungswinkel bei $x_0 = 1$:
$\alpha = \arctan(13) \approx 85{,}60°$

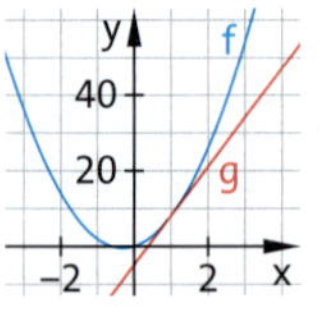

4

Funktionen mithilfe der Ableitung untersuchen

Nach diesem Kapitel können Sie

→ ganzrationale Funktionen und ihre Graphen mithilfe der Ableitungen auf Monotonie und Krümmungsverhalten untersuchen,

→ Extrem-, Sattel- und Wendepunkte von Graphen ganzrationaler Funktionen bestimmen,

→ Probleme im Sachkontext mithilfe ganzrationaler Funktionen lösen.

Lösungen
→ S. 205

Monotonie

1 Geben Sie die Intervalle an, in denen der Funktionsgraph steigt bzw. fällt.

a)
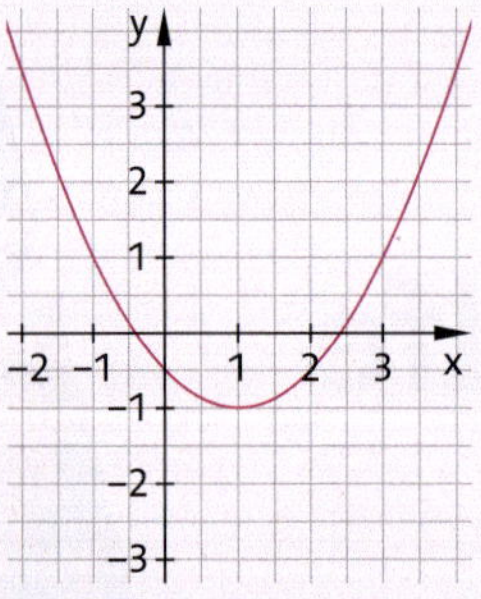

b)
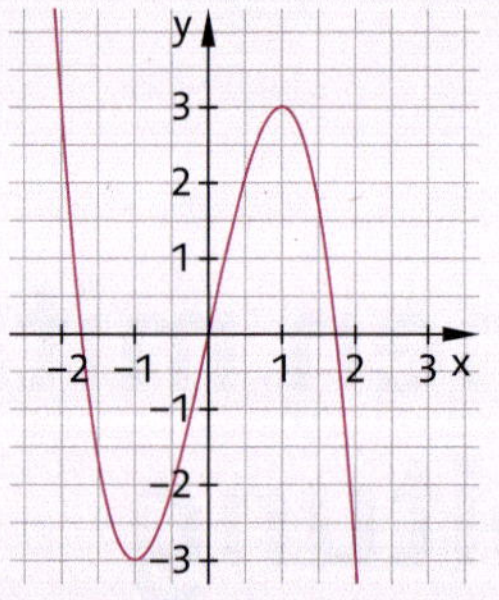

c)
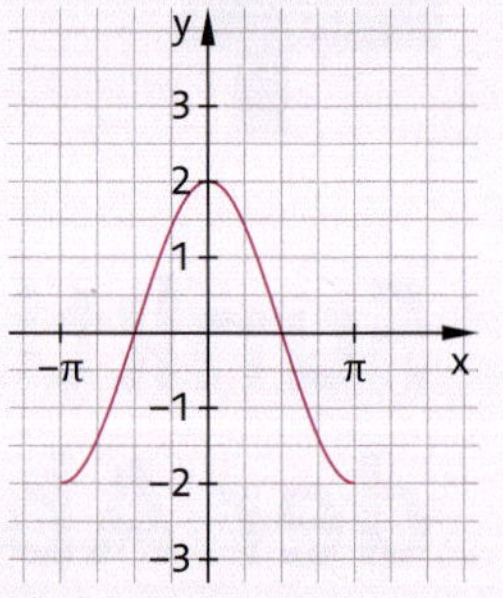

2 Geben Sie die Intervalle des Definitionsbereichs an, in denen die Funktion f streng monoton steigt bzw. fällt.

a) $f(x) = -\frac{1}{3}x + 3$ b) $f(x) = (x + 3)^2 - \pi$ c) $f(x) = x^4 - 3$
d) $f(x) = -(x - 1)^2 + 3$ e) $f(x) = -x^3 - 3$ f) $f(x) = (x + 3)^3$

3 Geben Sie die Gleichung einer linearen Funktion an, deren Nullstelle bei x = 1 liegt und deren Graph von links nach rechts fällt.

4 Zeichnen Sie die Graphen zweier quadratischer Funktionen, die für $x < 2$ streng monoton fallen und für $x > 2$ streng monoton steigen. Geben Sie jeweils eine passende Funktionsgleichung an.

Lokale und globale Extrema

5 Geben Sie das globale Maximum und das globale Minimum von f an, falls möglich.

a) $f(x) = x^2 - 2$ b) $f(x) = -x^2 - 3$ c) $f(x) = x^3$ d) $f(x) = x^4 - 2$

6 Lesen Sie den größten und den kleinsten Funktionswert sowie die zugehörigen x-Werte in den angegebenen Intervallen ab.

a)
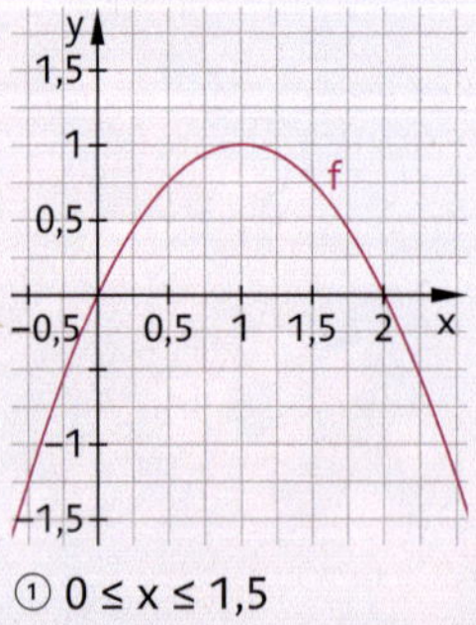

① $0 \le x \le 1{,}5$
② $0 \le x \le 2$

b)
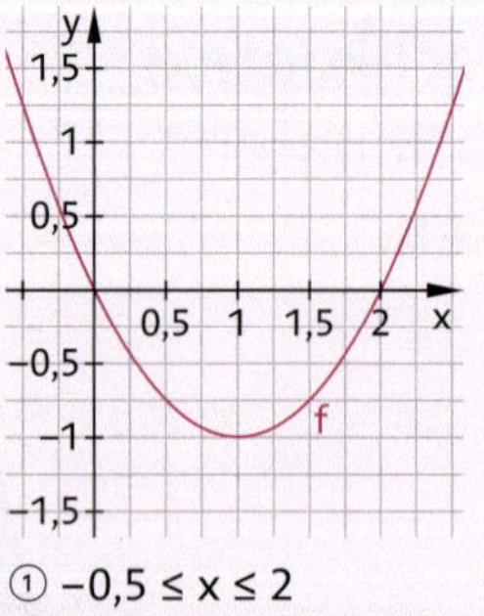

① $-0{,}5 \le x \le 2$
② $0 \le x \le 1$

c)
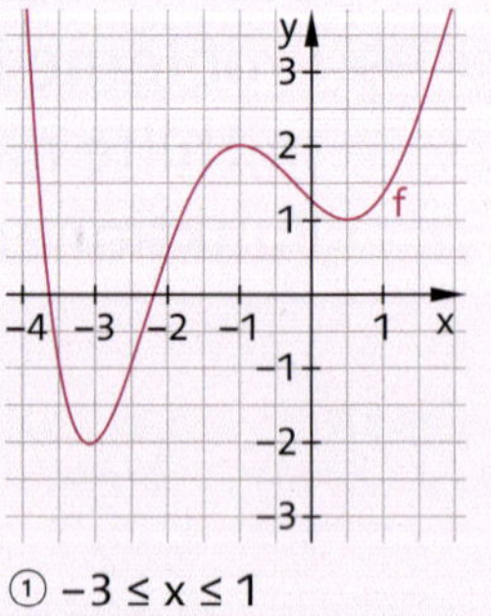

① $-3 \le x \le 1$
② $-1{,}5 \le x \le 1$

7 Ermitteln Sie den größten und den kleinsten Funktionswert sowie die zugehörigen x-Werte der Funktion f im angegebenen Intervall.

a) $f(x) = -3x - 5;\ 0 \le x \le 2$ b) $f(x) = -x^2 + 4;\ -2 \le x \le 1$ c) $f(x) = x^2 - 4;\ -2 \le x \le -1$

8 Skizzieren Sie den Graphen einer Funktion, die im angegebenen Intervall die angegebenen globalen Extrema hat.

a) $0 \le x \le 4$; Minimum: 0; Maximum: 3 b) $-3 \le x \le 2$; Minimum: −5; Maximum: 1

Lösungen → S. 205

Gleichungen lösen und Nullstellen ermitteln

9 Lösen Sie die Gleichung.
a) $4x + 2 = 2x - 4$ b) $x^2 + 5x = 0$ c) $2x^2 = 32$
d) $y(y + 2)(y - 4) = 0$ e) $t^2 - 81 = 0$ f) $s^2 + 5 = 3$

10 Ermitteln Sie die Nullstellen der Funktion f, falls vorhanden.
a) $f(x) = 2(x + 2) - 1$ b) $f(x) = x^2 - 1$ c) $f(x) = x^2 + 1$
d) $f(x) = x^3$ e) $f(x) = 3(x + 3)(x - 4)$ f) $f(x) = x^2 - 8x + 15$

11 Geben Sie eine quadratische Gleichung mit den angegebenen Lösungen an.
a) 0; 3 b) 4 c) keine Lösung

12 Gegeben ist die Funktion f mit $f(x) = -x^4 + b$. Geben Sie an, für welche Werte von b die Funktion f
a) genau zwei Nullstellen, b) genau eine Nullstelle, c) keine Nullstelle hat.

13 Begründen Sie, dass die Funktion f genau eine Nullstelle hat.
a) $f(x) = x^3 + 3x$ b) $f(x) = \frac{1}{3}x^3 + x^2 + x$ c) $f(x) = -3x^5 - 5x^3$

14 Berechnen Sie die Nullstellen der Funktion.
a) $f(x) = 3x^3 - 21x^2$ b) $f(x) = 4x^3 - 100x$ c) $f(x) = 2x^3 + 5x^2 - 3x$

Funktionswerte untersuchen

15 Geben Sie alle x-Werte an, für die die Funktionswerte positiv, negativ bzw. null sind.
a) $f(x) = 2x - 5$ b) $f(x) = 2x + 1$ c) $f(x) = x^2 - 1$ d) $f(x) = x^3 + 1$

16 Eine Funktion und ihre Nullstellen sind gegeben. Geben Sie die Bereiche an, in denen die Funktionswerte positiv bzw. negativ sind.
a) $f(x) = 4x - 3;\ x_0 = 0{,}75$ b) $f(x) = -2x - 3;\ x_0 = -1{,}5$ c) $f(x) = 4 - x^2;\ x_1 = 2;\ x_2 = -2$

17 Ermitteln Sie alle x-Werte, sodass für die Funktion f Folgendes gilt.
a) $f(x) = 0{,}5x + 3 < 0$ b) $f(x) = 0{,}5x^2 - 8 < 0$ c) $f(x) = x^3 - x^2 > 0$

18 Berechnen Sie die Schnittpunkte des Graphen von f mit den Koordinatenachsen.
a) $f(x) = 3 - 7x$ b) $f(x) = x^2 + 3x + 4$ c) $f(x) = 2x^3 - 2x^2 + x$

Vermischtes

19 Berechnen Sie die Ableitung der ganzrationalen Funktion f.
a) $f(x) = x^5 - 3x^3 + 2x$ b) $f(x) = 2x^7 + x^4 + 1$ c) $f(x) = -x^6 + 4x^2 - x$
d) $f(x) = (x + 1)^2$ e) $f(x) = -x^2(x^2 - 4)$ f) $f(x) = (x - 2)(x + 2) + 5x^2$

20 Ermitteln Sie eine Gleichung der Tangente an den Graphen der Funktion f im Punkt $P(1\,|\,f(1))$ und berechnen Sie die Nullstelle der Tangente.
a) $f(x) = -x^3 - 3$ b) $f(x) = (x - 3)^2$ c) $f(x) = x^4 - 3$

21 Bestimmen Sie die Gleichung einer quadratischen Funktion f, die die Nullstellen $x_1 = 2$ und $x_2 = -1$ hat und deren Graph den Punkt $A(0\,|\,6)$ enthält.

4.1 Monotoniekriterium

Gegeben ist der Graph von f mit
$f(x) = \frac{1}{3}x^3 - x^2 + 2$.

a) Geben Sie die Bereiche an, in denen f streng monoton steigt bzw. streng monoton fällt.

b) Untersuchen Sie die Ableitungsfunktion f′ in diesen Intervallen. Beschreiben Sie Ihre Beobachtungen.

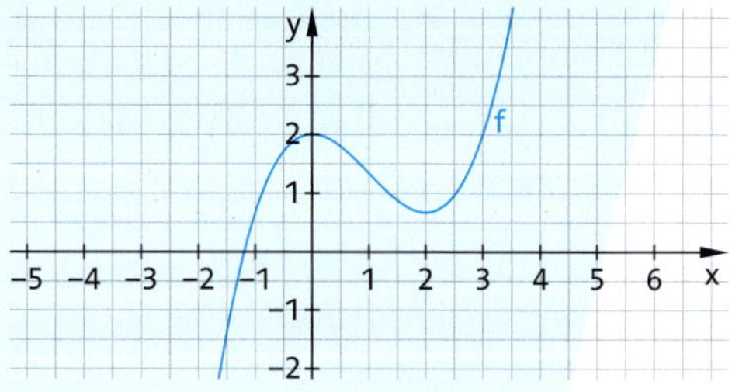

Die Ableitungsfunktion f′ beschreibt die Steigung des Graphen von f. Daher kann man das Monotonieverhalten von f mithilfe von f′ untersuchen.
In den Bereichen, in denen die Ableitung f′ positiv ist, ist die Funktion f streng monoton steigend. Dort, wo f′ negativ ist, ist die Funktion f streng monoton fallend.

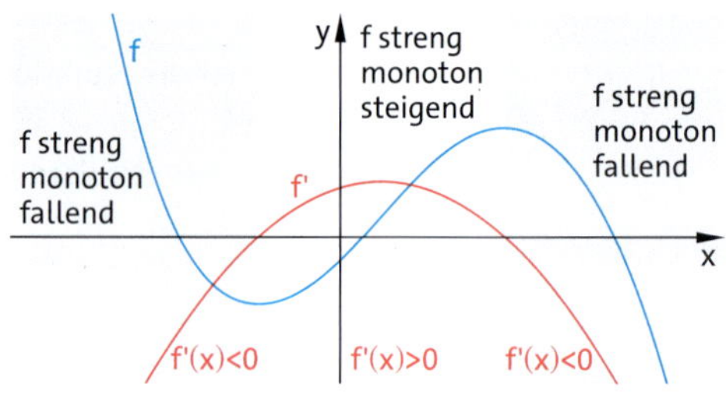

Satz **Monotoniekriterium**

Gilt **$f'(x) > 0$** (**$f'(x) < 0$**) für alle x aus einem Intervall I, dann ist die Funktion f **streng monoton steigend** (**streng monoton fallend**) auf I.

Gilt $f'(x) = 0$ an einzelnen Stellen aus I, kann f trotzdem noch streng monoton steigend oder fallend auf I sein. Siehe dazu Aufgabe 11.

Die Nullstellen der Ableitungsfunktion f′ teilen den Definitionsbereich von f in **Monotonieintervalle** auf. Nur an diesen Nullstellen kann sich das Monotonieverhalten von f ändern. Das Monotonieverhalten auf einem dieser Intervalle lässt sich bestimmen, indem man eine beliebige Teststelle aus dem Inneren dieses Intervalls in f′ einsetzt.

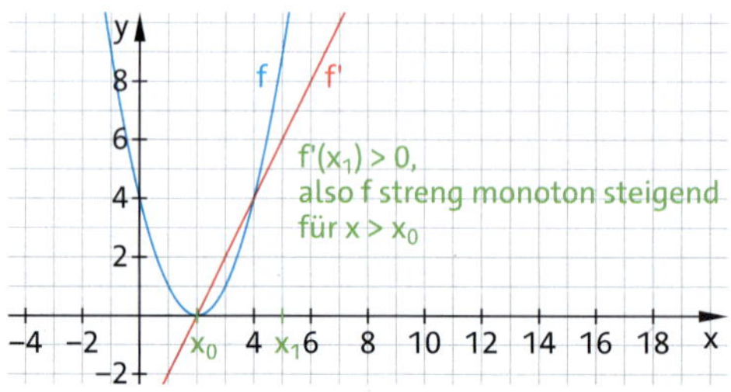

Beispiel 1

Untersuchen Sie die Funktion f mit $f(x) = \frac{1}{3}x^3 - 2x^2 + 3x$ mithilfe ihrer Ableitung auf Monotonie.

Lösung:

Bilden Sie die Ableitung.	$f(x) = \frac{1}{3}x^3 - 2x^2 + 3x$ $f'(x) = x^2 - 4x + 3$
Berechnen Sie die Nullstellen von f′.	$x^2 - 4x + 3 = 0$, also $x_1 = 1$ und $x_2 = 3$
f′ hat zwei Nullstellen. Diese teilen den Definitionsbereich von f in drei Monotonieintervalle auf.	$x < 1$: $f'(0) = 0^2 - 4 \cdot 0 + 3 = 3 > 0$ f ist streng monoton steigend für $x < 1$.
Setzen Sie aus jedem Intervall eine Teststelle (z. B. 0, 2 und 5) in f′(x) ein.	$1 < x < 3$: $f'(2) = 2^2 - 4 \cdot 2 + 3 = -1 < 0$ f ist streng monoton fallend für $1 < x < 3$.
Das Vorzeichen des Ergebnisses gibt das Monotonieverhalten von f an.	$x > 3$: $f'(5) = 5^2 - 4 \cdot 5 + 3 = 8 > 0$ f ist streng monoton steigend für $x > 3$.

Hinweis

Das Monotonieverhalten kann auch in einer **Monotonietabelle** festgehalten werden, siehe Aufgabe 3.

Basisaufgaben

1 Geben Sie an, auf welchen maximalen Intervallen die dargestellte Funktion f streng monoton steigend bzw. streng monoton fallend ist.
Geben Sie auch das Vorzeichen der Ableitung im Inneren dieser Intervalle an.

a)
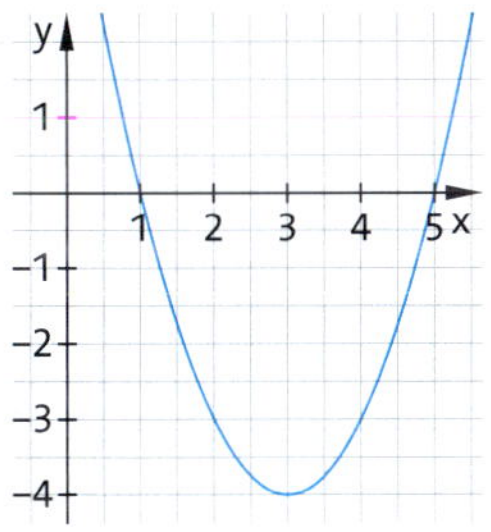

b)
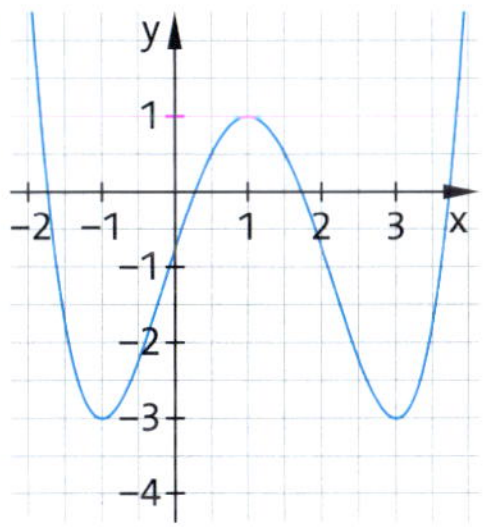

c)
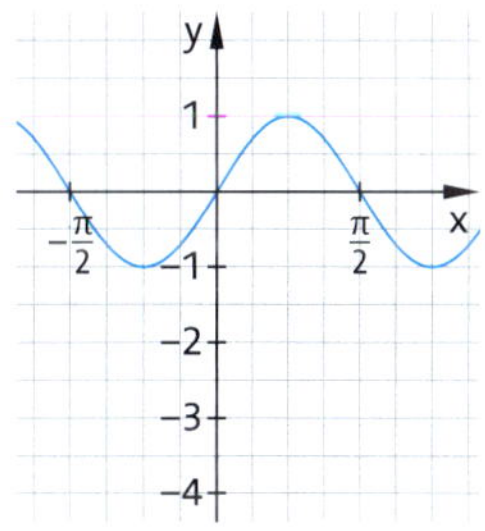

Lösungen zu 2

Monotonieintervalle a)–c)

$x < 0$ $x < -2$ $\mathbb{R}$ $x > 0$ $-2 < x < 4$ $x > 4$

2 Untersuchen Sie die Funktion mithilfe der Ableitung auf Monotonie.

a) $f(x) = 3x^2 - 4$ b) $f(x) = x^3 - 3x^2 - 24x + 6$ c) $f(x) = x^3 + 2x$
d) $f(x) = -5x$ e) $f(x) = -x^3 + 6x - 12$ f) $f(x) = \frac{1}{9}x^3 - \frac{1}{3}x^2 - \frac{8}{3}x + \frac{26}{9}$

3 **Monotonietabellen:** Gegeben ist eine Funktion f. Die Ableitung f' hat die Linearfaktordarstellung $f'(x) = 5(x + 3)(x - 7)$.

	$x < -3$	$-3 < x < 7$	$x > 7$
$x + 3$	–	+	+
$x - 7$	–	–	+
$f'(x)$	+	–	+
Graph	↗	↘	↗

a) Erläutern Sie die Herleitung des Monotonieverhaltens von f mithilfe der Monotonietabelle.
b) Ermitteln Sie analog das Monotonieverhalten der Funktionen g und h, wenn g' und h' gegeben sind: $g'(x) = (x + 1)(x - 2)$ und $h'(x) = (x - 4)(x - 6)^2(x - 8)$

4 Geben Sie eine geeignete Funktion zum angegebenen Monotonieverhalten an.
Untersuchen Sie diese Funktion mithilfe ihrer Ableitung auf Monotonie und bestätigen Sie so das Monotonieverhalten.

a) linear und streng monoton steigend auf ganz $\mathbb{R}$
b) für $x < 3$ streng monoton fallend und für $x > 3$ streng monoton steigend
c) für $x < -1$ streng monoton steigend und für $x > -1$ streng monoton fallend

5 Die Abbildungen zeigen den Graphen der Ableitung einer Funktion f.

①
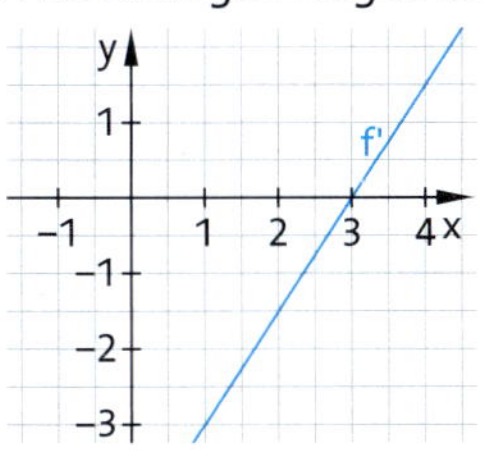

②
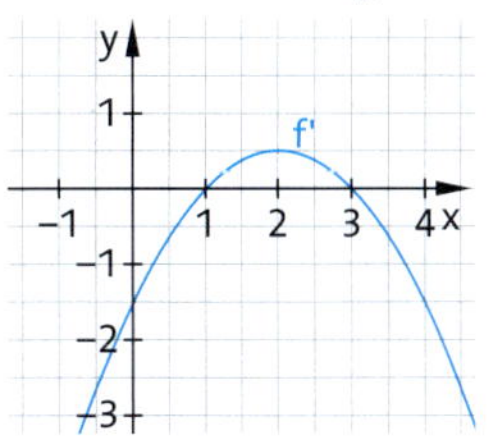

③
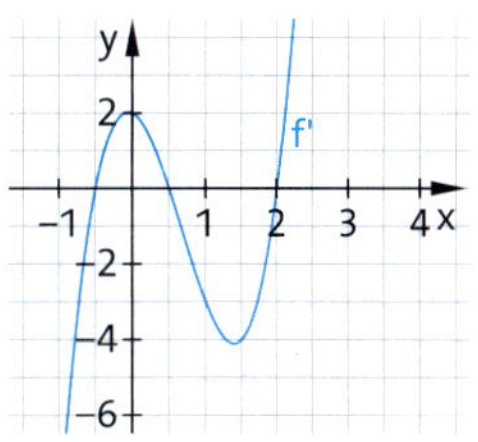

a) Geben Sie an, auf welchen Intervallen f streng monoton steigend bzw. fallend ist.
b) Skizzieren Sie einen möglichen Verlauf des Graphen von f.

6 Der Graph einer Funktion f ist streng monoton fallend auf $\mathbb{R}$ und verläuft durch P(1 | 5), Q(3 | 2) und R(5 | 0). Skizzieren Sie einen Graphen von f, der in Q die Steigung 0 hat.

7 Von einer ganzrationalen Funktion f dritten Grades ist bekannt, dass sie nur eine Nullstelle hat und dass $f'(x)$ für $x < 2$ und für $x > 5$ positiv ist. Außerdem existiert ein Intervall, auf dem f streng monoton fallend ist. Skizzieren Sie einen möglichen Graphen von f.

Weiterführende Aufgaben

Zwischentest

8 Gegeben ist der Graph der Ableitung einer Funktion f. Beurteilen Sie begründet, ob die Aussage wahr, falsch oder nicht entscheidbar ist.

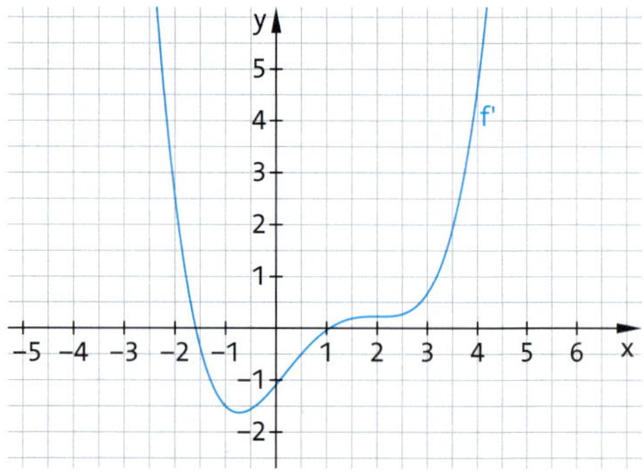

a) An der Stelle 0 steigt der Graph von f.
b) $f'(2) > 0$
c) An der Stelle 2 steigt der Graph von f.
d) f hat eine Nullstelle zwischen −2 und −1.
e) Der Graph fällt zwischen −1 und 0,5.
f) $f(2) > 0$

9 Die Funktion f ist streng monoton steigend (streng monoton fallend) auf $\mathbb{R}$.
a) Begründen Sie, dass f höchstens eine Nullstelle hat.
b) Geben Sie eine Beispielfunktion f an, die keine Nullstelle hat.

10 **Stolperstelle:** Die Abbildung zeigt den Graphen einer Ableitungsfunktion f'.
Ein Schüler sagt: *„f ist streng monoton fallend für $x < 0$ und streng monoton steigend für $x > 0$."*
Beurteilen Sie seine Aussage.

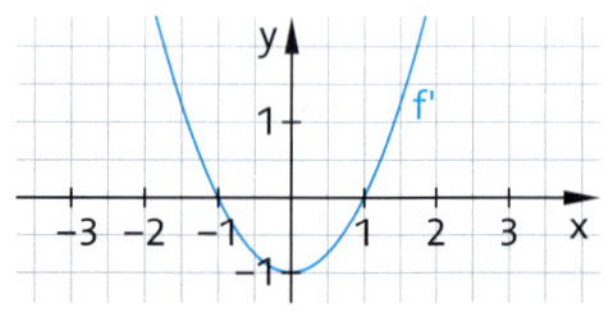

11 Wenn die Ableitung einer Funktion f auf ganz $\mathbb{R}$ negativ ist, dann ist f streng monoton fallend. Zeigen Sie anhand der Funktion f mit $f(x) = -x^3$, dass die Umkehrung des Satzes nicht gilt.

Hilfe

12 **Monotonie und Parameter:**
Bestimmen Sie das Monotonieverhalten von f in Abhängigkeit von $a \in \mathbb{R}$.
a) $f(x) = ax$
b) $f(x) = ax^2$
c) $f(x) = \frac{1}{2}ax^2 - a^2x$

13 Die Funktion f mit $f(x) = 0{,}002x^3 - 0{,}09x^2 + 1{,}35x + 7{,}65$ beschreibt für $0 \le x \le 24$ das Geländeprofil einer Bergetappe bei einem Radrennen. Die Werte auf der x-Achse beschreiben hierbei die horizontale Entfernung vom Start in km, die auf der y-Achse die Höhe über dem Meeresspiegel in 100 m.

a) Berechnen Sie die Steigung, die beim Start zu überwinden ist, in Prozent.
b) Geben Sie an, in welchen Abschnitten des Rennens es bergauf bzw. bergab geht.
c) Ermitteln Sie, welche Höhe man im Ziel erreichen würde, wenn ab einer horizontalen Entfernung von 10 km vom Start die Steigung konstant bliebe.
d) Bestimmen Sie den Steigungswinkel der Strecke nach 10 km horizontaler Entfernung.

14 **Ausblick:** Beschreiben Sie die Unterschiede im Monotonieverhalten von f und g, indem Sie mögliche Graphen von f und g skizzieren.

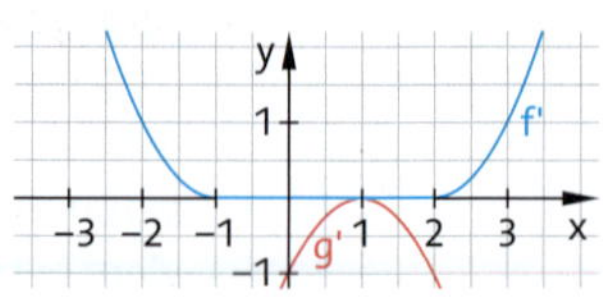

4.2 Lokale Extrempunkte und Sattelpunkte

Die Flugbahn einer Kugel wird näherungsweise durch die Funktion f mit $f(x) = -\frac{1}{20}x^2 + x + 1{,}8$ beschrieben.

a) Zeichnen Sie den Graphen von f für $0 \le x \le 22$ mit einer DGS. Lesen Sie den höchsten Punkt der Flugbahn ab.

b) Überlegen Sie, wie sich das Monotonieverhalten von f am höchsten Punkt der Flugbahn ändert. Beschreiben Sie, wie man dies nutzen kann, um mithilfe der Ableitung die Koordinaten des höchsten Punktes zu berechnen.

Notwendige und hinreichende Bedingungen für Extrema

Der Graph einer Funktion f hat in den lokalen Extrempunkten immer eine waagerechte Tangente.
Aber nicht jede waagerechte Tangente verläuft durch einen Extrempunkt. Mit den Nullstellen der Ableitungsfunktion f' erhält man alle Stellen, an denen lokale Extrempunkte vorliegen könnten.

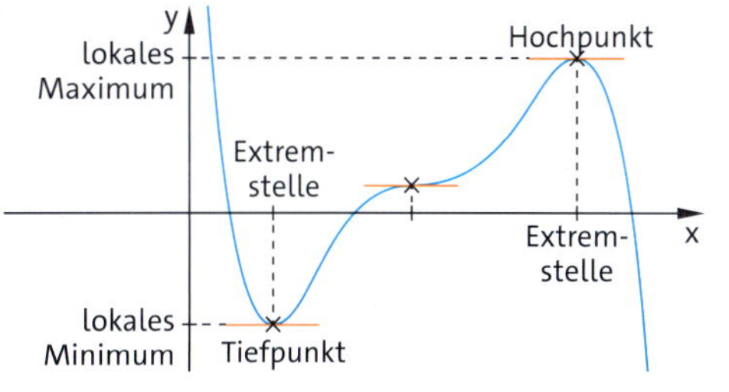

Satz **Notwendige Bedingung für lokale Extrempunkte**

Wenn der Graph einer Funktion f an der Stelle x_E einen **Hochpunkt** oder **Tiefpunkt** hat, dann gilt $\mathbf{f'(x_E) = 0}$.

Notwendige Bedingung bedeutet: Ist diese Bedingung nicht erfüllt, so liegt kein lokaler Extrempunkt vor.

Nur an den Nullstellen der Ableitungsfunktion f' kann es lokale Extrempunkte geben. Ob es sich bei diesen „Kandidaten" wirklich um Extremstellen handelt und ob die zugehörigen Extrempunkte Hoch- oder Tiefpunkte sind, hängt vom Monotonieverhalten des Graphen von f ab.

Die Bilder zeigen, dass die Steigung links von einem Hochpunkt positiv und rechts von ihm negativ ist. An einem Tiefpunkt ist es umgekehrt.

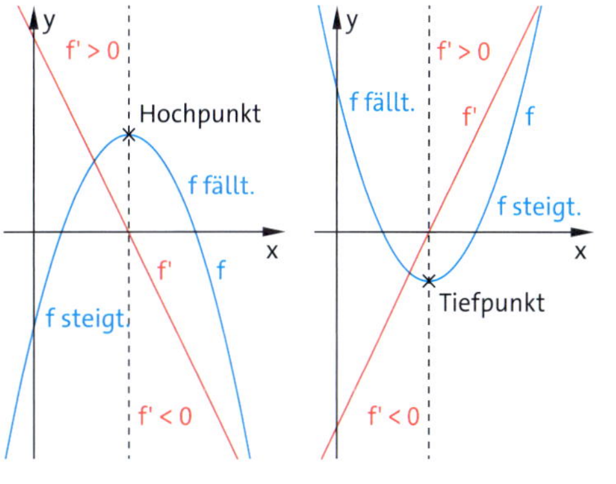

Um zu prüfen, ob eine Nullstelle von f' eine Extremstelle von f ist, untersucht man daher das Vorzeichen von f' links und rechts von der Nullstelle.

Satz **Hinreichende Bedingung für lokale Extrempunkte (Vorzeichenwechselkriterium)**

- Wenn $\mathbf{f'(x_E) = 0}$ gilt und das **Vorzeichen von f'** an der Stelle x_E **von + nach –** wechselt, dann hat der Graph der Funktion f an der Stelle x_E einen **Hochpunkt**.
- Wenn $\mathbf{f'(x_E) = 0}$ gilt und das **Vorzeichen von f'** an der Stelle x_E **von – nach +** wechselt, dann hat der Graph der Funktion f an der Stelle x_E einen **Tiefpunkt**.

Hinreichende Bedingung bedeutet: Ist diese Bedingung erfüllt, so liegt immer ein lokaler Extrempunkt vor.

Beispiel 1

Bestimmen Sie die Hoch- und Tiefpunkte des Graphen der Funktion f mit $f(x) = -x^3 - 3x^2 + 1$.

Lösung:

Bilden Sie die Ableitung f'. Die Nullstellen von f' liefern die „Kandidaten" $x_1 = -2$ und $x_2 = 0$ für mögliche Extremstellen.

$f'(x) = -3x^2 - 6x$
$-3x^2 - 6x = 0$
$\Leftrightarrow -3x \cdot (x + 2) = 0$, also $x_1 = -2$ und $x_2 = 0$

Prüfen Sie, ob an den möglichen Extremstellen ein VZW der Ableitung f' stattfindet. Setzen Sie Teststellen aus den Intervallen zwischen den möglichen Extremstellen in f'(x) ein.

	$x < -2$	-2	$-2 < x < 0$	0	$x > 0$
Teststelle	-3		-1		1
f'(x)	$-$	0	$+$	0	$-$
Graph von f	↘		↗		↘

Bei $x_1 = -2$ liegt ein Tiefpunkt, bei $x_2 = 0$ ein Hochpunkt.

$x = -2$: VZW von − auf +, also Tiefpunkt
$f(-2) = -(-8) - 3 \cdot 4 + 1 = -3$ T(−2|−3)

Setzen Sie die Extremstellen in f(x) ein, um die y-Koordinaten der Extrempunkte zu berechnen.

$x = 0$: VZW von + auf −, also Hochpunkt
$f(0) = 1$ H(0|1)

Hinweis

VZW ist die Abkürzung für Vorzeichenwechsel.

Basisaufgaben

1 Lesen Sie die Koordinaten der Hoch- und Tiefpunkte des Graphen ab. Geben Sie an, welche Art von Vorzeichenwechsel die Ableitungsfunktion an den Extremstellen hat.

a) 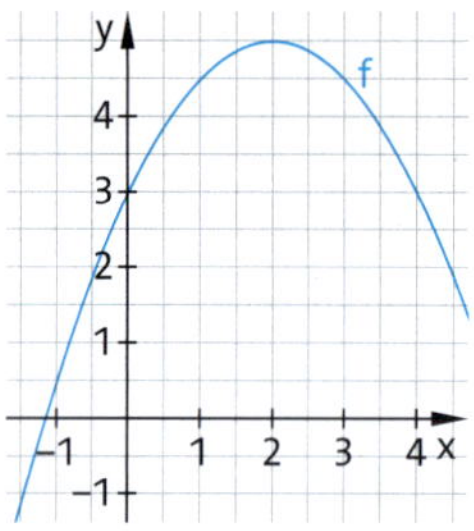

b) 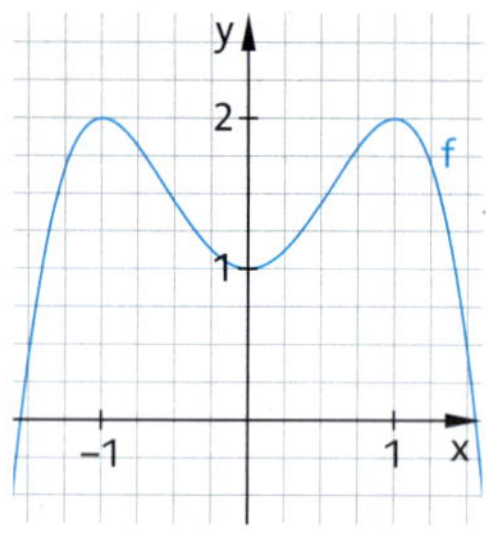

c) 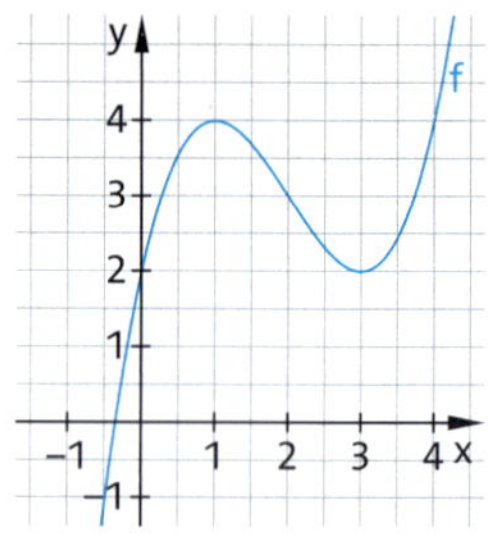

2 Bestimmen Sie die Ableitung der Funktion f und berechnen Sie mit $f'(x) = 0$ die möglichen Extremstellen von f. Überprüfen Sie anschließend mithilfe des Vorzeichenwechselkriteriums, ob an diesen Stellen ein lokales Maximum oder Minimum vorliegt.

a) $f(x) = x^2 - 8x + 15$
b) $f(x) = 2x^3 - 3x^2 - 12x + 4$

Lösungen zu 3

Nullstellen von f'

1 0 5 3 2 0 4

3 Bestimmen Sie die Koordinaten der Hoch- und Tiefpunkte des Graphen von f. Überprüfen Sie Ihre Lösung mit einem Funktionenplotter.

a) $f(x) = 3x^2 + 2$
b) $f(x) = 4x^3 - 6x^2 + 5$
c) $f(x) = x^3 - 9x^2 + 24x - 16$
d) $f(x) = -\frac{1}{2}x^3 + 6x^2 - \frac{45}{2}x + 25$

4 Gegeben ist der Graph der Ableitung einer Funktion f. Bestimmen Sie die Stellen, an denen der Graph von f Hoch- oder Tiefpunkte hat.

a) 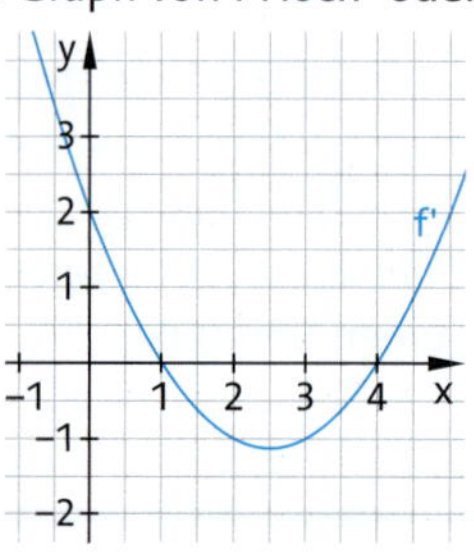

b) 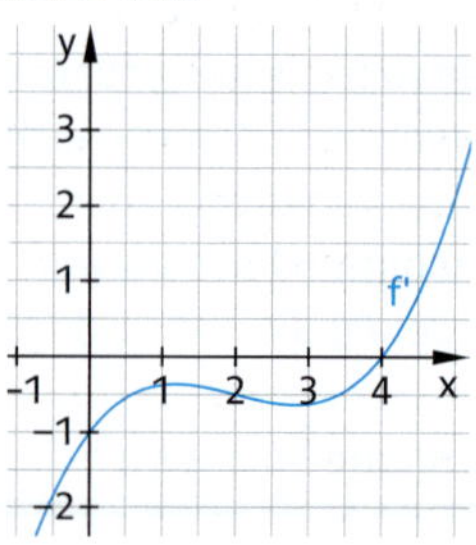

c) 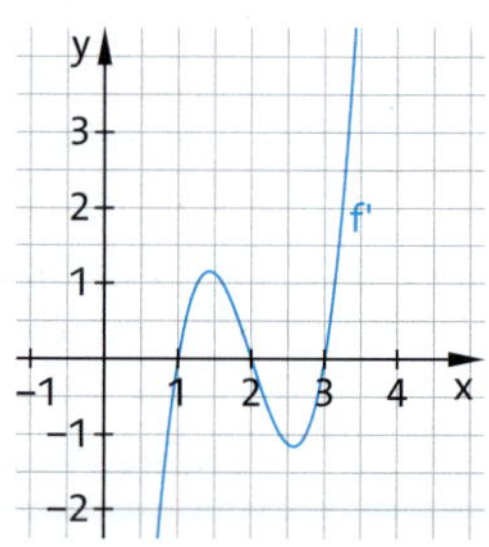

5 Die ganzrationale Funktion f hat die gegebenen Eigenschaften. Skizzieren Sie einen möglichen Graphen der Ableitungsfunktion f'.
a) Grad 2, globales Maximum bei $x = -2$
b) Grad 3, lokales Minimum bei $x = 0$
c) Grad 4, Hochpunkt $H(1\,|\,7)$, globales Maximum bei $x = 6$

6 Bestimmen Sie zur Funktion Lage und Art der Extrempunkte des Graphen.
a) $f(x) = x^4 - \frac{9}{2}x^2 + 3$
b) $g(x) = -x^3 - x^2 + x + 1$
c) $h(x) = \frac{1}{9}x^4 - \frac{4}{3}x^3 + 4x^2 - 4$
d) $i(x) = \frac{1}{5}x^5 - \frac{1}{2}x^4 - x^3 + 1$

7 Entscheiden Sie, ob der erste Sachverhalt jeweils eine notwendige, hinreichende oder keine Bedingung für den zweiten Sachverhalt ist.
a) zur Bushaltestelle gehen/Busfahren
b) Regen/nasse Straße
c) Viereck mit vier gleich langen Seiten/Quadrat
d) Viereck mit vier gleich langen Seiten/Raute
e) Dreieck ist gleichschenklig/Innenwinkelsumme 180°
f) $f'(x_0) = 0/x_0$ ist lokale Extremstelle

Sattelpunkte

Wenn der Graph von f an einer Stelle x_S zwar eine waagerechte Tangente hat ($f'(x_S) = 0$), sich aber das Monotonieverhalten von f nicht ändert (kein Vorzeichenwechsel von f'), so liegt an dieser Stelle kein Extrempunkt, sondern ein **Sattelpunkt**.
An der Stelle x_S berührt der Graph der Ableitungsfunktion f' die x-Achse, schneidet sie aber nicht.

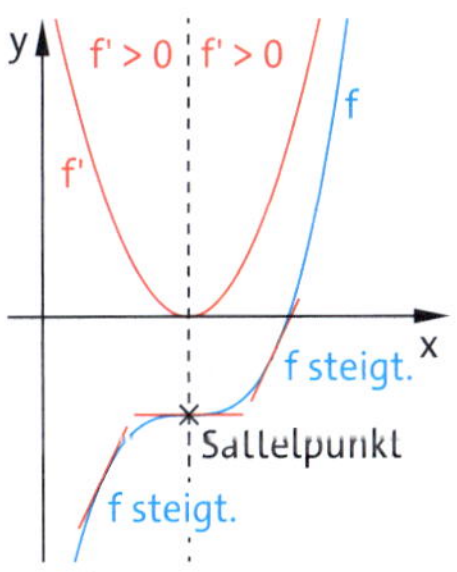

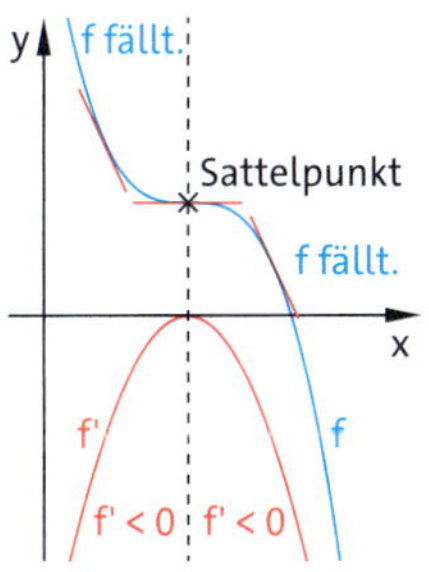

Satz **Hinreichende Bedingung für Sattelpunkte**
Wenn $\mathbf{f'(x_S) = 0}$ gilt und das **Vorzeichen von f'** an der Stelle x_S **nicht** wechselt, dann hat der Graph der Funktion f an der Stelle x_S einen Sattelpunkt.

Beispiel 2
Untersuchen Sie den Graphen der Funktion f mit $f(x) = -x^3 + 3x^2 - 3x + 3$ auf Extrem- und Sattelpunkte.

Lösung:
Bilden Sie die Ableitung f'. Die Nullstellen von f' liefern den „Kandidaten" $x = 1$ als mögliche Extrem- oder Sattelstelle.

$f'(x) = -3x^2 + 6x - 3$
$-3x^2 + 6x - 3 = 0$, also $x = 1$

Die Monotonietabelle zeigt, dass bei $x = 1$ kein VZW der Ableitung f' stattfindet. Also liegt an dieser Stelle ein Sattelpunkt.
Es gibt keine Extrempunkte.

	x < 1	1	x > 1
Teststelle	0		2
f'(x)	–	0	–
Graph von f	↘		↘

$x = 1$: kein VZW, also Sattelpunkt

Setzen Sie $x = 1$ in f(x) ein. Geben Sie die Koordinaten des Sattelpunktes S an.

$f(1) = 2$ $\quad S(1\,|\,2)$

Basisaufgaben

8 Geben Sie die Stellen an, an denen der Graph eine waagerechte Tangente hat. Geben Sie auch das Vorzeichen der Ableitung links und rechts von diesen Stellen an. Entscheiden Sie, ob sich an diesen Stellen ein Hochpunkt, Tiefpunkt oder Sattelpunkt befindet.

a)

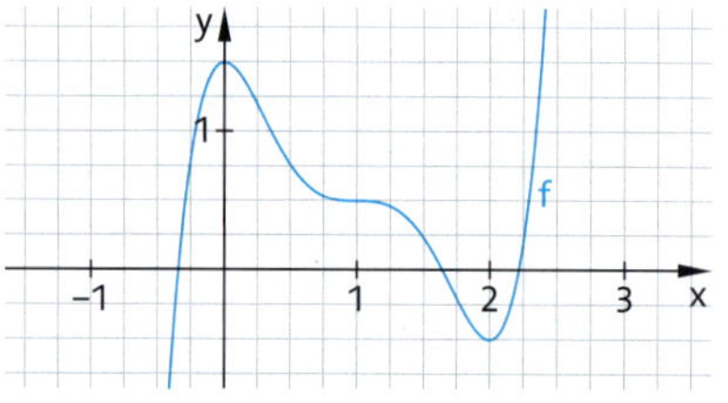

b)

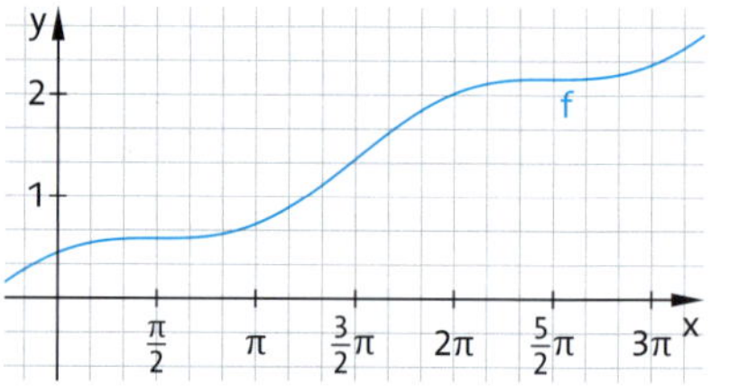

Lösungen zu 9

x-Koordinaten der Extrem- und Sattelpunkte

0 0 3 2 3 −3 0 1 2 −2 −1 0 0 0 1

9 Untersuchen Sie den Graphen ohne Hilfsmittel auf Extrem- und Sattelpunkte. Überprüfen Sie Ihre Ergebnisse mit einem Funktionenplotter.

a) $f(x) = x^2 - 4$
b) $f(x) = \frac{1}{3}x^3 - 2x^2 + 4x$
c) $f(x) = x^3 + 3x^2 + 1$
d) $f(x) = \frac{1}{9}x^3 - x^2 + 3x$
e) $f(t) = t^4 - 2t^2$
f) $f(a) = -a^3 + 3a^2 + 3{,}5$
g) $f(x) = x^5 - 15x^3 - 30$
h) $f(x) = -3x^4 + 4x^3 + 8$

10 Bestimmen Sie Hoch-, Tief- und Sattelpunkte des Graphen der Funktion. Überprüfen Sie Ihre Ergebnisse mit einem Funktionenplotter.

a) $f(x) = \frac{1}{5}x^5 - \frac{4}{3}x^3 + 2$
b) $g(x) = 2x^3 - 6x^2 + 6x + 4$
c) $h(x) = x^3 - 6x^2 + 9x - 4$
d) $i(x) = 5x^4 - 40x^2 + 15$
e) $k(x) = 0{,}25x^3 + 15x - 1$
f) $l(x) = -\frac{1}{20}x^5 + \frac{3}{4}x^3 - 7$

11 Skizzieren Sie den Graphen einer Funktion mit dem Sattelpunkt $S(3\,|\,2)$. Geben Sie $f'(3)$ sowie das Vorzeichen der Ableitung in der Umgebung von $x = 3$ an.

a) f ist streng monoton steigend auf $\mathbb{R}$.
b) f ist streng monoton fallend auf $\mathbb{R}$.

12 Zeigen Sie, dass der Graph der Funktion f an der Stelle x_S einen Sattelpunkt hat. Geben Sie die Koordinaten des Sattelpunktes an.

a) $f(x) = x^3 - 3x^2 + 3x + 2;\quad x_S = 1$
b) $f(x) = \frac{1}{8}x^4 - \frac{5}{3}x^3 + 8x^2 - 16x;\quad x_S = 4$

Weiterführende Aufgaben

Zwischentest

13 Erstellen Sie eine Übersichtstabelle dazu, welches Monotonieverhalten der Graph einer Funktion links und rechts seiner Hoch-, Tief- und Sattelpunkte hat.

Hilfe

14 Ein Unternehmen stellt täglich ein bestimmtes Produkt in der Stückzahl x her. Die Funktion g mit $g(x) = -20x^3 + 240x^2 - 420x - 760$ gibt den täglichen Gewinn des Unternehmens in Euro an.

a) Berechnen Sie den monatlichen Gewinn des Unternehmens, wenn täglich 5 Stück des Produkts produziert werden. Rechnen Sie mit 21 Arbeitstagen pro Monat.
b) Berechnen Sie die Stückzahl x, für die das Unternehmen maximalen Gewinn erreicht. Geben Sie den maximalen täglichen Gewinn an.

15 Beschreiben Sie, wie man an der Art der Nullstelle (einfache, doppelte, dreifache ...) der Ableitungsfunktion f′ erkennen kann, ob der Graph einer ganzrationalen Funktion f an dieser Stelle einen lokalen Extrempunkt oder einen Sattelpunkt hat.

16 Gegeben ist der Graph der Ableitung einer Funktion f. Geben Sie an, an welchen Stellen der Graph Hoch-, Tief- bzw. Sattelpunkte hat. Übertragen Sie den Graphen von f' in ein Koordinatensystem und skizzieren Sie dort einen möglichen Graphen einer Ausgangsfunktion f.

a) b) c)

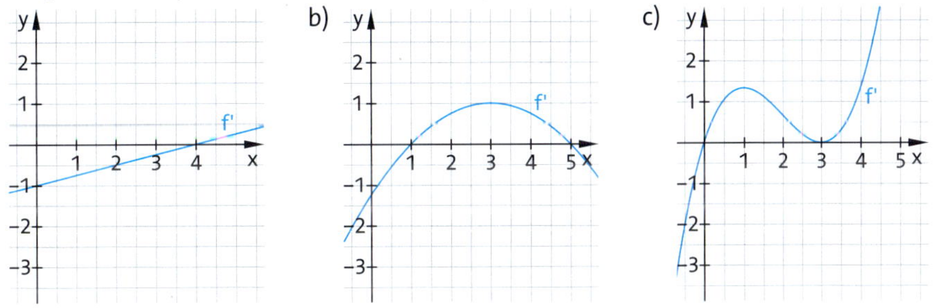

17 **Stolperstelle:** Lisa sagt: *„Die Funktion f mit $f(x) = \frac{1}{3}x^3 - 3x^2 + 9x - 5$ hat die Ableitung $f'(x) = x^2 - 6x + 9$. Die Nullstelle von f' ist x = 3, also liegt dort ein Extrempunkt des Graphen."* Erläutern Sie Lisas Fehler.

18 Gegeben ist die Funktion f. Begründen Sie, welche Bedingungen für einen Sattelpunkt an der Stelle x_S notwendig, welche hinreichend und welche nicht zutreffend sind.

$f'(x_S) = 0$ | $f(x_S) = 0$ | $f'(x_S) = 0$ und f' wechselt nicht das Vorzeichen

Graph hat in x_S eine waagerechte Tangente | Monotonieverhalten bleibt gleich

19 Stimmen Sie in der Klasse ab, ob die Aussage wahr oder falsch ist. Begründen Sie anschließend, falls die Aussage wahr ist, und geben Sie ein Gegenbeispiel an, falls sie falsch ist. Schafft Ihre Klasse es, bei der Abstimmung keine einzige falsche Antwort zu geben?

a) Wenn f'(a) = 0 ist, dann ist a lokale Extremstelle von f.
b) Bei einem Sattelpunkt hat der Funktionsgraph eine waagerechte Tangente.
c) Die Ableitungsfunktion f' hat Nullstellen an den lokalen Extremstellen von f.
d) Wenn die Funktion f keine Extremstellen hat, dann hat f' keine Nullstellen.
e) An den Stellen mit waagerechter Tangente hat der Graph Sattelpunkte.
f) Wenn ein Funktionsgraph zwei Hochpunkte besitzt, dann hat die Funktion im Hochpunkt mit dem größeren Funktionswert ihr globales Maximum.

MK **20** Zeichnen Sie den Graphen zu $f(x) = -x^4 + \frac{21}{2}x^2 + \frac{1}{2}x$ mit einem Funktionenplotter.

a) Bestimmen Sie mithilfe des Plotters die Koordinaten der Hoch- und Tiefpunkte.
b) Geben Sie den Term der Funktion g an, deren Graph im Vergleich zum Graphen von f an der x-Achse gespiegelt ist. Erklären Sie, wie sich diese Spiegelung auf die Extrempunkte auswirkt.

21 Skizzieren Sie einen passenden Graphen einer ganzrationalen Funktion. Überlegen Sie, welchen Einfluss der Grad auf das Verhalten des Graphen für $x \to \pm\infty$ hat.

a) Grad 3, Tiefpunkt T(0 | 0), Hochpunkt H(4 | 1)
b) Grad 3, lokales Minimum −3 bei x = 2
c) Grad 4, lokales Minimum bei x = −1,75, Sattelpunkt S(2 | 0)

22 Begründen Sie die Gültigkeit der Aussage für eine ganzrationale Funktion n-ten Grades.

a) Die Funktion hat höchstens n − 1 lokale Extremstellen.
b) Die Funktion hat höchstens eine Nullstelle mehr als lokale Extremstellen.
c) Hat f eine Nullstelle der Vielfachheit 3, 5, 7 ..., so hat der Graph von f dort einen Sattelpunkt. Tipp: Wenn f in x_0 eine Nullstelle der Vielfachheit n hat, hat f' in x_0 eine Nullstelle der Vielfachheit n − 1.

23 Gegeben sind die beiden Funktionen f mit $f(x) = 2x^3 - 4x^2 + x + 8$ und g mit $g(x) = 2x^3 - x^2 - 2x + 2$.

a) Berechnen Sie die Koordinaten der Schnittpunkte der beiden Funktionsgraphen.

b) Berechnen Sie, an welcher Stelle zwischen den beiden Schnittpunkten der vertikale Abstand der Funktionsgraphen am größten ist.

Hinweis zu b)

Stellen Sie zuerst eine Funktion auf, die den vertikalen Abstand an einer beliebigen Stelle x beschreibt.

24 Aus schmalen parallel zum Ufer verlegten Holzlatten soll ein Steg gebaut werden, der eine geschwungene Form aufweist und 1,5 m weit auf das Wasser ragt. Die krummlinigen Ränder des Stegs werden beschrieben durch die Funktionen f und g mit $f(x) = \frac{5}{2}x^3 - 4x^2 + x + 5$ und $g(x) = 2x^3 - 7x^2 + \frac{17}{2}x$ (x und y in Metern).
Bestimmen Sie die maximale und minimale Länge der Holzlatten, wenn beim Verlegen der Latten nicht gestückelt werden soll.

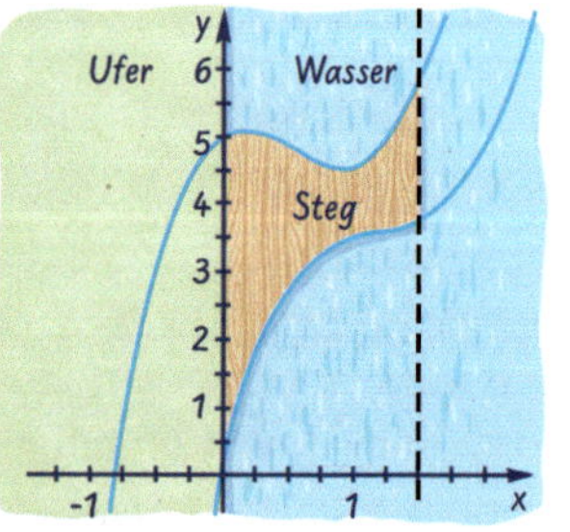

25 Die Kosten für die tägliche Herstellung der Menge x eines Produkts lassen sich durch die Funktion k mit $k(x) = \frac{1}{1500}x^3 - \frac{7}{500}x^2 + \frac{1006}{125}x + 400$ beschreiben. Auf der x-Achse bedeutet dabei eine Einheit 200 hergestellte Stücke, auf der y-Achse ist die Einheit €.

a) Bestimmen Sie die Fixkosten.

b) In der Firma können täglich maximal 40 000 Teile hergestellt werden. Geben Sie den zugehörigen Definitionsbereich für x an.

c) 200 Teile werden jeweils als Einheit für 50 € verkauft. Geben Sie eine Funktion e an, mit der sich die täglichen Einnahmen berechnen lassen.

d) Der Gewinn der Firma berechnet sich aus der Differenz von Einnahmen und Kosten. Geben Sie eine Funktion g an, mit der sich der tägliche Gewinn berechnen lässt.

e) Bestimmen Sie, bei welcher Produktionsmenge der Gewinn maximal ist. Geben Sie den maximalen täglichen Gewinn an.

Hinweis zu a)

Der Begriff der Fixkosten beschreibt diejenigen Kosten, die unabhängig von der produzierten Stückzahl anfallen, z. B. für Miete.

26 Ein Architekt plant ein Gewächshaus, dessen parabelförmige Bögen aus Stahl die Form des Graphen von f mit $f(x) = -0{,}3x^2 + \frac{8}{3}x$ haben, wenn die x-Achse den Erdboden beschreibt (x, f(x) in m).

a) Berechnen Sie die maximale Höhe und Breite des Gewächshauses.

b) Berechnen Sie den Winkel, den die Stahlbögen mit dem Erdboden bilden.

c) Berechnen Sie, in welcher Höhe die Stahlbögen einen Winkel von 45° mit einer Horizontalen einschließen.

27 Beurteilen Sie folgende Aussage: „Der Graph einer auf ganz $\mathbb{R}$ streng monoton steigenden Funktion kann keinen Sattelpunkt haben.“

28 **Ausblick: Parameteraufgaben**

a) Gegeben ist die Funktion f mit $f(x) = x^3 + 3x^2 - bx + c$.
① Bestimmen Sie b so, dass x = 1 und x = −3 Extremstellen sind.
② Bestimmen Sie anschließend c so, dass der Tiefpunkt die y-Koordinate −8 hat.
③ Geben Sie an, für welche Werte von b die Funktion f keine Extremstellen hat.

b) Die Funktion f hat die Funktionsgleichung $f(x) = \frac{1}{4}x^4 - \frac{a}{3}x^3 + \frac{1}{2}x^2$ mit $a \in \mathbb{R}$.
① Untersuchen Sie die Funktion f für a = −2 auf Extrem- und Sattelstellen.
② Bestimmen Sie a so, dass die Funktion f genau eine Extremstelle hat.
③ Bestimmen Sie a so, dass f die größtmögliche Anzahl von Extremstellen hat.

4.3 Globale Extrema

Gegeben ist die Funktion h mit $h(t) = \frac{1}{18}t^3 - \frac{1}{3}t^2 + \frac{1}{2}t + 3$.

a) Bestimmen Sie die Hoch- und Tiefpunkte des Graphen.

b) Die Funktion h beschreibt den Wasserstand in einem Regenbecken in der Zeit von 0 bis 5 Uhr (t: Uhrzeit in h; h(t): Wasserhöhe in m). Berechnen Sie h(0) und h(5).

c) Geben Sie den höchsten und den niedrigsten Wasserstand im Zeitraum von 0 bis 5 Uhr an.

Erinnerung

Ist f(x) der größte bzw. kleinste Funktionswert im Definitionsbereich von f, so ist f(x) das **globale Maximum** bzw. **globale Minimum** von f.

Extremstellen, die man mithilfe der Nullstellen der Ableitung einer Funktion f findet, liefern lokale Maxima/Minima. In ihrer unmittelbaren Umgebung treten keine größeren/kleineren Funktionswerte auf. Wenn die Funktion auf einem Intervall [a; b] betrachtet wird, dann kann es aber an den Rändern a oder b dieses Intervalls noch größere/kleinere Funktionswerte geben. Dort muss keine waagerechte Tangente vorliegen.

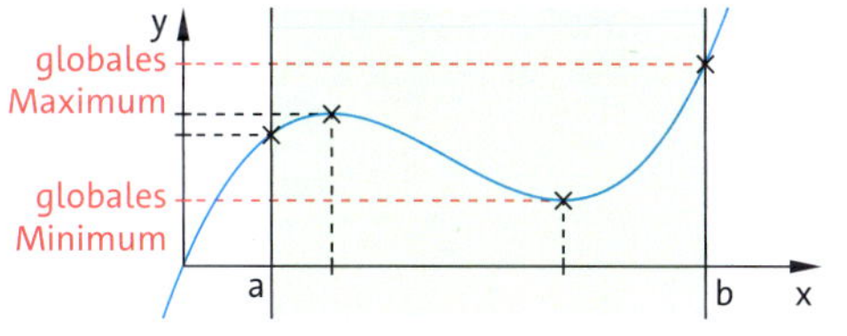

Ist f(x) der größte bzw. kleinste Funktionswert von f in einem Intervall [a; b], so heißt f(x) das **globale Maximum** bzw. **globale Minimum** auf diesem Intervall. Wird das globale Extremum auf dem Rand des Intervalls angenommen, so heißt es **Randextremum**.

Satz **Globale Extrema**

Hat die Funktion f auf dem Intervall [a; b] eine Ableitung f′, dann existieren ein **globales Maximum** und ein **globales Minimum** von f auf [a; b]. Die globalen Extrema auf [a; b] sind lokale Extrema von f oder Randextrema.

Beispiel 1

Betrachtet wird die Funktion f mit $f(x) = \frac{1}{4}x^4 - \frac{5}{3}x^3 + 3x^2$ auf dem Intervall I = [1,5; 3,5].

a) Bestimmen Sie die lokalen Maxima und Minima von f auf dem Intervall I.

b) Bestimmen Sie die globalen Maxima und Minima von f auf dem Intervall I.

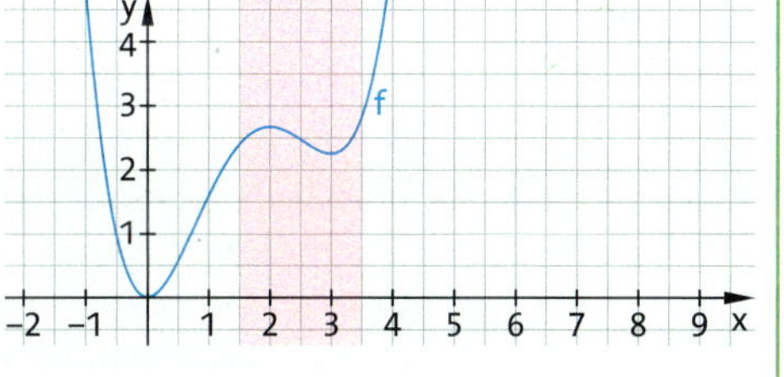

Lösung:

a) Bestimmen Sie die Extremstellen von f, die im Intervall I liegen.

$f'(x) = x^3 - 5x^2 + 6x$
$f'(x) = 0$ ergibt $x_1 = 0$, $x_2 = 2$ und $x_3 = 3$.
Das VZW-Kriterium ergibt im Intervall [1,5; 3,5] einen Hochpunkt bei $x_2 = 2$ und einen Tiefpunkt bei $x_3 = 3$.

Die lokalen Maxima und Minima sind die Funktionswerte an den Extremstellen.

lokales Maximum: $f(2) \approx 2{,}67$
lokales Minimum: $f(3) = 2{,}25$

b) Vergleichen Sie Funktionswerte an den Intervallrändern mit den lokalen Extrema. Der größte Funktionswert ist das globale Maximum, der kleinste das globale Minimum.

Randwerte: $f(1{,}5) \approx 2{,}39$; $f(3{,}5) \approx 2{,}81$
$2{,}81 > 2{,}67 > 2{,}39 > 2{,}25$
globales Maximum: 2,81 (Randextremum)
globales Minimum: 2,25 (lokales Minimum)

Basisaufgaben

1 Lesen Sie alle Hoch- und Tiefpunkte ab. Geben Sie das globale Maximum sowie das globale Minimum auf dem Intervall I an und nennen Sie die zugehörigen x-Werte.

a) $I = [-2; 5]$ b) $I = [-4{,}2; 3]$ c) $I = [-5; 1]$

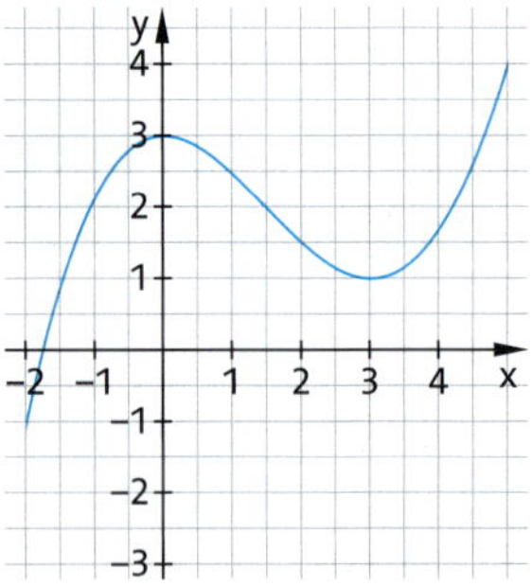

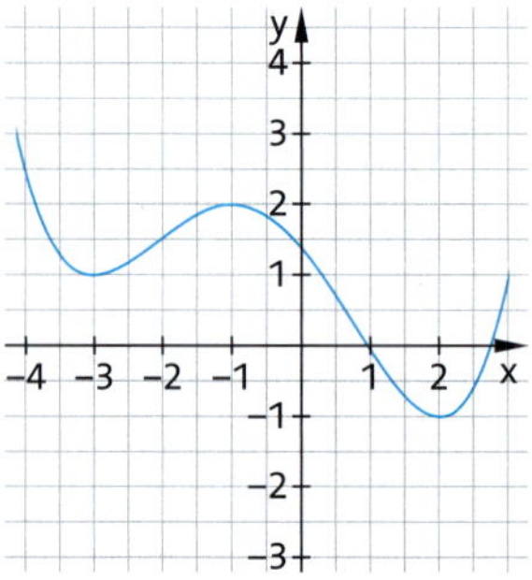

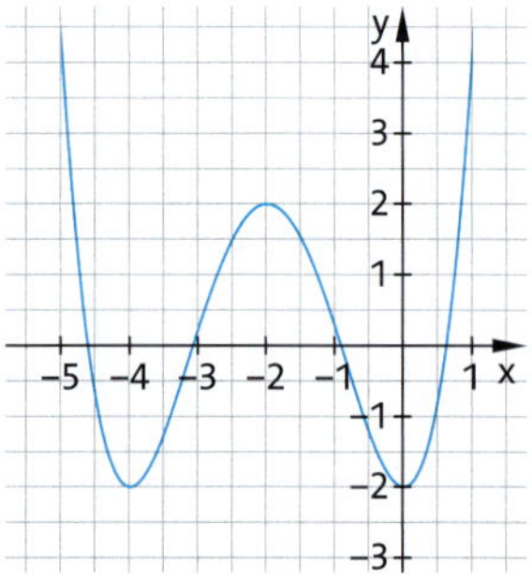

2 a) Plotten Sie den Graphen der Funktion f mit $f(x) = -x^3 + 9x^2 - 24x + 22$ mit einer DGS und ermitteln Sie die lokalen Extrempunkte des Graphen.

b) Bestimmen Sie sowohl die lokalen als auch die globalen Maxima und Minima der Funktion f auf den folgenden Intervallen. Prüfen Sie dazu die Werte der Funktion an den Intervallrändern.

① $[0; 6]$ ② $[1; 6]$ ③ $[1{,}5; 4{,}5]$ ④ $[2{,}5; 3{,}5]$

3 Bestimmen Sie erst die lokalen und dann die globalen Extrema sowie die zugehörigen x-Werte der Funktion f mit $f(x) = x^3 - 3x + 2$ auf dem Intervall $[0; 2]$.

Lösungen zu 4

−3 16 1 2 −16 −7 −12 5 1 −16 −4 11

4 Bestimmen Sie das globale Maximum und Minimum von f auf dem Intervall I.

a) $f(x) = x^2 - 2x + 2$ $I = [0; 3]$
b) $f(x) = x^2 - 2x + 2$ $I = [1; 2]$
c) $f(x) = -x^2 + 4x - 7$ $I = [1; 4]$
d) $f(x) = -x^2 + 4x - 7$ $I = [3; 5]$
e) $f(x) = x^3 - 12x$ $I = [-1; 3]$
f) $f(x) = x^3 - 12x$ $I = [-4; 3]$

5 Skizzieren Sie einen Funktionsgraphen mit den angegebenen Eigenschaften im Intervall $[-1; 6]$. Vergleichen Sie Ihre Ergebnisse mit Ihrem Nachbarn und benennen Sie gegebenenfalls weitere besonderen Punkte.

a) globales Maximum an der Stelle $x = 0$, globales Minimum an der Stelle $x = 4$
b) lokale Maxima an den Stellen $x = 1$ und $x = 4$, globales Maximum an der Stelle $x = 6$
c) globales Minimum am Rand des Intervalls, globales Maximum bei $x = 2$ und Schnitt mit der x-Achse bei $x = 1$
d) globales Minimum an beiden Rändern des Intervalls, globales Maximum in der Mitte des Intervalls
e) Tiefpunkt $T(1 | 3)$, globales Maximum 4 und globales Minimum −1

6 Geben Sie für die angegebenen globalen Extrema der abgebildeten Funktion mindestens ein passendes Intervall an.

	globales Maximum	globales Minimum
a)	2	−0,5
b)	1	−0,5
c)	1	−1,5
d)	5	2

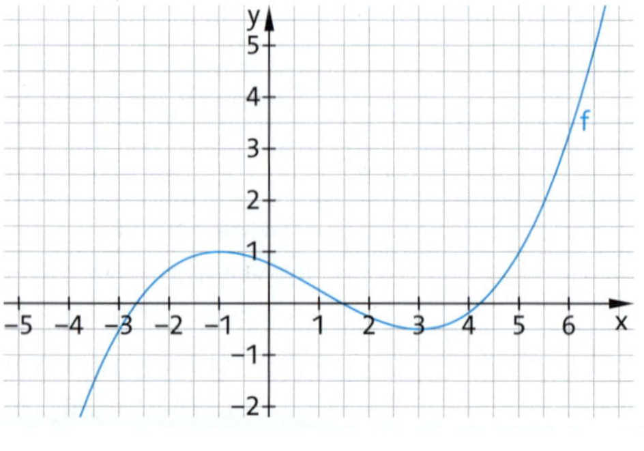

Weiterführende Aufgaben

Zwischentest

7 Skizzieren Sie den Graphen einer Funktion f und geben Sie ein Intervall $[a; b]$ mit $a, b \in \mathbb{R}$ an, sodass f auf dem Intervall die angegebenen Eigenschaften hat.

a) Der Graph von f hat einen Hoch- und einen Tiefpunkt. Das globale Minimum und das globale Maximum werden auf den Intervallrändern a und b angenommen.

b) Der Graph von f hat einen Sattelpunkt, an beiden Intervallrändern liegen globale Minima vor.

c) Der Graph von f hat genau zwei lokale Extrempunkte. Das globale Minimum und das globale Maximum werden nicht auf den Intervallrändern angenommen.

d) Der Graph von f hat genau einen lokalen Extrempunkt im Intervall $[a; b]$, das globale Maximum liegt auf einem Intervallrand, das globale Minimum nicht.

e) Es ist möglich, einen gemeinsamen Graphen zu a) bis d) zu finden. Skizzieren Sie einen solchen Graphen und geben Sie zu jeder Teilaufgabe a) bis d) ein Intervall an, sodass die angegebenen Eigenschaften erfüllt werden.

8 **Stolperstelle:** Die Schüler einer Klasse haben den Graphen der Funktion f mit $f(x) = -0{,}5x^5 + 2x^4 + 0{,}5x^3 - 8x^2 + 6x - 2$ untersucht. Nehmen Sie Stellung zu den Aussagen.

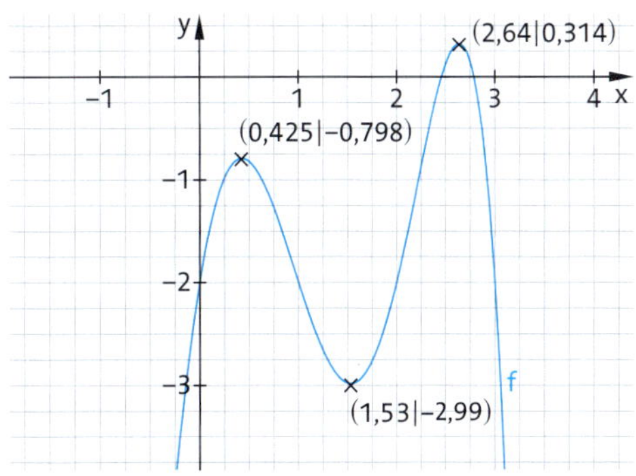

a) Marie: *„Bei x = 0,425 hat f ein globales Maximum."*

b) Gina: *„Das globale Minimum von f auf dem Intervall [0; 4] ist −2,99."*

c) Rudi: *„Auf jedem Intervall, das x = 2,64 enthält, hat f das globale Maximum 0,314."*

9 Bei der Produktion von Zahnrädern wird der prognostizierte tägliche Gewinn durch die Funktion f mit $f(x) = x^3 - 16{,}5x^2 + 84x - 100$ beschrieben. Hierbei ist x die Warenmenge in 100 Kartons à 20 Zahnrädern und f(x) gibt den täglichen Gewinn in 100 € an. Die maximale Produktionskapazität der Firma beträgt 18 000 Zahnräder pro Tag.

a) Geben Sie f(0) an und beschreiben Sie die Bedeutung im Sachzusammenhang.

b) Berechnen Sie die lokalen Extrema von f im betrachteten Bereich.

c) Bestimmen Sie den maximalen Gewinn, der pro Tag erreicht werden kann.

10 Die Funktion f mit $f(t) = -t^3 + 21t^2 - 120t + 235$ beschreibt für $0 \le t \le 12$ näherungsweise den Wasserstand eines Flusses in cm für die ersten 12 Stunden eines Tags.

a) Berechnen Sie f(2). Beschreiben Sie die Bedeutung im Sachzusammenhang.

b) Berechnen Sie $\frac{f(8) - f(1)}{8 - 1}$. Beschreiben Sie die Bedeutung im Sachzusammenhang.

c) Berechnen Sie die lokalen Extrema von f.

d) Bestimmen Sie die Zeitpunkte, an denen der Wasserstand im betrachteten Zeitraum den größten bzw. kleinsten Wert annimmt.

Hilfe

11 Erläutern Sie, dass f mit $f(x) = x^2$ für $-1 < x < 2$ ein globales Minimum, aber kein globales Maximum hat. Untersuchen Sie, ob dies für $-1 \le x \le 2$ ebenfalls gilt.

12 **Ausblick:** Ermitteln Sie die Koordinaten der Punkte auf dem Graphen von f, die zum Punkt Q den kleinsten Abstand haben. Nutzen Sie aus, dass die Abstandsfunktion d zwischen dem Punkt Q und dem Graphen von f keine negativen Werte annimmt und daher die gleichen Extremstellen hat wie die Funktion $D = d^2$.

a) $Q(0\,|\,0)$; $f(x) = -\frac{1}{2}x + 3$ b) $Q(4\,|\,3)$; $f(x) = -\frac{1}{2}x + 3$ c) $Q(1\,|\,0)$; $f(x) = 2x$

4.4 Krümmung

Der Graph der Funktion f mit $f(x) = -\frac{1}{20}(x^3 - 9x^2 + 17x - 27)$ stellt den Verlauf einer Straße von oben dar. Ermitteln Sie die Bereiche, in denen der Radfahrer eine Links- bzw. Rechtskurve durchfährt. Beschreiben Sie auch den Graphen der Ableitungsfunktion f' in diesen Bereichen.

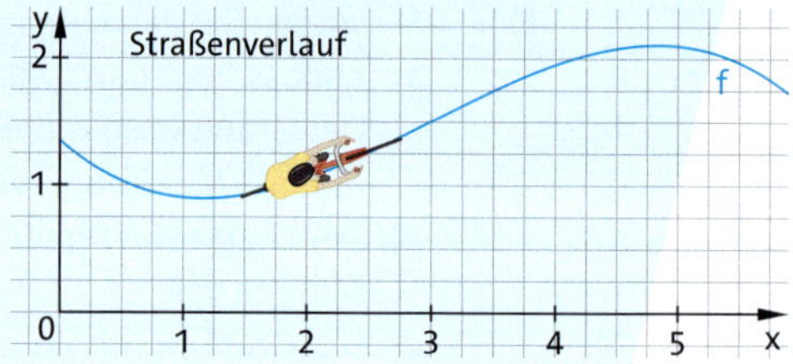

Nimmt in einem Intervall die Steigung eines Graphen von f stetig zu, so beschreibt der Graph von f dort eine Linkskurve. Man spricht daher von einer Linkskrümmung.
Umgekehrt ist ein Graph, dessen Steigung kleiner wird, rechtsgekrümmt.

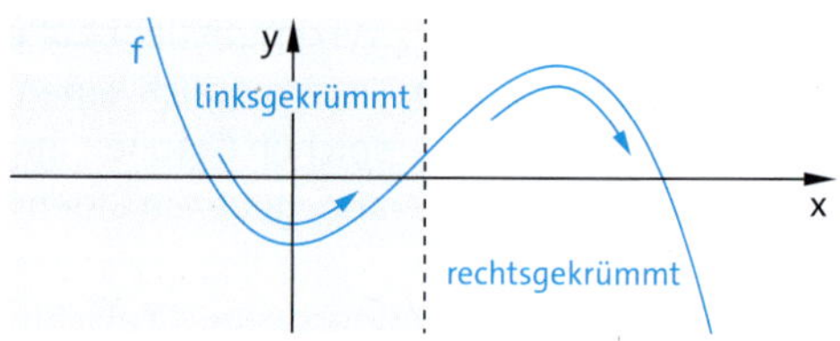

Die Steigung wird durch die Ableitung f' beschrieben. Bei einer Linkskrümmung des Graphen von f ist die Ableitung f' streng monoton steigend.
Ist der Graph von f hingegen rechtsgekrümmt, so ist f' streng monoton fallend.

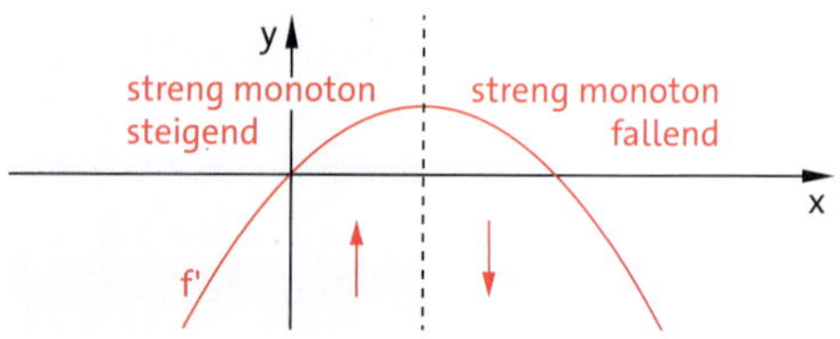

Hinweis

Die Ableitung f' einer Funktion f wird auch als erste Ableitung bezeichnet.

Die Änderung der Steigung wird durch die Ableitung von f' beschrieben. Sie heißt **zweite Ableitung f''**.
f' ist streng monoton steigend bzw. fallend, wenn die Ableitung von f', also f'', positiv bzw. negativ ist.

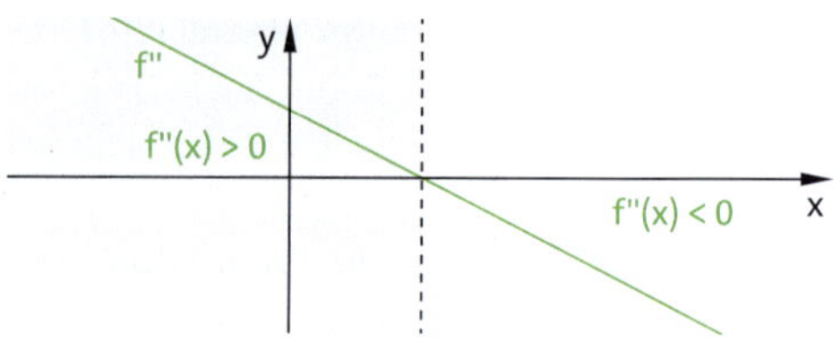

Merkhilfe

f''(x) positiv ⇒ f linksgekrümmt

f''(x) negativ ⇒ f rechtsgekrümmt

Satz **Krümmungsverhalten**

- Gilt $f''(x) > 0$ für alle x aus dem Intervall I, so ist der Graph der Funktion f auf I **linksgekrümmt**, er beschreibt eine **Linkskurve**.
- Gilt $f''(x) < 0$ für alle x aus dem Intervall I, so ist der Graph der Funktion f auf I **rechtsgekrümmt**, er beschreibt eine **Rechtskurve**.

Beispiel 1

Untersuchen Sie den Graphen der Funktion f mit $f(x) = x^3 - 3x^2$ mithilfe der zweiten Ableitung auf sein Krümmungsverhalten.

Lösung:

Bilden Sie die ersten beiden Ableitungen von f. Berechnen Sie die Nullstelle von f''.

$f'(x) = 3x^2 - 6x$ $\quad f''(x) = 6x - 6$
$6x - 6 = 0$, also $x = 1$

Die Nullstelle von f'' teilt den Definitionsbereich von f in zwei Krümmungsintervalle. Setzen Sie auf jedem Intervall eine Teststelle (z. B. 0 und 4) in f''(x) ein. Das Vorzeichen gibt das Krümmungsverhalten von f an.

$x < 1$: $f''(0) = 6 \cdot 0 - 6 = -6 < 0$
Der Graph ist für $x < 1$ rechtsgekrümmt.

$x > 1$: $f''(4) = 6 \cdot 4 - 6 = 18 > 0$
Der Graph ist für $x > 1$ linksgekrümmt.

Wie die Monotonie kann auch die Krümmung mithilfe einer Tabelle untersucht werden.

Basisaufgaben

1 Geben Sie an, auf welchen Intervallen der Graph der Funktion f links- bzw. rechtsgekrümmt ist. Gehen Sie davon aus, dass es im weiteren Verlauf des Graphen keine Änderungen im Krümmungsverhalten gibt.

a)
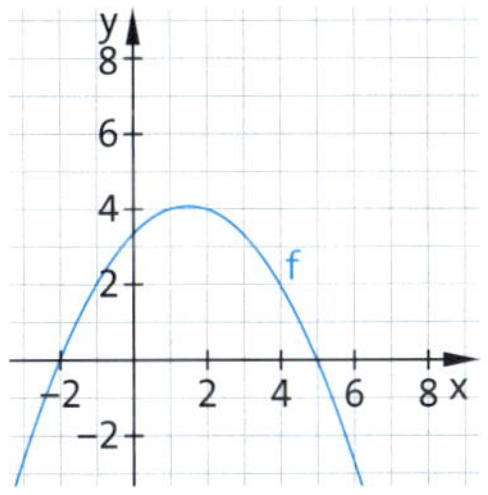

b)
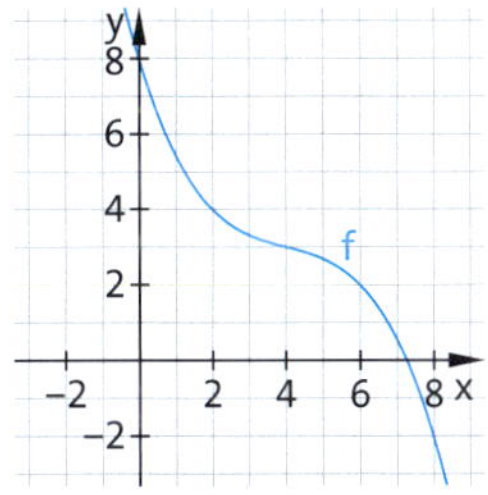

c)
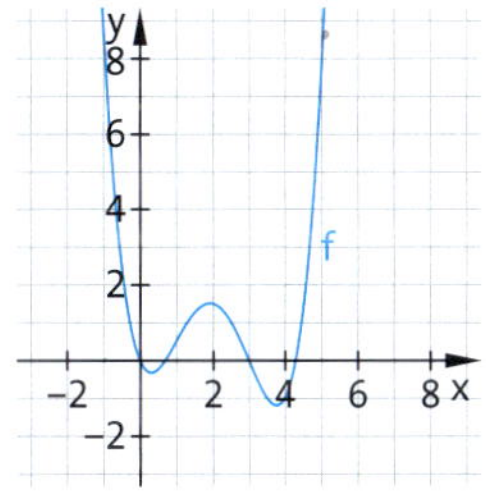

2 Zeichnen Sie einen Funktionsgraphen, der für

a) $x < -4$ sowie $x > 1$ linksgekrümmt und für $-4 < x < 1$ rechtsgekrümmt ist,

b) $x < 2$ ungekrümmt, für $x > 2$ rechtsgekrümmt ist und bei $x = 2$ einen Knick hat.

3 Die Abbildung zeigt den Graphen der zweiten Ableitung der Funktion f. Geben Sie an, auf welchen Intervallen der Graph von f links- bzw. rechtsgekrümmt ist. Gehen Sie davon aus, dass es im weiteren Verlauf des Graphen keine Änderungen im Krümmungsverhalten gibt.

a)
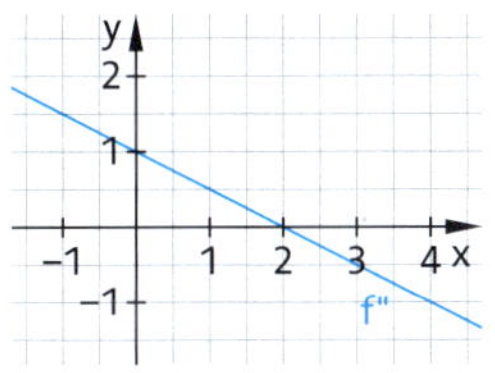

b)
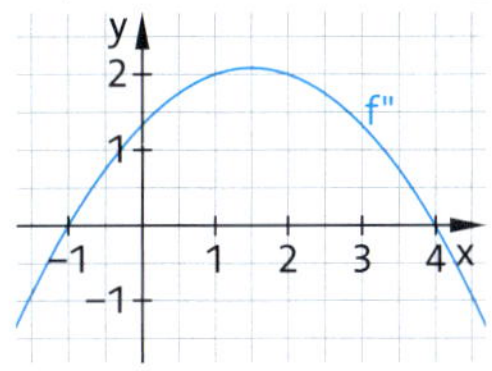

c)
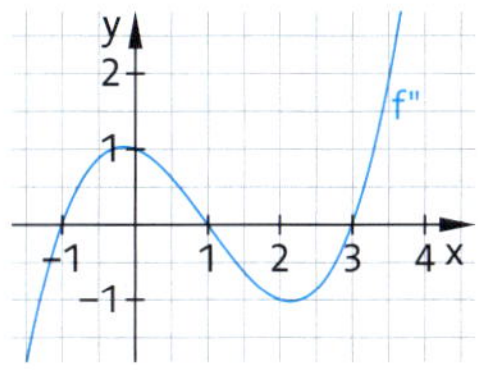

4 Berechnen Sie die erste und zweite Ableitung der Funktion f.

a) $f(x) = x^3 - 2x^2 + 5x - 1$ b) $f(x) = -x^4 - 2x^3 + 8x$ c) $f(x) = 2x^5 - 0{,}4x^4 + 6x^2 - 3x + 0{,}7$

5 Berechnen Sie die Nullstellen der zweiten Ableitung und bestimmen Sie das Krümmungsverhalten des Graphen von f über dem Definitionsbereich $\mathbb{R}$.

a) $f(x) = \frac{1}{2}x^3 - 3x^2 + 3x - 6$ b) $f(x) = -\frac{1}{2}x^2 + 7x - 18$ c) $f(x) = \frac{1}{3}x^4 - 2x^2 + 4x$

d) $f(x) = 0{,}25x^5 + 10x - 1$ e) $f(x) = x^4 - 6x$ f) $f(x) = -\frac{1}{3}x^3 - 2x^2 - 5x + 2$

g) $f(x) = -x^2 + 2x + 1$ h) $f(x) = x^3 - 7x^2 + 15x - 9$ i) $f(x) = -\frac{1}{12}x^4 + \frac{1}{3}x^3 + x$

6 Gegeben sind die Graphen von Funktionen und deren erster und zweiter Ableitung. Ordnen Sie begründet zu und erläutern Sie den Zusammenhang zwischen dem Krümmungsverhalten des Graphen von f, dem Monotonieverhalten von f' und dem Graphen von f''.

Graphen von f
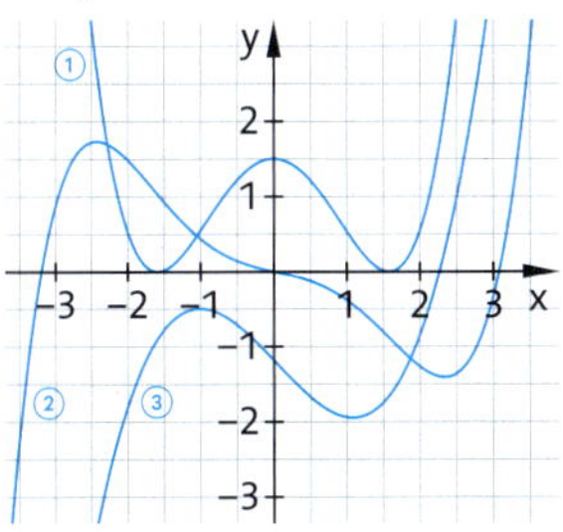

Graphen von f'
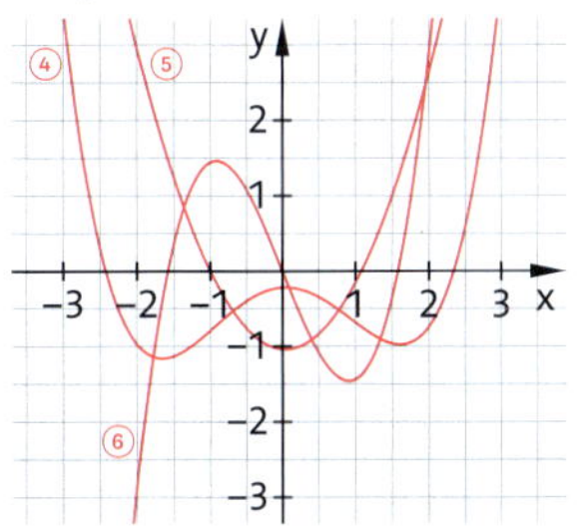

Graphen von f''
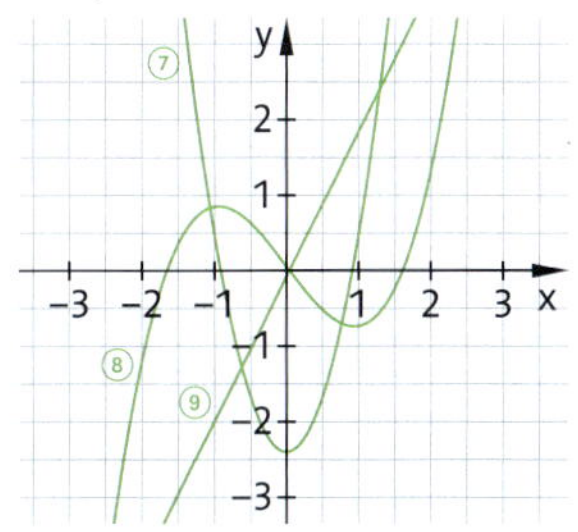

Überprüfen von lokalen Extrempunkten mit der zweiten Ableitung

In der Umgebung eines Hochpunktes ist der Graph einer Funktion f immer rechtsgekrümmt, bei einem Tiefpunkt immer linksgekrümmt. Anstatt einen Vorzeichenwechsel von f' zu überprüfen, ist es möglich, mithilfe der zweiten Ableitung f'' zu prüfen, ob der Graph an den potentiellen Extremstellen von f eine Linkskrümmung ($f''(x) > 0$) oder eine Rechtskrümmung ($f''(x) < 0$) aufweist.

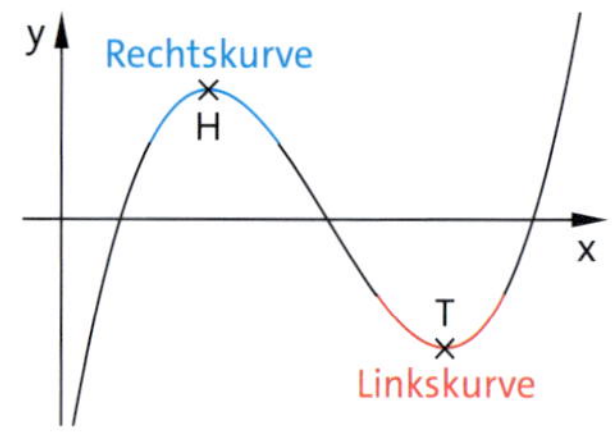

Satz **Hinreichende Bedingung für lokale Extrempunkte mit der zweiten Ableitung**
- Wenn $\mathbf{f'(x_E) = 0}$ und $\mathbf{f''(x_E) < 0}$ gilt, dann hat der Graph der Funktion f an der Stelle x_E einen **Hochpunkt**.
- Wenn $\mathbf{f'(x_E) = 0}$ und $\mathbf{f''(x_E) > 0}$ gilt, dann hat der Graph der Funktion f an der Stelle x_E einen **Tiefpunkt**.

Ist $f'(x_E) = 0$ und $f''(x_E) = 0$, so lässt sich daraus nicht folgern, dass dort keine lokale Extremstelle vorliegt. In diesem Fall zieht man das Vorzeichenwechselkriterium (VZW) hinzu.

Beispiel 2

Bestimmen Sie die Lage und Art der Extrempunkte des Graphen der Funktion f mit $f(x) = x^3 - 9x^2 + 24x - 18$ mithilfe der zweiten Ableitung.

Lösung:

Bilden Sie die ersten beiden Ableitungen von f.

$f'(x) = 3x^2 - 18x + 24$
$f''(x) = 6x - 18$

Berechnen Sie die Nullstellen von f'. $x_1 = 2$ und $x_2 = 4$ sind die möglichen Extremstellen.

$3x^2 - 18x + 24 = 0$
also $x_1 = 2$ und $x_2 = 4$

Setzen Sie diese Stellen in die zweite Ableitung f''(x) ein. Das Ergebnis ist jeweils ungleich 0. Das Vorzeichen gibt an, ob dort ein Hoch- oder Tiefpunkt liegt.

$f''(2) = 6 \cdot 2 - 18 = -6 < 0$
Bei 2 liegt ein Hochpunkt.
$f''(4) = 6 \cdot 4 - 18 = 6 > 0$
Bei 4 liegt ein Tiefpunkt.

Die y-Koordinaten des Hochpunktes H und des Tiefpunktes T ergeben sich durch Einsetzen der Extremstellen in f(x).

$f(2) = 2^3 - 9 \cdot 2^2 + 24 \cdot 2 - 18 = 2$
$f(4) = 4^3 - 9 \cdot 4^2 + 24 \cdot 4 - 18 = -2$
$H(2|2)$; $T(4|-2)$

Basisaufgaben

Lösungen zu 7

(1|4) (4|-6) (0|2) (4|-2) (2|2) $\left(0\middle|\frac{12}{5}\right)$ (-2|-4) (2|4) (-2|6) (0|0) (2|-4) (6|0) (-2|-2)

7 Bestimmen Sie die Lage und Art der Extrempunkte des Graphen mithilfe der ersten und zweiten Ableitung von f.

a) $f(x) = -4x^2 + 8x$
b) $f(x) = \frac{1}{8}x^3 - \frac{3}{4}x^2 + 2$
c) $f(x) = \frac{1}{10}x^3 - \frac{3}{10}x^2 + \frac{12}{5}$
d) $f(x) = \frac{1}{8}x^3 - \frac{3}{2}x^2 + \frac{9}{2}x$
e) $f(x) = \frac{1}{9}x^3 - \frac{1}{3}x^2 - \frac{8}{3}x + \frac{26}{9}$
f) $f(x) = \frac{1}{4}x^4 - 2x^2$

8 Gegeben ist die Funktion f mit $f(x) = \frac{1}{2}x^4 - 2x^3 + 8x$.

a) Zeigen Sie, dass der Graph von f im Punkt $(-1|-5{,}5)$ einen Tiefpunkt hat.
b) Untersuchen Sie das Verhalten der Graphen von f' und f'' an der Stelle $x = 2$.
c) Begründen Sie, dass der Graph von f an der Stelle $x = 2$ einen Sattelpunkt hat, und berechnen Sie die fehlende Koordinate.

Weiterführende Aufgaben

Zwischentest

Hilfe

9 Ordnen Sie die Graphen begründet den Funktionen f, f' und f" zu. Kontrollieren Sie zu zweit.

a)
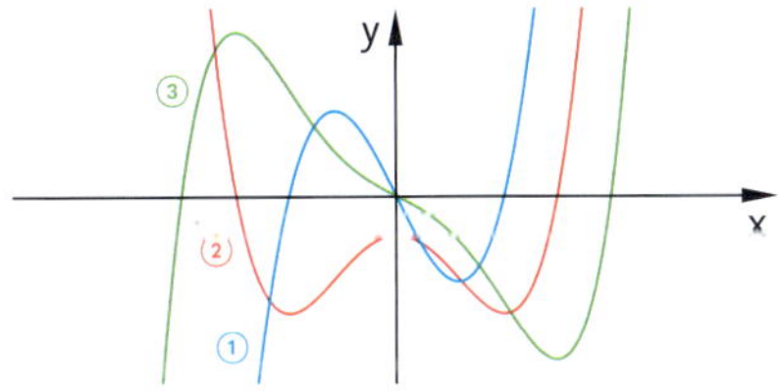

b)
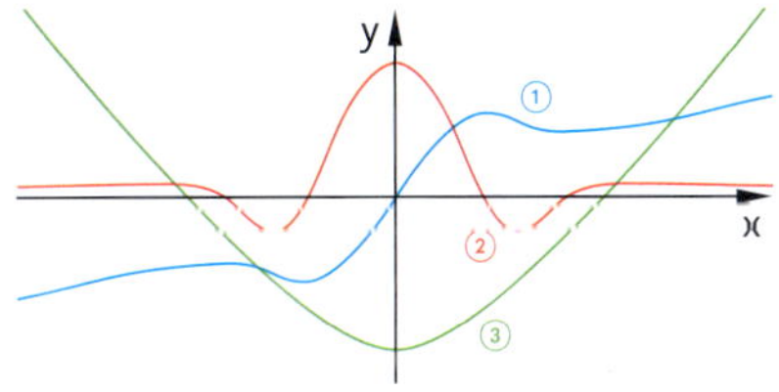

10 Skizzieren Sie einen möglichen Graphen von f.
a) Der Graph von f ist rechtsgekrümmt und hat den Hochpunkt H(2 | 4).
b) Der Graph von f hat im Punkt P(−3 | 2) eine waagerechte Tangente und geht in diesem Punkt von einer Links- in eine Rechtskrümmung über.
c) Der Graph von f hat zwei Stellen mit waagerechter Tangente und wechselt nur an einer dieser Stellen seine Krümmung.
d) Der Graph von f ist linksgekrümmt und hat keine Extrempunkte.
e) Es gilt $f'(x) < 0$ und $f''(x) > 0$ für alle x.

11 Die Funktion h mit $h(t) = -0{,}03t^3 + 0{,}9t^2 + 4$ beschreibt für $0 \leq t \leq 20$ die Wuchshöhe einer Pflanze. Dabei bezeichnet t die Anzahl der Tage nach Beobachtungsbeginn und h(t) die Höhe der Pflanze in cm.
a) Berechnen Sie die Pflanzenhöhe nach 5 und nach 15 Tagen.
b) Weisen Sie rechnerisch nach, dass die Wachstumsgeschwindigkeit innerhalb der ersten 10 Tage ständig steigt.
c) Für $t > 10$ gilt $h''(t) < 0$. Erläutern Sie dies im Sachzusammenhang.
d) Zeigen Sie, dass die minimale und maximale Pflanzenhöhe zu Beginn und am Ende der Beobachtung angenommen werden, und geben Sie diese an.

Info

In der Physik schreibt man statt s", v' und s' manchmal auch $\ddot{s}$, $\dot{v}$ und $\dot{s}$.

12 **Ableitungen in der Physik:** In der Physik werden Bewegungen durch die Größen s (Weg), v (Geschwindigkeit) und a (Beschleunigung) beschrieben. Die Geschwindigkeit ist die zeitliche Veränderung des Wegs, die Beschleunigung ist die zeitliche Veränderung der Geschwindigkeit. Es gilt also $s''(t) = v'(t) = a(t)$ und $s'(t) = v(t)$.
Erläutern Sie die Bedeutung einer positiven/negativen Beschleunigung für die Geschwindigkeit und den Weg in diesem Sachzusammenhang.

13 **Stolperstelle:** Max untersucht die Funktion f mit $f(x) = x^4 - 8x^3 + 24x^2 - 32x + 15$.
Er sagt: *„Zwar ist $f'(2) = 0$, aber weil $f''(2) = 0$ ist, ist 2 keine Extremstelle von f."*
Nehmen Sie Stellung.

Hilfe

14 **Hinreichende und notwendige Bedingungen:** „Die notwendige Bedingung ist nicht hinreichend, die hinreichende ist nicht notwendig." Erläutern Sie diese Aussage, indem Sie die Extremstellen zu $f(x) = x^2$, $g(x) = x^3$ und $h(x) = x^4$ untersuchen.

15 Untersuchen Sie den Funktionsgraphen auf Hoch- und Tiefpunkte. Verwenden Sie, falls nötig, das VZW-Kriterium. Geben Sie auch die Koordinaten der Sattelpunkte an.
a) $f(x) = \frac{1}{4}x^4 + x^3 - \frac{11}{4}$
b) $f(x) = 3x^5 - 5x^3$

16 Bestimmen Sie die Punkte des Graphen mit waagerechter Tangente. Untersuchen Sie, ob diese Punkte Extrempunkte sind.

a) $f(x) = x^4 - 4x^3 + 4x^2$

b) $f(x) = \frac{1}{4}x^3 - \frac{3}{2}x^2 + 8$

c) $f(x) = -\frac{1}{8}x^3 + \frac{3}{2}x$

d) $f(x) = 3x^3 - 27x^2 + 81x - 84$

e) $f(x) = -2x^5 - \frac{5}{4}x^4 + 10x^3$

f) $f(x) = -\frac{3}{8}x^4 + 2x^3 - 3x^2$

17 Vergleich der hinreichenden Bedingungen für Extrempunkte:
Bestimmen Sie gemeinsam die Extrempunkte der Graphen der folgenden Funktionen. Legen Sie vorher fest, wer mit der zweiten Ableitung und wer mit dem Vorzeichenwechselkriterium als hinreichender Bedingung arbeitet.

$f(x) = \frac{1}{6}x^3 - \frac{3}{4}x^2 - 2x + 3$ $g(x) = \frac{1}{3}x^3 - 2x^2 + 4x$ $h(x) = x^6 - \frac{3}{2}x^4$

Vergleichen Sie anschließend die Rechenwege. Stellen Sie Vor- und Nachteile der beiden hinreichenden Bedingungen gegenüber.

18 Beim Bau von Straßen, Bahngleisen oder Achterbahnen wird bei der Berechnung der Linienführung immer darauf geachtet, dass Richtungswechsel möglichst kräftearm verlaufen, um eine ruckfreie Fahrdynamik zu erreichen. Hierbei reicht es nicht, dass beim Übergang von z. B. Geraden zu Kurven und umgekehrt die Steigungen identisch sind, d. h. keine „Knicke“ auftreten. Damit sich auch die Richtungsänderung nicht abrupt ändert, ist zudem zu fordern, dass auch die Krümmungen der Linien in den Übergangspunkten übereinstimmen.
Als Beispiel hierzu sollen zwei gerade Straßenenden durch eine Kurve verbunden werden. Die Straßenenden sind gegeben durch die Geraden $y = 2$ für $x \leq 0$ und $y = -2x + 9$ für $x \geq 4$.

a) Zeigen Sie, dass die Kurve 1, beschrieben durch den Graphen der Funktion f mit $f(x) = -\frac{3}{32}x^3 + \frac{5}{16}x^2 + 2$ für $0 < x < 4$, an den Anschlussstellen zwar keinen Knick aufweist, die Krümmungen aber plötzlich deutlich voneinander abweichen.

b) Gegeben ist eine zweite Funktion g mit $g(x) = a \cdot x^5 - \frac{41}{256}x^4 + \frac{11}{32}x^3 + 2$ für $0 < x < 4$. Bestimmen Sie den Koeffizienten a so, dass die Funktion g die geforderten Eigenschaften erfüllt, und weisen Sie diese nach.

MK

c) Zeichnen Sie die Graphen der beiden Geraden sowie der Funktionen f aus a) und g aus b) mithilfe eines Plotters in ein gemeinsames Koordinatensystem. Überprüfen Sie damit Ihre Ergebnisse.

19 Ausblick: Der Graph einer ganzrationalen Funktion f dritten Grades hat einen Tiefpunkt im Koordinatenursprung.

a) Stellen Sie eine allgemeine Gleichung für f auf und finden Sie Bedingungen für die Lage des Tiefpunktes im Ursprung.

b) Der Graph von f ist für $x < 1$ linksgekrümmt und für $x > 1$ rechtsgekrümmt. Bestimmen Sie einen möglichen Funktionsterm von f. Zeichnen Sie den zugehörigen Graphen.

c) Geben Sie eine allgemeine Funktionsgleichung an, die alle möglichen Lösungen von b) beschreibt.

4.5 Wendepunkte

Der Graph stellt links das Geländeprofil einer Straße dar und rechts die Draufsicht einer anderen Straße. Die Stelle x = 3 hat für den Radfahrer in der jeweiligen Situation unterschiedliche Bedeutungen. Stellen Sie einen Zusammenhang zwischen diesen Bedeutungen her. Erläutern Sie, wie man diese Stelle bei gegebenem Funktionsterm berechnen könnte.

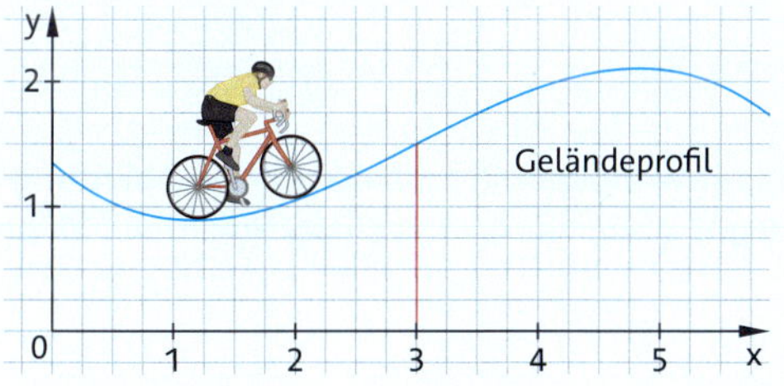

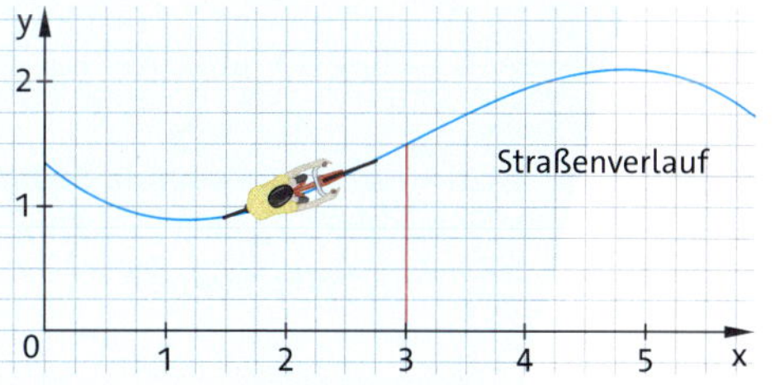

Die Grafik zeigt die Zusammenhänge zwischen den Graphen einer Funktion f und ihren ersten beiden Ableitungsfunktionen f′ und f″.

Die Stellen, an denen sich das Krümmungsverhalten des Graphen ändert, heißen **Wendestellen**.
An diesen Stellen ist die **Steigung des Graphen lokal maximal** (beim Wechsel von Links- zu Rechtskrümmung) bzw. **lokal minimal** (beim Wechsel von Rechts- zu Linkskrümmung).

Eine Wendestelle ist folglich eine lokale Extremstelle der ersten Ableitungsfunktion und damit eine Nullstelle der zweiten Ableitungsfunktion mit Vorzeichenwechsel.

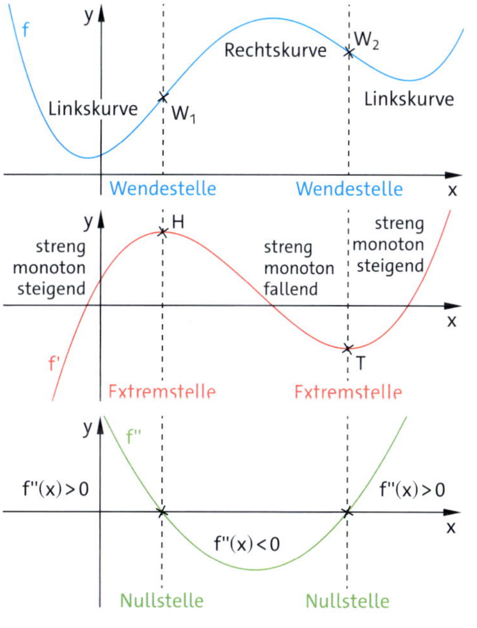

Definition **Wendepunkt**

Ein **Wendepunkt** ist ein Punkt, an dem ein Graph von einer Linkskrümmung in eine Rechtskrümmung übergeht oder umgekehrt.

Ein **Sattelpunkt** ist ein Wendepunkt, in dem der Graph eine waagerechte Tangente hat.

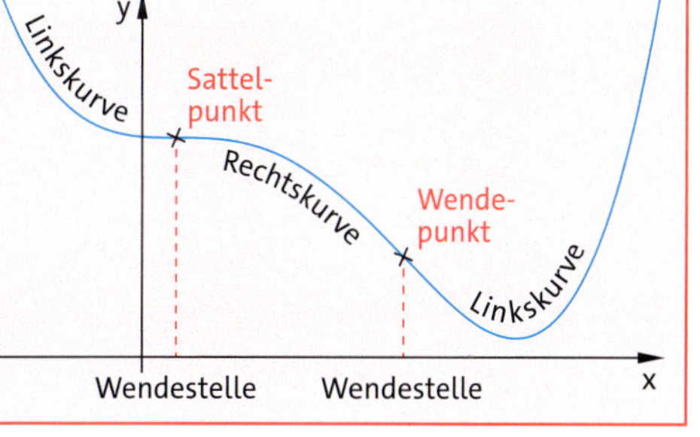

Da eine Wendestelle von f eine lokale Extremstelle der ersten Ableitung f′ ist, ist eine notwendige Bedingung, dass dort die Ableitung von f′, also die zweite Ableitung f″, den Wert 0 hat.

Satz **Notwendige Bedingung für Wendepunkte**

Hat der Graph einer Funktion f an der Stelle x_W einen Wendepunkt, dann gilt $\mathbf{f''(x_W) = 0}$.

Da Wendestellen von f lokale Extremstellen von f' sind, lassen sich die hinreichenden Bedingungen für lokale Extremstellen auf Wendestellen übertragen.

Satz **Hinreichende Bedingung für Wendepunkte mit VZW der zweiten Ableitung**
Wenn **$f''(x_W) = 0$** gilt und das **Vorzeichen von f''** an der Stelle x_W wechselt, dann hat der Graph der Funktion f an der Stelle x_W einen **Wendepunkt**.

Wenn f'' einen Vorzeichenwechsel von + nach – hat, geht der Graph von f von einer Links- in eine Rechtskurve über, bei einem Wechsel von – nach + von einer Rechts- in eine Linkskurve.

Hinweis
Die Ableitung der zweiten Ableitung f'' wird als dritte Ableitung f''' bezeichnet.

Satz **Hinreichende Bedingung für Wendepunkte mit der dritten Ableitung**
Wenn **$f''(x_W) = 0$** und **$f'''(x_W) \neq 0$** gilt, dann hat der Graph der Funktion f an der Stelle x_W einen **Wendepunkt**.

Beispiel 1 Bestimmen Sie rechnerisch die Koordinaten der Wendepunkte des Graphen von f mit $f(x) = -\frac{1}{16}x^4 + \frac{1}{4}x^3$. Prüfen Sie, ob die Wendepunkte auch Sattelpunkte sind.

Lösung:
Bilden Sie die ersten drei Ableitungen von f.

$f'(x) = -\frac{1}{4}x^3 + \frac{3}{4}x^2$
$f''(x) = -\frac{3}{4}x^2 + \frac{3}{2}x$
$f'''(x) = -\frac{3}{2}x + \frac{3}{2}$

Die Nullstellen von f'' liefern die „Kandidaten" für mögliche Wendestellen.
Es gibt zwei Möglichkeiten, diese „Kandidaten" zu untersuchen.

$-\frac{3}{4}x^2 + \frac{3}{2}x = 0$, also $x_1 = 0$ und $x_2 = 2$

1. Möglichkeit: VZW-Kriterium
Erstellen Sie eine Krümmungstabelle und setzen Sie geeignete Teststellen in f''(x) ein.

1. Möglichkeit: VZW-Kriterium

	x < 0	0	0 < x < 2	2	x > 2
Teststelle	−1		1		3
f''(x)	–	0	+	0	–

VZW, also Wendepunkte

2. Möglichkeit: Einsetzen in f'''(x)
Prüfen Sie, ob die Ergebnisse ungleich 0 sind.

2. Möglichkeit: Einsetzen in f'''(x)
$f'''(0) = \frac{3}{2} \neq 0$ Bei 0 liegt ein Wendepunkt.
$f'''(2) = -\frac{3}{2} \neq 0$ Bei 2 liegt ein Wendepunkt.

Einsetzen der Wendestellen in f(x) liefert die y-Koordinaten der Wendepunkte W_1 und W_2.

$f(0) = 0$ $W_1(0|0)$
$f(2) = 1$ $W_2(2|1)$

Einsetzen der Wendestellen in f'(x) zeigt, ob die Wendepunkte Sattelpunkte sind.

$f'(0) = 0$ W_1 ist ein Sattelpunkt.
$f'(2) = 1 \neq 0$ W_2 ist kein Sattelpunkt.

Basisaufgaben

1 Lesen Sie die Koordinaten der Wendepunkte ab. Geben Sie jeweils an, ob es sich um einen Wendepunkt mit lokal minimaler oder lokal maximaler Steigung handelt und ob ein Sattelpunkt vorliegt.

a)
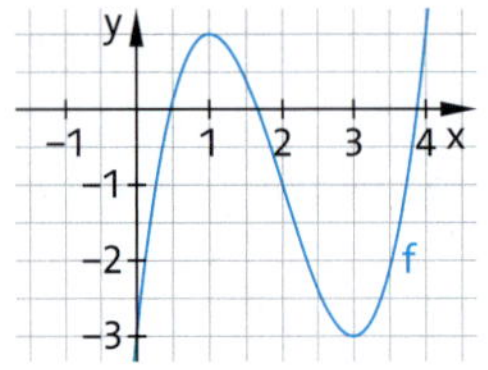

b)
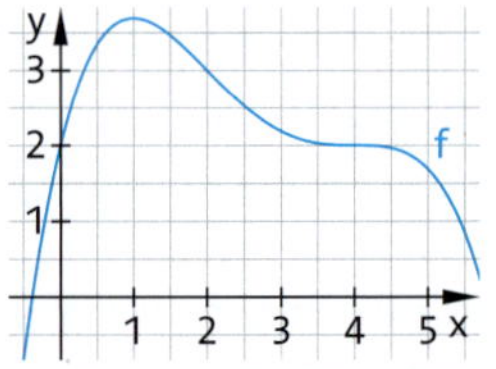

c)
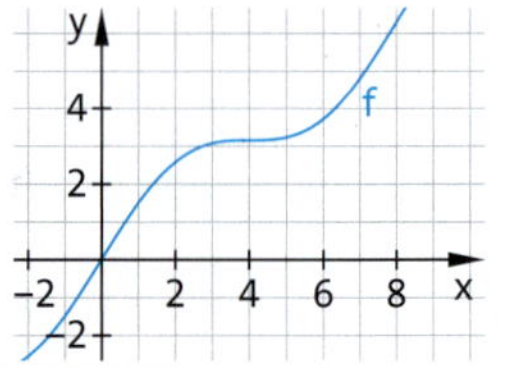

2 Gegeben sind die Graphen der zweiten Ableitung einer Funktion. Treffen Sie Aussagen über die Existenz von Wendestellen sowie über das Krümmungsverhalten des Graphen von f. Gehen Sie davon aus, dass es im weiteren Verlauf des Graphen keine Änderungen im Krümmungsverhalten gibt.

a)
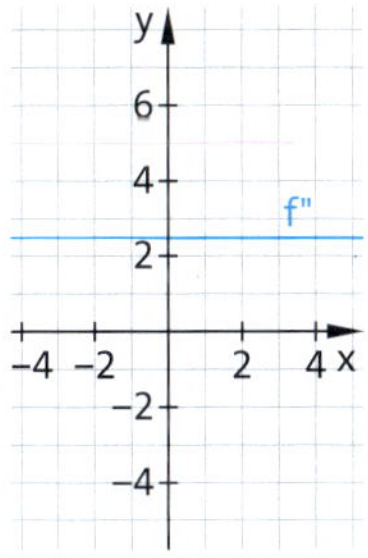

b)
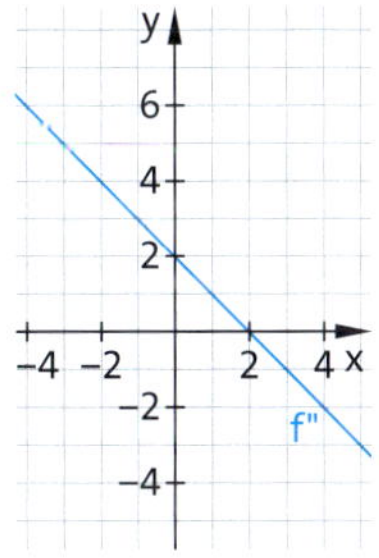

c)
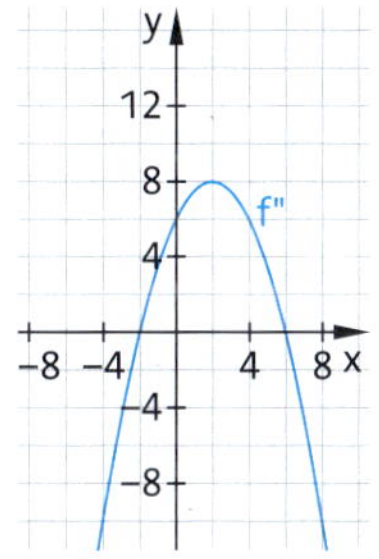

d)
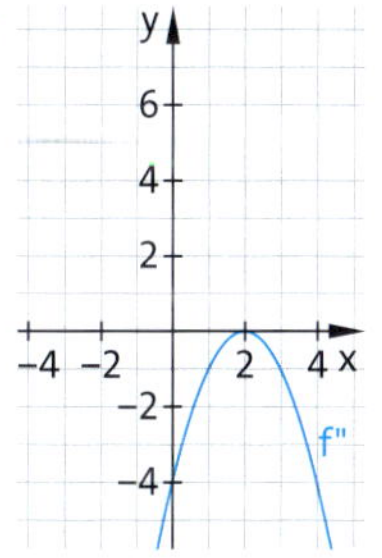

3 Gegeben ist der Graph von f′. Lesen Sie die Wendestellen von f ab und geben Sie an, welcher Krümmungswechsel beim Graphen von f an diesen Stellen vorliegt.

a)
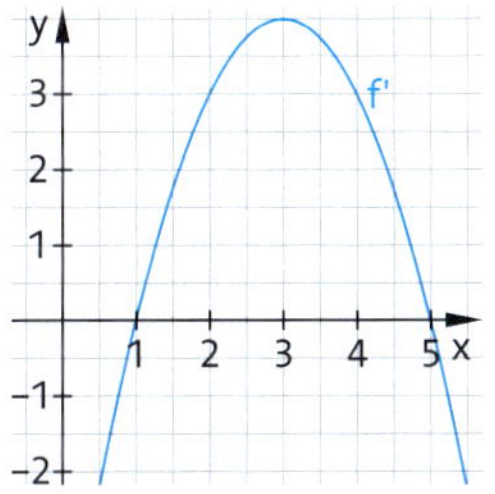

b)
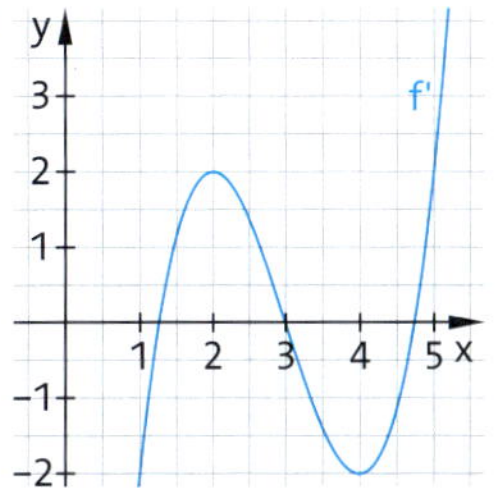

c)
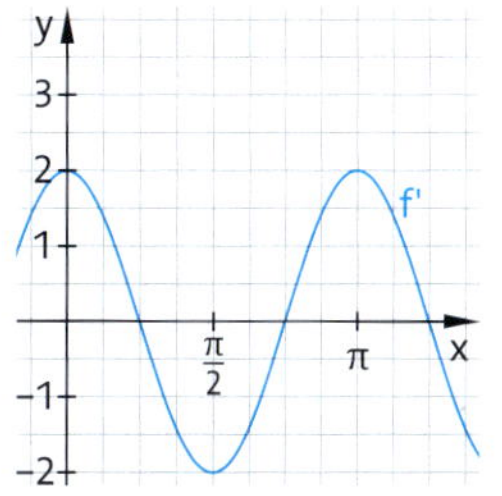

Hinweis

Eine DGS oder ein CAS können Wendepunkte von Graphen direkt berechnen und anzeigen.

4 Untersuchen Sie den Graphen der Funktion mit dem Vorzeichenwechselkriterium auf Wendepunkte, ohne einen Taschenrechner zu verwenden. Beschreiben Sie, wie sich das Krümmungsverhalten des Graphen an den Wendestellen ändert. Überprüfen Sie Ihr Ergebnis mit einer geeigneten Mathematik-Software.

a) $f(x) = x^3 - 3x^2$ b) $f(x) = x^4 - 24x^2 + 8x$ c) $f(x) = x^4 + 24x^2 + 8x$

d) $f(x) = \frac{1}{12}x^4 + \frac{1}{6}x^3 - x^2 + 5x$ e) $f(x) = x^4 - 12x^2 + 4x$ f) $f(x) = 6x^5 - 15x^4 + 10x^3$

5 Gegeben sind die Funktionen f, g, h und k mit den angegebenen Funktionstermen.

$f(x) = x^3 - 6x^2 + 12x + 2$ $g(x) = \frac{1}{2}x^3 + \frac{3}{2}x^2 + \frac{7}{2}x + \frac{3}{2}$

$h(x) = 4x^5 - \frac{10}{3}x^4 - \frac{20}{3}x^3$ $k(x) = x^4 - 8x^3 + 30x^2 + 7$

a) Bestimmen Sie die Koordinaten der Wendepunkte der zugehörigen Graphen. Geben Sie jeweils an, ob es sich um Punkte mit maximaler oder minimaler Steigung handelt.

b) Prüfen Sie, ob die in a) bestimmten Wendepunkte auch Sattelpunkte sind.

c) Überprüfen Sie Ihr Ergebnis mit einer geeigneten Mathematik-Software.

6 Die Funktion f mit $f(t) = -0{,}32t^3 + 4{,}8t^2 + 18{,}4$ beschreibt den Temperaturverlauf eines Backofens für die ersten 10 Minuten nach dem Einschalten. Hierbei wird t in Minuten und f(t) in Grad Celsius angegeben.

a) Bestimmen Sie den Zeitpunkt, an dem sich die Temperatur am stärksten ändert.

b) Bestimmen Sie für den ermittelten Zeitpunkt die erreichte Temperatur und die Geschwindigkeit, mit der sich die Temperatur ändert.

c) Beschreiben Sie im Sachzusammenhang die Bedeutung des Krümmungsverhaltens vor und nach diesem Zeitpunkt.

Bedeutung von Wendepunkten

In Wendepunkten wird die Änderungsrate einer Funktion bzw. die Steigung des zugehörigen Graphen lokal maximal oder minimal. Damit können Wendepunkte in Anwendungssituationen verschiedene Bedeutungen haben, zum Beispiel:
- steilster Anstieg einer Straße
- größter Zustrom von Besuchern
- stärkste Abnahme von Temperaturen

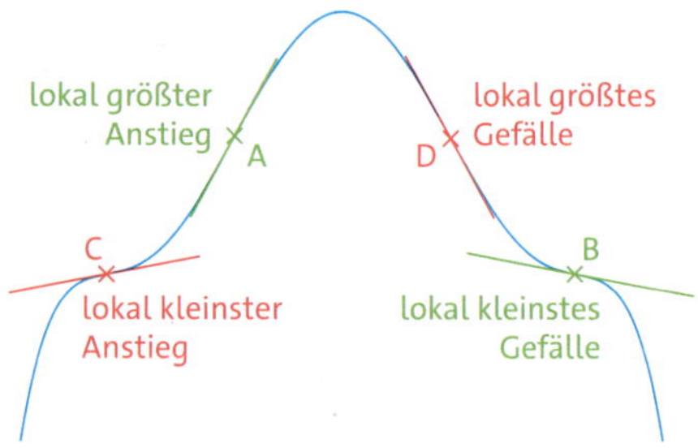

Beispiel 2

Der Verlauf einer Rutsche ist durch die Funktion f mit $f(x) = \frac{1}{16}x^3 - \frac{3}{8}x^2 + 2$ gegeben. Bestimmen Sie die steilste Stelle der Rutsche.

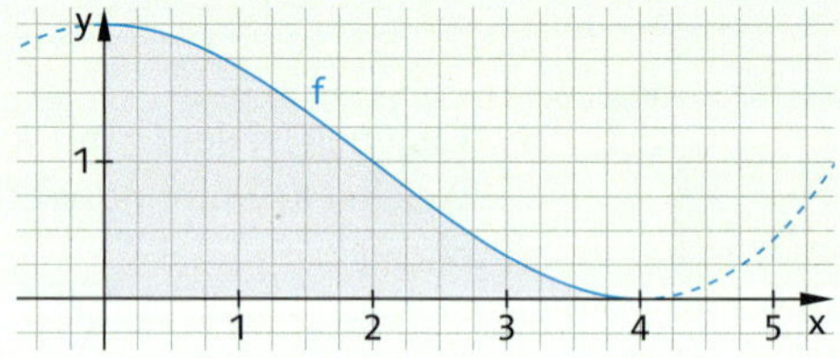

Lösung:

An der steilsten Stelle ist das Gefälle der Rutsche maximal. Die (negative) Steigung des Graphen ist hier also minimal. Bestimmen Sie daher den Wendepunkt des Graphen von f. Die steilste Stelle der Rutsche liegt bei x = 2.

$f'(x) = \frac{3}{16}x^2 - \frac{3}{4}x$; $\quad f''(x) = \frac{3}{8}x - \frac{3}{4}$

Nullstelle von f'': $\frac{3}{8}x - \frac{3}{4} = 0$, also $x = 2$

$f'''(x) = \frac{3}{8} \neq 0$ für alle x, also liegt bei x = 2 ein Wendepunkt.

Basisaufgaben

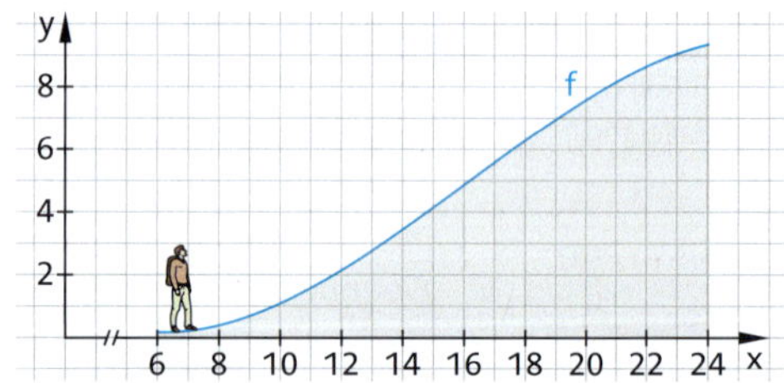

7 Das seitliche Profil eines Hangs wird für $6 \leq x \leq 24$ durch die Funktion f mit $f(x) = -\frac{1}{400}x^3 + \frac{3}{25}x^2 - \frac{6}{5}x + \frac{18}{5}$ beschrieben. Bestimmen Sie die steilste Stelle des Hangs.

8 Die Funktion f mit $f(t) = -\frac{1}{72}t^3 + \frac{5}{12}t^2 - \frac{8}{3}t + \frac{188}{9}$ beschreibt für $6 \leq t \leq 20$ den Temperaturverlauf an einem Sommertag. Dabei gibt t die Tageszeit in Stunden und f(t) die Temperatur in Grad Celsius an.

a) Ermitteln Sie den Zeitpunkt, zu dem die Temperatur am stärksten ansteigt.

b) Berechnen Sie den Temperaturanstieg zu diesem Zeitpunkt.

9 Die Funktion h mit
$h(t) = -0{,}0025t^3 + 0{,}12t^2 - 1{,}2t + 3{,}6$
beschreibt näherungsweise den Pegelstand eines Flusses während eines ganzen Tags. Hierbei ist t die Zeit in Stunden nach Mitternacht und h(t) die Höhe des Pegels in Metern.
Berechnen Sie, wann der Pegelstand am schnellsten anwächst (fällt), und ermitteln Sie die Änderungsgeschwindigkeiten.

Weiterführende Aufgaben

Zwischentest

10 Die Tabelle zeigt verschiedene Strategien, um den Graphen einer Funktion f auf Extrempunkte, Wendepunkte und Sattelpunkte zu untersuchen. Erklären Sie den Aufbau der Tabelle und ersetzen Sie die Platzhalter ■ passend.

	Hochpunkt	Tiefpunkt	Wendepunkt	Sattelpunkt
1. Ableitung	$f'(x_0) = 0$ und f' hat VZW von ■ nach ■ oder	$f'(x_0) = 0$ und f' hat VZW von ■ nach ■ oder		$f'(x_0) =$ ■ und
2. Ableitung	$f''(x_0)$ ■ 0	$f''(x_0)$ ■ 0	$f''(x_0) = 0$ und f'' hat VZW oder	$f''(x_0) =$ ■ und f'' hat VZW oder
3. Ableitung			$f'''(x_0)$ ■ 0	$f'''(x_0)$ ■ 0

MK **11** Gegeben ist die Funktion f mit $f(x) = 5x^7 - 7x^5 + 2$. Zeigen Sie, dass Sie das VZW-Kriterium nutzen müssen, um die Anzahl der Wendestellen zu bestimmen. Untersuchen Sie dann den Verlauf der Graphen von f, f', f'' sowie f''' mithilfe einer Mathematik-Software. Bestimmen Sie damit auch die Wendepunkte des Graphen von f und lassen Sie diese anzeigen.

12 a) Begründen Sie, wie viele Wendestellen eine ganzrationale Funktion fünften Grades haben kann.
b) Der Graph einer ganzrationalen Funktion ändert viermal sein Krümmungsverhalten. Erklären Sie, welchen Grad diese Funktion mindestens haben muss.

13 Berechnen Sie die Koordinaten der Schnittpunkte des Graphen von f mit den Koordinatenachsen sowie die Koordinaten der Extrem- und Wendepunkte.
a) $f(x) = x^3 + 6x^2 + 9x$
b) $f(x) = x^3 + 3x^2$
c) $f(x) = x^4 - 8x^3 + 18x^2$
d) $f(x) = 3x^4 - 16x^3 + 24x^2$
e) $f(x) = \frac{1}{4}x^4 + 2x^3 + \frac{9}{2}x^2$
f) $f(x) = -\frac{3}{8}x^4 + 2x^3 - 3x^2$

⚠ **14** **Stolperstelle:** Für eine Funktion f gilt: $f'(5) = 0$, $f''(5) = 0$, $f'''(5) = -4$. Beurteilen Sie die folgenden Aussagen.
Theo sagt: *„Um zu prüfen, ob bei x = 5 ein Extremum vorliegt, muss man f' dort auf einen Vorzeichenwechsel untersuchen, da die 2. Ableitung 0 ist."*
Carina sagt: *„Bei x = 5 liegt ein Sattelpunkt, aber weil f'(5) = 0 ist, handelt es sich nicht um einen Wendepunkt."*
Yusuf sagt: *„Der Graph von f' hat bei x = 5 eine waagerechte Tangente, also liegt dort ein Wendepunkt von f'."*

Hilfe

15 Ein Kinosaal wird 35 Minuten vor Filmbeginn geöffnet. Die Funktion B mit $B(t) = \frac{3}{102\,400}t^5 - \frac{3}{1024}t^4 + \frac{5}{64}t^3$, $0 \le t \le 35$, beschreibt näherungsweise die Anzahl der Besucher im Kinosaal t Minuten nach der Öffnung. Bestimmen Sie, wann der Andrang am größten ist.

Wissen **Wendetangente**

Eine Tangente w an den Wendepunkt eines Graphen heißt **Wendetangente**.

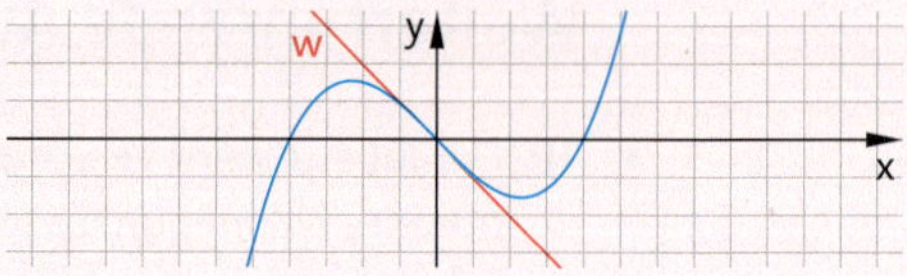

16 Bestimmen Sie die Gleichung der Wendetangente an den Graphen von f.

a) $f(x) = x^3 - 3x$
b) $f(x) = x^3 + 4x + 2$
c) $f(x) = 2x^3 - 6x^2 + 10x$
d) $f(x) = x^3 - 3x^2 + 3x - 5$

17 Bestimmen Sie die Koordinaten der Wende- und Sattelpunkte des Graphen von f sowie die Gleichungen aller Wendetangenten.

a) $f(x) = 7x^5$
b) $f(x) = 2x^8$
c) $f(x) = \frac{1}{4}x^4 - x^3 + 3$
d) $f(x) = \frac{3}{4}x^5 + \frac{15}{4}x^4 + 5x^3$

Erinnerung

Steigungswinkel:

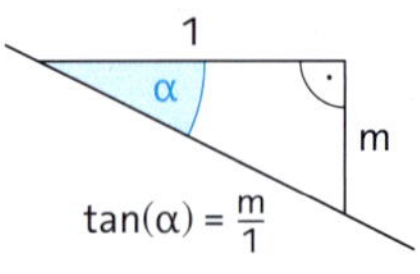

18 Der Graph der Funktion f mit $f(x) = \frac{1}{9}x^3 - \frac{1}{2}x^2 + \frac{3}{2}$ beschreibt für $0 \leq x \leq 3$ den Verlauf einer Rutschbahn (x, f(x) in m).

a) Skizzieren Sie den Graphen und bestimmen Sie die Stelle, an der die Rutschbahn das größte Gefälle aufweist. Geben Sie das maximale Gefälle der Rutschbahn in Grad an.
b) Luisa schlägt vor, die Rutsche so zu verändern, dass sie ab dem Punkt mit der größten Steigung geradlinig zum Boden verläuft. Ermitteln Sie den Punkt, an dem die Rutsche dann auf den Boden trifft. Überprüfen Sie Ihr Ergebnis mit einer geeigneten Mathematik-Software.

19 Der Term der ganzrationalen Funktion f vom Grad n hat nur ungerade Exponenten.

a) Zeigen Sie, dass der Graph von f für n = 5 den Wendepunkt W(0 | 0) hat.
b) Untersuchen Sie, für welche n der Graph von f den Wendepunkt W(0 | 0) hat.

Hilfe

20 Die Funktion f mit $f(x) = \frac{1}{9}x^3 - x^2 + \frac{8}{3}x$ beschreibt das Geländeprofil (in 100 m) einer 6 km langen Bergtour (x: horizontale Entfernung vom Startpunkt in km).

a) Bestimmen Sie die durchschnittliche Steigung der Strecke, bevor es bergab geht.
b) Ermitteln Sie, um wie viel Prozent die größte Steigung auf diesem ersten Bergauf-Abschnitt größer ist als die durchschnittliche Steigung.
c) Geben Sie an, über welche horizontale Entfernung die Tour bergab verläuft.
d) Geben Sie an, welcher Höhenunterschied hierbei absolviert wird.
e) Ermitteln Sie, an welcher Stelle der Strecke es am steilsten bergab geht.
f) Berechnen Sie, an welchen Stellen der Strecke die Steigung am größten ist.

21 **Ausblick:** Gegeben ist die **Funktionenschar** f_a mit $f_a(x) = -\frac{1}{a^2} \cdot x^3 + \frac{3}{a} \cdot x^2$ und $a > 0$.

a) Berechnen Sie die Nullstellen von f_a.
b) Geben Sie zu jedem abgebildeten Graphen den passenden Parameter a an.
c) Bestimmen Sie f'_a, f''_a und f'''_a.
d) Bestimmen Sie die Koordinaten der Extrem- und Wendepunkte des Graphen von f_a. Geben Sie die Art der Extrema an.
e) Zeigen Sie, dass alle Wendepunkte auf einer Gerade liegen.

Untersuchung von Funktionen mit DGS oder Funktionenplottern

Mit einer dynamischen Geometrie-Software (DGS) bzw. einem Funktionenplotter können Funktionsgraphen am Computer gezeichnet und beispielsweise auf Nullstellen, lokale Extrempunkte, Sattelpunkte und Wendepunkte untersucht werden. Diese Programme können auch Längen gebogener Strecken berechnen und eignen sich außerdem sehr gut zur Kontrolle von Rechenergebnissen.

Beispiel 1 Der Querschnitt eines Tals in den Bergen kann von Westen nach Osten näherungsweise durch den Graphen von f mit $f(x) = -\frac{1}{600}(3x^4 - 10x^3 - 139{,}5x^2 + 445{,}5x + 600)$ modelliert werden, wobei eine Einheit auf den Achsen 100 m entspricht.

a) Die beiden Gipfel sollen mit einer Seilbahn geradlinig verbunden werden. Berechnen Sie die Länge des dafür benötigten Drahtseils sowie die Steigung der Seilbahn. Gehen Sie davon aus, dass das Seil nicht durchhängt.

b) Eine Snowboard-Piste soll von der Talsohle bis zur steilsten Stelle des östlichen Berghangs entstehen. Ermitteln Sie dafür die steilste Stelle des Berghangs und berechnen Sie die zugehörige Steigung.

c) Die Snowboard-Piste soll auch auf die westliche Talseite ausgedehnt werden, allerdings die maximale Steigung der Ostseite nicht überschreiten. Ermitteln Sie den dafür höchstmöglichen Punkt an der Westseite sowie die Gesamtlänge der Piste.

Lösung:

a) Die Gipfel werden durch die Hochpunkte des Graphen dargestellt. Stellen Sie den Graphen von f mit einer Mathematik-Software dar und lassen Sie die lokalen Extrempunkte berechnen.
Bestimmen Sie die Länge der Seilbahn als den Abstand der Punkte A und C.
Legen Sie dann eine Gerade durch die Punkte A und C und lassen Sie ihre Steigung berechnen.

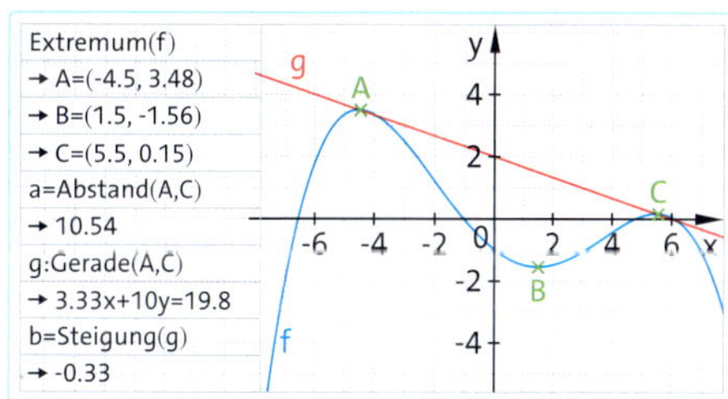

Das Seil muss mindestens 1054 m lang sein, die Steigung beträgt 33 %.

b) In den Wendepunkten verläuft der Graph am steilsten. Ermitteln Sie diese, legen Sie dort Tangenten an den Graphen und bestimmen Sie deren Steigungen.
Nur der Wendepunkt E(3,74 | −0,63) liegt östlich der Talsohle, die Steigung beträgt dort 65 %.

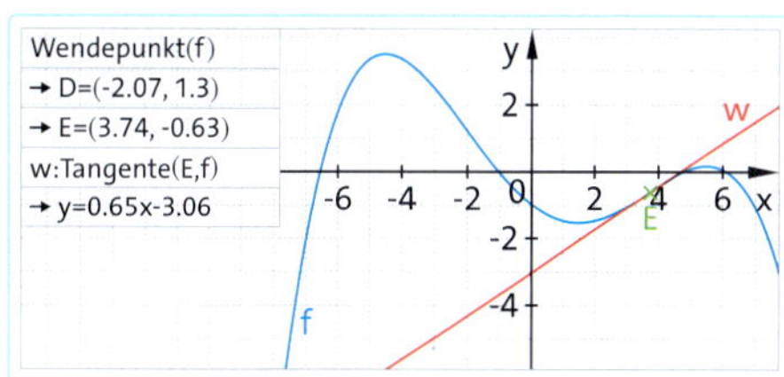

c) Lassen Sie den Graphen der Ableitung f' von f anzeigen. Lösen Sie die Gleichung $f'(x) = -0{,}65$ (die Steigung ist negativ, da der Hang nach Osten hin abfällt). Sie erhalten die Lösung x = 0,2, der Punkt F(0,2 | −1,14) liegt auf dem Hang westlich der Talsohle.
Bestimmen Sie mit der Mathematik-Software die Länge des Graphenabschnitts zwischen E und F.

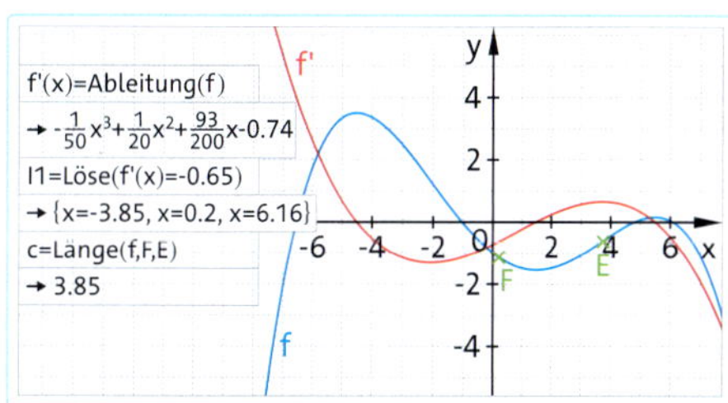

Die Piste ist 385 m lang.

Aufgaben

MK **1** Ein Flusslauf kann in der Draufsicht näherungsweise durch die Funktion f mit $f(x) = \frac{1}{500}(x^5 + 2x^4 - 83x^3 - 116x^2 + 1316x - 568)$ beschrieben werden, wobei eine Einheit auf den Achsen 1000 m entspricht.

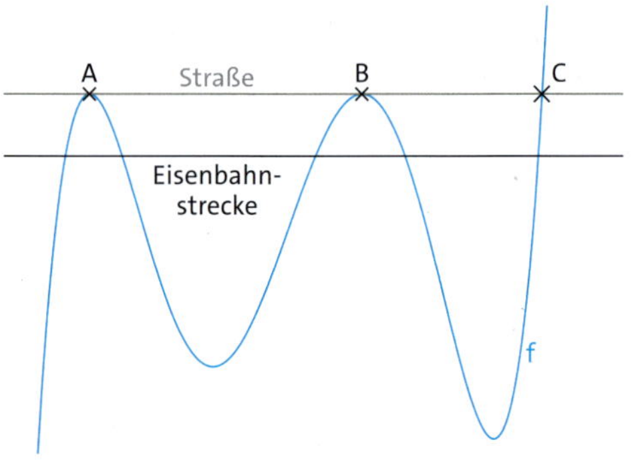

a) An den Punkten A und B sind Badestellen angelegt, die durch eine gerade Straße verbunden sind. Ermitteln Sie die Koordinaten des Punktes C, in dem die Straße den Fluss auf einer Brücke überquert.

b) Parallel zur Straße soll in 2 km Abstand eine Eisenbahnstrecke angelegt werden (siehe Abbildung). Ermitteln Sie die Punkte, an denen die Eisenbahn den Fluss schneidet, und geben Sie die Länge der Eisenbahnstrecken zwischen den Brücken an.

c) Bestimmen Sie die Stelle zwischen A und C mit der größten Entfernung zwischen Eisenbahn und Fluss.

d) Ermitteln Sie die Punkte, an denen der Fluss seine Krümmung ändert, und prüfen Sie, ob diese auf einer Gerade liegen.

Hinweis zu b)

Die Brücken befinden sich an den Schnittpunkten des Graphen von f mit der Eisenbahnstrecke.

MK **2** Auf einem Spielplatz wird eine neue Rutsche gebaut. Diese kann zwischen dem höchsten Punkt A und dem tiefsten Punkt B durch die Funktion f mit $f(x) = \frac{1}{32}(x^5 + 2x^4 - 8x^3 - 8x^2 - 16)$ modelliert werden, wobei eine Einheit auf den Achsen 1 m entspricht:

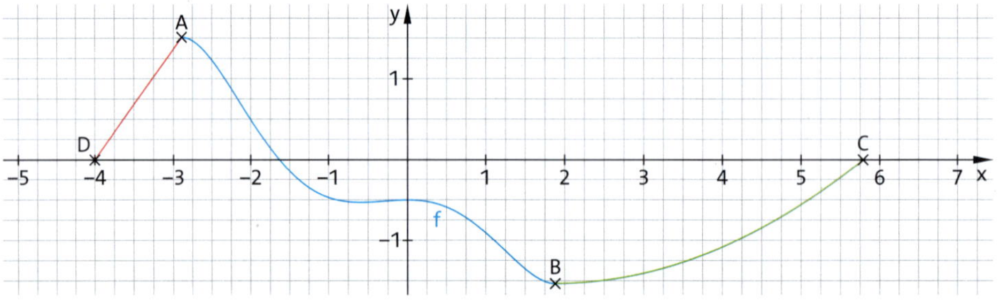

a) Zum Start A der Rutsche gelangt man vom Punkt D(−4 | 0) aus über eine Leiter. Stellen Sie den Graphen von f sowie den Verlauf der Leiter verschiedenfarbig mithilfe einer DGS dar. Ermitteln Sie die Länge und den Steigungswinkel der Leiter.

b) Ermitteln Sie das mittlere Gefälle der Rutschbahn zwischen den Punkten A und B.

c) Finden Sie die Punkte der Bahn, an denen das Gefälle maximal ist bzw. genau 100 % beträgt.

d) Der Auslauf der Rutsche (von B nach C) soll durch eine Parabel mit dem Scheitelpunkt B und dem Öffnungsfaktor 0,1 modelliert werden. Geben Sie die Gleichung dieser Parabel p an und stellen Sie in einem gemeinsamen Koordinatensystem die Graphen von f und p dar. Begründen Sie, warum der Übergang der Rutschbahn in den Auslauf knickfrei ist.

e) Bestimmen Sie den Punkt, an dem der Auslauf wieder das Ausgangsniveau erreicht. Geben Sie die Länge der Rutsche einschließlich des Auslaufs an.

Hinweis

Man kann Funktionen auch abschnittsweise anzeigen lassen, z. B. nur auf einem Intervall [−3; 2]: Funktion(f, −3, 2)

MK ● **3** Der Querschnitt eines Geländes von West nach Ost kann näherungsweise durch f mit $f(x) = -\frac{1}{600}(3x^4 - 10x^3 - 139{,}5x^2 + 445{,}5x + 600)$ modelliert werden (1 Einheit ≙ 100 m). Für ein Panorama-Restaurant soll der oberhalb der x-Achse liegende Teil des östlichen Berghangs abgetragen und die so entstehende Fläche planiert werden. Schätzen Sie ab, wie viele Kubikmeter Erde dazu ungefähr abgetragen werden müssen.

Hinweis zu 3

Betrachten Sie die Bergkuppe näherungsweise als Kegel.

MK **4** Die Wurfbahn beim Kugelstoßen wird beschrieben durch den Graphen der Funktion h mit $h(x) = -\frac{1}{2} \cdot \frac{9{,}87}{v_0^2 \cdot \cos^2(\alpha)} \cdot x^2 + \tan(\alpha) \cdot x + h_0$. Dabei bezeichnet v_0 die Abwurfgeschwindigkeit in m/s, α den Abwurfwinkel in Grad und h_0 die Abwurfhöhe in m.
Untersuchen Sie mit einer Software mit einem Schieberegler, bei welchem Abwurfwinkel α die maximale Wurfweite für $h_0 = 2\,\text{m}$ und $v_0 = 12\,\text{m/s}$ erreicht wird.

MK **5** Ein Unternehmen stellt Smartphones her. Die täglichen Produktionskosten in € werden durch die Funktion f mit $f(x) = 0{,}13x^3 - 3{,}05x^2 + 52{,}71x + 324{,}85$ beschrieben. Dabei beschreibt x die produzierte Stückzahl.

a) Berechnen Sie f(21). Interpretieren Sie das Ergebnis im Sachzusammenhang.
b) Bestimmen Sie den mittleren Kostenzuwachs zwischen den Produktionsmengen 10 und 25.
c) Der Verkaufspreis pro Smartphone beträgt 260,20 €. Bestimmen Sie, für welche täglich produzierten Stückzahlen ein Gewinn erwirtschaftet wird.
d) Ermitteln Sie, für welche Produktionsmenge der Gewinn maximal wird.
e) Berechnen Sie, für welche Produktionsmengen ein Gewinn von 4000 € erzielt wird.

MK **6** Die Funktion f mit $f(x) = \frac{1}{27}x^4 - \frac{2}{3}x^2 + 3$ beschreibt für $-3 \le x \le 3$ den oberen Rand eines Hausgiebels (x, f(x) in m).

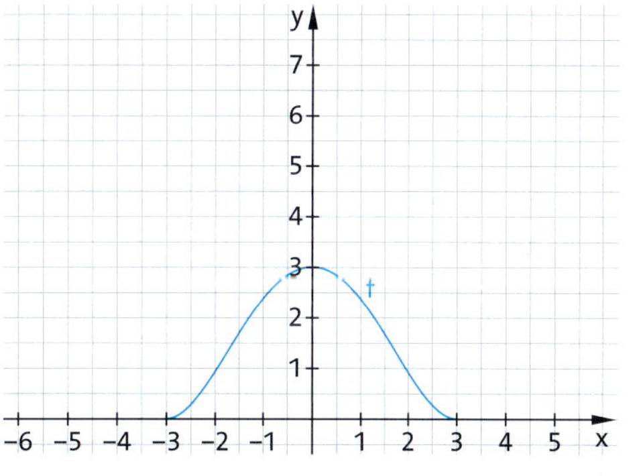

a) Einen Meter unterhalb des höchsten Punktes des Giebels soll eine Querstange eingesetzt werden. Bestimmen Sie die notwendige Länge.
b) Der obere Rand des Giebels soll mit Kupfer verkleidet werden. Bestimmen Sie die Länge dieses krummlinigen Rands.

MK **7** In einem Labor wird eine Bakterienkultur unter verschiedenen Einflüssen beobachtet. Die Funktion f mit $f(t) = -\frac{4}{53}t^3 + \frac{4}{7}t^2 + \frac{3}{5}t + \frac{12}{5}$ gibt die Fläche in cm^2 an, die von den Bakterien nach t Stunden bedeckt wird.

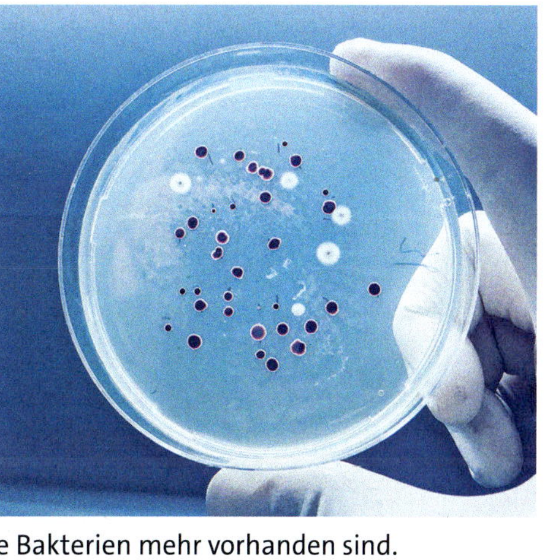

a) Plotten Sie den Graphen von f im Intervall [0; 9] und beschreiben Sie seinen Verlauf im Sachzusammenhang.
b) Geben Sie den Wert der bedeckten Fläche zu Beobachtungsbeginn an und bestimmen Sie den Zeitpunkt, zu dem dieser Wert erneut erreicht wird.
c) Bestimmen Sie den Zeitpunkt, zu dem keine Bakterien mehr vorhanden sind.
d) Bestimmen Sie den Zeitpunkt, zu dem die bedeckte Fläche am größten ist, und geben Sie diesen Flächeninhalt an.
e) Bestimmen Sie den Zeitpunkt des größten Bakterienwachstums.

4.6 Klausur- und Abiturtraining

Aufgaben ohne Hilfsmittel

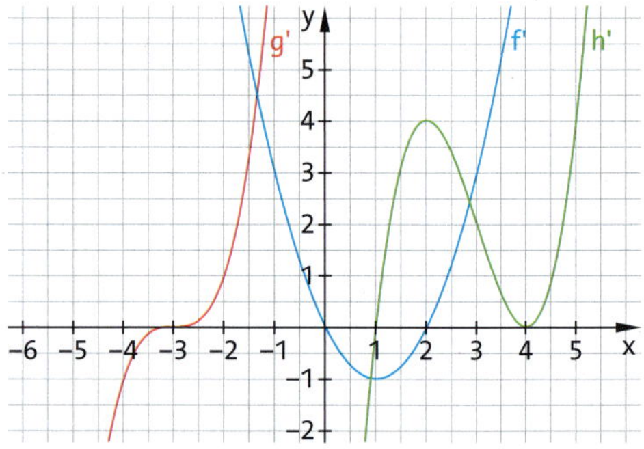

1 Die Abbildung zeigt die Graphen dreier Ableitungsfunktionen f′, g′ und h′.

a) Beschreiben Sie das Monotonieverhalten der Graphen von f, g und h.

b) Nennen Sie die Extremstellen von f und g sowie die Art der Extrema. Begründen Sie, warum Sie die Extremwerte nicht angeben können.

c) Beschreiben Sie das Krümmungsverhalten der Graphen von f, g und h. Geben Sie jeweils die Wendestellen an.

d) Einer der Graphen gehört zur Funktion f. Ordnen Sie begründet zu.

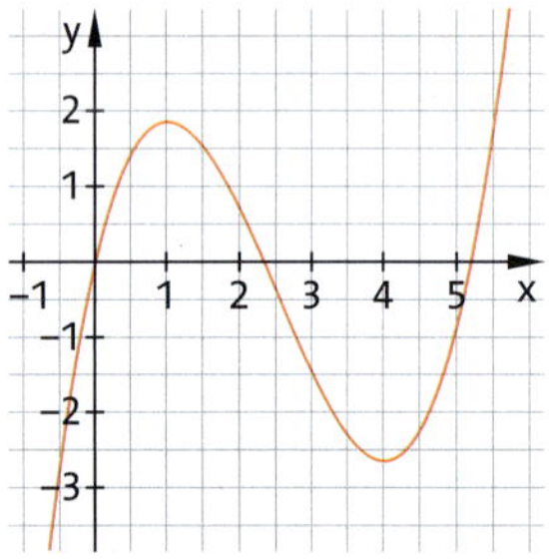

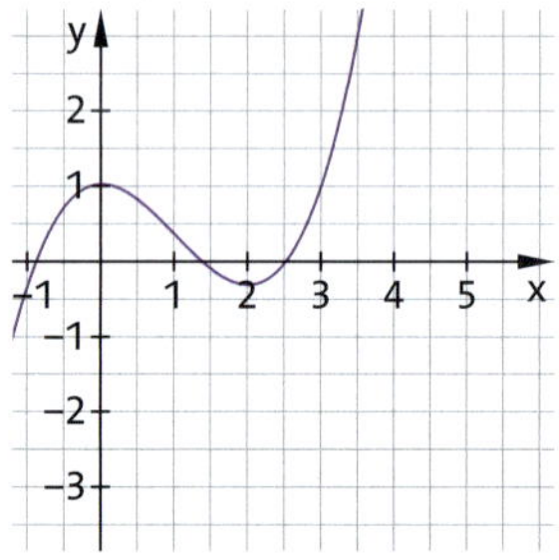

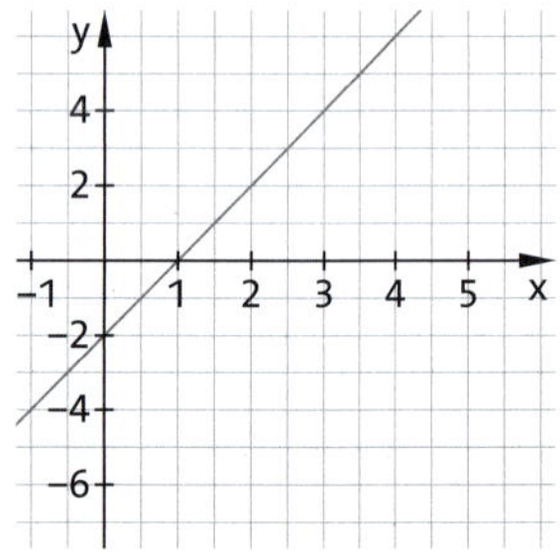

e) Geben Sie an, welchen Grad f mindestens haben muss.

2 Gegeben ist die auf ganz ℝ definierte Funktion f mit $f(x) = 0{,}2x^4 - \frac{4}{15}x^3 - 0{,}8x^2$.

a) Ermitteln Sie die Nullstellen von f und geben Sie das Verhalten von f für $x \to \pm\infty$ an.

b) Untersuchen Sie das Monotonie- und Krümmungsverhalten des Graphen von f. Bestimmen Sie die Koordinaten und die Art der Extrempunkte des Graphen von f.

c) Bestimmen Sie die Koordinaten der Wendepunkte des Graphen sowie die Gleichungen der Wendetangenten. Begründen Sie, dass diese sich nicht rechtwinklig schneiden.

d) Skizzieren Sie den Graphen von f unter Verwendung der Ergebnisse aus a)–c).

e) Beschreiben Sie, wie der Graph der Funktion g mit $g(x) = f(x) + a$ aus dem Graphen von f hervorgeht. Geben Sie alle $a \in \mathbb{R}$ an, für die g keine Nullstelle (genau zwei Nullstellen) hat.

3 Die Aussage ist falsch. Geben Sie ein passendes Gegenbeispiel an.

a) Jede ganzrationale Funktion dritten Grades hat genau 2 Extrempunkte.

b) Jede ganzrationale Funktion vierten Grades hat genau 2 Wendepunkte.

c) Ist f auf dem Intervall I streng monoton steigend, so gilt dort $f'(x) > 0$.

d) Hat f′ auf dem Intervall I keine Nullstelle, so hat f keine Extremwerte in I.

e) Hat die Funktion f in $x = 0$ ein Extremum und g ebenfalls, so auch die Funktion f + g.

f) Eine Funktion f mit $f''(0) = 0$ hat bei $x = 0$ einen Wendepunkt.

g) Gilt $f'(2) \cdot f''(2) = 0$, so hat f in $x = 2$ einen Sattelpunkt.

h) Zwischen zwei benachbarten Extrempunkten einer ganzrationalen Funktion liegt immer genau ein Wendepunkt.

4 Geben Sie den Term einer ganzrationalen Funktion f an, deren Graph im Punkt P(1 | 5)

a) eine waagerechte Tangente hat, obwohl P kein Extrempunkt ist,

b) keinen Wendepunkt hat, obwohl $f''(1) = 0$ gilt.

Aufgaben mit Hilfsmitteln

5 Für einen Kindergarten entwirft ein Architekt eine neue Rutsche. Das Profil der Rutsche wird durch den Graphen der Funktion f mit $f(x) = \frac{4}{27}x^3 - \frac{2}{3}x^2 + 2{,}5$ im Bereich $0 \leq x \leq 3$ beschrieben. Die x-Achse entspricht in diesem Modell dem Boden. (1 LE entspricht 1 m.)

a) Zeigen Sie, dass die Rutsche in einer Höhe von 2,5 m startet, in einer Höhe von 0,5 m endet und sowohl der Anfang als auch das Ende horizontal verlaufen, man also aufrecht sitzen kann.

b) Begründen Sie mithilfe des Satzes von Pythagoras, dass die Rutschstrecke länger als 360 cm ist.

c) Zeigen Sie, dass für die Ableitung f′ gilt $f'(x) = \frac{4}{9}x(x-3)$, und begründen Sie damit, dass sich die Kinder während des Rutschens immer abwärts bewegen.

d) Beschreiben Sie die Bedeutung der Wendestelle im Sachzusammenhang.

e) Laut TÜV-Vorgabe darf das Gefälle der Rutsche höchstens 50° betragen. Überprüfen Sie, ob die Rutsche gebaut werden darf.

f) Überprüfen Sie, ob die Halbierung des maximalen Gefälles, z. B. durch 0,5f(x), zur Halbierung des Steigungswinkels führt. Formulieren Sie Ihr Ergebnis in einer allgemeinen Aussage.

6 Der Graph der Funktion f mit $f(x) = -0{,}0042x^4 + 0{,}096x^3 - 0{,}559x^2 + 4{,}879$ beschreibt für $0 \leq x \leq 12$ das Geländeprofil zweier Berge und der Talsohle dazwischen (1 Längeneinheit entspricht 100 m). Eine Pistenraupe will vom linken Berggipfel durch das Tal auf den rechten Berggipfel fahren.

a) Ermitteln Sie den Höhenunterschied zwischen den beiden Berggipfeln.

b) Bergauf kann die Pistenraupe höchstens einen Steigungswinkel von 50° überwinden. Prüfen Sie, ob die Pistenraupe den rechten Berghang erklimmen kann. Prüfen Sie außerdem, ob sie wieder zurück auf den linken Berggipfel fahren könnte.

c) Ermitteln Sie die horizontale Entfernung der beiden Punkte, in denen die Berghänge am steilsten verlaufen.

d) Vom Gipfel des linken Bergs aus kann die Fahrerin der Pistenraupe hinter dem rechten Berggipfel eine Skihütte sehen, die 200 m höher liegt als die Talsohle. Sobald die Raupe bergab fährt, wird die Hütte vom rechten Berggipfel verdeckt. Ermitteln Sie die horizontale Entfernung der Skihütte vom linken Berggipfel.

MK e) Die Pistenraupe startet auf dem linken Berggipfel und fährt mit einer durchschnittlichen Geschwindigkeit von 20 km/h bergab. Berechnen Sie mithilfe der Sekante durch den linken Berggipfel und den tiefsten Punkt im Tal, wann sie näherungsweise die Talsohle erreicht. Vergleichen Sie diesen Wert mit dem tatsächlichen Wert, indem Sie die Länge der Strecke mit einer Mathematik-Software bestimmen.

Lösungen
→ S. 206

1 Untersuchen Sie das Monotonieverhalten der Funktion f mithilfe der Ableitung.
a) $f(x) = 4x - 0{,}5x^2$ b) $f(x) = x^3 - 3x^2$ c) $f(x) = 2x^4 + 4x^2$

2 Von einer Funktion f ist bekannt:
$f(0) = 1$; $f'(x) > 0$ für $x < -3$ und für $x > 1$; $f'(x) < 0$ für $-3 < x < 1$
Skizzieren Sie einen möglichen Graphen der Funktion f und der zugehörigen Funktion f'.

3 Gegeben ist der Satz: Wenn für eine Funktion $f'(x_m) = 0$ und $f''(x_m) > 0$ gilt, dann hat die Funktion f an der Stelle x_m ein lokales Minimum.
a) Erläutern Sie die Begriffe „notwendige Bedingung" und „hinreichende Bedingung" für die Existenz eines lokalen Minimums. Entscheiden Sie, ob der Satz eine notwendige oder hinreichende Bedingung enthält.
b) Formulieren Sie die Umkehrung dieses Satzes und untersuchen Sie, ob sie wahr ist.

4 Gegeben ist der Graph der Ableitungsfunktion f'. Beschreiben Sie das Monotonieverhalten von f und geben Sie die Stellen an, an denen der Graph von f einen Hochpunkt, Tiefpunkt bzw. Sattelpunkt hat.

a)
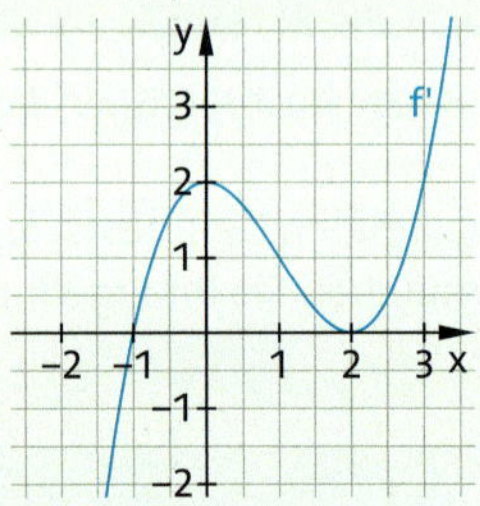

b)
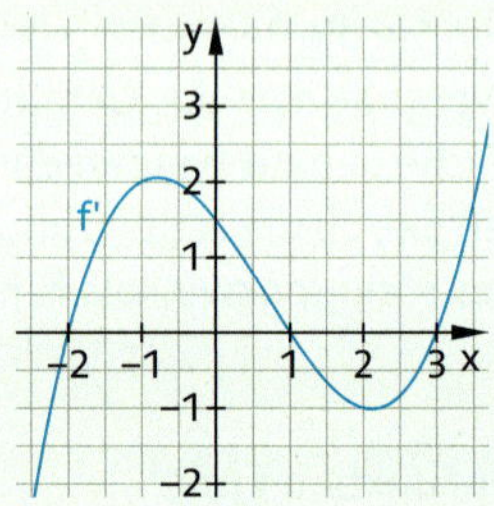

c)
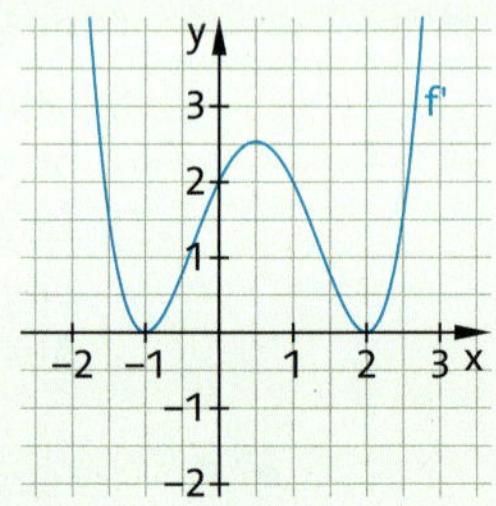

5 Untersuchen Sie, ob es eine Stelle gibt, an der sich die Funktionswerte der Funktionen f und g am wenigsten unterscheiden.
a) $f(x) = x^2 + 2;\ g(x) = -x^2 + 6x - 9$
b) $f(x) = x^3 + x^2 + x + 1;\ g(x) = x^3 - x^2 - x - 1$

6 Berechnen Sie die lokalen Extremstellen sowie die zugehörigen lokalen Extrema der Funktion f. Ermitteln Sie dann die globalen Extrema sowie die zugehörigen x-Werte in den angegebenen Intervallen.
a) $f(x) = x^3 + 4x^2 - 3x - 8$ $I_1: -4 \le x \le 1$ $I_2: -2 \le x \le 0$ $I_3: -4 \le x \le 3$
b) $f(x) = -\frac{1}{10}x^3 + \frac{3}{4}x^2$ $I_1: -2 \le x \le 8$ $I_2: -3 \le x \le 7$ $I_3: 0 \le x \le 3$

7 Skizzieren Sie den Graphen einer Funktion auf dem Intervall $I = [-5; 5]$ mit den angegebenen Eigenschaften.
a) Die globalen Extrema liegen an den Intervallrändern.
b) Lokales Maximum im Punkt $H(-1\,|\,4)$, globales Minimum am linken Intervallrand.
c) Hochpunkt $H(2\,|\,3)$, Tiefpunkt $T(-2\,|\,-4)$, die lokalen Extrema sind auch globale Extrema.

8 Bestimmen Sie rechnerisch die Koordinaten der Hoch- und Tiefpunkte sowie der Wende- und Sattelpunkte des Graphen von f. Ermitteln Sie außerdem die Gleichungen aller Wendetangenten und skizzieren Sie den Verlauf des Graphen von f.
a) $f(x) = x^3 - 3x^2$ b) $f(x) = \frac{1}{4}x^4 - x^3 + 3$ c) $f(x) = \frac{1}{3}x^3 - 2x^2 + 3x$
d) $f(x) = \frac{1}{5}x^5 - x^3 - 6$ e) $f(x) = \frac{1}{8}x^3 + \frac{3}{2}x^2 + 6x + 8$ f) $f(x) = x^6 - \frac{1}{2}x + 7$

9 Untersuchen Sie den Graphen der Funktion f auf sein Krümmungsverhalten.
a) $f(x) = -x^4 + 6x^2$ b) $f(x) = x^4 - 8x^3 + 24x^2 + 12x$ c) $f(x) = -x^6 + x + 3$

Lösungen
→ S. 208

10 Nebenstehend ist der Graph der zweiten Ableitungsfunktion f″ einer Funktion f dargestellt. Außerdem gilt $f'(-4) = 1$. Formulieren Sie davon ausgehend Aussagen über
a) lokale Extremstellen der ersten Ableitungsfunktion f′ von f,
b) Wendestellen der Funktion f,
c) das Monotonieverhalten von f.

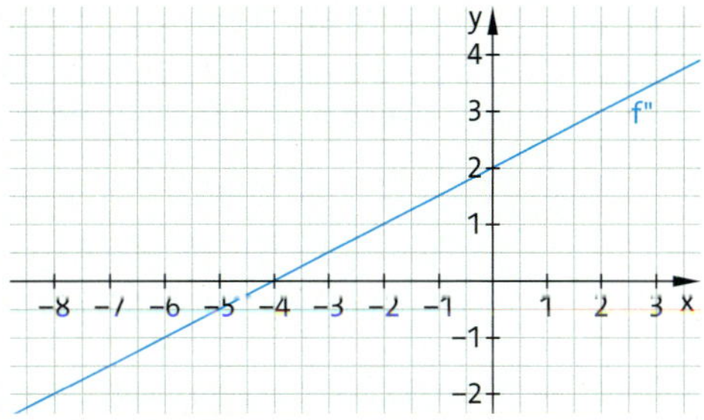

11 Während starker Regenfälle steigt das Wasser in einem Fluss an. Die Wasserhöhe wird durch die Funktion h mit $h(t) = -0{,}0005t^4 + 0{,}05t^2 + 2{,}5$ beschrieben (t: Zeit in Stunden nach Regenbeginn; h(t): Wasserhöhe in m).
a) Geben Sie die Höhe des normalen (anfänglichen) Wasserstands an und berechnen Sie, wie hoch das Wasser nach 6 Stunden und 15 Minuten steht.
b) Bestimmen Sie, wie lange es dauert, bis der Fluss wieder seine normale Wasserhöhe erreicht. Geben Sie einen sinnvollen Definitionsbereich für h an.
c) Zum Schutz vor Überschwemmungen wurde der Fluss durch eine Mauer begrenzt, die ihn bei normalem Wasserstand um 1,5 Meter überragt. Ermitteln Sie, ob es aufgrund der Regenfälle zu einer Überschwemmung kommt.
d) Bestimmen Sie wie lange es dauert, bis das Wasser seinen Höchststand erreicht hat, und geben Sie diesen an.
e) Berechnen Sie den stärksten Anstieg des Wassers und geben Sie ihn in cm/min an.

12 Die Funktion h mit $h(t) = -0{,}05t^3 + \frac{3}{4}t^2 + 4$ beschreibt im Bereich $0 \leq t \leq 10$ das Wachstum einer Pflanze. Dabei gibt h(t) die Höhe in cm und t die Zeit in Tagen an.
a) Berechnen Sie das durchschnittliche Wachstum innerhalb der ersten 10 Tage.
b) Berechnen Sie, wann die größte Wachstumsgeschwindigkeit erreicht wird, und berechnen Sie ihren Wert.

Wo stehe ich?

	Ich kann...	Aufgabe	Nachschlagen
4.1	... Funktionen mithilfe ihrer Ableitung auf Monotonie untersuchen.	1, 2, 4, 10	S. 108 Beispiel 1
4.2	... lokale Extrempunkte mithilfe der ersten Ableitung bestimmen. ... Sattelpunkte mithilfe des Vorzeichenwechselkriteriums bestimmen.	3, 4, 5, 6, 8, 10, 11	S. 112 Beispiel 1, S. 113 Beispiel 2
4.3	... globale Extrempunkte mithilfe der ersten Ableitung bestimmen.	6, 7	S. 117 Beispiel 1
4.4	... das Krümmungsverhalten eines Graphen mithilfe der zweiten Ableitung analysieren. ... lokale Extrempunkte mithilfe der zweiten Ableitung bestimmen.	8	S. 120 Beispiel 1, S. 122 Beispiel 2
4.5	... Funktionsgraphen mithilfe der dritten Ableitung bzw. dem Vorzeichenwechselkriterium auf Wendepunkte untersuchen. ... die Bedeutung von Wendepunkten im Sachzusammenhang erkennen.	8, 9, 10, 12	S. 126 Beispiel 1, S. 128 Beispiel 2

Monotoniekriterium

Gilt $f'(x) > 0$ bzw. $f'(x) < 0$ für alle x aus einem Intervall I, dann ist die Funktion f **streng monoton steigend** bzw. **fallend** auf I.

$f(x) = x^2 - 3x + 1$ $f'(x) = 2x - 3$
Für $x < 1{,}5$ ist $f'(x) < 0$, also ist f dort streng monoton fallend. Für $x > 1{,}5$ ist $f'(x) > 0$, also ist f dort streng monoton steigend.

Lokale Extrempunkte

Wenn der Graph einer Funktion f an der Stelle x_E einen **lokalen Extrempunkt** hat, dann gilt $\mathbf{f'(x_E) = 0}$.
Wenn $f'(x_E) = 0$ und $f''(x_E) \neq 0$, so ist x_E eine **lokale Extremstelle** der Funktion f.
Für $f''(x_E) > 0$ bzw. $f''(x_E) < 0$ ist $f(x_E)$ ein lokales **Minimum** bzw. **Maximum**.

$f(x) = -1{,}5x^4 + 4x^3 - 3x^2$
$f'(x) = -6x^3 + 12x^2 - 6x = -6x(x-1)^2$
$f'(x) = 0$ also $x_1 = 0$ und $x_2 = 1$
$f''(x) = -18x^2 + 24x - 6$
$f'(0) = 0$ und $f''(0) = -6 < 0$: Hochpunkt bei x_1
$f(0) = 0$, also Hochpunkt $H(0\,|\,0)$
$f'(1) = 0$ und $f''(1) = 0$: Für x_2 ist hiermit noch keine Aussage möglich.

Eine hinreichende Bedingung für Extrempunkte ist das **Vorzeichenwechselkriterium**: Wenn $f'(x_E) = 0$ gilt und das Vorzeichen von f' an der Stelle x_E wechselt, dann hat der Graph von f bei x_E einen Extrempunkt.

$f(x) = 3x^2$; $f'(x) = 6x$
$f'(x) = 0$, also $x = 0$
Für $x < 0$ ist $f'(x) < 0$. Für $x > 0$ ist $f'(x) > 0$. An der Stelle $x = 0$ wechselt das Vorzeichen von f' von – nach +, also liegt bei $x = 0$ ein Tiefpunkt.

Globale Extrempunkte

Existiert die Ableitung einer Funktion f auf einem Intervall $[a; b]$, dann gibt es ein **globales Maximum** und ein **globales Minimum** (größter/kleinster Funktionswert) von f auf $[a; b]$. Die globalen Extrema auf $[a; b]$ sind lokale Extrema von f oder **Randextrema**.

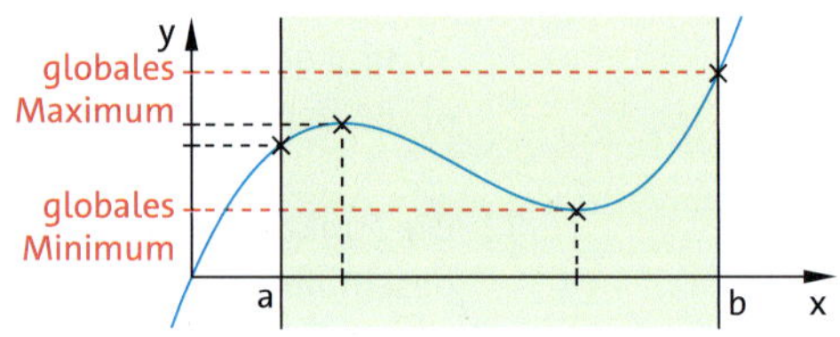

Man bestimmt globale Extrema, indem man die lokalen Extrema mithilfe der 1. Ableitung ermittelt und sie dann mit den Funktionswerten an den Intervallrändern vergleicht.

$f(x) = -1{,}5x^4 + 4x^3 - 3x^2$ Intervall: $[-1; 2]$
lokales Maximum: 0 (siehe oben)
Randwerte: $f(-1) = -8{,}5 < f(2) = -4 < 0$
glob. Maximum: 0 glob. Minimum: $-8{,}5$

Krümmung, Wendepunkte, Sattelpunkte

Wenn $f''(x) > 0$ bzw. $f''(x) < 0$ für alle $x \in I$, so ist der Graph der Funktion f in dem Intervall I **linksgekrümmt** bzw. **rechtsgekrümmt**.

$f(x) = -1{,}5x^4 + 4x^3 - 3x^2$
$f''(x) = -18x^2 + 24x - 6 = -18\left(x - \frac{1}{3}\right)(x - 1)$
$f''(x) = 0$ also $x_1 = \frac{1}{3}$ und $x_2 = 1$
$x < \frac{1}{3}$ und $x > 1$: rechtsgekrümmt ($f''(x) < 0$)
$\frac{1}{3} < x < 1$: linksgekrümmt ($f''(x) > 0$)

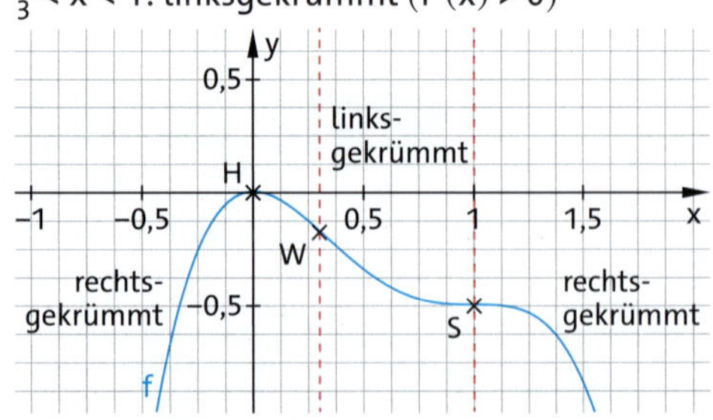

Der Graph einer Funktion f hat an der Stelle x_W einen **Wendepunkt**, wenn sich die Krümmung des Graphen ändert (Linkskrümmung ↔ Rechtskrümmung).
Ein **Sattelpunkt** ist ein Wendepunkt mit einer waagerechten Tangente.

Wenn der Graph einer Funktion f an der Stelle x_W einen **Wendepunkt** hat, dann gilt $\mathbf{f''(x_W) = 0}$.

Wenn $f''(x_W) = 0$ und $f'''(x_W) \neq 0$ gilt, dann ist $(x_W\,|\,f(x_W))$ ein **Wendepunkt** des Graphen von f.

$f'''(x) = -36x + 24$
$f'''\left(\frac{1}{3}\right) = 12 \neq 0$: Wendepunkt bei x_1
$f\left(\frac{1}{3}\right) = -\frac{11}{54}$, also Wendepunkt $W\left(\frac{1}{3}\,\middle|\,-\frac{11}{54}\right)$
$f'''(1) = -12 \neq 0$ und $f'(1) = 0$: Sattelpunkt bei x_2
$f(1) = -0{,}5$, also Sattelpunkt $S(1\,|\,-0{,}5)$

5

Koordinatengeometrie im Raum

Nach diesem Kapitel können Sie

→ Punkte, Figuren und Körper im dreidimensionalen Koordinatensystem darstellen,
→ Summen, Differenzen und skalare Vielfache von Vektoren bestimmen,
→ Geraden und Strecken in Parameterform darstellen,
→ Lagebeziehungen zwischen Geraden erkennen,
→ Schnittpunkte von Geraden ermitteln.

Lösungen
→ S. 208

Lineare Gleichungssysteme

1 Lösen Sie das lineare Gleichungssystem grafisch.

a) $\left| \begin{array}{r} 2x + y = 5 \\ x - y = 1 \end{array} \right|$ b) $\left| \begin{array}{r} 6x - 2y = 1 \\ 0{,}5x + \ \ y = 1{,}25 \end{array} \right|$ c) $\left| \begin{array}{r} x - \ \ y = \ \ 0 \\ -2x + 2y = -4 \end{array} \right|$

2 Lösen Sie das Gleichungssystem. Geben Sie jeweils an, welches Lösungsverfahren besonders geeignet ist (Gleichsetzungs-, Einsetzungs-, Additionsverfahren).

a) $\left| \begin{array}{l} y = -2x + 19 \\ y = \ \ \ \ x - \ \ 2 \end{array} \right|$ b) $\left| \begin{array}{r} y = 3x - 7 \\ 4x + 2y = 16 \end{array} \right|$ c) $\left| \begin{array}{r} 2x + 5y = \ \ 2 \\ 6x - 2y = 40 \end{array} \right|$ d) $\left| \begin{array}{r} 2x + 5y = 16 \\ 5x + 7y = 18 \end{array} \right|$

3 Bestimmen Sie die Lösungsmenge mit dem Additionsverfahren.

a) $\left| \begin{array}{r} 2x - 3y = 14 \\ 4x + 3y = 10 \end{array} \right|$ b) $\left| \begin{array}{r} 4x - 2y = 3 \\ 8x - 4y = 4 \end{array} \right|$ c) $\left| \begin{array}{r} \frac{1}{2}x - \frac{3}{4}y = -6 \\ \frac{1}{3}x - \frac{1}{2}y = -4 \end{array} \right|$ d) $\left| \begin{array}{r} 27x - 2y = 1 \\ -12x + \ \ y = 0 \end{array} \right|$

4 Gegeben ist das Gleichungssystem $\left| \begin{array}{l} x + ay = 10 \\ x - \ \ y = b \end{array} \right|$.

Ersetzen Sie die Parameter a und b so durch Zahlen, dass das Gleichungssystem

a) keine Lösung, b) unendlich viele Lösungen, c) die Lösung $(5 \mid -1)$ hat.

5 Familie Krauses Stromrechnung betrug in diesem Monat 92,17 € bei einem Verbrauch von 258 kWh. Im letzten Monat waren es 77,45 € bei einem Verbrauch von 212 kWh. Berechnen Sie die Grundgebühr und den Preis pro kWh.

Dreiecke und Vierecke

6 Gegeben ist ein rechtwinkliges Dreieck ABC.
Berechnen Sie die Länge der fehlenden Seite.

a) $a = 2{,}1\,\text{cm};\ b = 3{,}9\,\text{cm};\ \gamma = 90°$
b) $a = 2{,}1\,\text{cm};\ b = 3{,}9\,\text{cm};\ \beta = 90°$
c) $a = 5{,}3\,\text{cm};\ c = 2{,}1\,\text{cm};\ \alpha = 90°$
d) $b = 3{,}9\,\text{cm};\ c = 45\,\text{mm};\ \alpha = 90°$

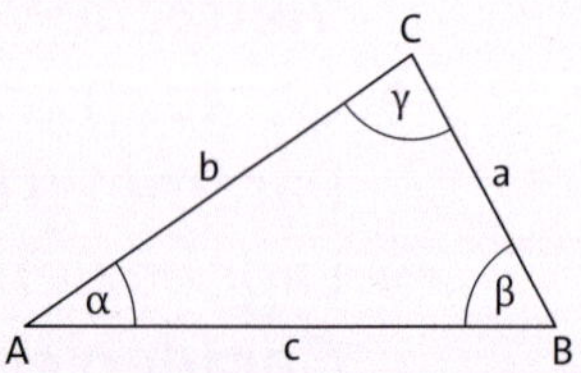

7 Untersuchen Sie, ob das gegebene Dreieck ABC rechtwinklig ist.
Geben Sie gegebenenfalls den Eckpunkt mit dem rechten Winkel an.

a) $a = 5\,\text{cm};\ b = 3\,\text{cm};\ c = 4\,\text{cm}$ b) $a = 1{,}2\,\text{m};\ b = 0{,}5\,\text{m};\ c = 1{,}3\,\text{m}$
c) $a = 5{,}0\,\text{m};\ b = 7{,}0\,\text{m};\ c = 4{,}5\,\text{m}$ d) $a = 8\,\text{cm};\ b = 10\,\text{cm};\ c = 6\,\text{cm}$

8 Gegeben sind acht Vierecke.

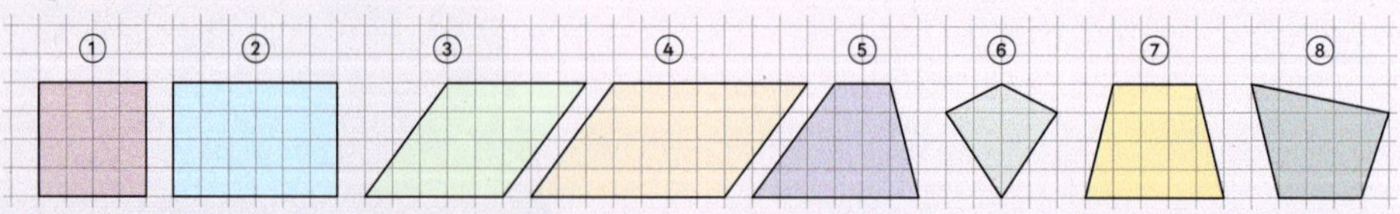

a) Ordnen Sie jedem abgebildeten Viereck eine passende Vierecksart zu. Verwenden Sie dabei jede der folgenden Vierecksarten genau einmal: gleichschenkliges Trapez; Rechteck; allgemeines Viereck; Parallelogramm; Quadrat; Drachenviereck; Trapez; Raute
b) Definieren Sie die Vierecksarten, die Sie den Vierecken ① bis ⑤ zugeordnet haben, anhand der Eigenschaften ihrer Seiten.
c) Skizzieren Sie Vierecke derselben Art wie die Vierecke ① bis ⑦ und zeichnen Sie die Diagonalen ein. Nennen Sie Eigenschaften der Diagonalen.

Lösungen → S. 208

9 a) Nennen Sie Eigenschaften eines gleichschenkligen und eines gleichseitigen Dreiecks.
b) Berechnen Sie die Höhe eines gleichseitigen Dreiecks mit Seitenlänge a = 5 cm.
c) Begründen Sie, dass man ein regelmäßiges Sechseck in gleichseitige Dreiecke zerlegen kann.

Punkte und Figuren im Koordinatensystem

10 Gegeben sind die Punkte A(3 | 1), B(3 | 4) und C(1 | 2,5).
a) Zeichnen Sie das Dreieck ABC in ein Koordinatensystem.
b) Spiegeln Sie das Dreieck ABC an der x-Achse und geben Sie die Koordinaten der Spiegelpunkte A′, B′ und C′ an.
c) Verschieben Sie das Dreieck ABC in negativer x-Richtung um 3 Einheiten und geben Sie die Koordinaten der Bildpunkte A″, B″ und C″ an.
d) Spiegeln Sie das Dreieck ABC am Koordinatenursprung und geben Sie die Koordinaten der Spiegelpunkte A‴, B‴ und C‴ an.

11 Gegeben sind die Punkte A(3 | 1), B(3 | 4) und C(1 | 2,5).
a) Berechnen Sie die Längen der Strecken $\overline{AB}$, $\overline{BC}$ und $\overline{AC}$.
b) Geben Sie die Koordinaten der Mittelpunkte der Strecken $\overline{AB}$, $\overline{BC}$ und $\overline{AC}$ an.

12 Gegeben sind die Punkte A(2,5 | 4,5), B(−1,5 | 1,5) und C(1,5 | −2,5).
a) Zeigen Sie, dass das Dreieck ABC gleichschenklig, aber nicht gleichseitig ist.
b) Geben Sie die Koordinaten des Punktes D an, sodass ABCD ein Parallelogramm ist.
c) Berechnen Sie den Flächeninhalt des Parallelogramms ABCD.

Körper

13 Zeichnen Sie ein Schrägbild des Körpers.
a) Würfel mit Kantenlänge a = 4 cm
b) Quader mit den Kantenlängen a = 3 cm, b = 4 cm und c = 6 cm
c) gerade quadratische Pyramide mit Grundflächenseitenlänge a = 5 cm, Höhe h = 7 cm

14 Die Skizze zeigt einen Quader und eine quadratische Pyramide. Es gilt a = 4, b = 2 und c = 3.
a) Berechnen Sie die Länge der Raumdiagonale $\overline{BH}$ des Quaders.
b) Berechnen Sie die Länge der Kante $\overline{AS}$ der Pyramide.

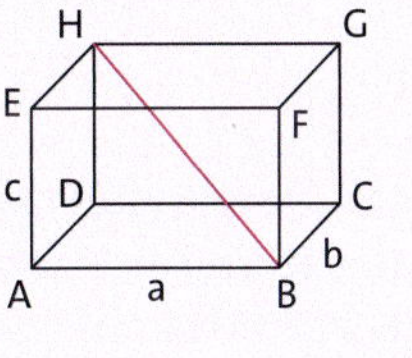

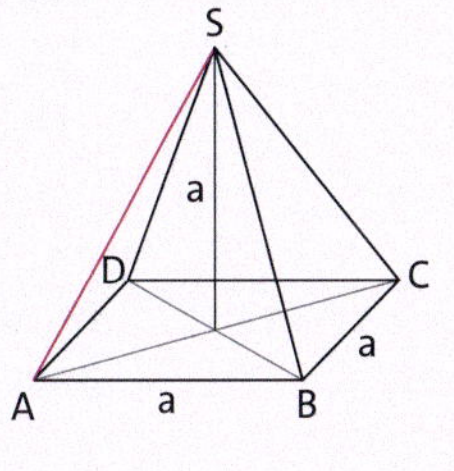

Vermischtes

15 a) Stellen Sie eine Gleichung der Gerade g auf, die durch A(3 | 0) und B(−1 | 2) verläuft.
b) Die Gerade h hat die Steigung −2 und verläuft durch den Punkt P(1 | −1). Geben Sie eine Gleichung von h an.

16 a) Überprüfen Sie mit dem Taschenrechner die Gültigkeit der Gleichung:
$\sqrt{(3 \cdot 12)^2 + (3 \cdot 5)^2} = 3\sqrt{12^2 + 5^2}$
b) Zeigen Sie durch Umformungen, dass $\sqrt{(3a)^2 + (3b)^2} = 3\sqrt{a^2 + b^2}$ für $a, b \in \mathbb{R}$ gilt.

5.1 Punkte im Raum

Die genaue Position des Balls in dieser Momentaufnahme lässt sich nur erahnen.

a) Erklären Sie, warum die Lage des Balls nicht zweifelsfrei erkennbar ist.

b) Bestimmen Sie, wie viele Angaben nötig sind, um die momentane Lage genau zu beschreiben.

In der Ebene wird ein Punkt mithilfe zweier zueinander senkrechter Koordinatenachsen festgelegt.
Der Punkt P(6 | 3) liegt 6 Einheiten in x_1-Richtung und 3 Einheiten in x_2-Richtung vom Ursprung entfernt.

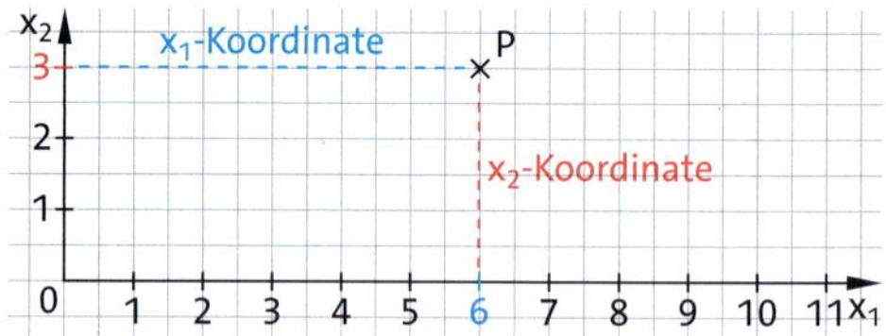

Zur Beschreibung des Raums wird die bekannte x_1x_2-Ebene durch eine x_3-Achse ergänzt, die im Ursprung senkrecht zur x_1x_2-Ebene verläuft. Der Punkt P(2 | 4 | 3) liegt 2 Einheiten in x_1-, 4 Einheiten in x_2- und 3 Einheiten in x_3-Richtung vom Ursprung entfernt.

Man fasst die x_1x_2-Ebene als Grundebene auf und die x_3-Koordinate als Höhe. Die x_1-Achse zeigt dann nach vorn, die x_2-Achse nach rechts und die x_3-Achse nach oben.

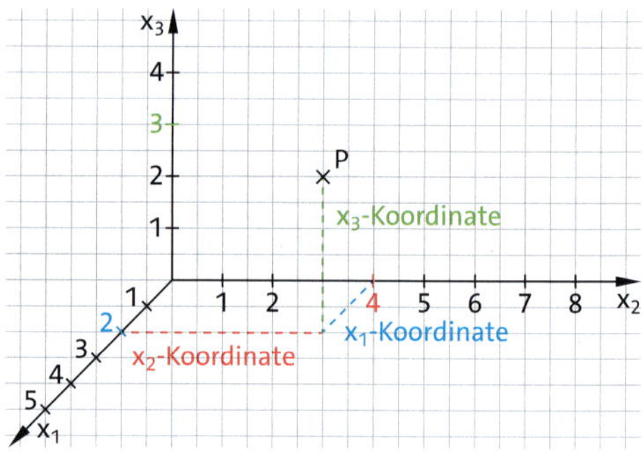

Wie bei einem Schrägbild wird die x_1-Achse diagonal mit verkürzten Einheiten eingezeichnet. Auf Karopapier ist es günstig, als Längeneinheit für die x_2- und die x_3-Achse 1 cm zu wählen und für die x_1-Achse eine Kästchendiagonale.

Wissen **Punkte im Raum**

Die Lage eines Punktes im Raum gibt man in der Form $P(x_1 | x_2 | x_3)$ mit **drei Koordinaten** an. Diese beschreiben im **dreidimensionalen Koordinatensystem** (mit dem **Ursprung** O(0 | 0 | 0)), wo sich der Punkt in Bezug auf die Richtung der jeweiligen **Koordinatenachse** befindet.

Im 3D-Koordinatensystem spannen je zwei Koordinatenachsen eine **Koordinatenebene** auf. Liegt ein Punkt in einer Koordinatenebene, so ist mindestens eine Koordinate gleich 0:

x_1x_2-Ebene: alle Punkte $P(x_1 | x_2 | 0)$
x_1x_3-Ebene: alle Punkte $P(x_1 | 0 | x_3)$
x_2x_3-Ebene: alle Punkte $P(0 | x_2 | x_3)$

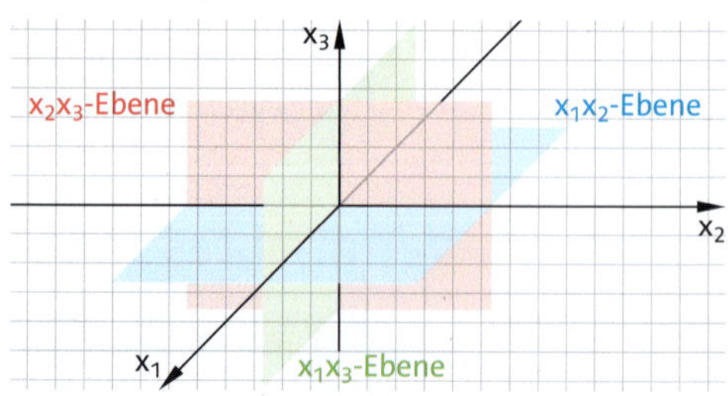

Hinweis

Zur Nicht-Eindeutigkeit der Darstellung im dreidimensionalen Koordinatensystem siehe Aufgabe 11.

Bei der Darstellung des Raums in der Ebene kann es passieren, dass die Lage im Raum nicht eindeutig erkennbar ist: Anhand dieser Skizze lässt sich nicht entscheiden, ob sich die Geraden g und h schneiden oder nicht.

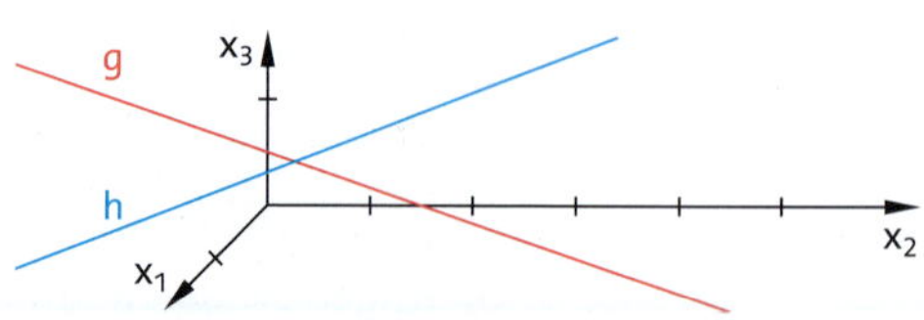

Beispiel 1

Gegeben sind die Punkte A(3 | 2 | 1), B(−2 | −2,5 | 1,5), C(0 | −2 | −1) und D(0 | 1,5 | 0).
a) Zeichnen Sie ein Koordinatensystem und tragen Sie die Punkte ein.
b) Beschreiben Sie die besondere Lage der Punkte C und D.

Lösung:

a) Zeichnen Sie die waagerechte x_2-Achse und die senkrechte x_3-Achse mit 1 cm = 1 LE. Ergänzen Sie die x_1-Achse als Diagonale durch den Ursprung. Wählen Sie als Längeneinheit eine Kästchendiagonale.
Gehen Sie vom Ursprung aus 3 Einheiten nach vorn, 2 Einheiten nach rechts und 1 Einheit nach oben. Tragen Sie dort den Punkt A(3 | 2 | 1) ein. Wiederholen Sie das Vorgehen für die Punkte B, C und D. Bei negativem Vorzeichen einer Koordinate ändert sich die Laufrichtung.

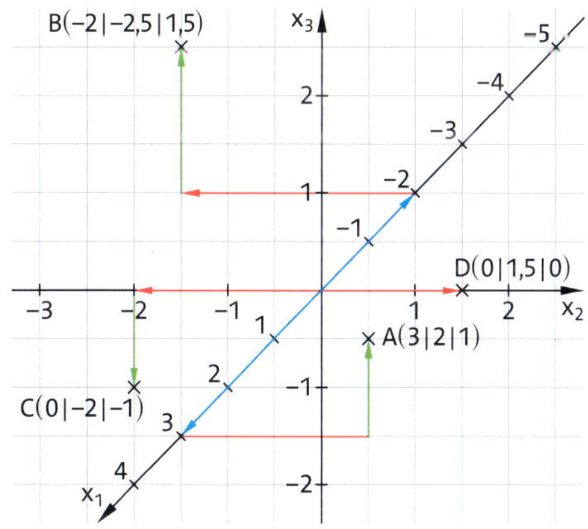

b) C liegt in einer Koordinatenebene, da eine Koordinate 0 ist. D liegt auf einer der Achsen, da zwei Koordinaten 0 sind.

C(0 | −2 | −1) liegt in der x_2x_3-Ebene.
D(0 | 1,5 | 0) liegt auf der x_2-Achse.

Basisaufgaben

1 Zeichnen Sie ein Koordinatensystem und tragen Sie die Punkte ein.
a) A(3 | 0 | 0), B(0 | 1 | 0) und C(0 | 0 | 2)
b) A(2 | 3 | 0), B(−3 | 2 | 1) und C(3 | −1 | 2)
c) A(3 | 0 | −1), B(−1 | 1 | −1), C(−1 | 1 | 3) und D(3 | 0 | 3)

Lösungen zu 2

(3 | −1 | 0) (0 | −1 | 0) (0 | −1 | 3) (0 | 3 | 3) (0 | 3 | 0) (3 | 3 | 0) (3 | 3 | 3) (3 | −1 | 3)

2 Der Quader steht in der x_1x_2-Ebene. Bestimmen Sie die Koordinaten der Punkte A bis H.

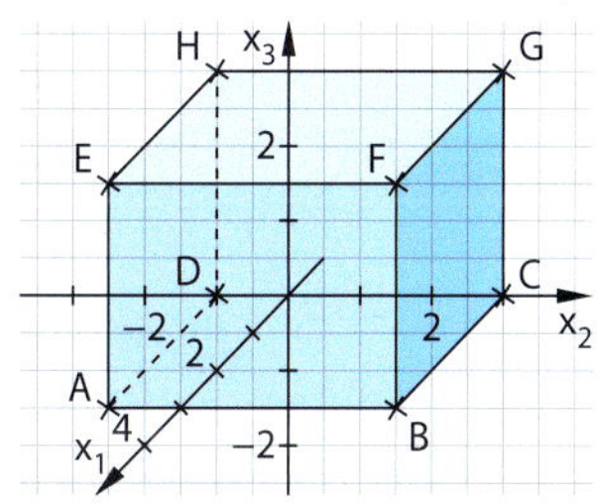

3 Zeichnen Sie die dreiseitige Pyramide mit der Grundfläche A(−1 | −4 | 1), B(3 | 0 | 0), C(−2 | 0 | 0) und der Spitze S(1 | 0 | 5) in ein Koordinatensystem.

4 Geben Sie an, auf welcher Koordinatenachse bzw. in welcher Koordinatenebene die Punkte liegen.

A(0 | 0 | 1) B(3 | 0 | −5) C(6 | 0 | 0) D(0 | −2 | 0) E(6 | 6 | 0) F(0 | 0 | 0)

5 Geben Sie die Koordinaten zweier Punkte an, die
a) auf der x_1-Achse liegen,
b) auf der x_3-Achse liegen,
c) in der x_1x_2-Ebene liegen,
d) in der x_1x_3-Ebene liegen,
e) in der x_2x_3-Ebene, aber auf keiner Koordinatenachse liegen.

6 Beschreiben Sie die Lage aller Punkte,
a) deren x_1-Koordinate 0 ist,
b) deren x_2- und x_3-Koordinate 0 sind,
c) die in der x_1x_2-Ebene und x_2x_3-Ebene liegen,
d) deren x_3-Koordinate 2 ist,
e) deren x_1-Koordinate 0 und deren x_2-Koordinate 1 ist.

7 Die fünf Punkte sind Eckpunkte eines Quaders. Zeichnen Sie den Quader in ein Koordinatensystem ein. Geben Sie die Koordinaten der übrigen drei Ecken an. Prüfen Sie Ihre Ergebnisse mit einer dreidimensionalen Mathematik-Software.
a) A(2 | −1 | −2), B(2 | 3 | −2), C(−2 | 3 | −2), D(−2 | −1 | −2), E(2 | −1 | 3)
b) A(1 | −1 | 0), C(−2 | 2 | 0), D(−2 | −1 | 0), F(1 | 2 | 2), H(−2 | −1 | 2)
c) B(3 | 3 | 0), C(0 | 3 | 0), E(3 | 0 | 3), G(0 | 3 | 3), H(0 | 0 | 3)

8 **Symmetrie im Koordinatensystem:** Geben Sie zu den Punkten A(2 | 3 | 5) und B(1 | −2 | −4) die Koordinaten der Punkte A′ und B′ an, die
a) punktsymmetrisch zum Ursprung liegen,
b) symmetrisch zur x_1x_2-Ebene liegen,
c) achsensymmetrisch zur x_3-Achse liegen.
d) Beschreiben Sie allgemein, wie Sie die Koordinaten von Punkten ermitteln, die zu gegebenen Punkten am Ursprung bzw. an den Koordinatenebenen gespiegelt werden.

9 a) Spiegeln Sie den Punkt P(2 | 4 | −1) nacheinander an der x_1x_2-Ebene, der x_1x_3-Ebene und der x_2x_3-Ebene. Geben Sie die Koordinaten des so entstandenen Punktes P′ an.
b) Untersuchen Sie mithilfe einer dreidimensionalen Mathematik-Software, ob die Reihenfolge, in der an den Koordinatenebenen gespiegelt wird, eine Rolle spielt.

10 Die Punkte A und O(0 | 0 | 0) sind Ecken eines Quaders und liegen sich auf einer Raumdiagonale gegenüber. Die Kanten des Quaders verlaufen parallel zu den Koordinatenachsen. Zeichnen Sie den Quader und geben Sie die Koordinaten der übrigen Ecken an. Geben Sie auch die Koordinaten des an der x_1x_3-Ebene gespiegelten Quaders an.
a) A(2 | 3 | 3) b) A(−3 | 2 | 1) c) A(4 | −3 | −1) d) A(−2 | 2 | −1)

11 Vier Jugendliche haben die Koordinaten von P abgelesen:
Hannah: P(0 | 1 | −2) Ilja: P(−2 | 0 | −3)
Michiko: P(4 | 3 | 0) Karl: P(2 | 2 | −1)
Tragen Sie die 4 Punkte ein und beurteilen Sie die Ergebnisse der Jugendlichen. Veranschaulichen Sie die Punkte auch mit einer geeigneten Software. Formulieren Sie einen Satz über das Ablesen der Koordinaten eines Punktes im dreidimensionalen Koordinatensystem.

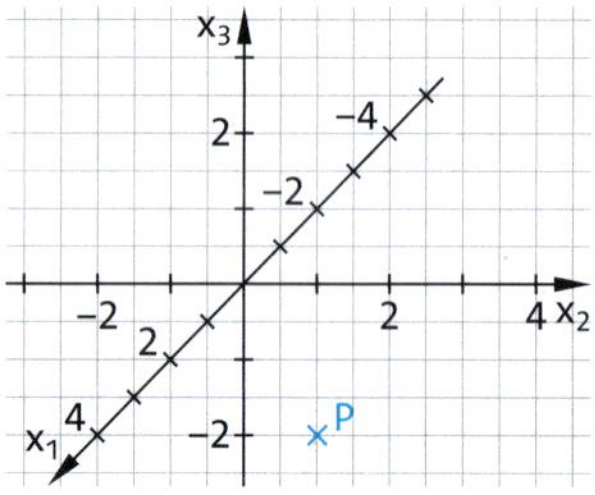

Weiterführende Aufgaben

Zwischentest

12 In ein dreidimensionales Koordinatensystem wurde der Punkt A eingezeichnet. Geben Sie die Koordinaten von A unter der folgenden Voraussetzung an.

① A liegt in der x_2x_3-Ebene. ② A liegt in der x_1x_2-Ebene.
③ A hat die x_1-Koordinate −2. ④ A hat die x_2-Koordinate 2.

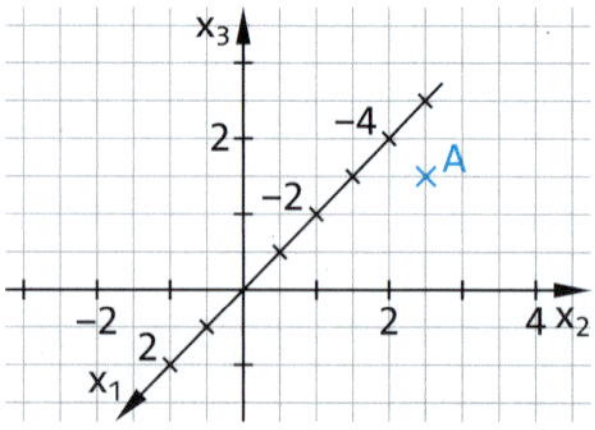

13 **Stolperstelle:** Clara hat die Punkte A(1 | 3 | 0), B(−2 | 2 | 2) und C(2 | 1 | 3) in ein Koordinatensystem eingetragen. Erklären Sie ihre Fehler und tragen Sie die Punkte richtig ein.

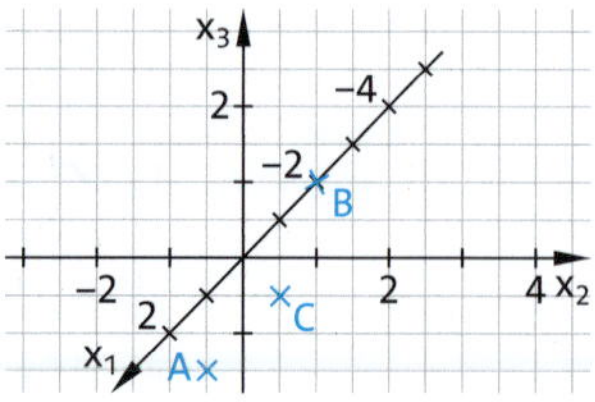

14 Senkrechte Projektion: Der Punkt B ergibt sich durch eine **senkrechte Projektion** des Punktes A auf die x_1x_2-Ebene: B entspricht dem Schattenpunkt von A auf der x_1x_2-Ebene, wenn das Licht senkrecht von oben auf diese Ebene fällt.

a) Geben Sie die Koordinaten von B an.

b) Die Punkte C und D ergeben sich durch eine Projektion des Punktes A auf die x_1x_3-Ebene bzw. auf die x_2x_3-Ebene. Geben Sie die Koordinaten an.

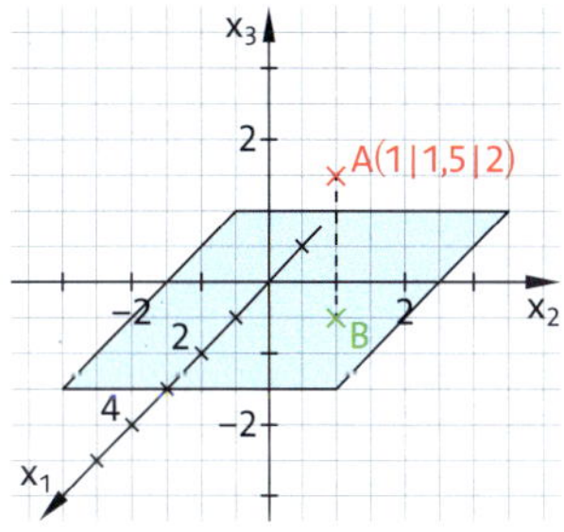

Hilfe

15 Der Punkt B soll genau in der Mitte zwischen den Punkten A und C liegen. Geben Sie die fehlenden Koordinaten an. Prüfen Sie mit einer 3D-Software.

a) A(0 | 2 | 0), B(■ | ■ | ■), C(0 | 10 | 0)
b) A(1 | 1 | 0), B(4 | 4 | 0), C(■ | ■ | ■)
c) A(■ | ■ | ■), B(5 | 8 | −1), C(0 | 0 | 0)
d) A(−2 | 3 | 10), B(■ | ■ | ■), C(4 | 5 | 2)
e) A(7 | 0 | 3,5), B(5 | 6 | 4), C(■ | ■ | ■)
f) A(■ | −6 | 2), B(4 | −1 | ■), C(7 | ■ | 3)

Hilfe

16 Gegeben ist eine gerade quadratische Pyramide mit den Ecken der Grundfläche A(1 | 0 | 1), B(1 | 4 | 1), C(−3 | 4 | 1) und D und der Spitze S. Die Höhe der Pyramide ist 3 LE.
Zeichnen Sie die Pyramide in ein Koordinatensystem ein und geben Sie die Koordinaten von D und S an. Untersuchen Sie, ob es mehrere Möglichkeiten gibt.

17 Gegeben sind die Punkte A($2\sqrt{2}$ | 3 | 4), B(0 | 1 | 2), C(0 | 5 | 2) und D(0 | 5 | 6). Ergänzen Sie zwei Punkte E und F, sodass ABCDEF ein Oktaeder ist. Prüfen Sie Ihre Ergebnisse mithilfe einer dreidimensionalen Mathematik-Software.

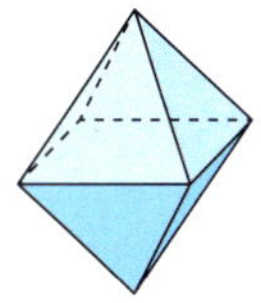

Hinweis zu 18c)

Der Abstand wird längs des Lots vom Punkt auf die Ebene gemessen.

18 Entscheiden Sie begründet, ob die Aussage wahr oder falsch ist.

a) Alle Punkte mit $x_1 = 3$ und $x_3 = -1$ liegen auf einer Gerade, die parallel zur x_2-Achse ist.
b) Die Punkte P(1 | −2 | 5) und Q(−3 | 3 | 1) liegen auf verschiedenen Seiten der x_1x_2-Ebene.
c) Die x_3-Koordinate eines Punktes gibt seinen Abstand zur x_1x_2-Ebene an.
d) Die Punkte A(x | y | z) und B(−x | y | −z) liegen symmetrisch zur x_1x_2-Ebene.

Hinweis zu 19

Gehen Sie davon aus, dass die Pyramide gerade ist. Sie können die Einheit Königselle verwenden oder in Meter umrechnen.
1 Königselle = 52,4 cm

19 Die um 2550 v. Chr. erbaute Chephrenpyramide ist die zweithöchste aller ägyptischen Pyramiden. Damals wurde die Längeneinheit Königsellen verwendet. Die Pyramide hat eine quadratische Grundfläche mit einer Seitenlänge von 410 Königsellen und ist 275 Königsellen hoch.

a) Geben Sie die fünf Eckpunkte der Pyramide in einem geeigneten Koordinatensystem an.

b) Berechnen Sie Länge der Grundfläche und die Höhe der Pyramide in Metern.

20 Ausblick: Die Lage eines Punktes im Raum kann auch durch seinen Abstand $r \geq 0$ zum Ursprung sowie zwei Winkel $0 \leq \alpha < 180°$ und $0 \leq \beta < 360°$ beschrieben werden. Die **Kugelkoordinaten** (r | α | β) beschreiben dann einen Punkt P(x_1 | x_2 | x_3). Sie werden beispielsweise zur Beschreibung von Gravitationsfeldern genutzt. Geben Sie r, α und β für die Punkte A(1 | 0 | 0), B(−2 | 0 | 0), C(0 | 3 | 0), D(1 | 1 | 0), E(1 | 0 | 1), F(0 | 1 | −1) und G(0 | 1 | 1) an.

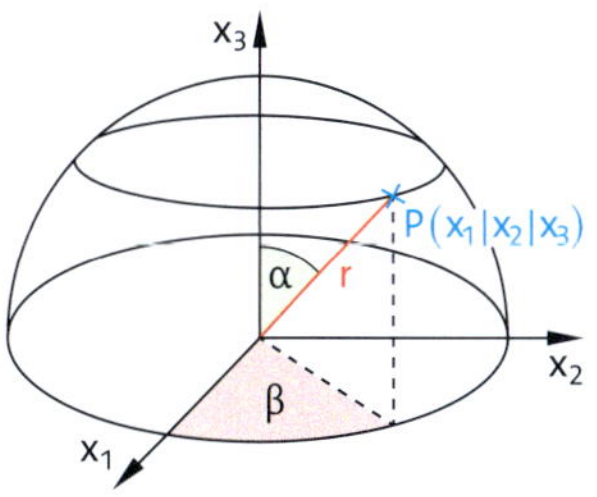

5.2 Vektoren

Auf der Karte sind verschiedene Winde mithilfe von Pfeilen dargestellt.

a) Beschreiben Sie, was die Pfeile gemeinsam haben, die zum Wind Bora gehören.

b) Erläutern Sie, wie sich die dargestellten Winde unterscheiden und wie dies durch die Pfeile verdeutlicht wird.

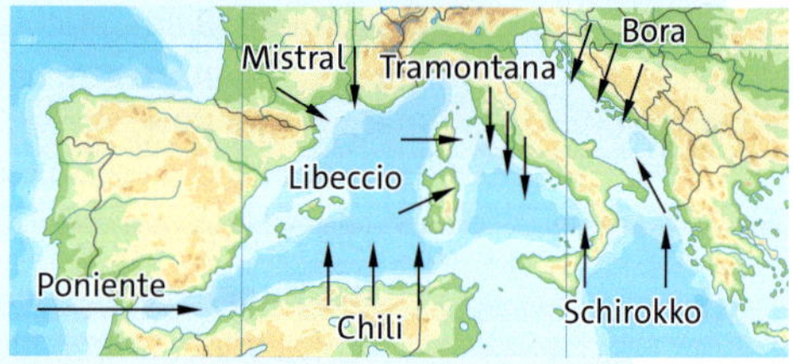

Info

Die Vektorrechnung geht auf die Arbeiten von Herrmann Graßmann (1809–1877) zurück. Seine Arbeiten blieben jahrzehntelang unverstanden, erst kurz vor seinem Tod erfuhr er Anerkennung für sein Werk.

Bei der Verschiebung des Dreiecks ABC zu A'B'C' legen seine Eckpunkte den gleichen **Weg** zurück, nämlich 3 Einheiten in x_1-Richtung und 2 Einheiten in x_2-Richtung. Diese Bewegung kann mit dem **Vektor** $\vec{v} = \begin{pmatrix} 3 \\ 2 \end{pmatrix}$ mit den Koordinaten 3 und 2 beschrieben werden.

Im Koordinatensystem stellen die Verbindungspfeile $\overrightarrow{AA'}$, $\overrightarrow{BB'}$ und $\overrightarrow{CC'}$ alle den gleichen **Vektor** $\vec{v}$ dar, also $\overrightarrow{AA'} = \overrightarrow{BB'} = \overrightarrow{CC'} = \vec{v}$.

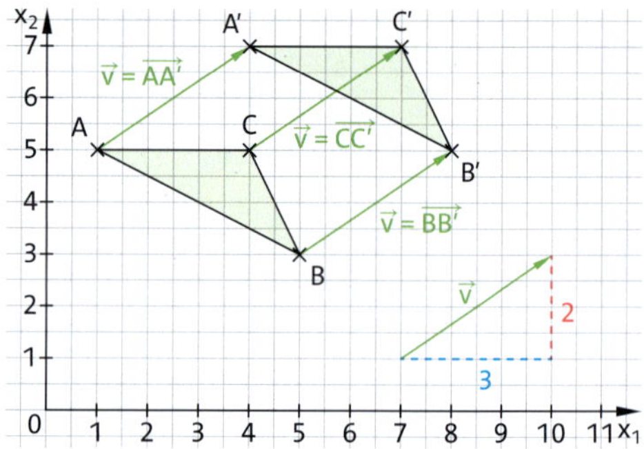

Allgemein werden Vektoren mit Kleinbuchstaben und einem Pfeil darüber bezeichnet und im Koordinatensystem durch **Vektorpfeile** dargestellt. Alle Vektorpfeile mit gleicher **Länge** und gleicher **Richtung** beschreiben denselben Weg und sind damit Darstellungen **(Repräsentanten)** desselben Vektors. Ein Vektor ist also nicht an einen Ort gebunden.

Gleiche Richtung bedeutet, dass die Vektorpfeile **parallel zueinander** sind und die **gleiche Orientierung** (Richtung der Pfeilspitze) haben. Im Raum hat ein Vektor drei Koordinaten, die angeben, wie weit man in x_1-, x_2- und x_3-Richtung geht.

Hinweis

Die abgebildeten Pfeile sind parallel zueinander, aber haben eine entgegengesetzte Richtung (Orientierung).

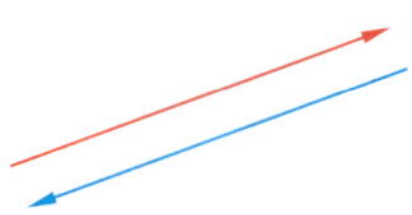

Wissen **Vektoren in der Ebene und im Raum**

Ein **zweidimensionaler Vektor** $\vec{v} = \begin{pmatrix} v_1 \\ v_2 \end{pmatrix}$ beschreibt eine **Verschiebung in der Ebene**.

Ein **dreidimensionaler Vektor** $\vec{v} = \begin{pmatrix} v_1 \\ v_2 \\ v_3 \end{pmatrix}$ beschreibt eine **Verschiebung im Raum**.

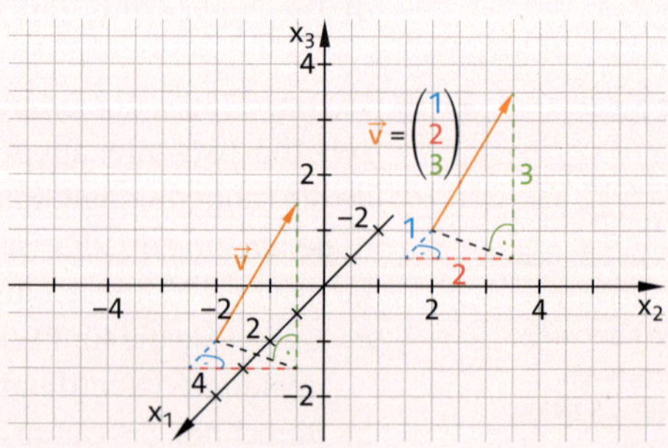

Geometrisch kann man einen Vektor durch einen **Vektorpfeil** darstellen, der gekennzeichnet ist durch seine **Länge** und **Richtung**.

Der **Nullvektor** $\vec{0} = \begin{pmatrix} 0 \\ 0 \end{pmatrix}$ bzw. $\vec{0} = \begin{pmatrix} 0 \\ 0 \\ 0 \end{pmatrix}$ hat die Länge 0 und keine Richtung.

Um den Punkt P(2 | 1) zum Punkt Q(7 | 4) zu verschieben, muss man 7 − 2 = 5 Einheiten in x_1-Richtung und 4 − 1 = 3 Einheiten in x_2-Richtung gehen.

Der zugehörige Vektor $\begin{pmatrix} 5 \\ 3 \end{pmatrix}$ wird als **Verbindungsvektor** $\overrightarrow{PQ}$ bezeichnet.

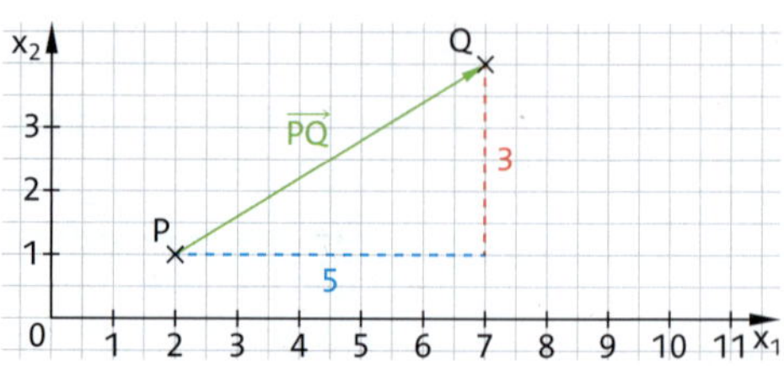

Hinweis

Im zweidimensionalen Fall gilt entsprechend $\overrightarrow{PQ} = \begin{pmatrix} q_1 - p_1 \\ q_2 - p_2 \end{pmatrix}$ und $\overrightarrow{OP} = \begin{pmatrix} p_1 \\ p_2 \end{pmatrix}$.

Definition **Verbindungsvektor und Ortsvektor**

Der Vektor $\overrightarrow{PQ} = \begin{pmatrix} q_1 - p_1 \\ q_2 - p_2 \\ q_3 - p_3 \end{pmatrix}$ von einem Punkt $P(p_1 | p_2 | p_3)$ zu einem Punkt $Q(q_1 | q_2 | q_3)$ heißt **Verbindungsvektor** von P und Q.

Der Verbindungsvektor vom Koordinatenursprung O zu einem Punkt $P(p_1 | p_2 | p_3)$ heißt **Ortsvektor** von P:

$$\overrightarrow{OP} = \begin{pmatrix} p_1 \\ p_2 \\ p_3 \end{pmatrix}$$

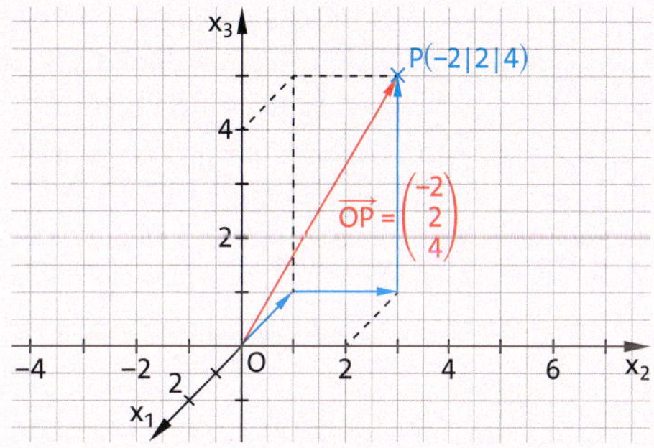

Beispiel 1

Die Punkte A, B, C, D, E, F, G und H sind die Ecken eines Quaders im dreidimensionalen Koordinatensystem.

a) Bestimmen Sie den Verbindungsvektor von A(5 | 1 | 0) und F(5 | 4 | 3).

b) Zeigen Sie, dass zwei weitere Ecken des Quaders denselben Verbindungsvektor haben.

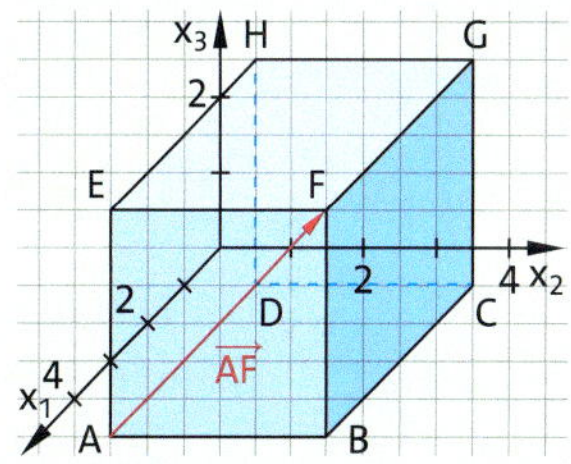

Lösung:

a) Der Vektor $\overrightarrow{AF}$ zeigt von A in Richtung F. Subtrahieren Sie von den Koordinaten von F die Koordinaten von A.

A(5 | 1 | 0), F(5 | 4 | 3)

$$\overrightarrow{AF} = \begin{pmatrix} 5 - 5 \\ 4 - 1 \\ 3 - 0 \end{pmatrix} = \begin{pmatrix} 0 \\ 3 \\ 3 \end{pmatrix}$$

b) Suchen Sie die Diagonale, die parallel zu $\overrightarrow{AF}$ verläuft. Ermitteln Sie die Koordinaten von D und G und bestimmen Sie den Verbindungsvektor dieser Eckpunkte.

$\overline{DG}$ ist parallel zu $\overline{AF}$:
D(1 | 1 | 0), G(1 | 4 | 3)

$$\overrightarrow{DG} = \begin{pmatrix} 1 - 1 \\ 4 - 1 \\ 3 - 0 \end{pmatrix} = \begin{pmatrix} 0 \\ 3 \\ 3 \end{pmatrix} = \overrightarrow{AF}$$

Basisaufgaben

1 Zeichnen Sie zum gegebenen Vektor drei Vektorpfeile in ein Koordinatensystem. Geben Sie die Koordinaten der Anfangs- und Endpunkte der Pfeile an.

a) $\begin{pmatrix} 1 \\ 2 \end{pmatrix}$ b) $\begin{pmatrix} 0 \\ -1 \end{pmatrix}$ c) $\begin{pmatrix} 2 \\ 0 \end{pmatrix}$ d) $\begin{pmatrix} -1 \\ -3 \end{pmatrix}$

e) $\begin{pmatrix} 1 \\ 0 \\ 0 \end{pmatrix}$ f) $\begin{pmatrix} 1 \\ 0 \\ -1 \end{pmatrix}$ g) $\begin{pmatrix} 1 \\ 3 \\ -2 \end{pmatrix}$ h) $\begin{pmatrix} -2 \\ -1 \\ 3 \end{pmatrix}$

2 Berechnen Sie die Koordinaten des Vektors $\overrightarrow{PQ}$ und die Koordinaten des Vektors $\overrightarrow{QP}$.

a) P(0 | 0), Q(5 | −2) b) P(2 | 3), Q(7 | 4) c) P(−4 | −3 | −1), Q(0 | 4 | −2)
d) P(−1 | 4 | −2), Q(2 | −3 | −4) e) P(4 | 6 | 5), Q(0 | 0 | 0) f) P(7 | 3 | 1), Q(7 | 3 | 1)

3 Ergänzen Sie die fehlenden Eckpunkte, sodass die Gleichung stimmt.

a) $\overrightarrow{AB} = \overrightarrow{E\square}$ b) $\overrightarrow{AB} = \overrightarrow{\square G}$
c) $\overrightarrow{FE} = \overrightarrow{C\square}$ d) $\overrightarrow{H\square} = \overrightarrow{GC}$
e) $\overrightarrow{EH} = \overrightarrow{A\square} = \overrightarrow{\square G}$ f) $\overrightarrow{DG} = \overrightarrow{A\square}$
g) $\overrightarrow{HF} = \overrightarrow{\square\square}$ h) $\overrightarrow{\square\square} = \overrightarrow{AH}$

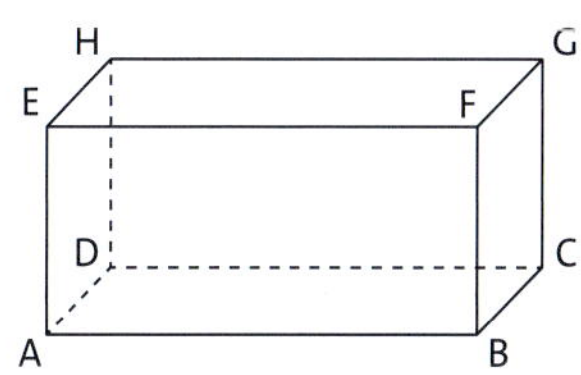

4 Die Zeichnung zeigt ein Prisma im dreidimensionalen Koordinatensystem.

a) Lesen Sie die Koordinaten der Punkte A, B, C und D ab. Bestimmen Sie damit die Verbindungsvektoren $\overrightarrow{AB}$, $\overrightarrow{AC}$, $\overrightarrow{AD}$ und $\overrightarrow{BC}$.

b) Geben Sie zu jedem Verbindungsvektor aus a) zwei weitere Punkte an, die diesen beschreiben.

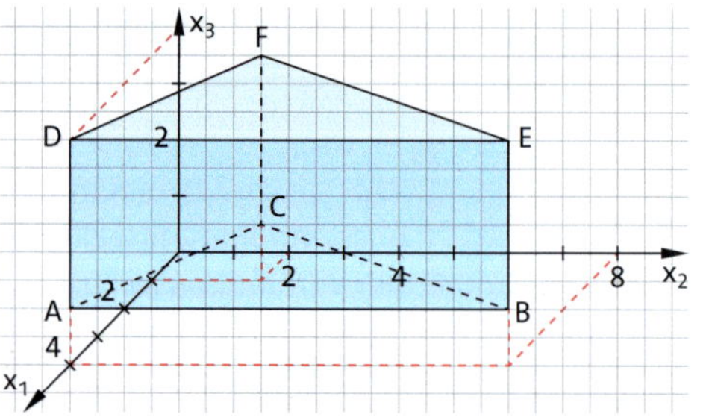

5 Es sei $\overrightarrow{PQ} = \begin{pmatrix} 4 \\ 5 \\ -2 \end{pmatrix}$. Bestimmen Sie die Koordinaten des Punktes P bzw. Q.

a) P(1 | 1 | 1) b) P(5 | 4 | 7) c) P(0 | 0 | 0) d) P(12 | −5 | −7)
e) Q(−8 | 7 | −3) f) Q(2 | 3 | 2) g) P(x | y | z) h) Q(x | y | z)

Betrag eines Vektors – Abstand zweier Punkte

Der **Betrag** $|\vec{v}|$ eines Vektors $\vec{v}$ bezeichnet die gemeinsame Länge seiner Pfeile.

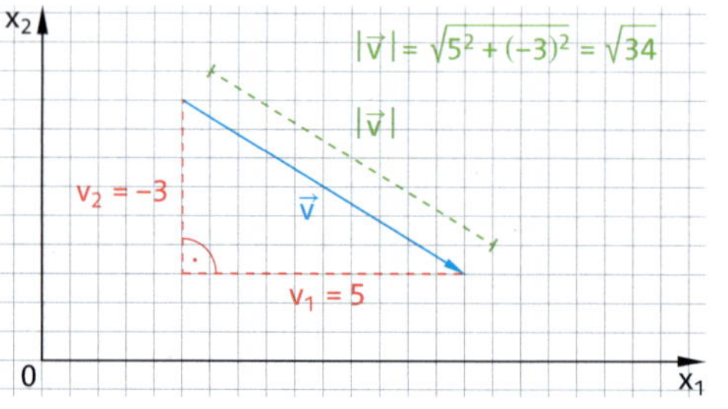

Aus den Koordinaten eines zweidimensionalen Vektors $\vec{v} = \binom{v_1}{v_2}$ ergeben sich die Kathetenlängen eines rechtwinkligen Dreiecks. Für $|\vec{v}|$ gilt dann nach dem Satz des Pythagoras:
$|\vec{v}| = \sqrt{v_1^2 + v_2^2}$

Bei einem dreidimensionalen Vektor $\vec{v} = \begin{pmatrix} v_1 \\ v_2 \\ v_3 \end{pmatrix}$ entspricht ein Pfeil der Raumdiagonale eines Quaders. Um seine Länge zu ermitteln, wird der Satz des Pythagoras zweimal angewendet.

① Flächendiagonale:
$|\vec{v_0}| = \sqrt{v_1^2 + v_2^2}$ mit $\vec{v_0} = \begin{pmatrix} v_1 \\ v_2 \\ 0 \end{pmatrix}$

② Raumdiagonale:
$|\vec{v}| = \sqrt{|\vec{v_0}|^2 + v_3^2} = \sqrt{\left(\sqrt{v_1^2 + v_2^2}\right)^2 + v_3^2}$
$= \sqrt{v_1^2 + v_2^2 + v_3^2}$

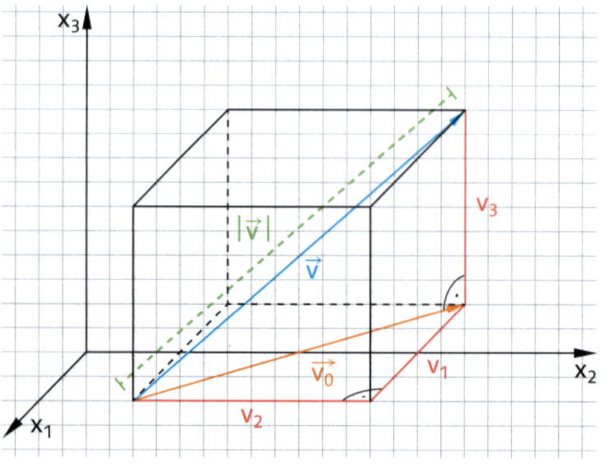

Definition

Der **Betrag** $|\vec{v}|$ eines Vektors $\vec{v}$ ist die Länge seiner Vektorpfeile im Koordinatensystem.

Für $\vec{v} = \binom{v_1}{v_2}$ gilt: $|\vec{v}| = \sqrt{v_1^2 + v_2^2}$ Für $\vec{v} = \begin{pmatrix} v_1 \\ v_2 \\ v_3 \end{pmatrix}$ gilt: $|\vec{v}| = \sqrt{v_1^2 + v_2^2 + v_3^2}$

Hinweis

Der Betrag eines Vektors wird auch als **Länge** des Vektors bezeichnet.

Der Nullvektor hat damit den Betrag $|\vec{0}| = \sqrt{0^2 + 0^2} = 0$ bzw. $|\vec{0}| = \sqrt{0^2 + 0^2 + 0^2} = 0$.

Beispiel 2

Berechnen Sie den Betrag des Vektors $\vec{v} = \begin{pmatrix} 3 \\ 0 \\ -2 \end{pmatrix}$.

Lösung:

Addieren Sie die Quadrate der einzelnen Koordinaten und ziehen Sie die Wurzel.

$|\vec{v}| = \sqrt{3^2 + 0^2 + (-2)^2}$
$= \sqrt{9 + 0 + 4} = \sqrt{13} \approx 3{,}61$

Der Abstand zweier Punkte P und Q entspricht der Länge der Strecke $\overline{PQ}$ und somit dem Betrag des Verbindungsvektors $\overrightarrow{PQ}$.

Wissen **Abstand zweier Punkte im Raum**

Für den **Abstand** zweier Punkte $P(p_1 | p_2 | p_3)$ und $Q(q_1 | q_2 | q_3)$ gilt:

$$|\overrightarrow{PQ}| = \left|\begin{pmatrix} q_1 - p_1 \\ q_2 - p_2 \\ q_3 - p_3 \end{pmatrix}\right| = \sqrt{(q_1 - p_1)^2 + (q_2 - p_2)^2 + (q_3 - p_3)^2}$$

Beispiel 3

Berechnen Sie den Abstand der Punkte $P(1 | -6 | -2)$ und $Q(-3 | 0 | 4)$.

Lösung:

Bestimmen Sie den Verbindungsvektor $\overrightarrow{PQ}$ und berechnen Sie dessen Betrag.

$$\overrightarrow{PQ} = \begin{pmatrix} -3 - 1 \\ 0 - (-6) \\ 4 - (-2) \end{pmatrix} = \begin{pmatrix} -4 \\ 6 \\ 6 \end{pmatrix}$$

Die Punkte P und Q haben einen Abstand von etwa 9,38 LE.

$$|\overrightarrow{PQ}| = \sqrt{(-4)^2 + 6^2 + 6^2} = \sqrt{88} \approx 9{,}38$$

Basisaufgaben

6 Zeichnen Sie einen Vektorpfeil des Vektors $\vec{v}$ in ein Koordinatensystem (LE: 1 cm) und messen Sie die Länge des Pfeils.
Kontrollieren Sie, indem Sie den Betrag des Vektors berechnen.

a) $\vec{v} = \begin{pmatrix} 0 \\ 4 \end{pmatrix}$ b) $\vec{v} = \begin{pmatrix} -2 \\ 0 \end{pmatrix}$ c) $\vec{v} = \begin{pmatrix} 3 \\ 4 \end{pmatrix}$ d) $\vec{v} = \begin{pmatrix} 3 \\ -4 \end{pmatrix}$ e) $\vec{v} = \begin{pmatrix} 2 \\ -5 \end{pmatrix}$

Lösungen zu 7

teilweise gerundet

9
0
3
6,16
2,83

7 Berechnen Sie den Betrag des Vektors.

a) $\vec{v} = \begin{pmatrix} 4 \\ 1 \\ 8 \end{pmatrix}$ b) $\vec{v} = \begin{pmatrix} 3 \\ 0 \\ 0 \end{pmatrix}$ c) $\vec{v} = \begin{pmatrix} 2 \\ -2 \\ 0 \end{pmatrix}$ d) $\vec{v} = \begin{pmatrix} 5 \\ -2 \\ -3 \end{pmatrix}$ e) $\vec{v} = \begin{pmatrix} 0 \\ 0 \\ 0 \end{pmatrix}$

8 Berechnen Sie den Abstand der Punkte P und Q.

a) $P(3 | -2 | 6)$, $Q(0 | 2 | 6)$ b) $P(5 | -3 | 1)$, $Q(6 | -2 | -1)$
c) $P(3 | 9 | 2)$, $Q(0 | 0 | 0)$ d) $P(2 | 13 | 7)$, $Q(2 | 13 | 7)$

9 Bestimmen Sie die Seitenlängen des abgebildeten Dreiecks ABC.

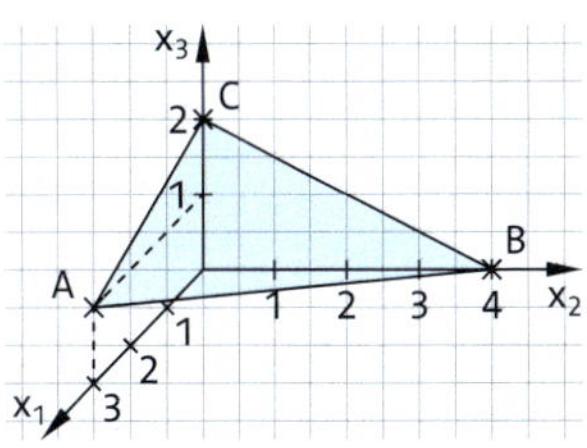

10 Geben Sie zwei Punkte P und Q mit von null verschiedenen, ganzzahligen Koordinaten so an, dass sie die angegebene Entfernung haben.

a) 3 b) 6 c) $\sqrt{6}$ d) $\sqrt{14}$

Weiterführende Aufgaben

Zwischentest

11 Berechnen Sie den Umfang des Dreiecks ABC.

a) $A(4 | 2 | -2)$, $B(2 | -1 | -8)$, $C(-2 | 5 | 4)$ b) $A(2 | -3 | -4)$, $B(1 | 5 | 0)$, $C(3 | 1 | 4)$

12 **Stolperstelle:** Es ist $P(3 | -5 | 2)$ und $Q(2 | 2 | 1)$. Leon sagt: *„Der Vektor $\overrightarrow{PQ}$ kann nicht Ortsvektor eines Punktes sein, weil er nicht am Ursprung beginnt."*
Nehmen Sie dazu Stellung.

13 a) Zeichnen Sie einen Vektorpfeil des Vektors $\vec{v} = \begin{pmatrix} 2 \\ -1 \end{pmatrix}$ in ein zweidimensionales Koordinatensystem. Berechnen Sie den Betrag von $\vec{v}$.
b) Zeichnen Sie Vektorpfeile von vier Vektoren ein, die die gleiche Richtung haben wie $\vec{v}$, aber alle einen anderen Betrag. Geben Sie die Koordinaten und die Beträge der Vektoren an.
c) Zeichnen Sie Vektorpfeile von vier Vektoren ein, die den gleichen Betrag haben wie $\vec{v}$, aber in unterschiedliche Richtung zeigen. Geben Sie die Koordinaten der Vektoren an.

14 a) Zeichnen Sie die Punkte P(4 | 1 | 0) und Q(3 | 3 | 4) und den Vektorpfeil von P nach Q in ein Koordinatensystem. Veranschaulichen Sie die Koordinaten von $\overrightarrow{PQ}$ durch Hilfslinien parallel zu den Koordinatenachsen.
b) Zeichnen Sie den Punkt R(2 | −1 | 1) ein und von dort ausgehend den Vektorpfeil von $\overrightarrow{PQ}$. Bestimmen Sie die Koordinaten des Endpunktes S, für den $\overrightarrow{PQ} = \overrightarrow{RS}$ gilt.
c) Tarek meint: *„Der Vektor $\overrightarrow{PQ}$ verbindet nicht nur die Punkte P und Q, sondern auch die Punkte R und S."* Begründen Sie, ob er recht hat.
d) Geben Sie die Koordinaten eines Punktes T an, dessen Ortsvektor gleich $\overrightarrow{PQ}$ ist.
e) Svea meint: *„Während die Koordinaten eines Punktes einen Ort beschreiben, beschreiben die Koordinaten eines Vektors einen Weg."* Nehmen Sie dazu Stellung. Erläutern Sie den Unterschied zwischen einem Punkt und einem Vektor.

15 Untersuchen Sie, ob das Dreieck ABC gleichschenklig oder sogar gleichseitig ist.
a) A(3 | 1 | 2), B(1 | 5 | 5), C(−2 | −1 | 2)
b) A(5 | −5 | 10), B(2 | −2 | 3), C(2 | −5 | 10)

16 Skizzieren Sie das Viereck ABCD. Prüfen Sie rechnerisch, ob es eine Raute ist.
a) A(0 | −2 | 1), B(−4 | 1 | −1), C(−4 | 6 | 1), D(0 | 3 | 3)
b) A(1 | −2 | 1), B(5 | 1 | 0), C(3 | 3 | −2), D(−1 | 0 | −1)

17 Zeigen Sie, dass der Betrag eines Vektors immer mindestens so groß ist wie der Betrag der betragsgrößten Koordinate. Erklären Sie, in welchen Fällen beide Werte gleich sind.

18 Die Maße des abgebildeten Hauses mit einer Dachgaube sind in Meter angegeben.
a) Zeichnen Sie das Haus in ein Koordinatensystem. Zeichnen Sie die Strecke $\overline{AB}$ parallel zur x_2-Achse.
b) Geben Sie die Vektoren $\overrightarrow{EH}$, $\overrightarrow{HK}$, $\overrightarrow{MP}$ und $\overrightarrow{LT}$ an.
c) Vergleichen Sie Ihre Lösungen aus b) mit Ihrer Nachbarin bzw. Ihrem Nachbarn. Begründen Sie, dass die Lösungen aus b) unabhängig von der Lösung aus a) sind.

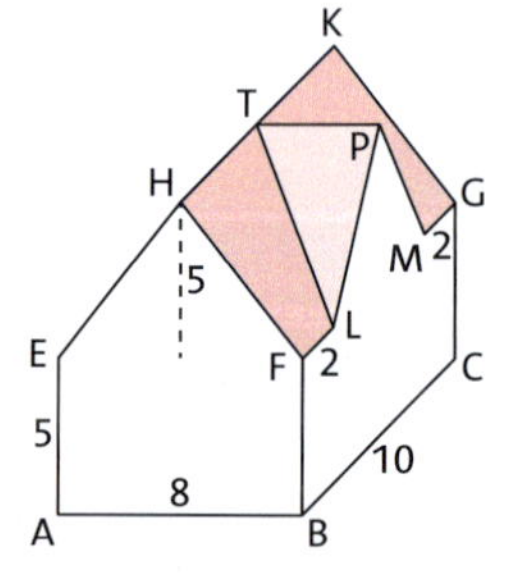

19 Gegeben sind die Punkte A(0 | 1 | 2), B(4 | 2 | 1), C(−2 | 3 | −1) und D(0 | 5 | 3).
a) Zeichnen Sie das Viereck ABCD in ein Koordinatensystem.
b) Geben Sie die Vektoren $\overrightarrow{AB}$, $\overrightarrow{BC}$, $\overrightarrow{CD}$ und $\overrightarrow{DA}$ an, die die Seiten des Vierecks beschreiben.
MK c) Stellen Sie das Viereck ABCD mit einer Mathematik-Software räumlich dar. Beschreiben Sie, was Ihnen an dem Viereck auffällt.
d) Geben Sie Vektoren an, die die Diagonalen des Vierecks beschreiben.

Hilfe

20 Die Punkte A(−2 | −1), B(3 | 0,5) und C(4 | 3) bilden ein Dreieck.
a) Finden Sie einen geeigneten Punkt D, sodass ein Parallelogramm mit den Eckpunkten A, B, C und D entsteht.
Begründen Sie, ob es mehrere Möglichkeiten für D gibt.
b) Überprüfen Sie Ihre Lösung zeichnerisch oder mit einem digitalen Hilfsmittel.

21 Ausgehend vom Eckpunkt B(2 | −3) wird durch die Vektoren $\vec{a} = \begin{pmatrix} 1 \\ -2{,}5 \end{pmatrix}$ und $\vec{c} = \begin{pmatrix} 2{,}5 \\ 1 \end{pmatrix}$ ein Dreieck ABC im zweidimensionalen Koordinatensystem aufgespannt.

a) Geben Sie die Koordinaten der beiden anderen Eckpunkte des Dreiecks an.

b) Überprüfen Sie durch eine Zeichnung, ob es sich um ein besonderes Dreieck handelt, und weisen Sie dies gegebenenfalls rechnerisch nach.

c) Bestimmen Sie den Flächeninhalt des Dreiecks ABC.

Hilfe

MK **22** Geben Sie mögliche Koordinaten für die Punkte A, B, C und D im Dreidimensionalen an, sodass das Viereck ABCD

a) eine Raute,

b) ein Parallelogramm, aber keine Raute

ist.

Prüfen Sie Ihre Ergebnisse mit einer Software.

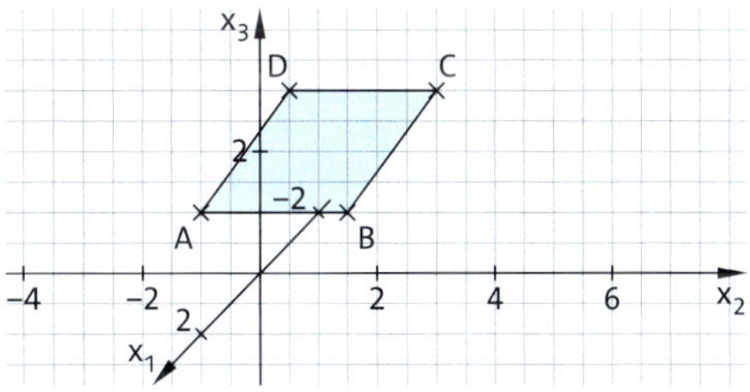

23 Das Viereck ABCD hat die Eckpunkte A(−2 | 1 | 1), B(−2 | 5 | 1), C(−2 | 5 | 3) und D(−2 | 3 | 3).

a) Stellen Sie das Viereck in einem Koordinatensystem dar.

b) Verschieben Sie das Viereck mit dem Vektor $\vec{u} = \begin{pmatrix} -2 \\ -3 \\ 0 \end{pmatrix}$. Geben Sie die Koordinaten der neuen Eckpunkte an.

MK c) Das Viereck aus b) wird weiter um den Vektor $\vec{v} = \begin{pmatrix} -1 \\ 2 \\ 3 \end{pmatrix}$ verschoben. Finden Sie einen passenden Vektor $\vec{w}$, der das Viereck ABCD direkt auf das so entstehende Viereck verschiebt. Prüfen Sie Ihr Ergebnis mit einer Software.

24 Eine Biene befindet sich auf dem Rückflug zu ihrem Bienenstock im Koordinatenursprung. Beim Überfliegen von Punkt P(10 | 10 | 10) entdeckt sie drei Blumen auf der Wiese, nämlich die Nelke N(1 | 8 | 3), die Butterblume B(4 | 6 | 5) und die Kornblume K(−2 | 7 | 4).

a) Die Biene möchte vor der Rückkehr in den Bienenstock alle drei Blumen anfliegen. Notieren Sie dazu alle möglichen Wege.

MK b) Ermitteln Sie, in welcher Reihenfolge die Biene diese Blumen anfliegen sollte, damit ihr Weg am kürzesten ist.

25 Ein mit Helium gefüllter Luftballon bewegt sich durch Wind und seinen Auftrieb durch die Luft. Innerhalb einer Sekunde bewegt er sich von P(0 | 0 | 7) nach Q(2 | −1 | 9), wobei eine Längeneinheit im Koordinatensystem ein Meter ist. Bestimmen Sie die Geschwindigkeit des Ballons in km/h.

26 **Ausblick:** Beschreiben Sie die Menge aller Punkte P in der Ebene bzw. im Raum mit den angegebenen Eigenschaften.

a) $\overrightarrow{OP} = \begin{pmatrix} x_1 \\ x_2 \end{pmatrix}$ mit $x_1 = 2$

b) $\overrightarrow{OP} = \begin{pmatrix} x_1 \\ x_2 \\ x_3 \end{pmatrix}$ mit $x_2 = 2$

c) $\overrightarrow{OP} = \begin{pmatrix} x_1 \\ x_2 \end{pmatrix}$ mit $x_1 = x_2$

d) $\overrightarrow{OP} = \begin{pmatrix} x_1 \\ x_2 \\ x_3 \end{pmatrix}$ mit $x_2 < -3$

e) $\overrightarrow{OP} = \begin{pmatrix} x_1 \\ x_2 \\ x_3 \end{pmatrix}$ mit $x_1 = x_3$

f) $\overrightarrow{OP} = \begin{pmatrix} x_1 \\ x_2 \\ x_3 \end{pmatrix}$ mit $x_1 = 1$ und $x_2 = 4$

5.3 Addition und Subtraktion von Vektoren

Das Viereck ABCD ist ein Parallelogramm.

a) Begründen Sie, dass gilt: $\overrightarrow{BC} = \overrightarrow{AD}$ und $\overrightarrow{DC} = \overrightarrow{AB}$

b) Beschreiben Sie, wie Sie mithilfe der Ortsvektoren von B und D die Koordinaten von C bestimmen können. Führen Sie die Rechnung dann durch.

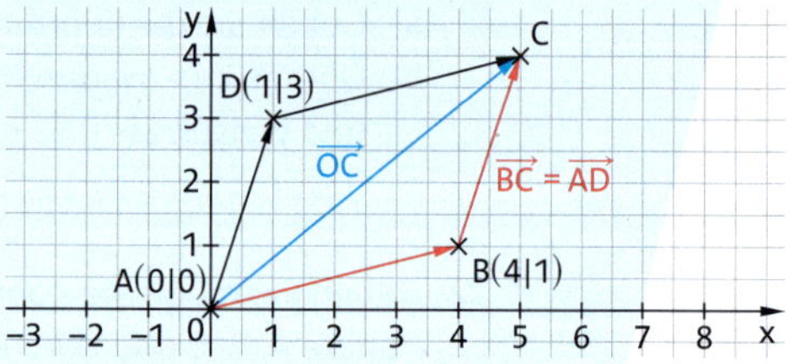

Hinweis

Man kann sich vorstellen, dass der Summenvektor den Weg darstellt, der in „Luftlinie" vom Fußpunkt zum Endpunkt zurückgelegt wird.

Man kann Vektoren addieren, indem man anschaulich den Fußpunkt des einen Pfeils an die Spitze des anderen Pfeils legt:

Geht man vom Punkt P mit $\vec{a} = \begin{pmatrix} 5 \\ 1 \end{pmatrix}$ zum Punkt Q und von dort mit $\vec{b} = \begin{pmatrix} 2 \\ 3 \end{pmatrix}$ zum Punkt R, dann zeigt der Summenvektor $\vec{a} + \vec{b}$ vom Startpunkt P zum Endpunkt R, es gilt $\vec{a} + \vec{b} = \overrightarrow{PQ} + \overrightarrow{QR} = \overrightarrow{PR}$.

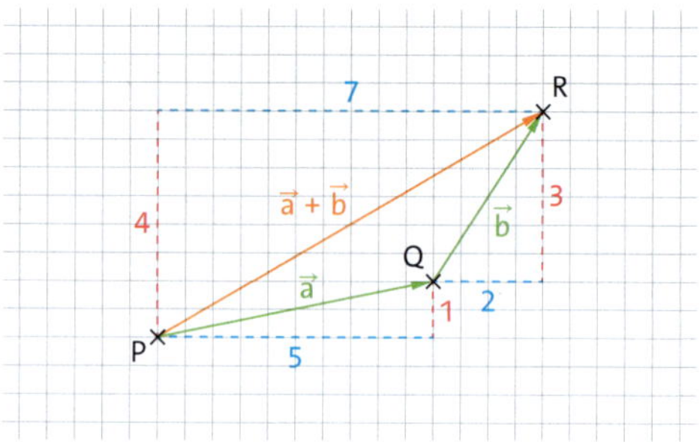

Die Berechnung des Summenvektors erfolgt koordinatenweise: Auf dem Weg von P nach R geht man zunächst 5 LE in x_1-Richtung, dann noch 2 weitere LE, insgesamt also 7 LE. Ebenso geht man insgesamt 1 + 3 = 4 LE in x_2-Richtung. Zu $\overrightarrow{PR}$ gehört also der Vektor

$\vec{a} + \vec{b} = \begin{pmatrix} 5+2 \\ 1+3 \end{pmatrix} = \begin{pmatrix} 7 \\ 4 \end{pmatrix}$.

Auf die gleiche Weise können auch dreidimensionale Vektoren addiert werden.

Wissen **Addition von Vektoren**

Vektoren werden koordinatenweise addiert:

$\begin{pmatrix} a_1 \\ a_2 \end{pmatrix} + \begin{pmatrix} b_1 \\ b_2 \end{pmatrix} = \begin{pmatrix} a_1 + b_1 \\ a_2 + b_2 \end{pmatrix}$ $\quad$ $\begin{pmatrix} a_1 \\ a_2 \\ a_3 \end{pmatrix} + \begin{pmatrix} b_1 \\ b_2 \\ b_3 \end{pmatrix} = \begin{pmatrix} a_1 + b_1 \\ a_2 + b_2 \\ a_3 + b_3 \end{pmatrix}$

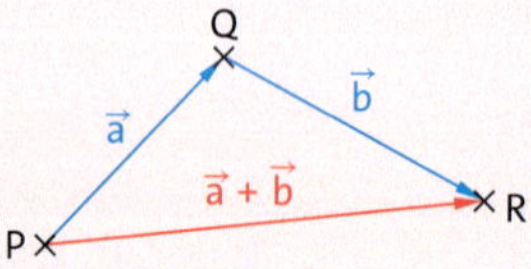

Setzt man an der Pfeilspitze von $\vec{a}$ einen Vektorpfeil von $\vec{b}$ an, so zeigt der Summenvektor $\vec{a} + \vec{b}$ vom Anfang von $\vec{a}$ zur Spitze von $\vec{b}$. Es gilt: $\overrightarrow{PQ} + \overrightarrow{QR} = \overrightarrow{PR}$

Hinweis

Der Gegenvektor zu $\vec{b} = \begin{pmatrix} b_1 \\ b_2 \end{pmatrix}$ ist $-\vec{b} = \begin{pmatrix} -b_1 \\ -b_2 \end{pmatrix}$.

Zu jedem Vektor $\vec{b} = \begin{pmatrix} b_1 \\ b_2 \\ b_3 \end{pmatrix}$ ist $-\vec{b} = \begin{pmatrix} -b_1 \\ -b_2 \\ -b_3 \end{pmatrix}$ der **Gegenvektor**.

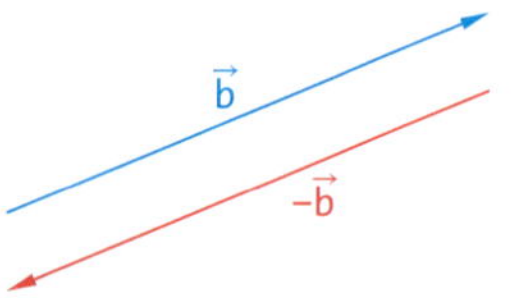

Seine Pfeile haben die gleiche Länge wie $\vec{b}$ und sind parallel zu $\vec{b}$, aber die Orientierung ist entgegengesetzt.
Es gilt $\vec{b} + (-\vec{b}) = \vec{0}$.

Durch die Addition des Gegenvektors erhält man eine **Subtraktion von Vektoren:**
$\vec{a} - \vec{b} = \vec{a} + (-\vec{b})$

Wissen **Subtraktion von Vektoren**

Vektoren werden koordinatenweise subtrahiert:

$\begin{pmatrix} a_1 \\ a_2 \end{pmatrix} - \begin{pmatrix} b_1 \\ b_2 \end{pmatrix} = \begin{pmatrix} a_1 - b_1 \\ a_2 - b_2 \end{pmatrix}$ $\quad$ $\begin{pmatrix} a_1 \\ a_2 \\ a_3 \end{pmatrix} - \begin{pmatrix} b_1 \\ b_2 \\ b_3 \end{pmatrix} = \begin{pmatrix} a_1 - b_1 \\ a_2 - b_2 \\ a_3 - b_3 \end{pmatrix}$

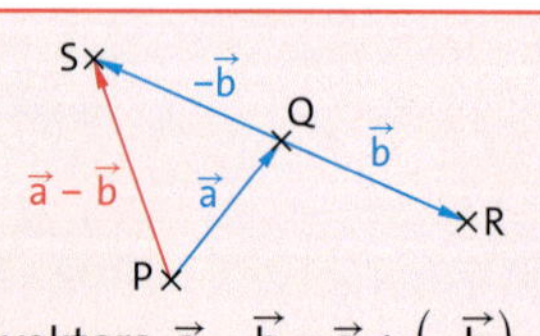

Die Subtraktion eines Vektors entspricht der Addition des Gegenvektors: $\vec{a} - \vec{b} = \vec{a} + (-\vec{b})$

Das Parallelogramm zeigt, dass für die Addition von Vektoren das Kommutativgesetz gilt:
$\vec{a} + \vec{b} = \vec{b} + \vec{a}$

Das kann man auch rechnerisch zeigen:
$\begin{pmatrix} a_1 \\ a_2 \\ a_3 \end{pmatrix} + \begin{pmatrix} b_1 \\ b_2 \\ b_3 \end{pmatrix} = \begin{pmatrix} a_1 + b_1 \\ a_2 + b_2 \\ a_3 + b_3 \end{pmatrix} = \begin{pmatrix} b_1 + a_1 \\ b_2 + a_2 \\ b_3 + a_3 \end{pmatrix} = \begin{pmatrix} b_1 \\ b_2 \\ b_3 \end{pmatrix} + \begin{pmatrix} a_1 \\ a_2 \\ a_3 \end{pmatrix}$
Man führt das Kommutativgesetz für Vektoren also auf jenes für reelle Zahlen zurück. Ähnlich kann man auch beim Assoziativgesetz vorgehen (siehe Aufgabe 19).

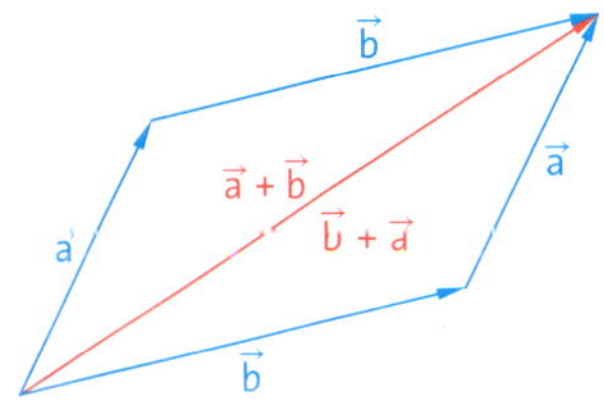

Wissen **Rechenregeln**
Für Vektoren $\vec{a}, \vec{b}, \vec{c}$ gelten die folgenden Regeln:
Kommutativgesetz: $\vec{a} + \vec{b} = \vec{b} + \vec{a}$ **Assoziativgesetz:** $(\vec{a} + \vec{b}) + \vec{c} = \vec{a} + (\vec{b} + \vec{c})$

Weiterhin gilt für das Rechnen mit Vektoren:
$\vec{a} + \vec{0} = \vec{a}$ $\vec{a} - \vec{0} = \vec{a}$ $\vec{0} - \vec{a} = -\vec{a}$ $\vec{a} - \vec{a} = \vec{0}$

Beispiel 1
Gegeben sind die Vektoren $\vec{a} = \begin{pmatrix} 2 \\ 4 \\ 2 \end{pmatrix}, \vec{b} = \begin{pmatrix} 1 \\ 3 \\ -1 \end{pmatrix}$ und $\vec{c} = \begin{pmatrix} -2 \\ 0 \\ 3 \end{pmatrix}$.

a) Berechnen Sie $\vec{a} - \vec{b}$ und $\vec{a} + \vec{b} - \vec{c}$.
b) Stellen Sie $\vec{a} - \vec{b}$ zeichnerisch dar und vergleichen Sie mit der Rechnung.

Lösung:
a) Subtrahieren Sie die Koordinaten des Vektors $\vec{b}$ von denen des Vektors $\vec{a}$.

$$\vec{a} - \vec{b} = \begin{pmatrix} 2 \\ 4 \\ 2 \end{pmatrix} - \begin{pmatrix} 1 \\ 3 \\ -1 \end{pmatrix} = \begin{pmatrix} 2-1 \\ 4-3 \\ 2-(-1) \end{pmatrix} = \begin{pmatrix} 1 \\ 1 \\ 3 \end{pmatrix}$$

Rechnen Sie auch bei mehreren Vektoren koordinatenweise.

$$\vec{a} + \vec{b} - \vec{c} = \begin{pmatrix} 2+1-(-2) \\ 4+3-0 \\ 2+(-1)-3 \end{pmatrix} = \begin{pmatrix} 5 \\ 7 \\ -2 \end{pmatrix}$$

b) Zeichnen Sie beginnend an der Spitze von $\vec{a}$ einen Vektorpfeil zu $-\vec{b}$. Der Pfeil vom Fußpunkt von $\vec{a}$ zur Spitze von $-\vec{b}$ steht für den Differenzvektor $\vec{a} - \vec{b}$.
Die Rechnung passt zur Zeichnung.

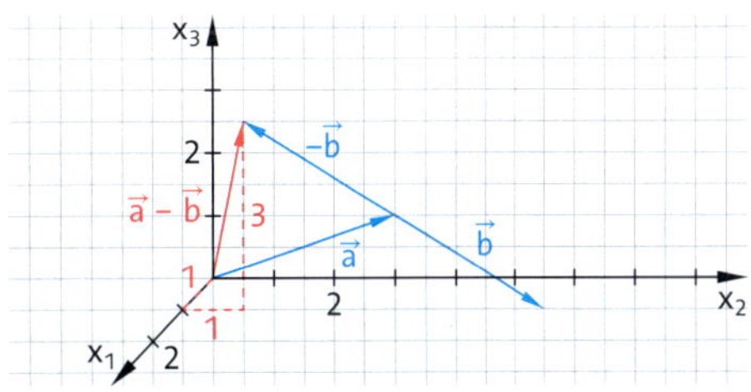

Basisaufgaben

1 Berechnen Sie.
a) $\begin{pmatrix} 2 \\ 3 \\ 6 \end{pmatrix} + \begin{pmatrix} -3 \\ 1 \\ 5 \end{pmatrix}$ b) $\begin{pmatrix} 3{,}7 \\ 4 \\ -6{,}2 \end{pmatrix} + \begin{pmatrix} -1{,}5 \\ 0{,}3 \\ -12{,}1 \end{pmatrix}$ c) $\begin{pmatrix} -4 \\ -11 \\ 3 \end{pmatrix} - \begin{pmatrix} -8 \\ 5 \\ -10 \end{pmatrix}$ d) $\begin{pmatrix} 7 \\ 3 \\ -4 \end{pmatrix} - \begin{pmatrix} 2 \\ 4 \\ 8 \end{pmatrix} + \begin{pmatrix} 0 \\ 1 \\ -2 \end{pmatrix}$

2 Ermitteln Sie zeichnerisch und rechnerisch den Summenvektor $\vec{a} + \vec{b}$ und den Differenzvektor $\vec{a} - \vec{b}$.
a) $\vec{a} = \begin{pmatrix} 3 \\ -1 \end{pmatrix}, \vec{b} = \begin{pmatrix} 2 \\ 3 \end{pmatrix}$ b) $\vec{a} = \begin{pmatrix} 5 \\ 2 \end{pmatrix}, \vec{b} = \begin{pmatrix} -4 \\ 2 \end{pmatrix}$ c) $\vec{a} = \begin{pmatrix} 2 \\ -4 \end{pmatrix}, \vec{b} = \begin{pmatrix} 0 \\ 3 \end{pmatrix}$

3 Es gilt $\vec{a} = \begin{pmatrix} 2 \\ 3 \\ -1 \end{pmatrix}$ und $\vec{a} + \vec{b} = \begin{pmatrix} 4 \\ 0 \\ 2 \end{pmatrix}$. Ermitteln Sie $\vec{b}$.

4 Geben Sie den Gegenvektor zu $\vec{v}$ an.

a) $\vec{v} = \begin{pmatrix} 10 \\ 4 \\ -6 \end{pmatrix}$ b) $\vec{v} = \begin{pmatrix} -2 \\ -11 \\ 0 \end{pmatrix}$

5 Beschreiben Sie, wie sich Länge, Richtung und Orientierung von Vektor und Gegenvektor zueinander verhalten.

6 Vereinfachen Sie so, dass das Ergebnis aus einem einzigen Vektor besteht.
Beispiel: $\overrightarrow{CA} - \overrightarrow{BA} = \overrightarrow{CA} + \overrightarrow{AB} = \overrightarrow{CB}$

a) $\overrightarrow{BC} + \overrightarrow{CA}$ b) $\overrightarrow{PQ} - \overrightarrow{RQ}$ c) $\overrightarrow{TS} + \overrightarrow{ST}$ d) $\overrightarrow{DC} + \overrightarrow{CB} + \overrightarrow{BA}$
e) $\overrightarrow{FG} + \overrightarrow{HI} + \overrightarrow{GH}$ f) $-\overrightarrow{PR} + \overrightarrow{ST} + \overrightarrow{PS}$ g) $\overrightarrow{KN} - \overrightarrow{KM} + \overrightarrow{LM}$ h) $\overrightarrow{UV} + \overrightarrow{WU} + \overrightarrow{VW}$

7 Führen Sie die Rechnung geometrisch aus und zeichnen Sie einen Vektorpfeil des Ergebnisvektors. Überprüfen Sie die Koordinaten des Ergebnisvektors rechnerisch.

a) $\vec{a} + \vec{b}$ b) $\vec{b} + \vec{a}$
c) $\vec{a} + \vec{a} - \vec{b}$ d) $(\vec{a} + \vec{b}) + \vec{c}$
e) $\vec{a} + (\vec{b} + \vec{c})$ f) $\vec{b} - (\vec{c} + \vec{a})$

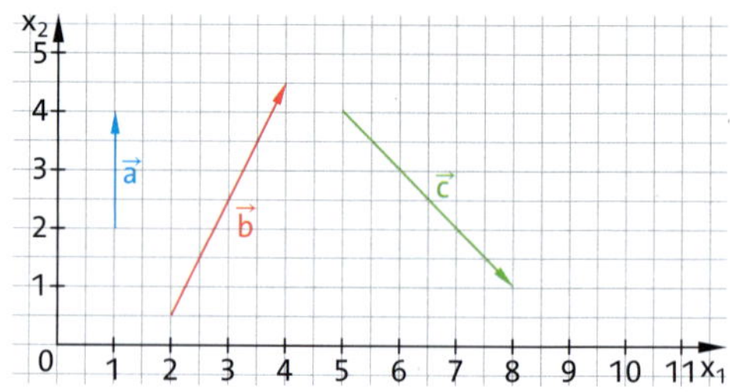

8 Ordnen Sie der Rechnung das richtige Ergebnis auf den Kärtchen zu.

a) $\vec{a} + \vec{0}$ b) $\vec{0} + \vec{a}$ c) $\vec{a} - \vec{0}$
d) $\vec{0} - \vec{a}$ e) $\vec{a} + (-\vec{a})$ f) $\vec{a} - \vec{a}$

$\vec{a}$ $\vec{0}$ $-\vec{a}$

Verbindungsvektoren mittels Addition und Subtraktion

Verbindungsvektoren lassen sich auch durch Subtraktion der Ortsvektoren ermitteln. Dabei ist die Reihenfolge wichtig, in der die Ortsvektoren subtrahiert werden: Um von A nach B zu gelangen, geht man zuerst von A zum Ursprung und dann vom Ursprung zu B. Es gilt also:
$\overrightarrow{AB} = -\overrightarrow{OA} + \overrightarrow{OB} = \overrightarrow{OB} - \overrightarrow{OA}$

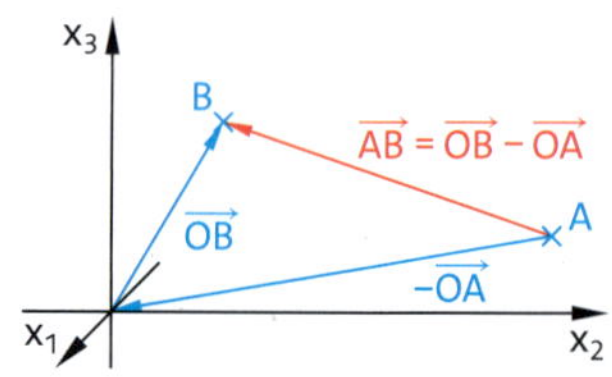

Beispiel 2 Die Vektoren $\vec{a}$, $\vec{b}$ und $\vec{c}$ spannen ausgehend vom Punkt A einen sogenannten **Spat** auf, der von Parallelogrammen begrenzt wird.

a) Drücken Sie die Vektoren $\overrightarrow{AC}$ und $\overrightarrow{HB}$ durch die Vektoren $\vec{a}$, $\vec{b}$ und $\vec{c}$ aus.
b) Drücken Sie $\vec{c} - \vec{b} + \vec{a}$ als Verbindungsvektor zweier Eckpunkte aus.

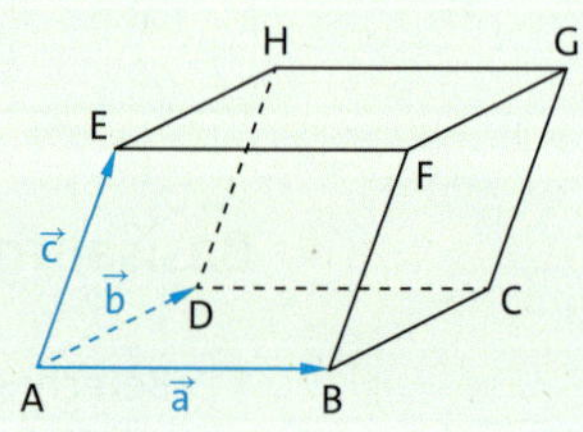

Lösung:

a) Suchen Sie einen Weg von A bis C bzw. von H bis B entlang der Kanten des Spats. Die gekennzeichneten Pfeile von $\vec{a}$, $\vec{b}$, $\vec{c}$ können dabei zu den parallelen Kanten verschoben werden.

$\overrightarrow{AC} = \overrightarrow{AB} + \overrightarrow{BC} = \vec{a} + \vec{b}$
$\overrightarrow{HB} = \overrightarrow{HG} + \overrightarrow{GF} + \overrightarrow{FB}$
$= \overrightarrow{HG} - \overrightarrow{FG} - \overrightarrow{BF}$
$= \vec{a} - \vec{b} - \vec{c}$

b) Der einzige geeignete Startpunkt ist D. Gehen Sie von dort aus nacheinander entlang der Vektoren $\vec{c}$, $-\vec{b}$ und $\vec{a}$. So gelangen Sie zu den Punkten H, E und F.

$\vec{c} - \vec{b} + \vec{a} = \overrightarrow{DH} + \overrightarrow{HE} + \overrightarrow{EF}$
$= \overrightarrow{DF}$

Basisaufgaben

9 Bestimmen Sie zu den Punkten P(6 | −3 | 9) und Q(−1 | −2 | 3) die Verbindungsvektoren $\overrightarrow{PQ}$ und $\overrightarrow{QP}$. Geben Sie an, welche Beziehung zwischen $\overrightarrow{PQ}$ und $\overrightarrow{QP}$ besteht.

10 a) Ermitteln Sie zu den Punkten A(3 | −2 | 0), B(5 | 1 | −3), C(1 | 6 | 2) und D(−1 | 3 | 5) die Verbindungsvektoren $\overrightarrow{AB}$, $\overrightarrow{AD}$, $\overrightarrow{CB}$ und $\overrightarrow{CD}$.
b) Begründen Sie mit Ihrem Ergebnis aus a), dass ABCD ein Parallelogramm ist.

11 Gegeben ist das regelmäßige Sechseck ABCDEF.
a) Drücken Sie die Summe $\vec{a} + \vec{b} + \vec{a}$ als Verbindungsvektor zweier Eckpunkte aus.
b) Drücken Sie die Vektoren $\overrightarrow{CD}$, $\overrightarrow{DE}$, $\overrightarrow{AC}$, $\overrightarrow{BE}$, $\overrightarrow{CF}$ und $\overrightarrow{AD}$ mithilfe von $\vec{a}$ und $\vec{b}$ aus. Verwenden Sie hierzu auch Summen- und Gegenvektoren.

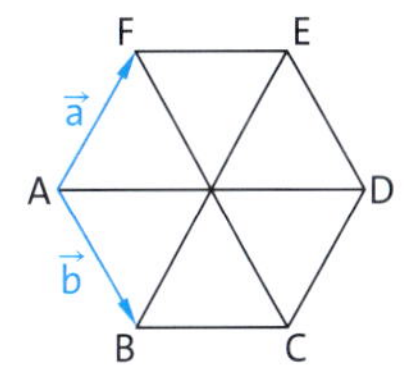

Weiterführende Aufgaben

Zwischentest

12 Die Zeichnung zeigt einen aus zwei Würfeln zusammengesetzten Quader.
Drücken Sie die Vektoren $\overrightarrow{OE}$, $\overrightarrow{AC}$, $\overrightarrow{DH}$, $\overrightarrow{EB}$ und $\overrightarrow{BD}$ durch die drei Vektoren $\vec{a}$, $\vec{b}$ und $\vec{c}$ aus. Verwenden Sie hierzu auch Summen- und Gegenvektoren.

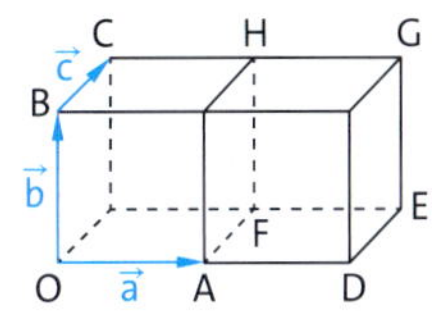

13 **Stolperstelle:** Von einem Quadrat sind die Eckpunkte A(−1 | 3 | 4), B(5 | 11 | 4) und C(−3 | 17 | 4) bekannt. Alessia berechnet den Eckpunkt D:

$$\overrightarrow{BC} = \overrightarrow{OB} - \overrightarrow{OC} = \begin{pmatrix} 5 \\ 11 \\ 4 \end{pmatrix} - \begin{pmatrix} -3 \\ 17 \\ 4 \end{pmatrix} = \begin{pmatrix} 8 \\ -6 \\ 0 \end{pmatrix}$$

$$\overrightarrow{OD} = \overrightarrow{OA} + \overrightarrow{AD} = \overrightarrow{OA} + \overrightarrow{BC} = \begin{pmatrix} -1 \\ 3 \\ 4 \end{pmatrix} + \begin{pmatrix} 8 \\ -6 \\ 0 \end{pmatrix} = \begin{pmatrix} 7 \\ -3 \\ 4 \end{pmatrix} \Rightarrow D(7|-3|4)$$

Erklären Sie Alessias Fehler und korrigieren Sie die Rechnung.

14 Berechnen Sie die Koordinaten des fehlenden Punktes, sodass ABCD ein Parallelogramm ist. Überprüfen Sie durch eine Skizze.
a) A(0 | −2 | 1), B(1 | 2 | 4), C(−2 | −2 | 4) b) A(2 | −1 | −2), B(1 | 3 | 1), D(−1 | 0 | 2)

15 Die Vektoren $\vec{u} = \begin{pmatrix} 1 \\ 3 \\ -2 \end{pmatrix}$, $\vec{v} = \begin{pmatrix} -7 \\ 1 \\ -2 \end{pmatrix}$ und $\vec{w} = \begin{pmatrix} -4 \\ 16 \\ 22 \end{pmatrix}$ spannen vom Eckpunkt A(0 | 2 | 3) aus einen Quader ABCDEFGH auf.
a) Berechnen Sie die Koordinaten der anderen Eckpunkte.
b) Bestimmen Sie die Vektoren zu den vier Raumdiagonalen.

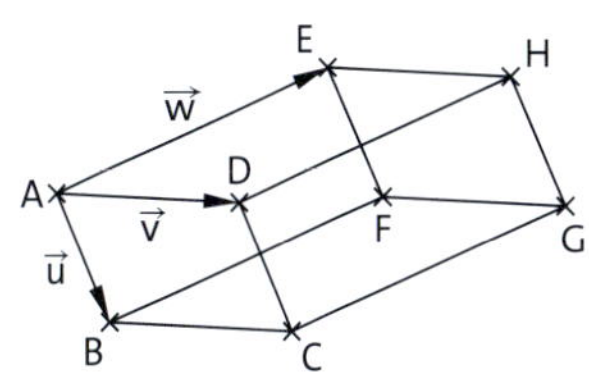

16 Die Vektoren $\vec{a}$, $\vec{b}$ und $\vec{c}$ legen eine quadratische Pyramide fest. Schreiben Sie die Vektoren $\vec{d}$, $\vec{e}$, $\vec{f}$, $\vec{h}$ und $\vec{k}$ als Summen oder Differenzen von $\vec{a}$, $\vec{b}$ und $\vec{c}$.
Veranschaulichen Sie die Situation mit einer Software und überprüfen Sie Ihre Ergebnisse.

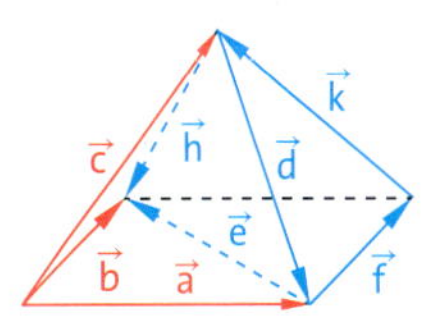

17 Bestimmen Sie den Vektor $\vec{x}$.

a) $\begin{pmatrix} -3 \\ 13 \\ -7 \end{pmatrix} + \vec{x} = \begin{pmatrix} 0 \\ 8 \\ -5 \end{pmatrix}$ b) $\begin{pmatrix} 4 \\ -1 \\ 10 \end{pmatrix} - \vec{x} = \begin{pmatrix} -2 \\ -4 \\ 3 \end{pmatrix}$ c) $\begin{pmatrix} 2 \\ -15 \\ 8 \end{pmatrix} + \begin{pmatrix} 9 \\ 3 \\ -1 \end{pmatrix} = \vec{x} - \begin{pmatrix} 4 \\ 11 \\ 12 \end{pmatrix}$

18 In einem Koordinatensystem sind die Punkte A(0 | 2 | 1) und C(0 | 0 | 4,5) gegeben.

a) Finden Sie mithilfe von Symmetrieüberlegungen einen Punkt B, der zusammen mit A und C ein gleichschenkliges Dreieck mit Basis $\overline{AB}$ bildet.

b) Bestimmen Sie die Koordinaten eines Punktes D, sodass ADBC eine Raute ist.

c) Finden Sie zwei weitere Punkte E und F, die die Raute zu einer Doppelpyramide ergänzen. Überprüfen Sie Ihre Figur mithilfe einer Mathematik-Software und vergleichen Sie Ihre Ergebnisse untereinander.

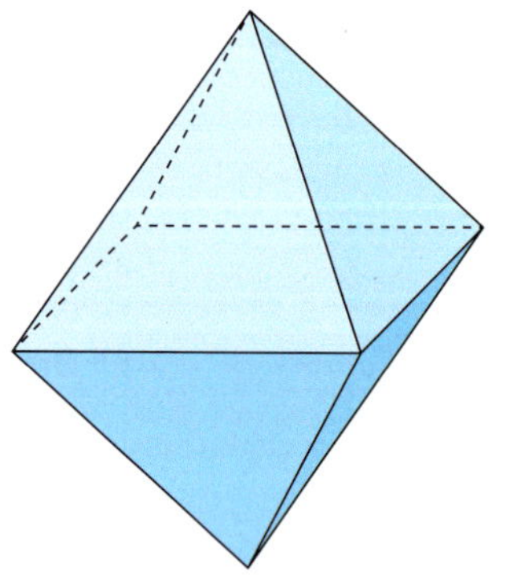

Hilfe

19 **Assoziativgesetz:** Die Zeichnung veranschaulicht die Addition dreier Vektoren.

a) Formulieren Sie das Assoziativgesetz mit den Vektoren $\vec{a} = \begin{pmatrix} 2 \\ -1 \\ 3 \end{pmatrix}$, $\vec{b} = \begin{pmatrix} -4 \\ 3 \\ 0 \end{pmatrix}$ und $\vec{c} = \begin{pmatrix} 3 \\ -2 \\ 8 \end{pmatrix}$.
Kontrollieren Sie die Gültigkeit durch eine Rechnung.

b) Erläutern Sie die allgemeine Gültigkeit des Assoziativgesetzes anhand der Zeichnung.

c) Begründen Sie das Gesetz rechnerisch, indem Sie die Vektoren mit allgemeinen Koordinaten schreiben.

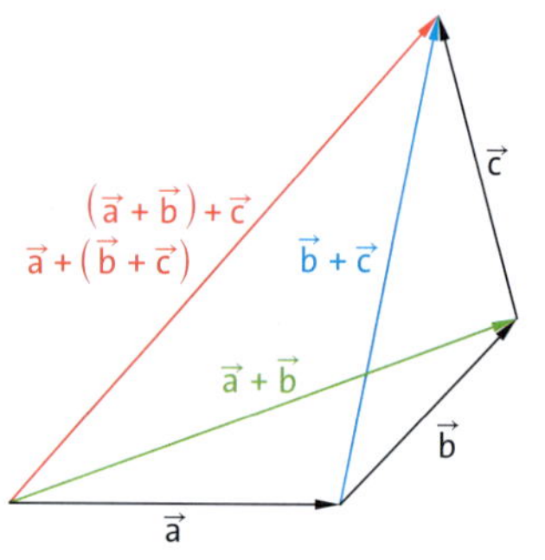

20 Durch die Addition mehrerer Vektoren entsteht eine Vektorkette. Sie heißt **geschlossene Vektorkette**, wenn die Summe der Vektoren den Nullvektor ergibt. Anschaulich endet die geschlossene Vektorkette in ihrem Startpunkt.
Ergänzen Sie zu einer geschlossenen Vektorkette. Überprüfen Sie Ihr Ergebnis mit einer Mathematik-Software.

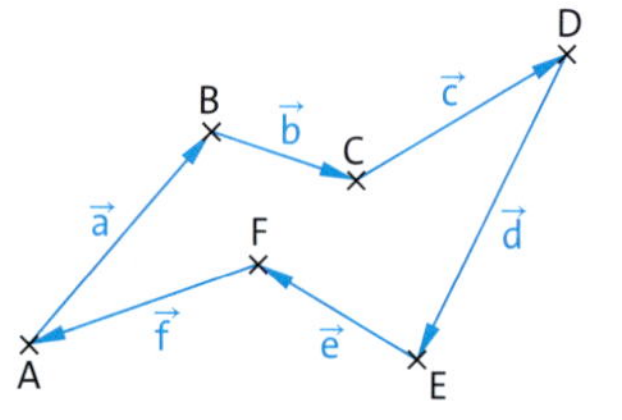

a) $\begin{pmatrix} 1 \\ -2 \\ 3 \end{pmatrix} + \begin{pmatrix} 5 \\ 3 \\ 8 \end{pmatrix} + \begin{pmatrix} -4 \\ -4 \\ -4 \end{pmatrix} + \vec{d} = \vec{0}$ b) $\begin{pmatrix} 8 \\ -1 \\ 5 \end{pmatrix} + \begin{pmatrix} 2 \\ 3 \\ -4 \end{pmatrix} + \begin{pmatrix} -5 \\ 7 \\ 6 \end{pmatrix} + \vec{d} + \vec{e} = \vec{0}$

21 Der Körper besteht aus zwei gleich großen Würfeln. Es ist A(1 | 2 | 0), B(−5 | 5 | −2), F(3 | 8 | 3) und G(−2 | 0 | 6).

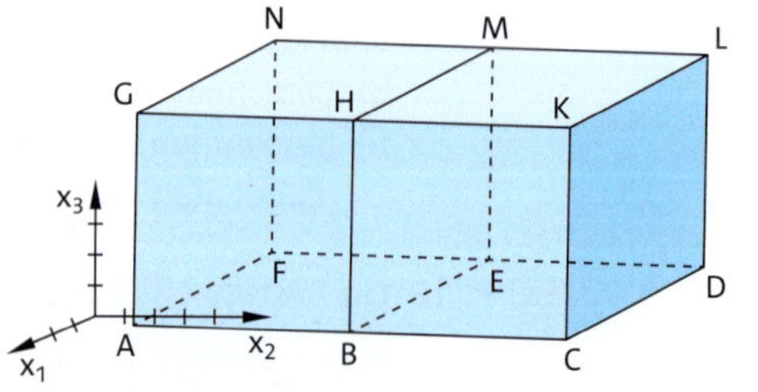

a) Zeigen Sie rechnerisch, dass die Kanten $\overline{AB}$, $\overline{AF}$ und $\overline{AG}$ gleich lang sind.

b) Berechnen Sie die Koordinaten der Punkte C, L und M.

c) Drücken Sie die Vektoren $\overrightarrow{CH}$ und $\overrightarrow{DG}$ durch $\overrightarrow{AB}$, $\overrightarrow{AF}$ und $\overrightarrow{AG}$ aus und berechnen Sie ihre Koordinaten.

d) Prüfen Sie rechnerisch, ob $\overrightarrow{CN}$ doppelt so lang ist wie $\overrightarrow{BN}$.

e) Begründen Sie: $\overrightarrow{FE} + \overrightarrow{ED} + \overrightarrow{DL} = \overrightarrow{AK}$

22 Wenn sich die Diagonalen eines Vierecks halbieren, dann handelt es sich bei dem Viereck um ein Parallelogramm.

a) Beweisen Sie die Aussage mithilfe der Abbildung, indem Sie zeigen, dass gegenüberliegende Seiten durch den gleichen Vektor beschrieben werden.

b) Zeigen Sie, dass die Bedingung $\overrightarrow{AB} = \overrightarrow{DC}$ ebenfalls hinreichend dafür ist, dass ein Viereck ABCD ein Parallelogramm ist.

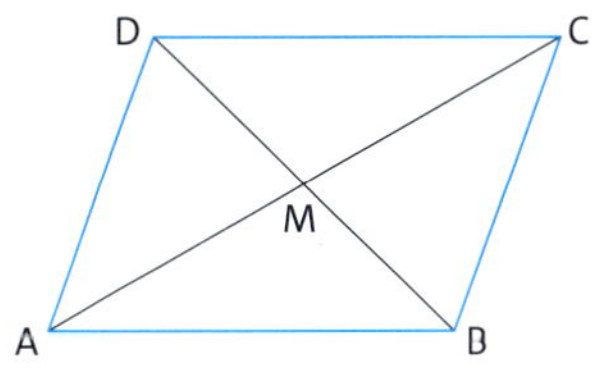

Hilfe

23 Ein Viereck ist genau dann eine Raute, wenn seine Diagonalen sich gegenseitig halbieren und senkrecht aufeinander stehen.

a) Nutzen Sie dies, um zu zeigen, dass die Vektoren $\vec{e} = \begin{pmatrix} -3 \\ 1 \\ 4 \end{pmatrix}$ und $\vec{f} = \begin{pmatrix} 1 \\ -1 \\ 1 \end{pmatrix}$ senkrecht aufeinander stehen.

b) Beschreiben Sie allgemein, wie man prüfen kann, ob Vektoren senkrecht zueinander sind.

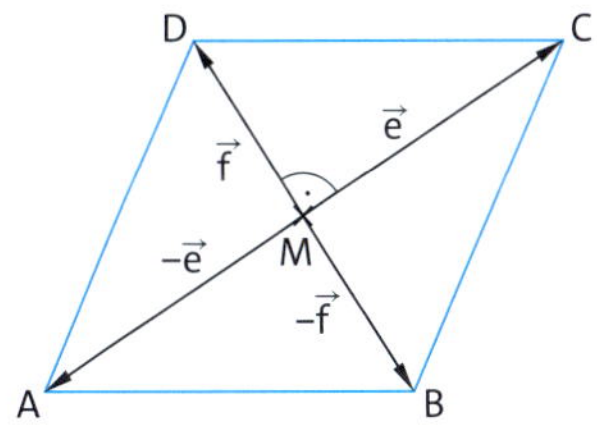

24 Eine Kraft wird durch ihren Betrag und ihre Richtung festgelegt. Daher können Kräfte durch Vektoren dargestellt werden.
Wirken zwei Kräfte auf einen Körper in unterschiedliche Richtungen, so ist die auf den Körper wirkende Gesamtkraft gleich der Summe der einzelnen Kraftvektoren. Ein aufgehängter Meisenknödel erfährt eine Gewichtskraft $\overrightarrow{F_G}$ von 1 N. Durch einen anhaltenden Wind wird auf ihn eine Kraft $\overrightarrow{F_W}$ von 0,28 N in waagerechte Richtung ausgeübt.

a) Berechnen Sie die Größe der Gesamtkraft $\vec{F}$.

b) Berechnen Sie den Auslenkungswinkel α des Fadens, an dem der Knödel aufgehängt ist.

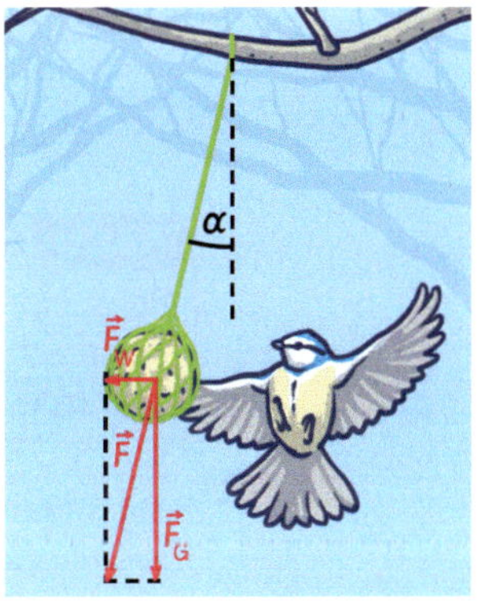

25 Ein Flugzeug würde bei Windstille pro Stunde den durch $\vec{v} = \begin{pmatrix} -21 \\ 14 \\ 1{,}5 \end{pmatrix}$ beschriebenen Weg zurücklegen. Es bewegt sich in einer konstanten Luftströmung, die durch den Vektor $\vec{w} = \begin{pmatrix} 3 \\ 6 \\ 0 \end{pmatrix}$ ausgedrückt wird.

a) Berechnen Sie den effektiven Weg des Flugzeugs in einer Stunde.

b) Prüfen Sie, ob der Betrag seiner Geschwindigkeit über dem Erdboden durch die Luftströmung vergrößert wird.

c) Bestimmen Sie, wie das Flugzeug gesteuert werden muss, wenn es bei gleicher Luftströmung $\vec{w}$ pro Stunde über dem Erdboden den Weg $\vec{s} = \begin{pmatrix} 6 \\ -3 \\ 0 \end{pmatrix}$ zurücklegen soll.

MK **26** **Ausblick:**
In der Wissenschaft werden oft auch Vektoren mit vier Koordinaten verwendet. Dabei steht die vierte Dimension für die Zeit. In einem vierdimensionalen kartesischen Koordinatensystem erhält dann jeder Punkt drei Raum- sowie eine Zeitkoordinate. Recherchieren Sie, in welchem Zusammenhang vierdimensionale Koordinaten verwendet werden und wie man sie grafisch darstellen kann.

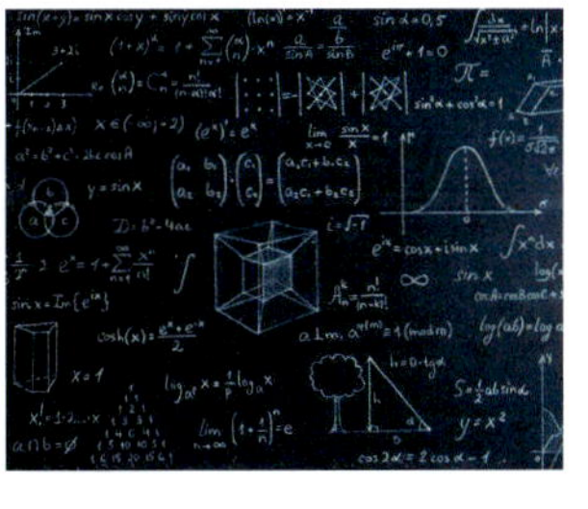

5.4 Vielfache von Vektoren

Ein Flugzeug hebt beim Start genau am Koordinatenursprung ab und befindet sich nach einer Sekunde am Punkt P_1 mit dem Ortsvektor $\overrightarrow{OP_1} = \begin{pmatrix} 35 \\ -45 \\ 21 \end{pmatrix}$.

Nehmen Sie eine gleichbleibende Bewegung an. Bestimmen Sie den Ortsvektor des Flugzeugs nach 2, 3, 5 und 10 Sekunden.

Die mehrfache Addition desselben Vektors lässt sich (wie bei reellen Zahlen) einfacher durch eine Multiplikation beschreiben.
Für $\vec{a} + \vec{a} + \vec{a}$ schreibt man beispielsweise $3 \cdot \vec{a}$.
Der Vektor $3 \cdot \vec{a}$ hat die dreifache Länge von $\vec{a}$ und die gleiche Richtung.

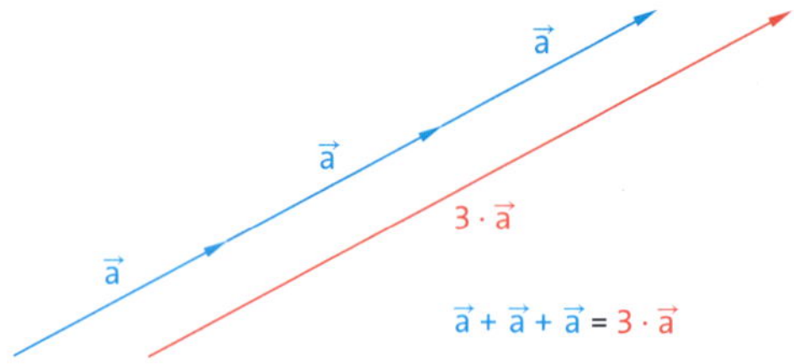

Für $\vec{a} = \begin{pmatrix} a_1 \\ a_2 \\ a_3 \end{pmatrix}$ gilt: $3 \cdot \begin{pmatrix} a_1 \\ a_2 \\ a_3 \end{pmatrix} = \begin{pmatrix} a_1 \\ a_2 \\ a_3 \end{pmatrix} + \begin{pmatrix} a_1 \\ a_2 \\ a_3 \end{pmatrix} + \begin{pmatrix} a_1 \\ a_2 \\ a_3 \end{pmatrix} = \begin{pmatrix} a_1 + a_1 + a_1 \\ a_2 + a_2 + a_2 \\ a_3 + a_3 + a_3 \end{pmatrix} = \begin{pmatrix} 3a_1 \\ 3a_2 \\ 3a_3 \end{pmatrix}$

Hinweis

Der Malpunkt hat hier zwei verschiedene Bedeutungen:
$r \cdot a_1$: Multiplikation zweier Zahlen.
$r \cdot \vec{a}$: Multiplikation einer Zahl (Skalar) mit einem Vektor.

Wissen **Multiplikation eines Vektors mit einer reellen Zahl**

Bei der Multiplikation eines Vektors $\vec{a}$ mit einer reellen Zahl r wird jede Koordinate des Vektors mit der Zahl r multipliziert.

$r \cdot \begin{pmatrix} a_1 \\ a_2 \end{pmatrix} = \begin{pmatrix} r \cdot a_1 \\ r \cdot a_2 \end{pmatrix}$, $r \cdot \begin{pmatrix} a_1 \\ a_2 \\ a_3 \end{pmatrix} = \begin{pmatrix} r \cdot a_1 \\ r \cdot a_2 \\ r \cdot a_3 \end{pmatrix}$

Bei der Multiplikation eines Vektors $\vec{a} \neq \vec{0}$ mit einer Zahl r ergibt sich ein Vektor mit $|r|$-facher Länge. $r \cdot \vec{a}$ hat für $r > 0$ die gleiche Richtung wie $\vec{a}$ und für $r < 0$ die entgegengesetzte Richtung.
In beiden Fällen liegen die Vektorpfeile von $\vec{a}$ und $r \cdot \vec{a}$ parallel zueinander. Man nennt solche Vektoren **kollinear**.

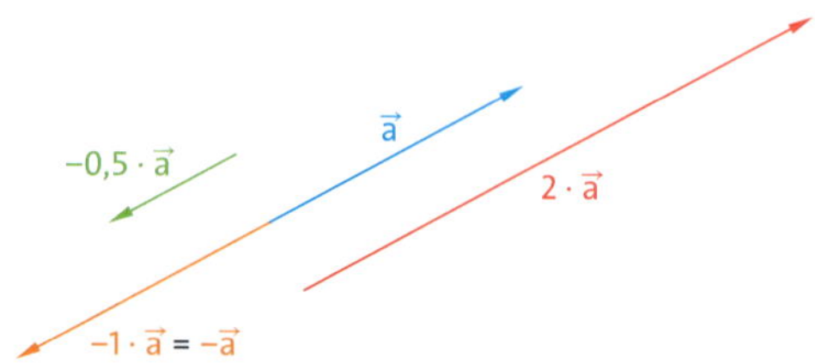

$(-1) \cdot \vec{a}$ ergibt den Gegenvektor $-\vec{a}$.

Definition

Zwei Vektoren $\vec{a} \neq \vec{0}$ und $\vec{b} \neq \vec{0}$ heißen **kollinear**, wenn es eine reelle Zahl r gibt mit $\vec{b} = r \cdot \vec{a}$.
Die Vektorpfeile kollinearer Vektoren sind parallel zueinander.

Beim Rechnen mit reellen Zahlen gilt unter anderem das Distributivgesetz $a(b + c) = ab + ac$.
Dieses gilt entsprechend auch bei der Multiplikation von Vektoren mit reellen Zahlen:

$$r \cdot \left[\begin{pmatrix} a_1 \\ a_2 \\ a_3 \end{pmatrix} + \begin{pmatrix} b_1 \\ b_2 \\ b_3 \end{pmatrix}\right] = r \cdot \begin{pmatrix} a_1 + b_1 \\ a_2 + b_2 \\ a_3 + b_3 \end{pmatrix} = \begin{pmatrix} r(a_1 + b_1) \\ r(a_2 + b_2) \\ r(a_3 + b_3) \end{pmatrix} = \begin{pmatrix} ra_1 + rb_1 \\ ra_2 + rb_2 \\ ra_3 + rb_3 \end{pmatrix} = \begin{pmatrix} ra_1 \\ ra_2 \\ ra_3 \end{pmatrix} + \begin{pmatrix} rb_1 \\ rb_2 \\ rb_3 \end{pmatrix} = r \cdot \begin{pmatrix} a_1 \\ a_2 \\ a_3 \end{pmatrix} + r \cdot \begin{pmatrix} b_1 \\ b_2 \\ b_3 \end{pmatrix}$$

Wissen **Rechenregeln**

Sind $\vec{a}, \vec{b}$ Vektoren und r, s reelle Zahlen, so gelten die Rechenregeln:
① $(r + s) \cdot \vec{a} = r \cdot \vec{a} + s \cdot \vec{a}$, $r \cdot (\vec{a} + \vec{b}) = r \cdot \vec{a} + r \cdot \vec{b}$ (Distributivgesetze)
② $r \cdot (s \cdot \vec{a}) = s \cdot (r \cdot \vec{a}) = (r \cdot s) \cdot \vec{a}$
③ $1 \cdot \vec{a} = \vec{a}$, $(-1) \cdot \vec{a} = -\vec{a}$, $0 \cdot \vec{a} = \vec{0}$, $r \cdot \vec{0} = \vec{0}$

Beispiel 1

Gegeben sind die Vektoren $\vec{a} = \begin{pmatrix} 3 \\ 1{,}5 \\ -6 \end{pmatrix}$, $\vec{b} = \begin{pmatrix} -2 \\ -1 \\ 4 \end{pmatrix}$ und $\vec{c} = \begin{pmatrix} 9 \\ 4{,}5 \\ -9 \end{pmatrix}$.

a) Berechnen Sie $(-2) \cdot \vec{a}$.
b) Prüfen Sie, ob $\vec{b}$ und $\vec{c}$ kollinear zu $\vec{a}$ sind.

Lösung:

a) Multiplizieren Sie jede Koordinate des Vektors mit dem Faktor −2.

$$(-2) \cdot \begin{pmatrix} 3 \\ 1{,}5 \\ -6 \end{pmatrix} = \begin{pmatrix} -2 \cdot 3 \\ -2 \cdot 1{,}5 \\ -2 \cdot (-6) \end{pmatrix} = \begin{pmatrix} -6 \\ -3 \\ 12 \end{pmatrix}$$

b) Setzen Sie den einen Vektor mit dem r-Fachen des anderen Vektors gleich. Sie erhalten dann für jede Koordinate eine Gleichung. Hat jede Gleichung für r dieselbe Lösung, so ist die Vektorgleichung mit diesem Wert lösbar und die Vektoren sind kollinear.

$$\begin{pmatrix} -2 \\ -1 \\ 4 \end{pmatrix} = r \cdot \begin{pmatrix} 3 \\ 1{,}5 \\ -6 \end{pmatrix}, \text{ also } \begin{matrix} -2 = 3r \Rightarrow -\frac{2}{3} = r \\ -1 = 1{,}5r \Rightarrow -\frac{2}{3} = r \\ 4 = -6r \Rightarrow -\frac{2}{3} = r \end{matrix}$$

also $-\frac{2}{3} = r$

$\vec{a}$ und $\vec{b}$ sind kollinear.

Sind die Lösungen unterschiedlich, so ist die Vektorgleichung nicht lösbar und die Vektoren sind nicht kollinear.

$$\begin{pmatrix} 9 \\ 4{,}5 \\ -9 \end{pmatrix} = r \cdot \begin{pmatrix} 3 \\ 1{,}5 \\ -6 \end{pmatrix}, \text{ also } \begin{matrix} 9 = 3r \Rightarrow 3 = r \\ 4{,}5 = 1{,}5r \Rightarrow 3 = r \\ -9 = -6r \Rightarrow 1{,}5 = r \end{matrix}$$

$\vec{a}$ und $\vec{c}$ sind nicht kollinear.

Basisaufgaben

1 Es ist $\vec{a} = \begin{pmatrix} 2 \\ -1 \end{pmatrix}$. Zeichnen Sie zu jedem der Vektoren $\vec{a}$, ..., $\vec{e}$ einen Vektorpfeil in ein Koordinatensystem. Geben Sie auch die Koordinaten der Vektoren an.
$\vec{a}$ $\quad \vec{b} = 2 \cdot \vec{a}$ $\quad \vec{c} = 1{,}5 \cdot \vec{a}$ $\quad \vec{d} = (-1) \cdot \vec{a}$ $\quad \vec{e} = (-3) \cdot \vec{a}$

2 Berechnen Sie.

a) $5 \cdot \begin{pmatrix} 0 \\ 3 \\ 0 \end{pmatrix}$ b) $(-4) \cdot \begin{pmatrix} 7 \\ -1 \\ 4 \end{pmatrix}$ c) $\frac{1}{4} \cdot \begin{pmatrix} 8 \\ -12 \\ 2 \end{pmatrix}$ d) $0 \cdot \begin{pmatrix} 6 \\ 3{,}4 \\ -14 \end{pmatrix}$ e) $3 \cdot \begin{pmatrix} 1 \\ 4 \\ -1 \end{pmatrix} + 2 \cdot \begin{pmatrix} 0 \\ 3 \\ 4 \end{pmatrix}$

3 Schreiben Sie den Vektor als Produkt aus einer reellen Zahl und einem Vektor mit ganzzahligen Koordinaten. Beispiel: $\begin{pmatrix} \frac{2}{3} \\ -4 \\ 0{,}5 \end{pmatrix} = \begin{pmatrix} \frac{4}{6} \\ -\frac{24}{6} \\ \frac{3}{6} \end{pmatrix} = \frac{1}{6} \cdot \begin{pmatrix} 4 \\ -24 \\ 3 \end{pmatrix}$

a) $\begin{pmatrix} 0{,}5 \\ 4 \\ 1{,}5 \end{pmatrix}$ b) $\begin{pmatrix} \frac{1}{6} \\ \frac{7}{3} \\ \frac{2}{3} \end{pmatrix}$ c) $\begin{pmatrix} 2{,}3 \\ 6{,}1 \\ -0{,}6 \end{pmatrix}$ d) $\begin{pmatrix} \frac{1}{4} \\ \frac{1}{6} \\ \frac{3}{2} \end{pmatrix}$ e) $\begin{pmatrix} \frac{2}{5} \\ 0{,}75 \\ -1{,}2 \end{pmatrix}$

4 Geben Sie an, welche der Vektoren kollinear zum Vektor $\vec{v} = \begin{pmatrix} 1 \\ 3 \\ -4 \end{pmatrix}$ sind.

$\vec{a} = \begin{pmatrix} 2 \\ -6 \\ 8 \end{pmatrix}$, $\vec{b} = \begin{pmatrix} -1{,}5 \\ -4{,}5 \\ 6 \end{pmatrix}$, $\vec{c} = \begin{pmatrix} -0{,}5 \\ -1{,}5 \\ -2 \end{pmatrix}$, $\vec{d} = \begin{pmatrix} 4 \\ 2 \\ 0 \end{pmatrix} - 2 \cdot \begin{pmatrix} 3 \\ 4 \\ -4 \end{pmatrix}$

5 Prüfen Sie, ob die Vektoren $\vec{a}$ und $\vec{b}$ kollinear sind.

a) $\vec{a} = \begin{pmatrix} 3 \\ 2 \\ 1 \end{pmatrix}$, $\vec{b} = \begin{pmatrix} 6 \\ 4 \\ 2 \end{pmatrix}$ b) $\vec{a} = \begin{pmatrix} 0 \\ 2 \\ 0 \end{pmatrix}$, $\vec{b} = \begin{pmatrix} 4 \\ 0 \\ 0 \end{pmatrix}$ c) $\vec{a} = \begin{pmatrix} 1 \\ 3 \\ 5 \end{pmatrix}$, $\vec{b} = \begin{pmatrix} 2 \\ 4 \\ 10 \end{pmatrix}$

Lösungen zu 6

10
50
−8
0
−5

6 Bestimmen Sie, für welche Werte der Variablen die Vektoren $\vec{a}$ und $\vec{b}$ kollinear sind.

a) $\vec{a} = \begin{pmatrix} -3 \\ 2 \end{pmatrix}$, $\vec{b} = \begin{pmatrix} 12 \\ a \end{pmatrix}$ b) $\vec{a} = \begin{pmatrix} 125 \\ 75 \\ v \end{pmatrix}$, $\vec{b} = \begin{pmatrix} u \\ 6 \\ 4 \end{pmatrix}$ c) $\vec{a} = \begin{pmatrix} x \\ -2 \\ 4 \end{pmatrix}$, $\vec{b} = \begin{pmatrix} 0 \\ y \\ 10 \end{pmatrix}$

7 Führen Sie die Rechnung geometrisch aus und zeichnen Sie einen Vektorpfeil des Ergebnisvektors.
Überprüfen Sie die Koordinaten des Ergebnisvektors rechnerisch.

a) $4 \cdot \vec{a}$
b) $3 \cdot \vec{a} + 2 \cdot \vec{b}$
c) $2 \cdot \vec{c} - 3 \cdot \vec{a}$
d) $\frac{1}{2} \cdot \vec{a} + \frac{1}{2} \cdot \vec{b}$
e) $2 \cdot \vec{b} - 3 \cdot \vec{a} - \vec{c}$
f) $2 \cdot \vec{b} - 2 \cdot \vec{c}$
g) $2 \cdot (\vec{b} - \vec{c})$
h) $\vec{c} - 2 \cdot \vec{a} - \vec{b}$

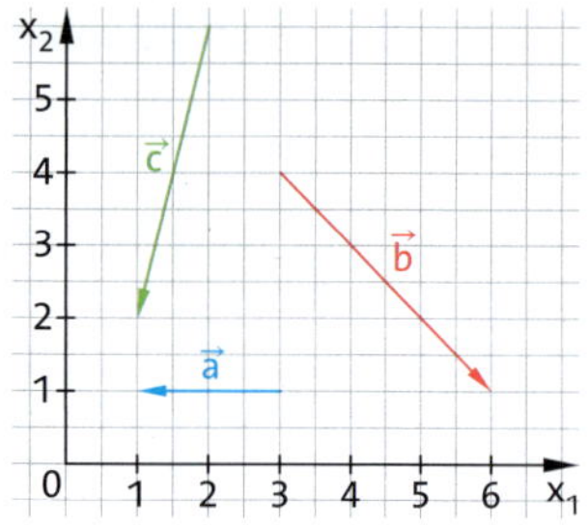

8 Vereinfachen Sie den Term.

a) $5 \cdot \vec{a} - 3 \cdot \vec{a}$
b) $4 \cdot \vec{v} + 2 \cdot \vec{v} - 6 \cdot \vec{u} - \vec{v}$
c) $\vec{a} + \frac{1}{2} \cdot (\vec{b} - \vec{a})$
d) $\vec{c} + \frac{2}{3} \cdot \left[-\vec{c} + \vec{a} + \frac{1}{2} \cdot (-\vec{a} + \vec{b})\right]$
e) $\vec{v} - 1 \cdot \vec{v} + 0 \cdot \vec{v}$
f) $3 \cdot (5 \cdot \vec{u} - 2 \cdot \vec{v})$

Linearkombinationen von Vektoren

Wird ein Vektor durch andere Vektoren und deren Vielfache ausgedrückt, so nennt man ihn eine **Linearkombination** dieser Vektoren.
In der Abbildung gilt: $\vec{v} = 3\vec{a} + \vec{b} + 2\vec{c}$
$\vec{v}$ ist eine Linearkombination von $\vec{a}$, $\vec{b}$ und $\vec{c}$.

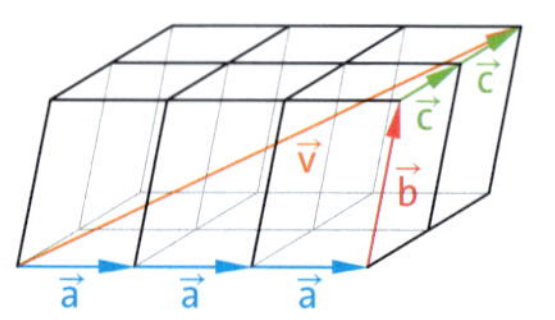

Beispielsweise kann der Ortsvektor des **Mittelpunktes M einer Strecke $\overline{AB}$** als Linearkombination der Ortsvektoren von A und B ausgedrückt werden:

$$\overrightarrow{OM} = \overrightarrow{OA} + \overrightarrow{AM} = \overrightarrow{OA} + \tfrac{1}{2}\overrightarrow{AB} = \overrightarrow{OA} + \tfrac{1}{2}(-\overrightarrow{OA} + \overrightarrow{OB})$$
$$= \overrightarrow{OA} - \tfrac{1}{2}\overrightarrow{OA} + \tfrac{1}{2}\overrightarrow{OB} = \tfrac{1}{2}\overrightarrow{OA} + \tfrac{1}{2}\overrightarrow{OB} = \tfrac{1}{2}(\overrightarrow{OA} + \overrightarrow{OB})$$

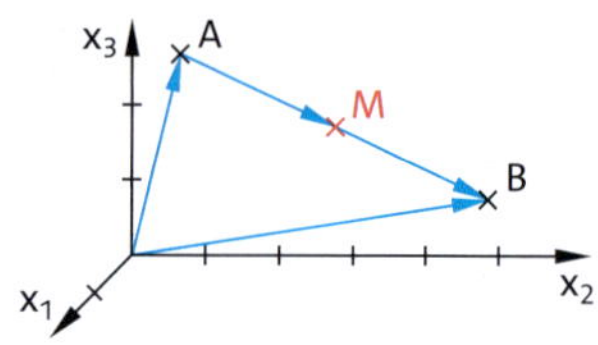

Beispiel 2

Prüfen Sie, ob $\vec{v}$ eine Linearkombination von $\vec{a} = \begin{pmatrix} 3 \\ 2 \\ -1 \end{pmatrix}$ und $\vec{b} = \begin{pmatrix} 1 \\ 4 \\ 1 \end{pmatrix}$ ist.

a) $\vec{v} = \begin{pmatrix} 3 \\ -8 \\ -5 \end{pmatrix}$
b) $\vec{v} = \begin{pmatrix} 4 \\ 6 \\ 3 \end{pmatrix}$

Lösung:

a) Drücken Sie $\vec{v}$ als Summe des r-Fachen von $\vec{a}$ und des s-Fachen von $\vec{b}$ aus. Lösen Sie das entstehende Gleichungssystem. Das LGS hat eine Lösung, also ist $\vec{v}$ eine Linearkombination von $\vec{a}$ und $\vec{b}$.

$$r \cdot \begin{pmatrix} 3 \\ 2 \\ -1 \end{pmatrix} + s \cdot \begin{pmatrix} 1 \\ 4 \\ 1 \end{pmatrix} = \begin{pmatrix} 3 \\ -8 \\ -5 \end{pmatrix}$$

$$\left| \begin{array}{rl} 3r + s &= 3 \\ 2r + 4s &= -8 \\ -r + s &= -5 \end{array} \right| \underset{\text{I}-\text{II}}{\overset{4\cdot\text{I}-\text{II}}{\Longleftrightarrow}} \left| \begin{array}{rl} 3r + s &= 3 \\ 10r &= 20 \\ 4r &= 8 \end{array} \right|$$

$r = 2$, $s = -3$, also $\vec{v} = 2 \cdot \vec{a} - 3 \cdot \vec{b}$

b) Drücken Sie $\vec{v}$ als Summe des r-Fachen von $\vec{a}$ und des s-Fachen von $\vec{b}$ aus. Das entstehende LGS hat keine Lösung, also ist $\vec{v}$ keine Linearkombination von $\vec{a}$ und $\vec{b}$.

$$r \cdot \begin{pmatrix} 3 \\ 2 \\ -1 \end{pmatrix} + s \cdot \begin{pmatrix} 1 \\ 4 \\ 1 \end{pmatrix} = \begin{pmatrix} 4 \\ 6 \\ 3 \end{pmatrix}$$

$$\left| \begin{array}{rl} 3r + s &= 4 \\ 2r + 4s &= 6 \\ -r + s &= 3 \end{array} \right| \Leftrightarrow \left| \begin{array}{rl} 3r + s &= 4 \\ 10r &= 10 \\ 4r &= 1 \end{array} \right| \Leftrightarrow \left| \begin{array}{rl} 3r + s &= 4 \\ r &= 1 \\ r &= \frac{1}{4} \end{array} \right|$$

Widerspruch, also keine Darstellung als Linearkombination möglich.

Hinweis

Ein LGS kann genau eine, keine oder unendlich viele Lösungen haben. Ein Vektor ist genau dann eine Linearkombination von anderen Vektoren, wenn sich das entstehende LGS eindeutig lösen lässt.

Basisaufgaben

9 Untersuchen Sie, ob $\vec{v} = \begin{pmatrix} -9 \\ 8 \end{pmatrix}$ bzw. $\vec{w} = \begin{pmatrix} 14 \\ 0 \end{pmatrix}$ eine Linearkombination der Vektoren $\vec{a}$ und $\vec{b}$ ist.

a) $\vec{a} = \begin{pmatrix} 1 \\ 0 \end{pmatrix}, \vec{b} = \begin{pmatrix} 0 \\ 1 \end{pmatrix}$ b) $\vec{a} = \begin{pmatrix} 3 \\ -5 \end{pmatrix}, \vec{b} = \begin{pmatrix} 6 \\ -10 \end{pmatrix}$ c) $\vec{a} = \begin{pmatrix} 3 \\ 2 \end{pmatrix}, \vec{b} = \begin{pmatrix} 1 \\ -4 \end{pmatrix}$

10 Untersuchen Sie, ob $\vec{v} = \begin{pmatrix} 11 \\ 8 \\ -3 \end{pmatrix}$ bzw. $\vec{w} = \begin{pmatrix} 12 \\ -3 \\ 4 \end{pmatrix}$ eine Linearkombination der angegebenen Vektoren ist.

a) $\vec{a} = \begin{pmatrix} 2 \\ 1 \\ 2 \end{pmatrix}, \vec{b} = \begin{pmatrix} -3 \\ 3 \\ 1 \end{pmatrix}$ b) $\vec{a} = \begin{pmatrix} 3 \\ 1 \\ 2 \end{pmatrix}, \vec{b} = \begin{pmatrix} 0 \\ 7 \\ -2 \end{pmatrix}$ c) $\vec{a} = \begin{pmatrix} 1 \\ 1 \\ 0 \end{pmatrix}, \vec{b} = \begin{pmatrix} 1 \\ -1 \\ 0 \end{pmatrix}, \vec{c} = \begin{pmatrix} 0 \\ 0 \\ 1 \end{pmatrix}$

11 Zeigen Sie, dass $\vec{x}$ eine Linearkombination von $\vec{a} = \begin{pmatrix} -1 \\ 4 \end{pmatrix}$ und $\vec{b} = \begin{pmatrix} 2 \\ 3 \end{pmatrix}$ ist, indem Sie die Koeffizienten r und s so ermitteln, dass $x = r \cdot \vec{a} + s \cdot \vec{b}$ gilt.

a) $\vec{x} = \begin{pmatrix} 7 \\ 16 \end{pmatrix}$ b) $\vec{x} = \begin{pmatrix} 2{,}5 \\ 6{,}5 \end{pmatrix}$ c) $\vec{x} = \begin{pmatrix} 6 \\ -2 \end{pmatrix}$ d) $\vec{x} = \begin{pmatrix} -8 \\ -1 \end{pmatrix}$

12 Die Vektorpfeile von $\vec{v}$ und $\vec{w}$ verlaufen vom Punkt A aus entlang der Linien des Rasters. Schreiben Sie die Verbindungsvektoren als Linearkombination der Vektoren $\vec{v}$ und $\vec{w}$.

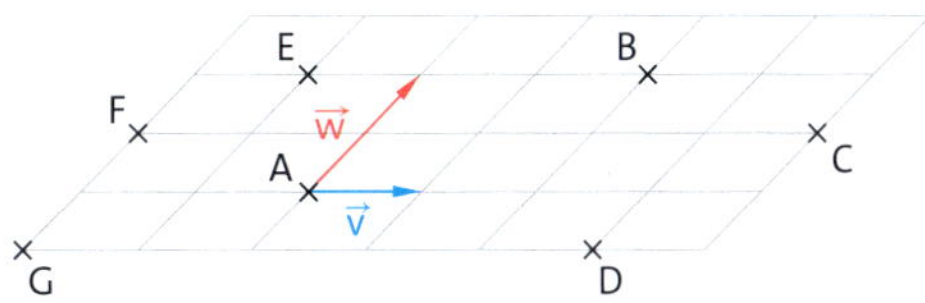

① $\overrightarrow{AB}$ ② $\overrightarrow{AC}$ ③ $\overrightarrow{AD}$ ④ $\overrightarrow{AE}$ ⑤ $\overrightarrow{AF}$ ⑥ $\overrightarrow{AG}$

13 a) Geben Sie folgende Verbindungsvektoren als Linearkombinationen von $\vec{a}$, $\vec{b}$ und $\vec{c}$ an: $\overrightarrow{DF}$; $\overrightarrow{DC}$; $\overrightarrow{DE}$; $\overrightarrow{DI}$; $\overrightarrow{DJ}$; $\overrightarrow{AH}$; $\overrightarrow{HB}$; $\overrightarrow{AJ}$; $\overrightarrow{IB}$; $\overrightarrow{JE}$

b) Geben Sie einen Verbindungsvektor zwischen zwei Punkten an, der durch die angegebene Linearkombination dargestellt wird.

① $2\vec{a} + 3\vec{b}$ ② $2\vec{a} - 3\vec{b}$
③ $3\vec{b} - 2\vec{a}$ ④ $2\vec{c}$
⑤ $2\vec{b} + 2\vec{c}$ ⑥ $2\vec{a} - 3\vec{b} - \vec{c}$

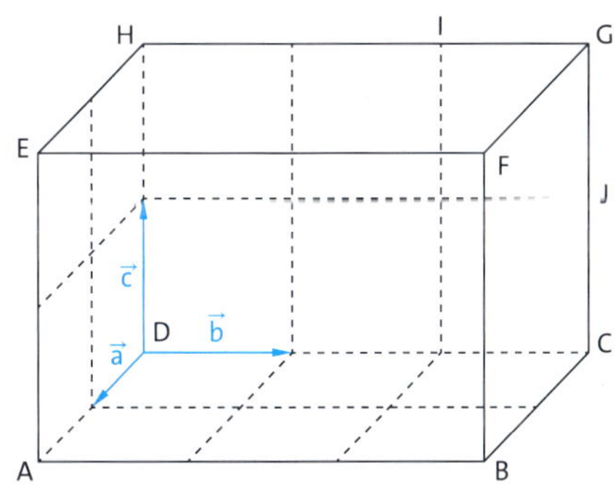

Weiterführende Aufgaben

Zwischentest

14 Gegeben sind die Punkte A(3 | −7 | 2), B(5 | −11 | 8), C(5 | 1 | −2), D(1 | 1 | −10) sowie die Vektoren $\vec{u} = \begin{pmatrix} 1 \\ -2 \\ 3 \end{pmatrix}, \vec{v} = \begin{pmatrix} -1 \\ -3 \\ 2 \end{pmatrix}, \vec{w} = \begin{pmatrix} -0{,}5 \\ 1 \\ -1{,}5 \end{pmatrix}$. Prüfen Sie, welche der Vektoren $\overrightarrow{AB}$, $\overrightarrow{AC}$, $\overrightarrow{AD}$, $\vec{u}$, $\vec{v}$ und $\vec{w}$ die gleiche Richtung haben.

15 **Stolperstelle:** Korrigieren Sie die Fehlvorstellung.

a) Tom: *„Ein Vektor und sein Gegenvektor sind nicht kollinear, weil sie nicht in die gleiche Richtung zeigen."*

b) Lena: *„Der Vektor $2 \cdot \vec{v}$ ist doppelt so lang wie $\vec{v}$. Also lässt sich jeder Vektor, der doppelt so lang ist wie $\vec{v}$, als Vielfaches $2 \cdot \vec{v}$ oder $(-2) \cdot \vec{v}$ schreiben."*

16 Für den Betrag des Vielfachen eines Vektors gilt: $|r \cdot \vec{a}| = |r| \cdot |\vec{a}|$

a) Überprüfen Sie die Formel rechnerisch an diesen Beispielen:

① $r = 3;\ \vec{a} = \begin{pmatrix} 4 \\ 0 \end{pmatrix}$ ② $r = 2;\ \vec{a} = \begin{pmatrix} 3 \\ 6 \\ 2 \end{pmatrix}$ ③ $r = -4;\ \vec{a} = \begin{pmatrix} -2 \\ 1 \\ 7 \end{pmatrix}$ ④ $r = 0;\ \vec{a} = \begin{pmatrix} -6 \\ 8 \\ 0 \end{pmatrix}$

b) Nutzen Sie diese Formel, um mit geringem Rechenaufwand den Betrag von $\vec{v}$ zu berechnen.

① $\vec{v} = \begin{pmatrix} 27 \\ -18 \\ 9 \end{pmatrix}$ ② $\vec{v} = \begin{pmatrix} 0{,}2 \\ 0{,}1 \\ 0{,}4 \end{pmatrix}$ ③ $\vec{v} = \begin{pmatrix} 33 \\ 11 \\ -55 \end{pmatrix}$ ④ $\vec{v} = \begin{pmatrix} \frac{3}{8} \\ \frac{1}{4} \\ \frac{5}{8} \end{pmatrix}$

17 **Einheitsvektor:** Einen Vektor mit dem Betrag 1 nennt man **Einheitsvektor**. Zu einem Vektor $\vec{a} \neq \vec{0}$ ist $\vec{e} = \frac{1}{|\vec{a}|}\vec{a}$ ein Einheitsvektor.

Geben Sie zum gegebenen Vektor alle kollinearen Einheitsvektoren an.

a) $\vec{a} = \begin{pmatrix} 6 \\ 0 \\ 0 \end{pmatrix}$ b) $\vec{a} = \begin{pmatrix} 0 \\ 1 \\ 1 \end{pmatrix}$ c) $\vec{a} = \begin{pmatrix} 3 \\ 0 \\ -4 \end{pmatrix}$ d) $\vec{a} = \begin{pmatrix} 4 \\ -5 \\ -3 \end{pmatrix}$

Hilfe

18 **Mittelpunkt einer Strecke:**

a) Die Diagonalen eines Parallelogramms halbieren sich. Leiten Sie so die Formel $\overrightarrow{OM} = \frac{1}{2} \cdot \left(\overrightarrow{OP} + \overrightarrow{OQ}\right)$ her.

b) Bestimmen Sie die Koordinaten des Mittelpunktes M der Strecke $\overline{PQ}$.

① P(2 | 6), Q(1 | 8) ② P(−3 | 5 | 4), Q(2 | −3 | 4)

③ P(18 | 25 | −7), Q(0 | −15 | 17)

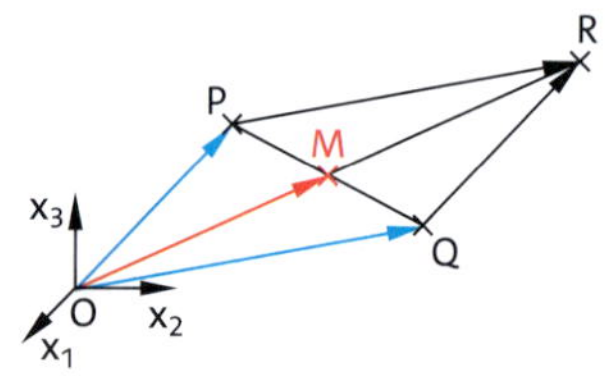

19 **Streckenverhältnisse:**

a) Die Strecke $\overline{AB}$ mit A(2 | −1 | 1) und B(−2 | 1 | 5) wird durch die Punkte T_1, T_2 und T_3 in vier gleich lange Teile geteilt. Zeichnen Sie die Strecke $\overline{AB}$ in ein Koordinatensystem und berechnen Sie die Koordinaten von T_1, T_2 und T_3.

b) Die Strecke $\overline{AB}$ mit A(2 | 0 | 4) und B(−2 | 1 | 1) wird über B hinaus auf die doppelte Länge verlängert. Berechnen Sie die Koordinaten des neuen Endpunktes C.

c) Die Strecke $\overline{AB}$ mit A(4 | 0 | 2) und B(−2 | 3 | 5) wird durch den Punkt T im Verhältnis 1 : 2 geteilt. Berechnen Sie die Koordinaten von T.

d) Erklären Sie allgemein, wie man die Koordinaten von Punkten ermitteln kann, die eine Strecke $\overline{AB}$ in einem beliebigen Verhältnis teilen.

20 **Schwerpunkt eines Dreiecks:** Die Verbindungsstrecke einer Ecke eines Dreiecks mit dem Mittelpunkt der gegenüberliegenden Seite heißt Seitenhalbierende. Die Seitenhalbierenden s_a, s_b und s_c eines Dreiecks ABC schneiden sich im **Schwerpunkt** S des Dreiecks. Der Schwerpunkt teilt die Seitenhalbierenden im Verhältnis 2 : 1.

a) Drücken Sie den Ortsvektor $\overrightarrow{OS}$ des abgebildeten Dreiecks mithilfe einer Vektorkette durch $\overrightarrow{OA}$, $\overrightarrow{OB}$ und $\overrightarrow{OC}$ aus.

b) Begründen Sie mithilfe von a), dass gilt: $\overrightarrow{OS} = \frac{1}{3}\left(\overrightarrow{OA} + \overrightarrow{OB} + \overrightarrow{OC}\right)$

c) Berechnen Sie die Koordinaten des Schwerpunktes S des Dreiecks ABC mit A(3 | −2 | 1), B(−2 | 4 | 2) und C(2 | 1 | 3).

d) Geben Sie die Koordinaten von möglichen Eckpunkten eines Dreiecks mit dem Schwerpunkt S(−1 | 2 | −3) an.

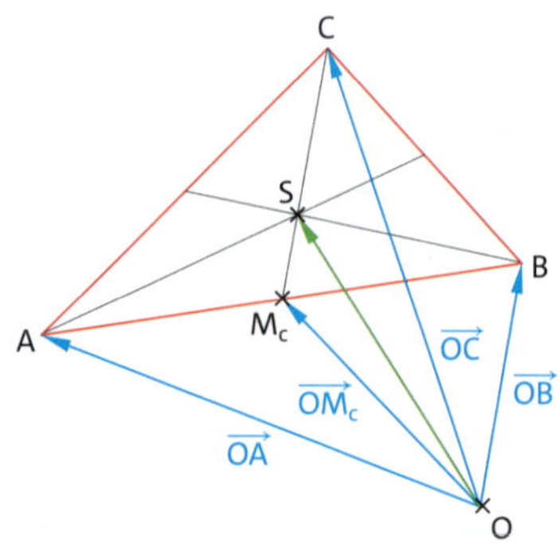

21 a) Zeigen Sie rechnerisch, dass das Dreieck ABC aus der Abbildung gleichseitig ist.

b) Zeigen Sie, dass $S(1\,|\,0\,|\,2)$ der Schwerpunkt des Dreiecks ABC ist.

c) Das Dreieck ABC bildet zusammen mit dem Punkt $D(9\,|\,8\,|\,10)$ ein regelmäßiges Tetraeder, das einem Würfel einbeschrieben ist. Ermitteln Sie die Koordinaten des Würfeleckpunktes W.
[Zur Kontrolle: $W(-3\,|\,8\,|\,10)$]

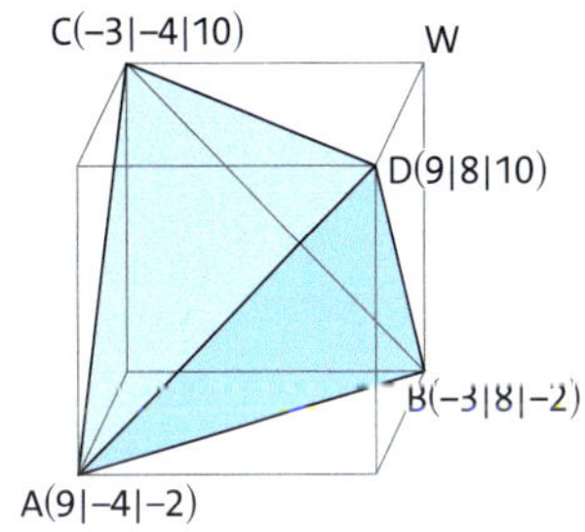

d) Geben Sie die Koordinaten der Mittelpunkte M_{AB}, M_{BC}, M_{CD} und M_{DA} der Strecken $\overline{AB}$, $\overline{BC}$, $\overline{CD}$ und $\overline{DA}$ an.

e) Untersuchen Sie, welche speziellen Eigenschaften das Viereck $M_{AB}M_{BC}M_{CD}M_{DA}$ hat.

22 Im Punkt $A(-2\,|\,3)$ am Rand eines Kanals schwimmt ein Frosch los. Bei stehendem Wasser würde er in 1 Sekunde einen Weg von $\vec{v}$ zurücklegen. Das Wasser fließt pro Sekunde um $\vec{w}$ (Längen in m).

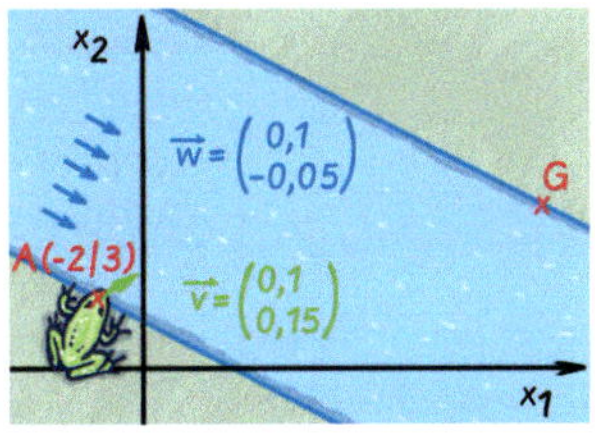

a) Geben Sie den Vektor für den tatsächlichen Weg pro Sekunde an. Bestimmen Sie die Geschwindigkeit des Froschs in m/h.

b) Wenn der Frosch Tempo und Richtung beibehält, wird er in $G(14\,|\,11)$ am anderen Ufer ankommen. Bestimmen Sie, nach wie vielen Sekunden das der Fall sein wird.

Hilfe

23 Die Vektoren $\vec{a}$, $\vec{b}$ und $\vec{c}$ beschreiben eine dreiseitige Pyramide. Die Punkte M_1 und M_2 sind Kantenmittelpunkte. Ferner ist $\overrightarrow{OT} = \frac{1}{3}\cdot\overrightarrow{OM_2}$.
Drücken Sie $\overrightarrow{TM_1}$ als Linearkombination von $\vec{a}$, $\vec{b}$ und $\vec{c}$ aus.

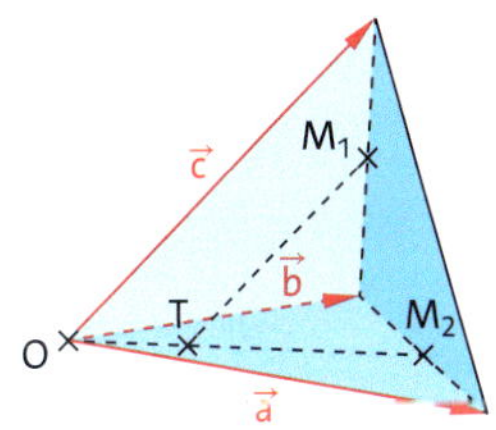

24 Zeigen Sie, dass sich jeder Vektor $\vec{v} = \begin{pmatrix} v_1 \\ v_2 \end{pmatrix}$ als Linearkombination von $\vec{a} = \begin{pmatrix} 2 \\ 1 \end{pmatrix}$ und $\vec{b} = \begin{pmatrix} 1 \\ 0 \end{pmatrix}$ schreiben lässt.
Begründen Sie, dass dies auch für beliebige vom Nullvektor verschiedene Vektoren $\vec{a} = \begin{pmatrix} a_1 \\ a_2 \end{pmatrix}$ und $\vec{b} = \begin{pmatrix} b_1 \\ b_2 \end{pmatrix}$ gilt, wenn $\vec{a}$ und $\vec{b}$ nicht kollinear sind.

25 **Ausblick:** Man kann mit Vektoren auch in höheren Dimensionen rechnen. Ein Hamburger enthält 20 g Fett, 36 g Kohlenhydrate, 26 g Eiweiß und 428 Kilokalorien (kcal). Man könnte diese Zahlen in einem Vektor zusammenfassen: $\vec{h} = \begin{pmatrix} 20 \\ 36 \\ 26 \\ 428 \end{pmatrix}$.

Eine Portion Pommes Frites enthält 15 g Fett, 38 g Kohlenhydrate, 3 g Eiweiß und 306 kcal, ein Becher Cola 60 g Kohlenhydrate und 240 kcal.

a) Berechnen Sie mithilfe von Addition und Vervielfachung von Vektoren, wie viel Fett/Kohlenhydrate/Eiweiß/Kalorien in drei Hamburgern, einer Portion Pommes und zwei Bechern Cola insgesamt enthalten sind.

b) Ermitteln Sie, wie viele Hamburger, Portionen Pommes und Becher Cola man zu sich nehmen muss, um genau 50 g Fett, 412 g Kohlenhydrate und 32 g Eiweiß zu erhalten. Stellen Sie zuerst eine Gleichung mit Vektoren auf. Berechnen Sie auch, wie viele Kilokalorien man dann verzehrt hat.

Lineare Gleichungssysteme

Zeigen Sie, dass sich aus dem linken LGS das rechte LGS herleiten lässt, ohne dass sich dabei die Lösungsmenge ändert.

$$\left|\begin{array}{r} 2x + 3y + z = 10 \\ 2y - z = -1 \\ -2y + 2z = 4 \end{array}\right| \qquad \left|\begin{array}{r} 2x + 3y + z = 10 \\ 2y - z = -1 \\ z = 3 \end{array}\right|$$

Lineare Gleichungssysteme können so umgeformt werden, dass Variablen aus den Gleichungen eliminiert werden. Wenn jede Gleichung eine Variable weniger als die Gleichung darüber hat, dann liegt das Gleichungssystem in **Zeilenstufenform (ZSF)** vor und ist besonders leicht lösbar.

$$\left|\begin{array}{r} 5x - 2y - z = -2 \\ -y + 4z = 10 \\ 3z = 9 \end{array}\right|$$

Wissen **Äquivalenzumformungen zur Herstellung einer Zeilenstufenform**

Die folgenden Umformungen ändern die Lösungsmenge eines linearen Gleichungssystems nicht.

① Zwei Gleichungen werden vertauscht.
② Eine Gleichung wird mit einer Zahl $c \neq 0$ multipliziert.
③ Eine Gleichung wird durch die Summe/Differenz dieser Gleichung mit einer anderen Gleichung ersetzt.

Beispiel 1 Bestimmen Sie die Lösung des linearen Gleichungssystems.

$$\left|\begin{array}{r} 8y + 3z = -1 \\ -2x + 6y + 3z = -3 \\ x + y - z = -4 \end{array}\right|$$

Lösung:

In der ersten Gleichung kommt die Variable x nicht vor. Tauschen Sie diese mit der dritten Gleichung.

$$\left|\begin{array}{r} 8y + 3z = -1 \\ -2x + 6y + 3z = -3 \\ x + y - z = -4 \end{array}\right|$$

Addieren Sie das 2-Fache der (neuen) ersten Gleichung zur zweiten Gleichung, um dort das x zu entfernen.

$$\left|\begin{array}{r} x + y - z = -4 \\ -2x + 6y + 3z = -3 \\ 8y + 3z = -1 \end{array}\right| \begin{array}{l} \cdot 2 \\ + \\ \end{array}$$

Nun wird das y in der dritten Gleichung entfernt. Addieren Sie dazu das (−1)-Fache der zweiten Gleichung zur dritten Gleichung. Das lineare Gleichungssystem ist in Zeilenstufenform.

$$\left|\begin{array}{r} x + y - z = -4 \\ 8y + z = -11 \\ 8y + 3z = -1 \end{array}\right| \begin{array}{l} \\ \cdot(-1) \\ + \end{array}$$

$$\left|\begin{array}{r} x + y - z = -4 \\ 8y + z = -11 \\ 2z = 10 \end{array}\right|$$

Der Wert für z ergibt sich aus der letzten Zeile. Setzen Sie diesen in die zweite Gleichung ein und lösen Sie nach y auf. Setzen Sie beide Werte in die erste Gleichung ein und lösen Sie nach x auf.

$2z = 10$, also $z = 5$ (einsetzen in II)
$8y + 5 = -11$, also $y = -2$ (einsetzen in I)
$x + (-2) - 5 = -4$, also $x = 3$

Lösungsmenge: $L = \{(3 \mid -2 \mid 5)\}$

Info

Dieses Lösungsverfahren wird nach seinem Entwickler Carl Friedrich Gauß (1777–1855) als **Gauß-Algorithmus** oder **Gaußsches Eliminationsverfahren** bezeichnet.

Die Koeffizienten und Konstanten können auch in einer **Matrix** geschrieben werden. Das spart Schreibarbeit und erhöht die Übersichtlichkeit.

LGS

$$\left|\begin{array}{r} 8y + 3z = -1 \\ -2x + 6y + 3z = -3 \\ x + y - z = -4 \end{array}\right|$$

Matrix

$$\begin{array}{ccc} x & y & z \end{array}$$
$$\left(\begin{array}{rrr|r} 0 & 8 & 3 & -1 \\ -2 & 6 & 3 & -3 \\ 1 & 1 & -1 & -4 \end{array}\right)$$

An der Zeilenstufenform eines linearen Gleichungssystems lässt sich ablesen, ob es eine eindeutige, gar keine oder unendlich viele Lösungen hat.

Wissen **Lösbarkeit linearer Gleichungssysteme**

Ein lineares Gleichungssystem (LGS) kann keine, genau eine oder unendlich viele Lösungen haben. Die Art der Lösungsmenge erkennt man an der Zeilenstufenform:
- Wenn es eine Widerspruchszeile gibt, dann hat das LGS keine Lösung.
- Wenn es keine Widerspruchszeile gibt und die Anzahl der verbliebenen Gleichungen gleich der Anzahl der Variablen ist, dann hat das LGS eine eindeutige Lösung.
- Wenn es keine Widerspruchszeile und mehr Variablen als Gleichungen gibt, in denen nicht nur Nullen stehen, dann hat das LGS unendlich viele Lösungen.

Beispiel 2 Bestimmen Sie die Lösungsmenge des linearen Gleichungssystems.

a) $\left|\begin{array}{rcl} 2x + 3y - 4z &=& 1 \\ x - y + z &=& 1 \\ -2x + 2y - 2z &=& 3 \end{array}\right|$ b) $\left|\begin{array}{rcl} 2x + 3y - 4z &=& 1 \\ x + y - z &=& 1 \\ -3x - 3y + 3z &=& -3 \end{array}\right|$

Lösung:

a) Bringen Sie das lineare Gleichungssystem auf Zeilenstufenform. Die letzte Zeile ergibt einen Widerspruch, also hat das LGS keine Lösung.

$$\left|\begin{array}{rcl} 2x + 3y - 4z &=& 1 \\ x - y + z &=& 1 \\ -2x + 2y - 2z &=& 3 \end{array}\right| \xrightarrow{ZSF} \left|\begin{array}{rcl} 2x + 3y - 4z &=& 1 \\ 5y - 6z &=& -1 \\ 0 &=& 5 \end{array}\right|$$

$L = \{\,\}$

b) Bringen Sie das lineare Gleichungssystem auf Zeilenstufenform. Die letzte Zeile ist eine Nullzeile, es bleiben also 2 Gleichungen mit 3 Variablen und das LGS hat unendlich viele Lösungen. Ersetzen Sie eine Variable (hier z) durch einen Parameter (hier t) und bestimmen Sie die allgemeine Lösung.

$$\left|\begin{array}{rcl} 2x + 3y - 4z &=& 1 \\ x - y + z &=& 1 \\ -3x - 3y + 3z &=& -3 \end{array}\right| \xrightarrow{ZSF} \left|\begin{array}{rcl} 2x + 3y - 4z &=& 1 \\ y - 2z &=& -1 \\ 0 &=& 0 \end{array}\right|$$

$z = t$ in Gleichung II einsetzen:
$y - 2t = -1$, also $y = 2t - 1$
$z = t$ und $y = 2t - 1$ in Gleichung I einsetzen:
$2x + 3(2t - 1) - 4t = 1$, also $x = 2 - t$
$L = \{(2 - t \mid 2t - 1 \mid t) \mid t \in \mathbb{R}\}$

Ein lineares Gleichungssystem mit weniger Gleichungen als Variablen heißt **unterbestimmt**. Ein unterbestimmtes LGS kann nie eindeutig lösbar sein.

Ein lineares Gleichungssystem mit mehr Gleichungen als Variablen heißt **überbestimmt**. Es kann nur erfüllbar sein, wenn in der Zeilenstufenform mindestens so viele Gleichungen entfallen (Nullzeilen), dass die Anzahl der Gleichungen nicht mehr größer ist als die der Variablen.

Aufgaben

Lösungen zu 1
(25,5 | 35,5 | −11)
(1 | 1 | −1)
(4 | 2 | 3)

1 Das lineare Gleichungssystem befindet sich in Zeilenstufenform. Bestimmen Sie die Lösungsmenge.

a) $\left|\begin{array}{rcl} 5x - 3y + z &=& 10 \\ 2y + 5z &=& 16 \\ -2z &=& 22 \end{array}\right|$ b) $\left|\begin{array}{rcl} 3x + 7y - 5z &=& 15 \\ 8y + 7z &=& 1 \\ 13z &=& -13 \end{array}\right|$ c) $\left|\begin{array}{rcl} x + y + z &=& 9 \\ y - z &=& -1 \\ 3z &=& 9 \end{array}\right|$

2 Lösen Sie das Gleichungssystem.

a) $\left|\begin{array}{rcl} 3x + y - 2z &=& -11 \\ -2x + 3z &=& 17 \\ x + y &=& 1 \end{array}\right|$ b) $\left|\begin{array}{rcl} 5x - y + 2z &=& 5 \\ 2y - 3z &=& -7 \\ -4x + z &=& 3 \end{array}\right|$ c) $\left|\begin{array}{rcl} 2x + 6y + 5z &=& 1 \\ 8x - 12y &=& -8 \\ -x + y + z &=& \frac{5}{6} \end{array}\right|$

3 Das lineare Gleichungssystem befindet sich in Zeilenstufenform. Entscheiden Sie, ob es eine, keine oder unendlich viele Lösungen hat.

a) $\left|\begin{array}{r} 2x - 4y + 3z = 2 \\ 3y + z = 1 \\ 7z = 28 \end{array}\right|$ b) $\left|\begin{array}{r} 2x + 4y + 6z = 6 \\ 2y + 4z = 8 \\ 0 = 0 \end{array}\right|$ c) $\left|\begin{array}{r} x + 2y + 3z = 9 \\ 7y - 4z = 3 \\ 0 = 6 \end{array}\right|$

4 Gegeben ist eine Lösungsmenge $L = \{(1 - 3t \,|\, 5 + 2t \,|\, t) \,|\, t \in \mathbb{R}\}$ eines linearen Gleichungssystems. Überprüfen Sie, ob das Zahlentripel zur Lösungsmenge gehört.

a) $(4|3|-1)$ b) $(-5|8|2)$ c) $(1|5|0)$ d) $(31|-15|-10)$ e) $\left(-1\middle|6\middle|\frac{1}{2}\right)$

5 **Reduzierte Zeilenstufenform:** Darja untersucht ein Gleichungssystem in Zeilenstufenform. Statt die Lösungsmenge durch Rückeinsetzen zu bestimmen, formt Darja weiter um und erhält so eine sogenannte **reduzierte Zeilenstufenform**. Aus dieser liest sie die Lösung einfach ab. Beschreiben Sie die besondere Form des Gleichungssystems. Erklären Sie, mit welchen Umformungsschritten Darja auf dieses Gleichungssystem gekommen ist.

$\left|\begin{array}{r} 2x + 8y - 4z = 6 \\ 3y + 6z = 9 \\ -2z = 4 \end{array}\right| \overset{?}{\rightarrow} \left|\begin{array}{rl} x & = -29 \\ y & = 7 \\ z & = -2 \end{array}\right|$

$L = \{(-29|7|-2)\}$

6 Bringen Sie das LGS in die reduzierte Zeilenstufenform und lesen Sie die Lösung ab.

a) $\left|\begin{array}{r} 2x = 8 \\ -2y = 6 \\ 4z = -4 \end{array}\right|$ b) $\left|\begin{array}{r} x - 4z = 6 \\ y + 3z = 9 \\ z = 4 \end{array}\right|$ c) $\left|\begin{array}{r} 3x - 6y + 9z = 6 \\ y = 5 \\ z = 3 \end{array}\right|$

7 Lösen Sie das LGS mit einem geeigneten digitalen Hilfsmittel.

a) $\left|\begin{array}{r} 193x - 89y + 157z = 789 \\ 59x + 114y + 217z = 438 \\ -75x + 317y + 277z = 87 \\ 13x + 904y + 632z = 386 \end{array}\right|$

b) $\left|\begin{array}{r} 311x_1 + 415x_2 + 116x_3 + 88x_4 = 1018 \\ 405x_1 + 617x_2 - 314x_3 + 71x_4 = 850 \\ 91x_1 - 219x_2 + 803x_3 - 105x_4 = 465 \\ 503x_1 - 419x_2 + 601x_3 + 77x_4 = 839 \end{array}\right|$

8 Auf einem Bauernhof leben Rinder, Hühner und Enten. Zusammen sind es 135 Tiere, die 420 Beine und 120 Flügel haben.

a) Stellen Sie ein lineares Gleichungssystem auf und bestimmen Sie die Lösungsmenge.
b) Bestimmen Sie die Anzahl der Rinder und Enten, wenn auf der Farm 22 Hühner leben.
c) Bestimmen Sie die Anzahl der Rinder, Hühner und Enten, wenn es 3-mal so viele Hühner wie Enten gibt.

9 Eine chemische Reaktionsgleichung ist eine Kurzschreibweise für eine chemische Reaktion.

a) Finden Sie möglichst kleine natürliche Zahlen für die Variablen x_1, x_2, x_3 und x_4.
① Verbrennung von Erdgas (Methan): $x_1CH_4 + x_2O_2 \rightarrow x_3H_2O + x_4CO_2$
② Verbrennung von Oktan (Benzinbestandteil): $x_1C_8H_{18} + x_2O_2 \rightarrow x_3CO_2 + x_4H_2O$
③ Reaktion von Schwefelsäure mit Aluminiumhydroxid:
$x_1H_2SO_4 + x_2Al(OH)_3 \rightarrow x_3H_2O + x_4Al_2(SO_4)_3$
④ Kupfer in konzentrierter Salpetersäure:
$x_1Cu + x_2HNO_3 \rightarrow x_3NO + x_1Cu(NO_3)_2 + x_4H_2O$
⑤ Herstellung kleiner Mengen von Chlor mit Salzsäure und Kaliumpermanganat:
$x_1HCl + x_2KMnO_4 \rightarrow x_3Cl_2 + x_2MnCl_2 + x_2KCl + x_4H_2O$

b) Begründen Sie, weshalb es sinnvoll ist, dass in der Lösung dieser linearen Gleichungssysteme immer eine Variable frei wählbar ist.

5.5 Parametergleichung einer Gerade

Ein Flugzeug befindet sich beim Landeanflug zum Zeitpunkt t = 0 (Zeit in Minuten) im Punkt A(300 | 225 | 21). Es bewegt sich pro Minute um den Vektor $\vec{u} = \begin{pmatrix} -40 \\ -30 \\ -2{,}8 \end{pmatrix}$.

Berechnen Sie die Position des Flugzeugs für t = 1 und t = 5. Erläutern Sie die Bedeutung von t = −1 im Sachzusammenhang.

Eine Gerade ist durch einen Punkt und ihre Richtung festgelegt. Trägt man am Punkt A(1 | 2 | 3) Vielfache des Vektors $\vec{u} = \begin{pmatrix} 2 \\ 4 \\ 2 \end{pmatrix}$ ab, so erhält man alle Punkte $X(x_1 | x_2 | x_3)$ der Gerade g durch A, deren Richtung durch $\vec{u}$ festgelegt ist:

$$\begin{pmatrix} x_1 \\ x_2 \\ x_3 \end{pmatrix} = \begin{pmatrix} 1 \\ 2 \\ 3 \end{pmatrix} + r \cdot \begin{pmatrix} 2 \\ 4 \\ 2 \end{pmatrix}, r \in \mathbb{R}$$

Die Koordinaten der Geradenpunkte werden durch den Parameter r bestimmt.

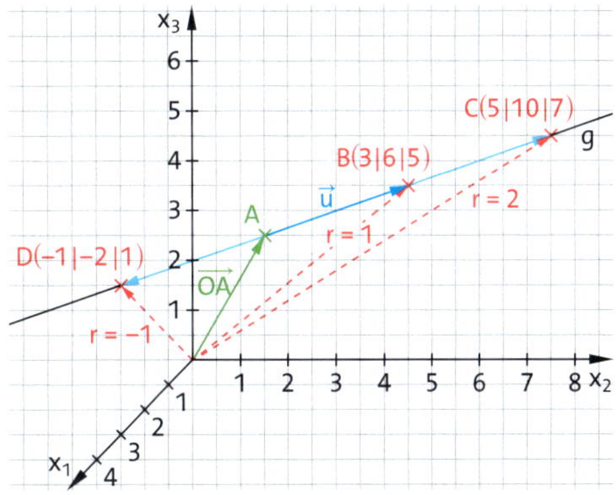

Merkhilfe

Gehen Sie vom Ursprung O aus zum Punkt A der Gerade und von dort aus weiter mit $r \cdot \vec{u}$ in Richtung der Gerade.

Wissen **Parametergleichung einer Gerade**

Ist A ein Punkt einer Gerade g, die in Richtung eines Vektors $\vec{u}$ verläuft, dann lässt sich die Gerade beschreiben durch die **Parametergleichung**

$$\vec{x} = \overrightarrow{OA} + r \cdot \vec{u} \ (r \in \mathbb{R}).$$

Der **Stützvektor** $\overrightarrow{OA}$ ist der Ortsvektor des **Stützpunktes A**.
$\vec{u}$ ist ein **Richtungsvektor** der Gerade.
Für jeden Wert des **Parameters** r erhält man den Ortsvektor $\vec{x}$ des entsprechenden Punktes X der Gerade.

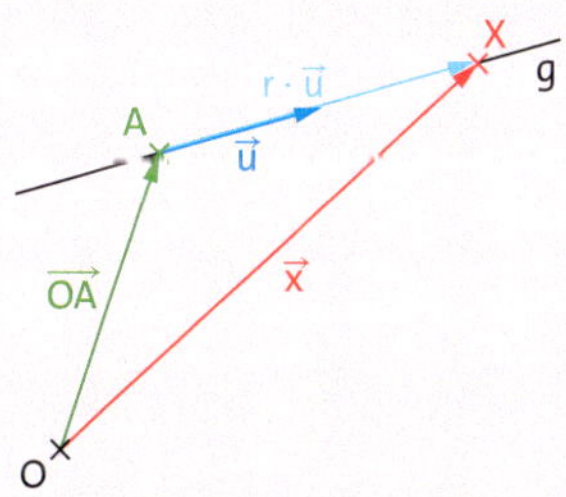

Die Parametergleichung einer Gerade ist nicht eindeutig bestimmt. Jeder Punkt der Gerade kann als Stützpunkt und jeder Vektor, der in Richtung der Gerade verläuft, kann als Richtungsvektor gewählt werden.

Beispiel 1 **Gerade durch zwei Punkte**

Geben Sie eine Parametergleichung der Gerade an, die durch die Punkte B(1 | 1 | 3) und D(−1 | 5 | 1) verläuft.

Lösung:

Wählen Sie einen der beiden Punkte als Stützpunkt, zum Beispiel B.

Stützvektor: $\overrightarrow{OB} = \begin{pmatrix} 1 \\ 1 \\ 3 \end{pmatrix}$

Bilden Sie den Richtungsvektor als Vektor, der vom Stützpunkt aus zum zweiten Geradenpunkt (hier: D) verläuft.

Richtungsvektor: $\overrightarrow{BD} = \begin{pmatrix} -1-1 \\ 5-1 \\ 1-3 \end{pmatrix} = \begin{pmatrix} -2 \\ 4 \\ -2 \end{pmatrix}$

Setzen Sie Stütz- und Richtungsvektor in die allgemeine Geradengleichung ein.

Geradengleichung: $g_{BD}: \vec{x} = \begin{pmatrix} 1 \\ 1 \\ 3 \end{pmatrix} + r\begin{pmatrix} -2 \\ 4 \\ -2 \end{pmatrix}$

Beispiel 2 **Punktprobe**

Prüfen Sie, ob der Punkt auf der Gerade $g: \vec{x} = \begin{pmatrix} 2 \\ -1 \\ 4 \end{pmatrix} + r\begin{pmatrix} 1 \\ -2 \\ 1 \end{pmatrix}$ liegt.

a) B(1 | 1 | 3)

b) C(4 | −1 | 6)

Lösung:

a) Prüfen Sie, ob $\overrightarrow{OB}$ der Ortsvektor eines Geradenpunktes ist, ob es also ein r mit $\overrightarrow{OB} = \overrightarrow{OA} + r \cdot \vec{u}$ gibt. Stellen Sie dazu ein lineares Gleichungssystem aus drei Gleichungen auf. Lösen Sie es. Sie erhalten eine Lösung für r.

$$\begin{pmatrix} 1 \\ 1 \\ 3 \end{pmatrix} = \begin{pmatrix} 2 \\ -1 \\ 4 \end{pmatrix} + r\begin{pmatrix} 1 \\ -2 \\ 1 \end{pmatrix} = \begin{pmatrix} 2+r \\ -1-2r \\ 4+r \end{pmatrix}$$

$$\left|\begin{array}{l|l} 1 = 2 + r & \Rightarrow r = -1 \\ 1 = -1 - 2r & \Rightarrow r = -1 \\ 3 = 4 + r & \Rightarrow r = -1 \end{array}\right.$$

B liegt auf g.

b) Setzen Sie $\overrightarrow{OC}$ in die Geradengleichung ein und stellen Sie ein Gleichungssystem auf. Lösen Sie die drei einzelnen Gleichungen. Sie erhalten unterschiedliche Werte für r, also ist das LGS nicht lösbar.

$$\begin{pmatrix} 4 \\ -1 \\ 6 \end{pmatrix} = \begin{pmatrix} 2 \\ -1 \\ 4 \end{pmatrix} + r\begin{pmatrix} 1 \\ -2 \\ 1 \end{pmatrix} = \begin{pmatrix} 2+r \\ -1-2r \\ 4+r \end{pmatrix}$$

$$\left|\begin{array}{l|l} 4 = 2 + r & \Rightarrow r = 2 \\ -1 = -1 - 2r & \Rightarrow r = 0 \\ 6 = 4 + r & \Rightarrow r = 2 \end{array}\right.$$

C liegt nicht auf g.

Basisaufgaben

1 Geben Sie die Koordinaten von vier Punkten an, die auf der Gerade g liegen.

a) $g: \vec{x} = \begin{pmatrix} -6 \\ -1 \end{pmatrix} + r\begin{pmatrix} 3 \\ -2 \end{pmatrix}$

b) $g: \vec{x} = \begin{pmatrix} 0 \\ 2 \\ -3 \end{pmatrix} + r\begin{pmatrix} 2 \\ -1 \\ 3 \end{pmatrix}$

2 Zeichnen Sie in ein Koordinatensystem die Punkte, die sich ergeben, wenn Sie in die Geradengleichung für r die Werte 0, 1, 2, 3, 4, 5 einsetzen.

a) $g: \vec{x} = \begin{pmatrix} -6 \\ -1 \end{pmatrix} + r\begin{pmatrix} 3 \\ 1 \end{pmatrix}$

b) $g: \vec{x} = \begin{pmatrix} 4 \\ -1 \\ 6 \end{pmatrix} + r\begin{pmatrix} -1 \\ 1 \\ -2 \end{pmatrix}$

3 Geben Sie zur Gerade $g: \vec{x} = \begin{pmatrix} -2 \\ 4 \\ 7 \end{pmatrix} + r\begin{pmatrix} 2 \\ -4 \\ -6 \end{pmatrix}$ eine weitere Parametergleichung mit einem anderen Stützvektor und einem anderen Richtungsvektor an.

4 Beschreiben Sie in Worten, wie man eine Gleichung einer Gerade durch zwei gegebene Punkte aufstellt. Geben Sie eine Parametergleichung der Gerade an, die durch die Punkte A und B geht. Vergleichen Sie Ihre Gleichungen untereinander.

a) A(3 | −4 | 1), B(−6 | 8 | −2)

b) A(8 | −1 | 1), B(−4 | −3 | 5)

c) A(2 | 1 | 3), B(0 | 0 | 0)

d) A(0 | 2 | 5), B(0 | 2 | −1)

5 Prüfen Sie, ob die Punkte P und Q auf der Gerade g liegen.

a) P(−1 | −8) Q(2 | −2) $g: \vec{x} = \begin{pmatrix} 2 \\ -5 \end{pmatrix} + r\begin{pmatrix} 3 \\ 3 \end{pmatrix}$

b) P(8 | 3 | 6) Q(7 | −1 | −6) $g: \vec{x} = \begin{pmatrix} 7 \\ 2 \\ 3 \end{pmatrix} + s\begin{pmatrix} 0 \\ 1 \\ 3 \end{pmatrix}$

c) P(−3 | 10 | 5) Q(3 | 4 | −1) $g: \vec{x} = \begin{pmatrix} 3 \\ 4 \\ -1 \end{pmatrix} + t\begin{pmatrix} -1 \\ 1 \\ 1 \end{pmatrix}$

d) P(1 | 6 | 2) Q(0 | 0 | 7) $g: \vec{x} = \begin{pmatrix} 0 \\ 2 \\ 3 \end{pmatrix} + r\begin{pmatrix} 0 \\ 3 \\ -6 \end{pmatrix}$

6 Die Gerade durch die Punkte A und B mit dem Stützpunkt A und dem Richtungsvektor $\overrightarrow{AB}$ hat die Gleichung $\vec{x} = \overrightarrow{OA} + r \cdot \overrightarrow{AB}$. Geben Sie an, für welche Werte des Parameters r man die Ortsvektoren der folgenden Punkte auf der Gerade erhält. Verdeutlichen Sie die Lage der Punkte durch eine Skizze.

a) Punkt A
b) Punkt B
c) Punkte zwischen A und B
d) Mittelpunkt von A und B
e) Punkte, die von A aus gesehen hinter B liegen
f) Punkte, die von B aus gesehen hinter A liegen

7 Geben Sie eine passende Geradengleichung an.

a) x_1-Achse
b) x_3-Achse
c) Parallele zur x_2-Achse
d) Parallele zur x_1-Achse
e) Gerade in der x_1x_2-Ebene
f) Parallele zur x_1x_2-Ebene
g) Parallele zur x_2x_3-Ebene
h) Senkrechte zur x_1x_2-Ebene

8 Beschreiben Sie den Verlauf der Gerade im Koordinatensystem.

a) $\vec{x} = \begin{pmatrix}1\\0\\0\end{pmatrix} + r \cdot \begin{pmatrix}0\\1\\0\end{pmatrix}$
b) $\vec{x} = \begin{pmatrix}1\\2\\0\end{pmatrix} + r \cdot \begin{pmatrix}0\\0\\3\end{pmatrix}$
c) $\vec{x} = \begin{pmatrix}1\\2\\3\end{pmatrix} + r \cdot \begin{pmatrix}4\\0\\0\end{pmatrix}$
d) $\vec{x} = \begin{pmatrix}2\\0\\0\end{pmatrix} + r \cdot \begin{pmatrix}-1\\0\\0\end{pmatrix}$

e) $\vec{x} = \begin{pmatrix}3\\0\\0\end{pmatrix} + r \cdot \begin{pmatrix}1\\2\\0\end{pmatrix}$
f) $\vec{x} = \begin{pmatrix}0\\0\\3\end{pmatrix} + r \cdot \begin{pmatrix}1\\2\\0\end{pmatrix}$
g) $\vec{x} = r \cdot \begin{pmatrix}1\\0\\1\end{pmatrix}$
h) $\vec{x} = \begin{pmatrix}1\\0\\1\end{pmatrix} + r \cdot \begin{pmatrix}1\\0\\1\end{pmatrix}$

9 **Darstellung einer Strecke:** Eine Strecke $\overline{AB}$ lässt sich durch die Gleichung $\vec{x} = \overrightarrow{OA} + r \cdot \overrightarrow{AB}$ mit $0 \leq r \leq 1$ beschreiben.

a) Erläutern Sie die Parametergleichung der Strecke anhand einer Skizze. Erklären Sie den Unterschied zu einer Parametergleichung der Gerade AB.
b) Bestimmen Sie zu $A(-5\,|\,-8\,|\,11)$ und $B(7\,|\,0\,|\,7)$ die Parametergleichung der Strecke $\overline{AB}$.
c) Bestimmen Sie die Koordinaten von drei weiteren Punkten der Strecke $\overline{AB}$ aus b).

10 Gegeben ist die Strecke $\overline{PQ}$ mit $P(-2\,|\,1\,|\,7)$ und $Q(1\,|\,-8\,|\,13)$.

a) Geben Sie eine Parametergleichung der Strecke an.
b) Überprüfen Sie, welche der Punkte $A(-5\,|\,10\,|\,1)$, $B(0\,|\,-5\,|\,11)$, $C(2\,|\,-11\,|\,15)$ und $D(-1\,|\,4\,|\,9)$ auf der Strecke liegen.

11 Die Punkte A, B, C, D und E aus der Abbildung bilden eine Pyramide.
Geben Sie eine Parameterform für die Gerade oder Strecke an.

a) Gerade g durch C und D
b) Gerade h durch A und C
c) Strecke $\overline{BC}$
d) Strecke $\overline{BE}$

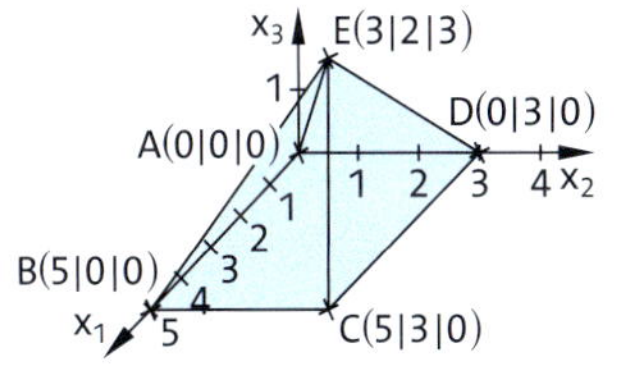

12 Ein Flugzeug befindet sich zum Zeitpunkt t = 0 im Punkt $A(10\,|\,-12\,|\,1{,}8)$ und zum Zeitpunkt t = 1 im Punkt $B(7\,|\,-7\,|\,1{,}9)$ (t in Minuten, Längeneinheit 2 km).

a) Geben Sie eine Gleichung der (in den ersten 20 Minuten geradlinigen) Flugbahn an.
b) Im Punkt $P(-11\,|\,23\,|\,2{,}5)$ schwebt ein Luftballon. Prüfen Sie, ob er sich in der Flugbahn befindet.

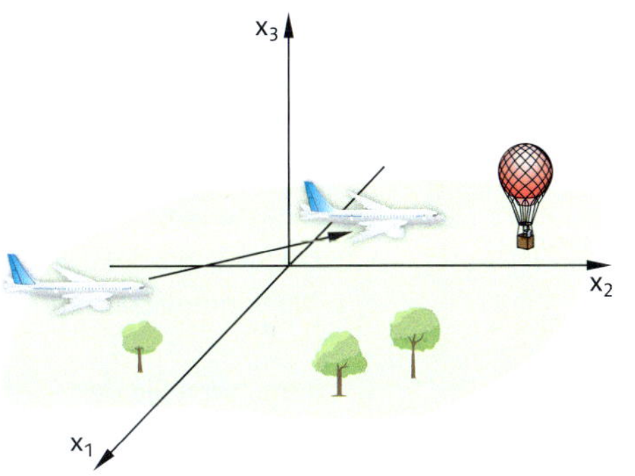

Lage von Geraden im Koordinatensystem – Spurpunkte

Die Schnittpunkte einer Gerade mit den Koordinatenebenen heißen **Spurpunkte**. Sie helfen oft, die Lage einer Gerade im dreidimensionalen Koordinatensystem zu verdeutlichen.

Beispiel 3

a) Bestimmen Sie die Spurpunkte der Gerade $g\colon \vec{x} = \begin{pmatrix} -2 \\ -4 \\ 4 \end{pmatrix} + r\begin{pmatrix} 2 \\ 2 \\ -1 \end{pmatrix}$.

b) Zeichnen Sie die Gerade g mithilfe der Spurpunkte in ein Koordinatensystem.

Lösung:

a) Der Spurpunkt S_{12} ist der Schnittpunkt von g mit der x_1x_2-Ebene. Setzen Sie daher $x_3 = 0$. Es ergibt sich $S_{12}(6\,|\,4\,|\,0)$.

Berechnen Sie analog die Schnittpunkte von g mit der x_1x_3-Ebene und mit der x_2x_3-Ebene. Es ergeben sich die Schnittpunkte $S_{13}(2\,|\,0\,|\,2)$ und $S_{23}(0\,|\,-2\,|\,3)$.

$x_3 = 0$, also $4 - r = 0 \Leftrightarrow r = 4$

$$\overrightarrow{OS_{12}} = \begin{pmatrix} -2 \\ -4 \\ 4 \end{pmatrix} + 4\cdot\begin{pmatrix} 2 \\ 2 \\ -1 \end{pmatrix} = \begin{pmatrix} -2+8 \\ -4+8 \\ 4-4 \end{pmatrix} = \begin{pmatrix} 6 \\ 4 \\ 0 \end{pmatrix}$$

$x_2 = 0$, also $-4 + 2r = 0 \Leftrightarrow r = 2$

$$\overrightarrow{OS_{13}} = \begin{pmatrix} -2 \\ -4 \\ 4 \end{pmatrix} + 2\cdot\begin{pmatrix} 2 \\ 2 \\ -1 \end{pmatrix} = \begin{pmatrix} -2+4 \\ -4+4 \\ 4-2 \end{pmatrix} = \begin{pmatrix} 2 \\ 0 \\ 2 \end{pmatrix}$$

$x_1 = 0$, also $-2 + 2r = 0 \Leftrightarrow r = 1$

$$\overrightarrow{OS_{23}} = \begin{pmatrix} -2 \\ -4 \\ 4 \end{pmatrix} + 1\cdot\begin{pmatrix} 2 \\ 2 \\ -1 \end{pmatrix} = \begin{pmatrix} -2+2 \\ -4+2 \\ 4-1 \end{pmatrix} = \begin{pmatrix} 0 \\ -2 \\ 3 \end{pmatrix}$$

b) Zeichnen Sie zwei der Spurpunkte in ein Koordinatensystem ein, z. B. S_{12} und S_{13}. Verbinden Sie die Spurpunkte zur Gerade g.

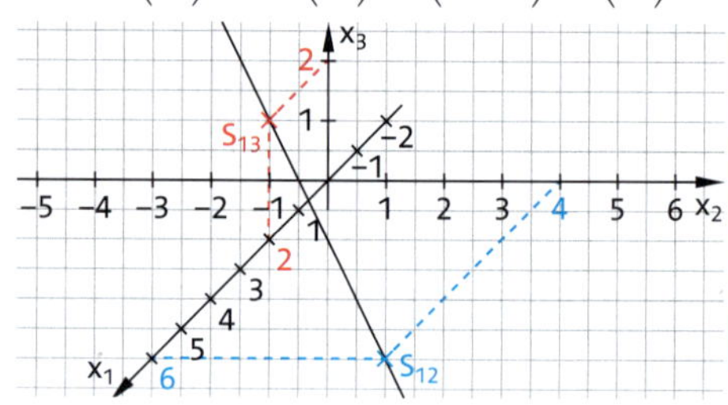

Basisaufgaben

13 Die Zeichnung zeigt die Gerade g und ihre Spurpunkte.
a) Lesen Sie die Koordinaten von S_{12} und S_{13} ab.
b) Stellen Sie mithilfe der Spurpunkte S_{12} und S_{13} eine Parametergleichung von g auf.
c) Berechnen Sie mithilfe der Gleichung aus b) die Koordinaten des Spurpunktes S_{23}.

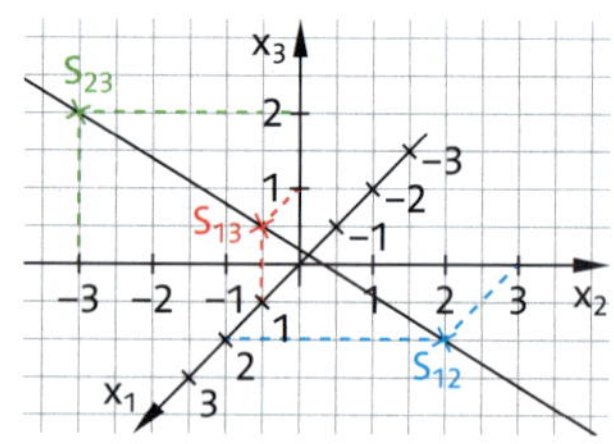

14 Bestimmen Sie die Spurpunkte der Gerade und skizzieren Sie die Gerade.

a) $g\colon \vec{x} = \begin{pmatrix} 2 \\ 1 \\ 2 \end{pmatrix} + r\begin{pmatrix} -1 \\ -1 \\ 2 \end{pmatrix}$ b) $g\colon \vec{x} = \begin{pmatrix} -4 \\ 3 \\ -3 \end{pmatrix} + r\begin{pmatrix} -2 \\ 1 \\ -2 \end{pmatrix}$ c) $g\colon \vec{x} = \begin{pmatrix} 1 \\ 2 \\ 2 \end{pmatrix} + r\begin{pmatrix} 2 \\ -4 \\ -2 \end{pmatrix}$

d) h enthält $A(2\,|\,8\,|\,9)$ und $B(-1\,|\,2\,|\,4{,}5)$. e) k ist parallel zu h aus d) durch $P(3\,|\,6\,|\,6)$.

15 Schattenwurf: Im Punkt $P(-2\,|\,2{,}5\,|\,0)$ der x_1x_2-Ebene steht ein Stab mit der Spitze $S(-2\,|\,2{,}5\,|\,3)$.
Die Sonnenstrahlen fallen in Richtung $\vec{v} = \begin{pmatrix} 2 \\ -0{,}5 \\ -1 \end{pmatrix}$ ein.

Berechnen Sie den Schattenpunkt S' von S in der x_1x_2-Ebene. Skizzieren Sie den Stab und seinen Schatten in einem Koordinatensystem.

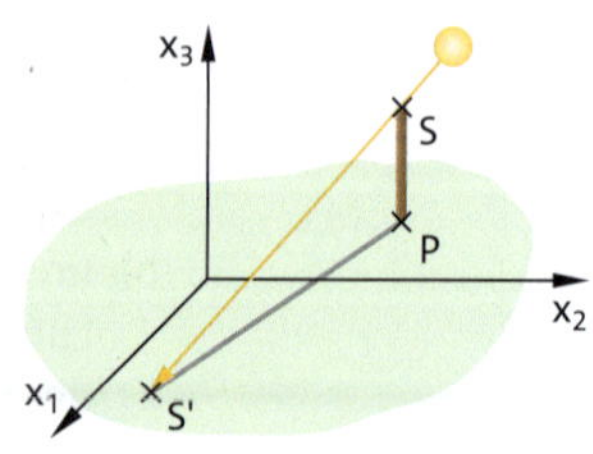

Weiterführende Aufgaben

Zwischentest

16 Prüfen Sie, ob die drei Punkte auf einer Gerade liegen. Beschreiben Sie Ihr Vorgehen.
a) $A(-2|1|7)$, $B(-3|5|5)$, $C(1|-11|13)$ b) $A(14|0|2)$, $B(-2|3|8)$, $C(-10|1{,}5|11)$

17 **Stolperstelle:** Elouisa, Ben und Hamid sollen eine Gleichung der Gerade AB mit den Punkten $A(2|-6|4)$ und $B(\ 1|3|\ 8)$ aufstellen. Beschreiben Sie die Fehler und geben Sie eine richtige Gleichung an.

Elouisa: $\vec{x} = \begin{pmatrix} 2 \\ -6 \\ 4 \end{pmatrix} + r \cdot \begin{pmatrix} -1 \\ 3 \\ 8 \end{pmatrix}$ Ben: $\vec{x} = \begin{pmatrix} -3 \\ 9 \\ -12 \end{pmatrix} + r \cdot \begin{pmatrix} -1 \\ 3 \\ -8 \end{pmatrix}$ Hamid: $\vec{x} = \begin{pmatrix} 1 \\ -3 \\ 2 \end{pmatrix} + r \cdot \begin{pmatrix} 1 \\ -3 \\ 4 \end{pmatrix}$

18 Die Punkte $A(-7|3|-8)$, $B(-3|5|2)$ und $C(-1|6|7)$ liegen auf einer Gerade.
a) Bestimmen Sie, welcher der drei Punkte zwischen den beiden anderen liegt. Begründen Sie Ihr Vorgehen.
b) Stina sagt: *„Ich kann das ohne Rechnung. Ich schaue mir nur die erste Koordinate an."* Erläutern Sie, was Stina meint, und prüfen Sie, ob sie recht hat.

19 Geben Sie eine Parametergleichung für die Gerade mit den angegebenen Eigenschaften an.
a) g verläuft durch $A(2|-2|3)$ und ist parallel zur x_1-Achse.
b) h verläuft durch den Ursprung und hat den Richtungsvektor $\vec{v} = \begin{pmatrix} 2 \\ 5 \\ 3 \end{pmatrix}$.
c) k verläuft durch $B(-2|7|-1)$ und ist parallel zu h.
d) l ist die x_2-Achse.
e) m liegt in der x_1x_2-Ebene und in der x_1x_3-Ebene.
f) n schneidet die x_3-Achse an der Stelle $x_3 = -2$, liegt in der x_2x_3-Ebene und verläuft parallel zur x_1x_2-Ebene.

20 Ein Drachenflieger startet zum Zeitpunkt $t = 0$ an einem Hang. In einem räumlichen Koordinatensystem (Einheit m) beschreibt $\vec{x} = \begin{pmatrix} 0 \\ 0 \\ 300 \end{pmatrix} + t \begin{pmatrix} 130 \\ 180 \\ -60 \end{pmatrix}$ den geradlinigen Flug des Drachenfliegers in Abhängigkeit von der Zeit (t in min) bis zu seiner Landung in der x_1x_2-Ebene.

a) Geben Sie an, in welcher Höhe der Drachenflieger startet.
b) Ermitteln Sie die „Sinkrate" des Drachenfliegers, also seinen Höhenverlust pro Sekunde, sowie die Dauer seines Flugs.
c) Berechnen Sie die Entfernung, die der Drachenflieger parallel zum Erdboden überwindet, sowie die Länge der Flugstrecke vom Startpunkt bis zum Landepunkt. Ermitteln Sie zudem die Geschwindigkeit des Drachenfliegers (in m/s).

Hilfe

21 Die Grundfläche der abgebildeten Pyramide ist ein Parallelogramm. Die Punkte B, S und M haben die Koordinaten $B(0|8|0)$, $S(-2|3|6)$ und $M(-3|4{,}5|3)$. Der Punkt M ist der Mittelpunkt der Kante $\overline{CS}$.
a) Ermitteln Sie die Koordinaten des Punktes C. Geben Sie Parametergleichungen für die Geraden g_{SB}, g_{SC} und g_{CB} an.
b) Es sei $A(0|0|0)$. Zeigen Sie, dass $F(-2|3|0)$ auf der Gerade g_{BD} und senkrecht unterhalb von S liegt.

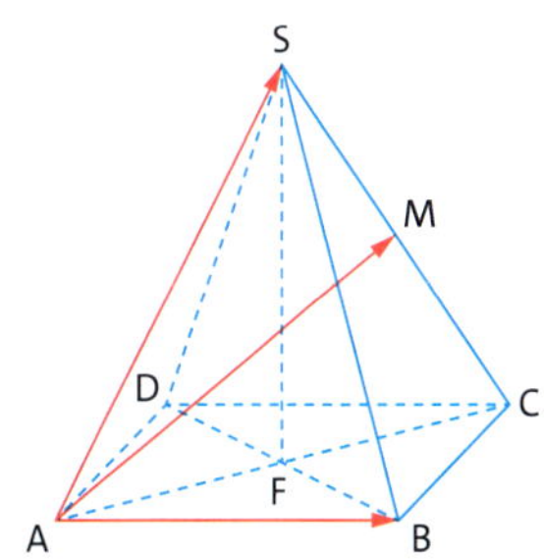

22 Die Punkte $A(2\,|\,-1\,|\,0)$, $B(2\,|\,5\,|\,-1)$ und $C(-2\,|\,3\,|\,1)$ bilden die Grundfläche einer dreiseitigen Pyramide mit Spitze $T(0\,|\,1\,|\,6)$.

a) Zeichnen Sie die Pyramide in ein Koordinatensystem und zeigen Sie, dass der Ursprung (entgegen dem Anschein) nicht auf g_{AC} liegt. Geben Sie die Gleichung einer Ursprungsgerade an, welche in der Zeichnung mit g_{AC} zusammenfällt.

b) Geben Sie eine Gleichung von g_{AB} sowie die Koordinaten zweier von A und B verschiedener Punkte E und F auf g_{AB} an.

c) Zeigen Sie, dass $P\left(2\,\middle|\,2\,\middle|\,-\frac{1}{2}\right)$ auf g_{AB} liegt. Geben Sie an, um welchen besonderen Punkt von g_{AB} es sich bei P handelt.

d) Die Seitenhalbierende g_c des Grunddreiecks ABC verläuft durch C und durch den Mittelpunkt M der Strecke $\overline{AB}$. Der Schwerpunkt S des Dreiecks ABC liegt auf dieser Seitenhalbierenden, und es gilt: $\overrightarrow{CS} = \frac{2}{3}\overrightarrow{CM}$. Geben Sie die Koordinaten von S an und prüfen Sie, ob T, S und $Q(2\,|\,5\,|\,-12)$ auf einer Gerade liegen.

23 Ein quaderförmiger Bungalow wird von Sonnenstrahlen entlang des Vektors $\begin{pmatrix} 3 \\ 5 \\ -2 \end{pmatrix}$ beschienen und wirft einen Schatten auf den Boden (x_1x_2-Ebene).

a) Berechnen Sie die Koordinaten der Schattenpunkte von F, G und H.

b) Zeichnen Sie den Bungalow und seinen vollständigen Schatten in ein Koordinatensystem.

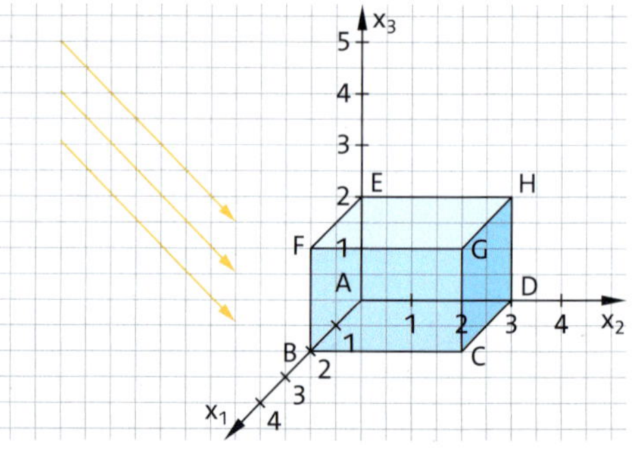

24 Zwei Jollen nehmen Kurs auf den freien Anlegeplatz im Punkt $H(4\,|\,-1{,}5)$. Der Segler im Punkt $A_0(-0{,}5\,|\,0{,}75)$ legt pro Minute den Weg $\begin{pmatrix} 1 \\ -0{,}5 \end{pmatrix}$ zurück. Der andere Segler befindet sich im Punkt B_0, zwei Minuten später im Punkt B_2.

a) Zeigen Sie, dass sich beide Segler auf richtigem Kurs zum Anlegepunkt H befinden.

b) Prüfen Sie, welcher Segler den Anlegeplatz als Erster erreicht.

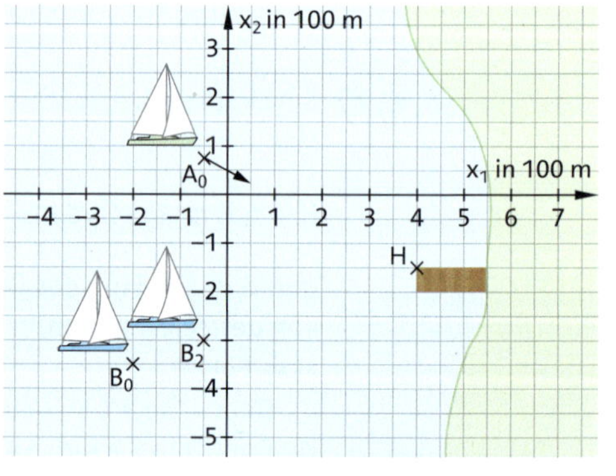

25 Kurz nach dem Start geht ein Flugzeug im Punkt $P(1{,}5\,|\,9\,|\,0{,}5)$ in eine geradlinige Flugbahn über, wobei sein in einer Minute zurückgelegter Weg dem Vektor $\vec{v} = \begin{pmatrix} -1 \\ 5 \\ 0{,}2 \end{pmatrix}$ entspricht. Eine Längeneinheit im Koordinatensystem entspricht 1 km.

a) Nach 4 Minuten erreicht das Flugzeug den Rand einer nahegelegenen Großstadt. Berechnen Sie seine Flughöhe zu diesem Zeitpunkt.

b) Bei einer Flughöhe von 2500 m ändert der Pilot die Flugrichtung. Berechnen Sie die Koordinaten des Punktes, in dem sich das Flugzeug zu diesem Zeitpunkt befindet. Geben Sie an,wie viel Zeit vergangen ist, seit sich das Flugzeug im Punkt P befand.

c) Der Punkt $A(-4{,}5\,|\,39\,|\,0{,}1)$ entspricht dem Anstoßpunkt eines Fußballstadions. Ermitteln Sie, in welcher Höhe das Flugzeug dieses Stadion überfliegt.

26 Geraden im ebenen Koordinatensystem werden auch durch Gleichungen der Form $y = mx + b$ charakterisiert. Werden die Achsen mit x_1- bzw. x_2-Achse bezeichnet, so wird daraus $x_2 = mx_1 + b$.

a) Skizzieren Sie in ein Koordinatensystem die Gerade $g: x_2 = 2x_1 - 3$. Erklären Sie an diesem Beispiel die Bedeutung von m und b.

b) Geben Sie mithilfe von m und b einen Richtungs- und einen Stützvektor von g an und erstellen Sie eine Parametergleichung von g.

c) Stellen Sie zu den Geraden $h: x_2 = -\frac{1}{2}x_1 + 1$, $j: x_2 = -x_1$ sowie $k: x_2 = 4$ Parametergleichungen auf. Überprüfen Sie Ihre Ergebnisse durch eine Skizze im Koordinatensystem.

Hilfe

27 Bei einer Flugschau wird ein Fesselballon im Punkt B(280 | 600 | 0) losgelassen (1 LE entspricht 1 m). Der Ballon steigt pro Sekunde 5 m senkrecht in die Höhe. Gleichzeitig bewegt sich ein Flugzeug vom Punkt F(0 | −1350 | 650) aus mit einer Geschwindigkeit von 40 m/s parallel zur x_2-Achse in positive x_2-Richtung. Der Sicherheitsabstand zwischen Ballon und Flugzeug sollte jederzeit 500 m betragen.

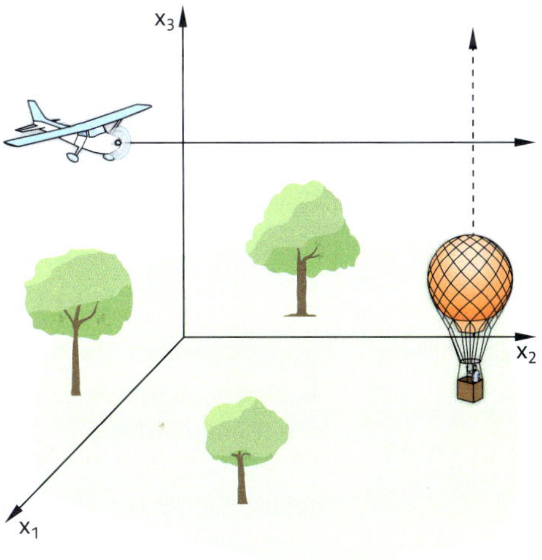

a) Zeigen Sie, dass der Abstand beider Flugobjekte zu jedem Zeitpunkt t (in s) gegeben ist durch

$$\overrightarrow{FB_t} = \begin{pmatrix} 280 \\ 1950 - 40t \\ -650 + 5t \end{pmatrix}.$$

b) Ermitteln Sie den minimalen Abstand der beiden Flugobjekte, also den minimalen Betrag des Vektors $\overrightarrow{FB_t}$. Entscheiden Sie, ob der Pilot reagieren muss.

c) Bestimmen Sie den Zeitpunkt, in dem der Sicherheitsabstand zwischen Flugzeug und Ballon zum ersten Mal unterschritten wird.

28 Vom roten Quader soll ein Bild in der sogenannten **Zentralperspektive** gezeichnet werden. Das ist ein Bild, das den Quader so zeigt, wie man ihn vom Punkt Z aus sieht.
Die x_2x_3-Ebene ist die Bildfläche. Der Bildpunkt A' von A ist der Spurpunkt der Gerade ZA in der x_2x_3-Ebene. Gleiches gilt für die anderen Bildpunkte.
Ermitteln Sie die Bildpunkte aller sichtbaren Quaderecken.

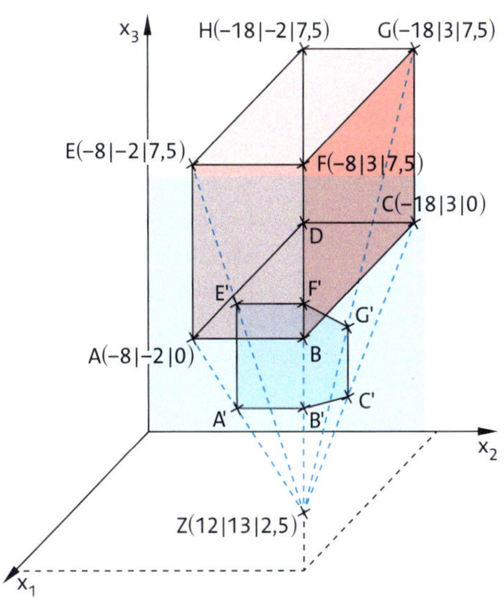

29 **Ausblick:** Drücken Sie den Winkel zwischen der Gerade $y = 0,75x$ und der x-Achse mithilfe des Kosinus aus. Skizzieren Sie damit eine Idee, wie man den Winkel zwischen zwei Vektoren bestimmen könnte.

5.6 Lagebeziehungen zwischen Geraden

Beschreiben Sie mithilfe zweier Stifte, wie zwei Geraden im Raum zueinander liegen können.
Geben Sie an, welcher dieser Fälle bei zwei Geraden in der Ebene nicht vorkommt.

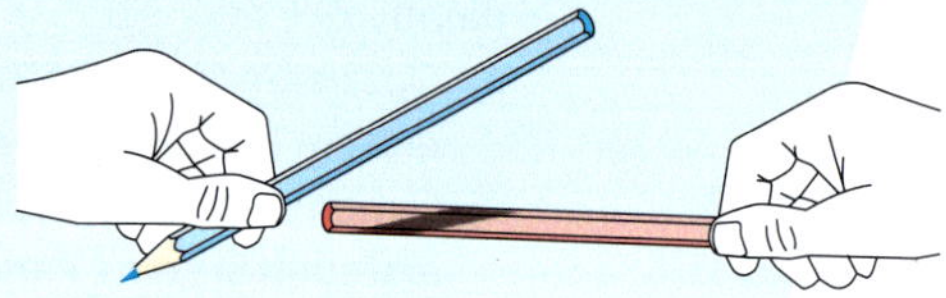

Zwei Geraden im Raum haben eine von vier möglichen Lagebeziehungen:

Wissen

g und h schneiden sich.	g und h sind windschief.	g und h sind echt parallel zueinander.	g und h sind identisch.
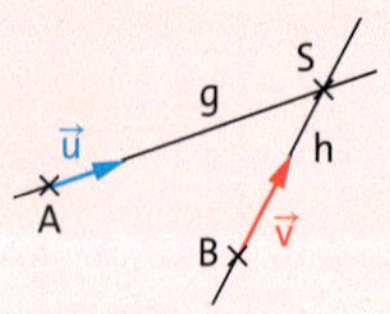	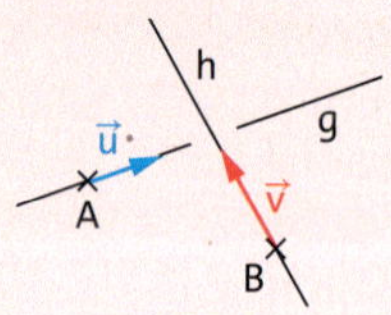	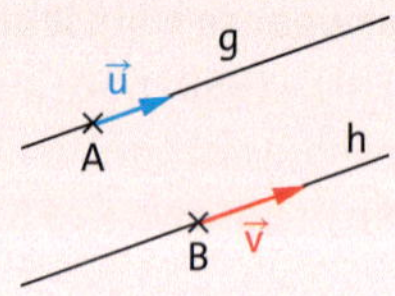	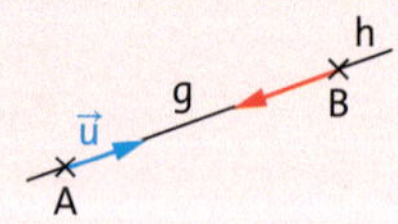
$\vec{u}$ und $\vec{v}$ nicht kollinear; ein gemeinsamer Punkt S	$\vec{u}$ und $\vec{v}$ nicht kollinear; kein gemeinsamer Punkt	$\vec{u}$ und $\vec{v}$ kollinear; kein gemeinsamer Punkt	$\vec{u}$ und $\vec{v}$ kollinear; alle Punkte gemeinsam

Erinnerung

Zwei Vektoren heißen kollinear, wenn der eine ein Vielfaches des anderen ist.

Sind die Richtungsvektoren zweier Geraden kollinear, so sind die Geraden echt parallel zueinander oder identisch. Welcher Fall vorliegt, kann mit einer Punktprobe ermittelt werden. Im anderen Fall schneiden sich die Geraden oder sind windschief, siehe Aufgabe 3.

Beispiel 1

Ermitteln Sie die gegenseitige Lage der Geraden g: $\vec{x} = \begin{pmatrix}1\\2\\-1\end{pmatrix} + r\cdot\begin{pmatrix}2\\-1\\3\end{pmatrix}$ und h.

a) h: $\vec{x} = \begin{pmatrix}3\\6\\6\end{pmatrix} + s\begin{pmatrix}-4\\2\\-6\end{pmatrix}$ b) h: $\vec{x} = \begin{pmatrix}3\\6\\6\end{pmatrix} + s\begin{pmatrix}1\\-3\\0\end{pmatrix}$ c) h: $\vec{x} = \begin{pmatrix}-1\\3\\-4\end{pmatrix} + s\begin{pmatrix}1\\-0{,}5\\1{,}5\end{pmatrix}$

Lösung:

a) Prüfen Sie, ob die Richtungsvektoren kollinear sind.
Prüfen Sie mit einer Punktprobe, ob der Stützvektor von g auf h liegt.
Da sich unterschiedliche Werte für s ergeben, sind g und h echt parallel.

$\begin{pmatrix}-4\\2\\-6\end{pmatrix} = -2\cdot\begin{pmatrix}2\\-1\\3\end{pmatrix} \Rightarrow$ g und h sind echt parallel oder identisch

Punktprobe: $\begin{pmatrix}1\\2\\-1\end{pmatrix} = \begin{pmatrix}3\\6\\6\end{pmatrix} + s\cdot\begin{pmatrix}-4\\2\\-6\end{pmatrix}$

$\Rightarrow \left|\begin{array}{l} 1 = 3 - 4s \\ 2 = 6 + 2s \\ -1 = 6 - 6s \end{array}\right| \Rightarrow \left|\begin{array}{l} s = 0{,}5 \\ s = -2 \\ s = \frac{7}{6} \end{array}\right| \Rightarrow$ echt parallel

b) Prüfen Sie, ob die Richtungsvektoren kollinear sind.
Setzen Sie die Gleichungen von g und h gleich und überprüfen Sie, ob das LGS eindeutig lösbar ist.
Setzen Sie die Werte für r und s in die erste Gleichung ein. Es ergibt sich eine falsche Aussage, g und h sind windschief.

$\begin{pmatrix}1\\-3\\0\end{pmatrix} = t\cdot\begin{pmatrix}2\\-1\\3\end{pmatrix} \Rightarrow \left|\begin{array}{l} t = 0{,}5 \\ t = 3 \\ t = 0 \end{array}\right| \Rightarrow$ g und h schneiden sich oder sind windschief.

$\begin{pmatrix}1\\2\\-1\end{pmatrix} + r\cdot\begin{pmatrix}2\\-1\\3\end{pmatrix} = \begin{pmatrix}3\\6\\6\end{pmatrix} + s\cdot\begin{pmatrix}1\\-3\\0\end{pmatrix}$

$\left|\begin{array}{l} 1 + 2r = 3 + s \\ 2 - r = 6 - 3s \\ -1 + 3r = 6 \end{array}\right| \overset{(III)}{\Rightarrow} r = \frac{7}{3} \overset{(II)}{\Rightarrow} s = \frac{19}{9} \overset{(I)}{\Rightarrow} \frac{17}{3} = \frac{46}{9}$

Also sind g und h windschief.

c) Prüfen Sie, ob die Richtungsvektoren kollinear sind.

$\begin{pmatrix} 1 \\ -0{,}5 \\ 1{,}5 \end{pmatrix} = 0{,}5 \cdot \begin{pmatrix} 2 \\ -1 \\ 3 \end{pmatrix} \Rightarrow$ echt parallel oder identisch

Prüfen Sie mit einer Punktprobe, ob der Stützvektor von g auf h liegt.
Da die Werte für s stets gleich sind, sind die beiden Geraden identisch.

Punktprobe: $\begin{pmatrix} 1 \\ 2 \\ -1 \end{pmatrix} = \begin{pmatrix} -1 \\ 3 \\ -4 \end{pmatrix} + s \cdot \begin{pmatrix} 1 \\ -0{,}5 \\ 1{,}5 \end{pmatrix}$

$\Rightarrow \begin{vmatrix} 1 = -1 + s \\ 2 = 3 - 0{,}5s \\ -1 = -4 + 1{,}5s \end{vmatrix} \Rightarrow \begin{vmatrix} s = 2 \\ s = 2 \\ s = 2 \end{vmatrix}$, also identisch

Basisaufgaben

1 Die Geraden g und h haben keinen Punkt gemeinsam. Prüfen Sie, ob sie echt parallel zueinander oder windschief sind.

a) $g: \vec{x} = \begin{pmatrix} 2 \\ -3 \\ 1 \end{pmatrix} + r\begin{pmatrix} 8 \\ -4 \\ 2 \end{pmatrix}$ $\quad h: \vec{x} = \begin{pmatrix} -2 \\ -2 \\ 0 \end{pmatrix} + s\begin{pmatrix} -4 \\ 2 \\ 1 \end{pmatrix}$

b) $g: \vec{x} = \begin{pmatrix} 2 \\ -3 \\ 1 \end{pmatrix} + r\begin{pmatrix} 8 \\ -4 \\ 2 \end{pmatrix}$ $\quad h: \vec{x} = \begin{pmatrix} -2 \\ -1 \\ 6 \end{pmatrix} + s\begin{pmatrix} -4 \\ 2 \\ -1 \end{pmatrix}$

c) $g: \vec{x} = \begin{pmatrix} 0 \\ 2 \\ -5 \end{pmatrix} + r\begin{pmatrix} 2 \\ -4 \\ 1 \end{pmatrix}$ $\quad h: \vec{x} = \begin{pmatrix} -1 \\ 0 \\ 1 \end{pmatrix} + s\begin{pmatrix} -1 \\ -1 \\ 2 \end{pmatrix}$

2 Prüfen Sie die gegenseitige Lage von g und h.

a) $g: \vec{x} = \begin{pmatrix} 1 \\ 0 \\ -5 \end{pmatrix} + r\begin{pmatrix} 2 \\ -4 \\ 2 \end{pmatrix}$ $\quad h: \vec{x} = \begin{pmatrix} 3 \\ -4 \\ -5 \end{pmatrix} + s\begin{pmatrix} 1 \\ -2 \\ 1 \end{pmatrix}$

b) $g: \vec{x} = \begin{pmatrix} 2 \\ 8 \\ 0 \end{pmatrix} + r\begin{pmatrix} -15 \\ 9 \\ 21 \end{pmatrix}$ $\quad h: \vec{x} = \begin{pmatrix} 7 \\ 0 \\ 7 \end{pmatrix} + s\begin{pmatrix} 5 \\ -9 \\ 7 \end{pmatrix}$

c) $g: \vec{x} = \begin{pmatrix} -5 \\ 0 \\ 0 \end{pmatrix} + r\begin{pmatrix} 2 \\ 3 \\ -4 \end{pmatrix}$ $\quad h: \vec{x} = \begin{pmatrix} 0 \\ 7{,}5 \\ 10 \end{pmatrix} + s\begin{pmatrix} -1 \\ -1{,}5 \\ 2 \end{pmatrix}$

3 Vervollständigen Sie das Diagramm und erläutern Sie es.

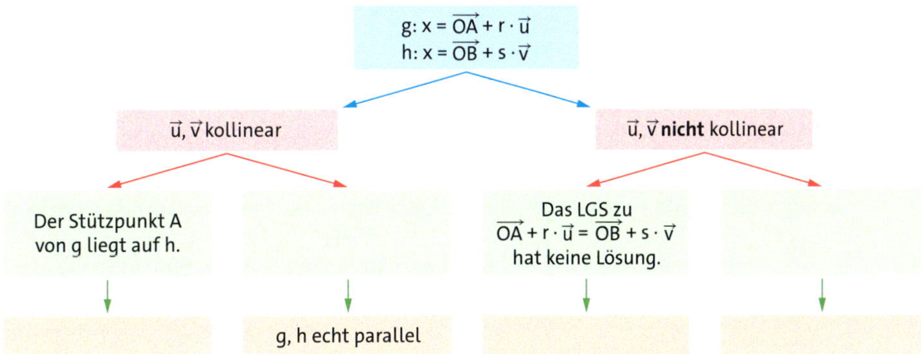

4 Ermitteln Sie die gegenseitige Lage beider Geraden mit einer geeigneten Software.

a) $g: \vec{x} = \begin{pmatrix} 2{,}1 \\ -0{,}3 \\ 4 \end{pmatrix} + r\begin{pmatrix} 1{,}2 \\ -0{,}8 \\ 5{,}6 \end{pmatrix}$ $\quad h: \vec{x} = \begin{pmatrix} 3{,}7 \\ -5 \\ 1{,}1 \end{pmatrix} + s\begin{pmatrix} -0{,}9 \\ 0{,}6 \\ -4{,}2 \end{pmatrix}$

b) $g: \vec{x} = \begin{pmatrix} 2{,}7 \\ 0 \\ 1 \end{pmatrix} + r\begin{pmatrix} -1{,}2 \\ 0{,}4 \\ 1{,}6 \end{pmatrix}$ $\quad h: \vec{x} = \begin{pmatrix} 0{,}3 \\ 0{,}8 \\ 4{,}2 \end{pmatrix} + s\begin{pmatrix} 30 \\ -10 \\ -40 \end{pmatrix}$

Schnittpunkt berechnen

Wenn die Richtungsvektoren zweier Geraden nicht kollinear sind, setzt man die Geradengleichungen gleich. Hat das entstehende LGS keine Lösung, sind die Geraden windschief, sonst schneiden sie sich in einem Punkt S. Die Koordinaten von S erhält man, indem man eine Lösung des LGS in die entsprechende Geradengleichung einsetzt.

Beispiel 2 Zeigen Sie, dass sich die Geraden g und h schneiden. Berechnen Sie die Koordinaten des Schnittpunktes. $g\colon \vec{x} = \begin{pmatrix} 1 \\ 2 \\ -1 \end{pmatrix} + r\begin{pmatrix} 2 \\ -1 \\ 3 \end{pmatrix}$ $\quad h\colon \vec{x} = \begin{pmatrix} 3 \\ 6 \\ 6 \end{pmatrix} + s\begin{pmatrix} -2 \\ 6 \\ 1 \end{pmatrix}$

Lösung:

Setzen Sie die Geradengleichungen gleich und lösen Sie das entstehende lineare Gleichungssystem.
Die ersten zwei Zeilen liefern Lösungen für r und s. Setzt man beide in die dritte Gleichung ein, ergibt sich eine wahre Aussage, also schneiden sich die Geraden in einem Punkt.

Geradengleichungen gleichsetzen:

$$\begin{pmatrix} 1 \\ 2 \\ -1 \end{pmatrix} + r\cdot\begin{pmatrix} 2 \\ -1 \\ 3 \end{pmatrix} = \begin{pmatrix} 3 \\ 6 \\ 6 \end{pmatrix} + s\cdot\begin{pmatrix} -2 \\ 6 \\ 1 \end{pmatrix}$$

$$\left|\begin{array}{l} 2r + 2s = 2 \\ -r - 6s = 4 \\ 3r - s = 7 \end{array}\right| \Rightarrow r = 1 - s \quad \Rightarrow s = -1 \Rightarrow r = 2$$

Einsetzen in die dritte Zeile: 7 = 7, also schneiden sich g und h.

Berechnen Sie den Schnittpunkt, indem Sie entweder r in die Gleichung von g oder s in die Gleichung von h einsetzen.

$$\overrightarrow{OS} = \begin{pmatrix} 1 \\ 2 \\ -1 \end{pmatrix} + 2\cdot\begin{pmatrix} 2 \\ -1 \\ 3 \end{pmatrix} = \begin{pmatrix} 5 \\ 0 \\ 5 \end{pmatrix}$$

Schnittpunkt: S(5 | 0 | 5)

Basisaufgaben

Lösungen zu 5

(−3 | 6 | −2)
(5 | −1 | 2)
(3 | 1 | 2)

5 Berechnen Sie die Koordinaten des Schnittpunktes der beiden Geraden.

a) $g\colon \vec{x} = \begin{pmatrix} 1 \\ 0 \\ 2 \end{pmatrix} + r\begin{pmatrix} 2 \\ 1 \\ 0 \end{pmatrix}$ $\quad h\colon \vec{x} = \begin{pmatrix} 3 \\ 8 \\ -5 \end{pmatrix} + s\begin{pmatrix} 0 \\ 1 \\ -1 \end{pmatrix}$

b) $g\colon \vec{x} = \begin{pmatrix} -1 \\ 4 \\ 0 \end{pmatrix} + r\begin{pmatrix} 1 \\ -1 \\ 1 \end{pmatrix}$ $\quad h\colon \vec{x} = \begin{pmatrix} -7 \\ 6 \\ -5 \end{pmatrix} + s\begin{pmatrix} 4 \\ 0 \\ 3 \end{pmatrix}$

c) $g\colon \vec{x} = \begin{pmatrix} 4 \\ 1 \\ 4 \end{pmatrix} + r\begin{pmatrix} -1 \\ 2 \\ 2 \end{pmatrix}$ $\quad h\colon \vec{x} = \begin{pmatrix} -1 \\ -1 \\ 0 \end{pmatrix} + s\begin{pmatrix} 3 \\ 0 \\ 1 \end{pmatrix}$

6 Erläutern Sie sich gegenseitig, wie Sie prüfen können, ob ein gegebener Punkt der Schnittpunkt von zwei gegebenen Geraden ist, und zeigen Sie, dass sich die Geraden
$g\colon \vec{x} = \begin{pmatrix} 1 \\ -8 \\ 5 \end{pmatrix} + r\cdot\begin{pmatrix} -1 \\ -3 \\ 1 \end{pmatrix}$ und $h\colon \vec{x} = \begin{pmatrix} -4 \\ 1 \\ -10 \end{pmatrix} + s\cdot\begin{pmatrix} 2 \\ 0 \\ 3 \end{pmatrix}$ im Punkt P(4 | 1 | 2) schneiden.

7 Gegeben sind die Geraden g, h und k in der Ebene.
$g\colon \vec{x} = \begin{pmatrix} 7 \\ 4 \end{pmatrix} + r\begin{pmatrix} 2 \\ -1 \end{pmatrix}$ $\quad h\colon \vec{x} = \begin{pmatrix} -2 \\ 1 \end{pmatrix} + s\begin{pmatrix} 1 \\ 1 \end{pmatrix}$ $\quad k\colon \vec{x} = \begin{pmatrix} 3 \\ 0 \end{pmatrix} + t\begin{pmatrix} -4 \\ 2 \end{pmatrix}$

a) Berechnen Sie den Schnittpunkt von g und h.
b) Zeigen Sie rechnerisch, dass g und k parallel zueinander sind.
c) Überprüfen Sie Ihre Ergebnisse aus a) und b), indem Sie die drei Geraden zeichnen.
d) Erläutern Sie allgemein, wie man die Lage zweier Geraden in der Ebene ermitteln kann und welche Fälle dabei auftreten können.

Weiterführende Aufgaben

Zwischentest

8 Bestimmen Sie die gegenseitige Lage der Geraden AB und CD. Berechnen Sie gegebenenfalls die Koordinaten des Schnittpunktes.

a) $A(-5|1|8)$, $B(-1|1|6)$, $C(-5|7|2)$, $D(7|-2|5)$

b) $A(1|4|-1)$, $B(3|0|3)$, $C(5|1|0)$, $D(4|3|-2)$

9 Beurteilen Sie die Aussage. Veranschaulichen Sie die Situation mit Stiften.

a) Wenn die Geraden g und h parallel zueinander sind und die Gerade k windschief zu g ist, dann können h und k nicht parallel zueinander sein.

b) Wenn die Geraden g und h sich schneiden und ebenso die Geraden g und k, dann können h und k nicht windschief sein.

c) Wenn im dreidimensionalen Koordinatensystem zwei Geraden parallel aussehen, dann sind sie auch in Wirklichkeit parallel.

Hilfe

10 Gegeben ist die Gerade $g: \vec{x} = \begin{pmatrix} 2 \\ 3 \\ -1 \end{pmatrix} + r\begin{pmatrix} 5 \\ 0 \\ -2 \end{pmatrix}$.

Geben Sie eine Parametergleichung einer Gerade h an, die

a) den Punkt $P(7|3|3)$ enthält und parallel zu g ist,

b) parallel, aber nicht identisch zu g ist,

c) genau einen Schnittpunkt mit g hat,

d) windschief zu g ist.

11 Ermitteln Sie den Schnittpunkt der Geraden g und h, ohne ein lineares Gleichungssystem aufzustellen.
Beschreiben Sie Ihr Vorgehen.

a) $g: \vec{x} = \begin{pmatrix} 3 \\ 3 \\ 3 \end{pmatrix} + r\begin{pmatrix} 1 \\ 1 \\ 1 \end{pmatrix}$ $h: \vec{x} = \begin{pmatrix} -8 \\ 0 \\ 0 \end{pmatrix} + s\begin{pmatrix} 5 \\ 0 \\ 0 \end{pmatrix}$

b) $g: \vec{x} = r\begin{pmatrix} -1 \\ 5 \\ 3 \end{pmatrix}$ $h: \vec{x} = \begin{pmatrix} 8 \\ 2 \\ 2 \end{pmatrix} + s\begin{pmatrix} 4 \\ 1 \\ 1 \end{pmatrix}$

12 Begründen Sie, dass die beiden Geraden windschief sind.

$g: \vec{x} = \begin{pmatrix} 3 \\ 0 \\ 0 \end{pmatrix} + r\begin{pmatrix} 0 \\ 1 \\ 0 \end{pmatrix}$ $h: \vec{x} = \begin{pmatrix} -2 \\ 2 \\ 0 \end{pmatrix} + s\begin{pmatrix} 0 \\ 4 \\ -2 \end{pmatrix}$

13 **Stolperstelle:** Gegeben sind die Geraden $g: \vec{x} = \begin{pmatrix} 2 \\ 6 \\ -1 \end{pmatrix} + r\begin{pmatrix} 5 \\ 0 \\ -2 \end{pmatrix}$ und $h: \vec{x} = \begin{pmatrix} 0 \\ 0 \\ 0 \end{pmatrix} + s\begin{pmatrix} 1 \\ 3 \\ 9 \end{pmatrix}$.

Die Gerade k verläuft durch die Punkte $A(-7|7|5)$ und $B(-1|8|5)$. Überprüfen Sie die Rechnung, erläutern Sie die Fehler und korrigieren Sie diese.

a) Lage von g und h:

Schnittbedingung: $\begin{pmatrix} 2 \\ 6 \\ -1 \end{pmatrix} + r\begin{pmatrix} 5 \\ 0 \\ -2 \end{pmatrix} = s\begin{pmatrix} 1 \\ 3 \\ 9 \end{pmatrix}$

An der mittleren Gleichung $6 = 3s$ erkennt man, dass $s = 2$ sein muss.
Aus $2 + 5r = 2 \cdot 1$ erhält man $r = 0$.
Also schneiden sich die Geraden im Punkt S mit

$\overrightarrow{OS} = \begin{pmatrix} 2 \\ 6 \\ -1 \end{pmatrix} + 0 \cdot \begin{pmatrix} 5 \\ 0 \\ -2 \end{pmatrix} = \begin{pmatrix} 2 \\ 6 \\ -1 \end{pmatrix}$.

b) Lage von g und k:

$k: \vec{x} = \begin{pmatrix} -7 \\ 7 \\ 5 \end{pmatrix} + r\begin{pmatrix} 6 \\ 1 \\ 0 \end{pmatrix}$

$\begin{pmatrix} 2 \\ 6 \\ -1 \end{pmatrix} + r\begin{pmatrix} 5 \\ 0 \\ -2 \end{pmatrix} = \begin{pmatrix} -7 \\ 7 \\ 5 \end{pmatrix} + r\begin{pmatrix} 6 \\ 1 \\ 0 \end{pmatrix}$

$\begin{pmatrix} 9 \\ -1 \\ -6 \end{pmatrix} = r\begin{pmatrix} 1 \\ 1 \\ 2 \end{pmatrix} \Rightarrow \left| \begin{matrix} r = 9 \\ r = -1 \\ r = -3 \end{matrix} \right|$

Das LGS hat keine Lösung.
Die Geraden sind windschief oder parallel zueinander.

14 Die drei Geraden g_1, g_2 und g_3 schließen ein Dreieck ein. Berechnen Sie die Koordinaten seiner Eckpunkte und die Längen seiner Seiten.

$g_1: \vec{x} = \begin{pmatrix} 3 \\ -3 \\ 2 \end{pmatrix} + r\begin{pmatrix} 2 \\ 1 \\ -3 \end{pmatrix}$ $\quad g_2: \vec{x} = \begin{pmatrix} 2 \\ 1 \\ -1 \end{pmatrix} + s\begin{pmatrix} 1 \\ -4 \\ 3 \end{pmatrix}$ $\quad g_3: \vec{x} = \begin{pmatrix} 1 \\ 2 \\ -1 \end{pmatrix} + t\begin{pmatrix} 1 \\ -1 \\ 0 \end{pmatrix}$

15 Gegeben sind die Höhen h_1 bzw. h_2 der Dreiecke ABC_1 und ABC_2:
$A(1|-3|3)$, $B(-2|3|-3)$, $C_1(-3|2|1)$, $C_2(3|2|-5)$,

$h_1: \vec{x} = \begin{pmatrix} -3 \\ 2 \\ 1 \end{pmatrix} + r\begin{pmatrix} -2 \\ 1 \\ 2 \end{pmatrix}$ $\quad h_2: \vec{x} = \begin{pmatrix} 3 \\ 2 \\ -5 \end{pmatrix} + s\begin{pmatrix} -2 \\ 1 \\ 0 \end{pmatrix}$

Berechnen Sie die Schnittpunkte H_1 und H_2 von h_1 bzw. h_2 mit der Grundgerade AB. Prüfen Sie jeweils, ob der Höhenschnittpunkt innerhalb der Strecke $\overline{AB}$ liegt. Prüfen Sie anschließend Ihr Ergebnis anhand einer Skizze im Koordinatensystem.

16 Die Punkte $A(4|0|-4)$, $B(4|4|-4)$, $C(-2|2|-4)$ und $O(0|0|0)$ bilden ein Tetraeder. Die Punkte N_a, N_b und N_c sind die Mittelpunkte der Kanten zur Spitze O, die Punkte M_a, M_b und M_c sind die Seitenmittelpunkte des Dreiecks ABC. Die Gerade g_a geht durch M_a und N_a, Entsprechendes gilt für g_b und g_c.

a) Zeigen Sie, dass sich g_a, g_b und g_c in einem Punkt S schneiden.

b) Zeigen Sie, dass für S gilt: $\overrightarrow{OS} = \frac{1}{4}(\overrightarrow{OA} + \overrightarrow{OB} + \overrightarrow{OC})$

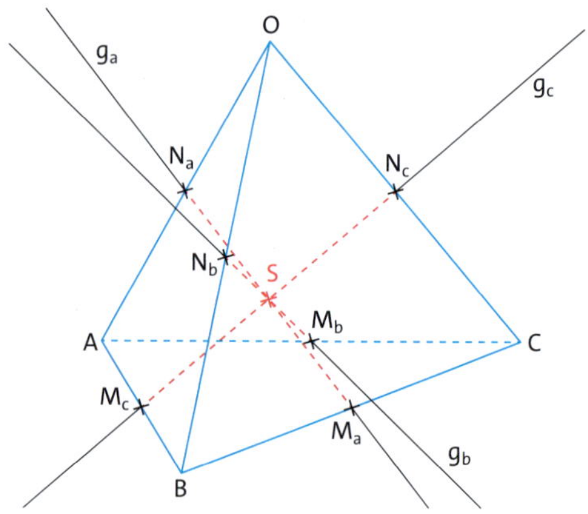

Hilfe

17 **Schwerpunkt eines Dreiecks:** Gegeben ist ein Dreieck mit den Eckpunkten $A(0|0)$, $B(8|-2)$ und $C(6|2)$. Die Seitenhalbierende s_c ist die Gerade durch C und den Mittelpunkt M_c der Strecke $\overline{AB}$.

a) Stellen Sie Parametergleichungen für die drei Seitenhalbierenden auf. Zeigen Sie, dass sich die Seitenhalbierenden in einem Punkt S schneiden.

b) Der Punkt S teilt die Strecken $\overline{AM_a}$, $\overline{BM_b}$ und $\overline{CM_c}$ in je zwei Teile. Bestimmen Sie das Verhältnis der beiden Teilstrecken zueinander.

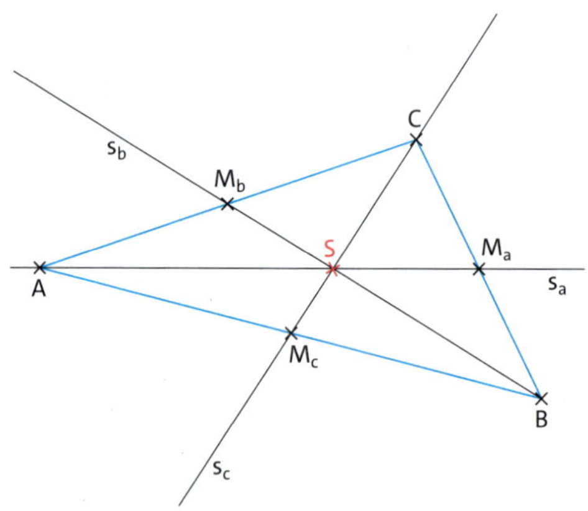

18 Die Pyramide befindet sich im Bau. Momentan ist der Stumpf 3 m hoch. Die zukünftige Spitze der Pyramide ist der Schnittpunkt der Geraden durch die Seitenkanten.

a) Passen Sie die Pyramide in ein Koordinatensystem ein und berechnen Sie die Koordinaten der Spitze.

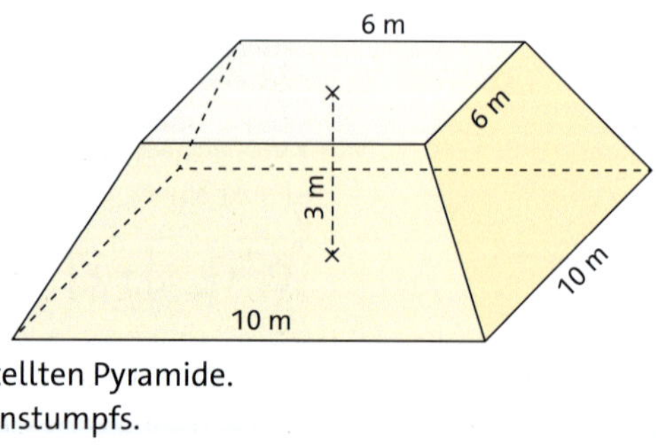

b) Berechnen Sie das Volumen der fertiggestellten Pyramide.

c) Berechnen Sie das Volumen des Pyramidenstumpfs.

19 Die Terrasse des abgebildeten Hauses liegt in der x_1x_2-Ebene. In den Punkten $A(-10|-22|26)$ und $D(-14|-10|24)$ der Hauswand soll ein Sonnensegel befestigt werden, dessen äußere Eckpunkte bei Straffung des Segels $B(20|32|23)$ und $C(19|35|22{,}5)$ sind. Das Segel ist dann eben. 1 LE entspricht 1 dm.

a) Zeigen Sie, dass das Segel die Form eines Trapezes hat. Prüfen Sie, ob das Trapez gleichschenklig ist.

b) Das Segel wird an einer Stange mit Spitze S befestigt. Berechnen Sie, wie hoch die Stange sein muss und in welchem Punkt der x_1x_2-Ebene sie aufgestellt werden muss.

20 Die Positionen zweier Flugzeuge zum Zeitpunkt t lassen sich in einem geeigneten Koordinatensystem durch $g_1: \vec{x} = \begin{pmatrix} 11{,}4 \\ -2{,}28 \\ 0{,}66 \end{pmatrix} + t\begin{pmatrix} -0{,}45 \\ 0{,}36 \\ 0{,}03 \end{pmatrix}$ und $g_2: \vec{x} = \begin{pmatrix} 0{,}1 \\ 9 \\ 1{,}4 \end{pmatrix} + t\begin{pmatrix} 0{,}32 \\ -0{,}48 \\ -0{,}02 \end{pmatrix}$ beschreiben (Längeneinheit 1 km, Zeiteinheit 10 s).

a) Berechnen Sie, in welchen Punkten sich die Flugzeuge nach 10, nach 50 und nach 140 Sekunden befinden und wie weit sie jeweils voneinander entfernt sind.

b) Zeigen Sie, dass sich die Flugbahnen kreuzen, es aber nicht zu einer Kollision kommt.

21 Ein Boot der Küstenwache im Hafen $K(1{,}5|0)$ erhält die Nachricht, dass soeben in $E(2|7)$ ein Schmugglerboot in Richtung des Inselhafens $B(12|3)$ gestartet ist. Das Wetter erlaubt nur eine Sicht von 1000 Metern.
Nach Einschätzung des vermutlichen Kurses und der Geschwindigkeit des Schmugglerboots entschließt sich der Kapitän, mit einer Geschwindigkeit zu fahren, welche in 5 Minuten dem Vektor $\begin{pmatrix} 2 \\ 1 \end{pmatrix}$ entspricht. Das Schmugglerschiff legt in 5 Minuten den Weg $\begin{pmatrix} 2{,}5 \\ -1 \end{pmatrix}$ zurück.

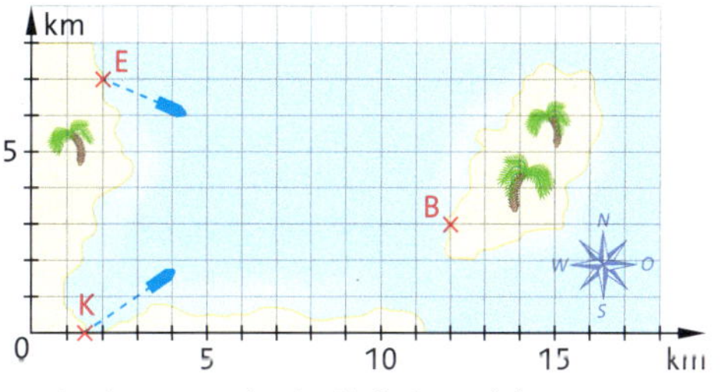

a) Zeigen Sie, dass das Schmugglerboot den richtigen Kurs zum Hafen einschlägt. Berechnen Sie, wie lange es brauchen wird, um den Hafen zu erreichen.

b) Berechnen Sie die Koordinaten des Schnittpunktes der beiden Schiffskurse.

c) Überprüfen Sie, ob die Küstenwache das Schmugglerboot sehen können wird.

22 **Ausblick:** Man kann den Schnittpunkt der Seitenhalbierenden eines Dreiecks berechnen, indem man ein schiefes Koordinatensystem einführt. Sein Ursprung ist der Punkt A, die Achsen werden durch die (eventuell ungleich langen) Seitenvektoren $\vec{u} = \overrightarrow{AB} = \begin{pmatrix} 1 \\ 0 \end{pmatrix}$ und $\vec{v} = \overrightarrow{AC} = \begin{pmatrix} 0 \\ 1 \end{pmatrix}$ festgelegt. Der Punkt D hat in diesem System die Koordinaten $(2|-1)$.

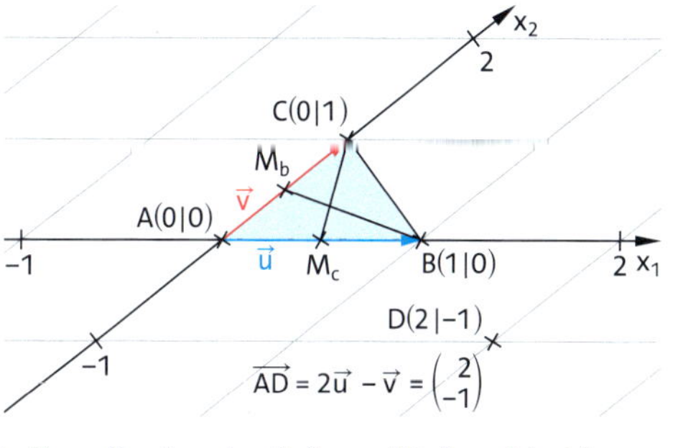

a) Geben Sie in diesem Koordinatensystem die Koordinaten der Seitenmittelpunkte M_c und M_b an. Berechnen Sie den Schnittpunkt der beiden Seitenhalbierenden.

b) Im üblichen Koordinatensystem sind die Eckpunkte $A(1|1)$, $B(4|1)$ und $C(3|2)$. Geben Sie die Koordinaten des Schnittpunktes aus a) im üblichen Koordinatensystem an.

5.7 Klausur- und Abiturtraining

Aufgaben ohne Hilfsmittel

1 Gegeben sind die Punkte A(1 | 0 | 3), B(−1 | 3 | −4) und C(2 | 6 | 2).
a) Bestimmen Sie einen Punkt D, sodass A, B, C, D die Ecken eines Parallelogramms bilden. Skizzieren Sie das Parallelogramm in ein Koordinatensystem.
b) Zeigen Sie, dass A, B und C nicht drei Ecken einer Raute sein können.

2 Gegeben sind die Punkte A(−2 | 5 | 3) und B(−4 | 6 | 0).
a) Geben Sie einen Vektor $\vec{v}$ an, der denselben Betrag wie der Vektor $\overrightarrow{AB}$ hat, aber zu diesem nicht kollinear ist.
b) Es ist $\vec{w} = \begin{pmatrix} a \\ b \\ 4-b \end{pmatrix}$ für a, b ∈ ℝ. Bestimmen Sie Werte für a und b so, dass $\vec{w}$ kollinear zu $\overrightarrow{AB}$ ist.

3 Gegeben ist das Dreieck ABC mit A(−1 | 0 | 1), B(3 | 8 | −3) und C(−5 | 6 | 5).
a) Berechnen Sie die Koordinaten der Seitenmitten M_a, M_b und M_c des Dreiecks ABC.
b) Zeigen Sie, dass der Vektor $\overrightarrow{M_aM_b}$ kollinear zu $\overrightarrow{AB}$ ist und halb so lang wie dieser.

4 Drücken Sie die Vektoren $\vec{h}$, $\vec{k}$, $\vec{m}$ und $\vec{n}$ in der Abbildung mithilfe der Vektoren $\vec{a}$, $\vec{b}$ und $\vec{c}$ aus.

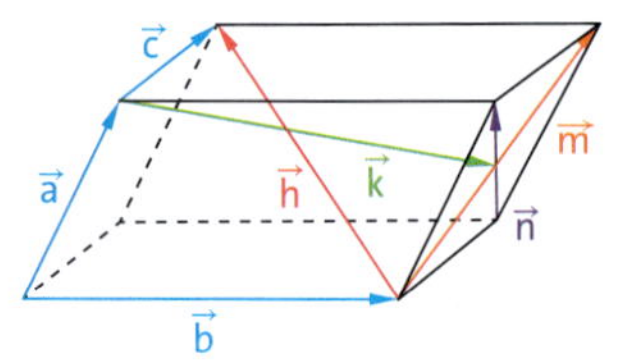

5 Zeichnen Sie die Punkte A(2 | −1 | 0), B(6 | 7 | 4), C(2 | 5 | 6) und D(0 | 1 | 4) in ein Koordinatensystem.
a) Begründen Sie, dass es sich beim Viereck ABCD um ein gleichschenkliges Trapez handelt.
b) Weisen Sie rechnerisch nach, dass der Winkel α = 60° beträgt.
c) Geben Sie die Größen der anderen drei Innenwinkel des Trapezes an.

6 Gegeben sind die Punkte A(0 | 4 | 0), B(−2 | 8 | 2) und D(3 | 1 | 6).
a) Zeigen Sie, dass A, B und D nicht auf einer Gerade liegen.
b) Bestimmen Sie die Koordinaten des Punktes C, sodass ABCD ein Parallelogramm ist.
c) Prüfen Sie, ob ABCD ein Quadrat ist.
d) Überprüfen Sie die Lagebeziehung der Gerade AB zur Gerade g, die durch den Punkt P(3 | 2 | 2) und parallel zur Gerade $\vec{x} = \begin{pmatrix} 3 \\ 5 \\ -2 \end{pmatrix} + r \cdot \begin{pmatrix} 1 \\ -1 \\ 1 \end{pmatrix}$ verläuft.
e) Beschreiben Sie, wie man eine Höhe des Parallelogramms ABCD berechnen kann.

7 Prüfen Sie, welche der Geraden g_1, g_2, g_3 die Strecke $\overline{AB}$ mit A(2 | −1 | 4) und B(6 | −9 | 16) schneidet. Berechnen Sie das Teilungsverhältnis.

$g_1: \vec{x} = \begin{pmatrix} -5 \\ 7 \\ -5 \end{pmatrix} + r\begin{pmatrix} 1 \\ -1 \\ 1 \end{pmatrix}$ $\quad g_2: \vec{x} = \begin{pmatrix} -1 \\ -1 \\ 7 \end{pmatrix} + r\begin{pmatrix} 1 \\ -1 \\ 1 \end{pmatrix}$ $\quad g_3: \vec{x} = \begin{pmatrix} -1 \\ 2 \\ -5 \end{pmatrix} + r\begin{pmatrix} 1 \\ -1 \\ 1 \end{pmatrix}$

8 Gegeben sind die Geraden $g_1: \vec{x} = \begin{pmatrix} -2 \\ 1 \\ 0 \end{pmatrix} + r\begin{pmatrix} 1 \\ -1 \\ 1 \end{pmatrix}$ und $g_2: \vec{x} = \begin{pmatrix} 4 \\ 0 \\ 1 \end{pmatrix} + s\begin{pmatrix} 1 \\ 2 \\ 0 \end{pmatrix}$.

Die Gerade g_3 verläuft parallel zu g_1 durch P(4 | 4 | 2).
a) Zeigen Sie, dass g_1 und g_2 windschief sind.
b) Geben Sie eine Gleichung zu g_3 an.

Aufgaben mit Hilfsmitteln

9 An der Mittelmeerküste wird ein unbekanntes Flugobjekt gesichtet, das im Punkt A(4 | 10 | 0) aus dem Meer aufsteigt. Es fliegt zunächst 6 Sekunden lang mit konstanter Geschwindigkeit geradlinig bis zur Position B(−5 | 7 | 6). Dort vollzieht es einen abrupten Kurswechsel und bewegt sich geradlinig weiter bis zur Position C(−2 | 2 | 8). Nach einem weiteren Kurswechsel in Richtung

$\vec{v} = \begin{pmatrix} 2 \\ 1 \\ -2 \end{pmatrix}$ taucht es schließlich am Punkt D wieder ins Meer ein. Das Meer befindet sich in der x_1x_2-Ebene. (Angaben in km)

a) Skizzieren Sie die Flugbahn des Ufos in einem geeigneten Koordinatensystem und lesen Sie die (ganzzahligen) Koordinaten des Eintauchpunktes D ab.

b) Ermitteln Sie rechnerisch die Koordinaten von D und vergleichen Sie sie mit dem Ergebnis aus a). Bestimmen Sie die Länge der Strecke, die das unbekannte Flugobjekt insgesamt zurückgelegt hat.

c) Der Geschwindigkeitsrekord für ein Flugzeug (Turbojet) liegt bei $3529\,\frac{\text{km}}{\text{h}}$. Weisen Sie nach, dass das unbekannte Flugobjekt kein Flugzeug sein kann.

d) Auf der Hälfte der Strecke von B nach C verlässt eine schwarze Kugel das Ufo und schießt mit einer Geschwindigkeit von $5400\,\frac{\text{km}}{\text{h}}$ senkrecht nach oben in den Himmel. Bestimmen Sie die Position der Kugel 4 Sekunden, nachdem sie das Ufo verlassen hat.

e) Weisen Sie nach, dass die Kursänderung an der Position B in einem rechten Winkel stattgefunden hat. Bestimmen Sie hierzu einen Punkt E so, dass ABCE ein Parallelogramm ist, und zeigen Sie anschließend, dass es sich bei ABCE um ein Rechteck handelt.

10 Ein Flugzeug befindet sich im Landeanflug auf den Flughafen Köln-Bonn. In einem Koordinatensystem, bei dem der Flughafen sich in der x_1x_2-Ebene befindet, beträgt seine Position um 10:05 Uhr P(−7 | −2 | 1,5) und um 10:06 Uhr Q(−3,5 | 1 | 1,25). Eine Längeneinheit entspricht 1 km.

a) Bestimmen Sie, wo sich das Flugzeug bei gleichbleibender Geschwindigkeit und konstantem Kurs um 10:07 Uhr und um 10:08 Uhr befindet.

b) Ermitteln Sie, zu welcher Uhrzeit und an welchem Punkt das Flugzeug auf dem Flughafen aufsetzt.

c) Die Spitzen der Türme des Kölner Doms haben die Koordinaten (7 | 10 | 0,16). Entscheiden Sie, ob sich der Kurs des Flugzeugs eignet, um den Dom gefahrlos zu überfliegen. Bewerten Sie die Aussicht, die sich den Fluggästen auf den Dom bietet.

d) Berechnen Sie die Geschwindigkeit des Flugzeugs.

e) Auf den Rheinwiesen im Punkt W(9,25 | 13 | 0) lassen Kinder um 10:03 Uhr einen Luftballon steigen. Er wird vom Wind etwas abgetrieben und steigt pro Minute um den Vektor $\begin{pmatrix} 0,25 \\ 0 \\ 0,05 \end{pmatrix}$. Prüfen Sie, ob der Luftballon die Flugbahn des Flugzeugs kreuzt und ob er mit dem Flugzeug kollidiert.

Lösungen → S. 210

1 Bestimmen Sie die Koordinaten der Punkte A, C, D, E, F, G und H in der Zeichnung. Alle Kanten außer $\overline{FG}$ und $\overline{EH}$ sind parallel zu Koordinatenachsen.

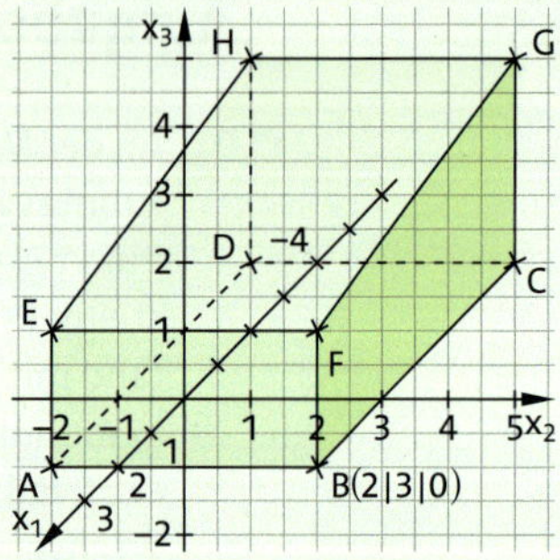

2 Zeichnen Sie ein Koordinatensystem und tragen Sie die Punkte A(3 | 5 | 4), B(−2 | 5 | 4), C(5 | −4 | 6) und D(−3 | −3 | −3) ein.

3 Geben Sie an, auf welchen Koordinatenachsen bzw. in welchen Koordinatenebenen die angegebenen Punkte liegen.

A(4 | 0 | 4) B(0 | −2 | 0) C(0 | 0 | 10) D(0 | 0 | 0) E(0 | 0 | −3) F(−7 | 0 | 0)

4 Beschreiben Sie die Lage aller Punkte,
a) deren x_2-Koordinate 0 ist,
b) deren x_1- und x_3-Koordinaten 0 sind,
c) die in der x_1x_2- und x_1x_3-Ebene liegen,
d) deren Koordinaten alle 0 sind.

5 Ergänzen Sie die fehlenden Eckpunkte des Quaders.
a) $\overrightarrow{AE} = \overrightarrow{C\square}$ b) $\overrightarrow{DH} = \overrightarrow{\square F}$
c) $\overrightarrow{BG} = \overrightarrow{\square\square}$ d) $\overrightarrow{AC} = \overrightarrow{\square\square}$

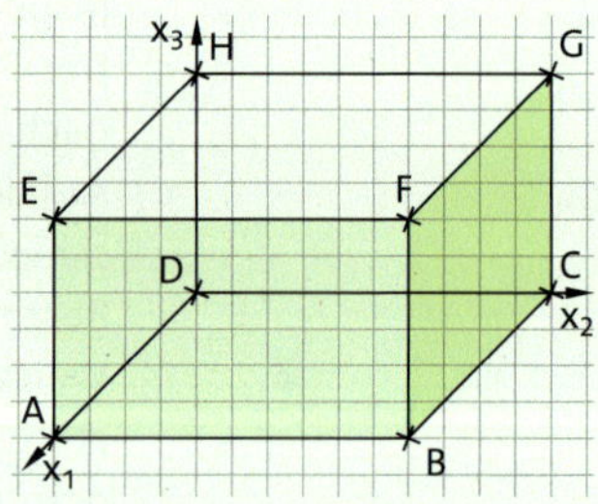

6 Bestimmen Sie die Koordinaten des Vektors $\overrightarrow{PQ}$.
a) P(1 | 2 | 3); Q(0 | 0 | 0) b) P(1 | 2 | −2); Q(3 | 4 | 5)
c) P(0 | 0 | 1); Q(5 | −2 | 0) d) P(1 | k | 2k); Q(k | 2 | 0)

7 Berechnen Sie den Betrag des Vektors.

a) $\vec{v} = \begin{pmatrix} 1 \\ -1 \\ 1 \end{pmatrix}$ b) $\vec{v} = \begin{pmatrix} \sqrt{6} \\ -1 \\ -3 \end{pmatrix}$ c) $\vec{v} = \begin{pmatrix} 2 \\ -\sqrt{2} \\ \frac{1}{2} \end{pmatrix}$

8 Berechnen Sie auf geschickte Weise den Betrag des Vektors, indem Sie zuerst einen Teiler der Koordinaten bestimmen.

a) $\vec{v} = \begin{pmatrix} 49 \\ -42 \\ 42 \end{pmatrix}$ b) $\vec{v} = \begin{pmatrix} -0{,}2 \\ 0{,}2 \\ 0{,}1 \end{pmatrix}$ c) $\vec{v} = \begin{pmatrix} 24 \\ -36 \\ 72 \end{pmatrix}$ d) $\vec{v} = \begin{pmatrix} \frac{1}{18} \\ \frac{2}{9} \\ \frac{4}{9} \end{pmatrix}$

9 Berechnen Sie.

a) $\begin{pmatrix} 2 \\ -3 \\ 5 \end{pmatrix} + \begin{pmatrix} -3 \\ 6 \\ -1 \end{pmatrix}$ b) $\begin{pmatrix} 0{,}5 \\ -1{,}2 \\ 0{,}03 \end{pmatrix} + \begin{pmatrix} 1{,}07 \\ -0{,}8 \\ -2 \end{pmatrix}$ c) $\begin{pmatrix} 0 \\ 2 \\ -1 \end{pmatrix} - \begin{pmatrix} -1 \\ 2 \\ -6 \end{pmatrix}$

10 Vereinfachen Sie den Term nach den Rechengesetzen für Vektoren.
a) $2 \cdot (\vec{a} + \vec{b} - \vec{c}) + 3 \cdot (\vec{a} - \vec{b} + \vec{c}) - 4 \cdot (\vec{a} + 2\vec{b} - 3\vec{c})$
b) $t \cdot (\vec{a} + \vec{b} - \vec{c}) + (1 - t) \cdot (2\vec{a} + 3\vec{b} + \vec{c})$

11 Geben Sie an, welche der Vektoren kollinear zum Vektor $\vec{v} = \begin{pmatrix} 2 \\ -1 \\ 5 \end{pmatrix}$ sind.

$\vec{a} = \begin{pmatrix} 1 \\ -2 \\ 10 \end{pmatrix}$; $\vec{b} = \begin{pmatrix} -4 \\ 2 \\ -10 \end{pmatrix}$; $\vec{c} = \begin{pmatrix} \frac{1}{3} \\ -\frac{1}{6} \\ \frac{5}{6} \end{pmatrix}$; $\vec{d} = \begin{pmatrix} 4 \\ -2 \\ 0 \end{pmatrix}$

Lösungen → S. 210

12 Gegeben sind drei Punkte O(0 | 0 | 0), A(1 | 2 | 1) und B(2 | 4 | 6).
a) Geben Sie eine Parametergleichung der Gerade g durch A und B an.
b) Weisen Sie nach, dass der Punkt O nicht auf g liegt.
c) Erläutern Sie, was durch die Gleichung $\vec{x} = \overrightarrow{OA} + r \cdot \overrightarrow{AB}$ mit $r \in \mathbb{R}$ und $0 \le r \le 2$ beschrieben wird.
d) Der Punkt C liegt auf der Gerade g und ist vom Punkt B doppelt so weit entfernt wie vom Punkt A. Beschreiben Sie, wie der Ortsvektor von C mit einer Parametergleichung der Gerade g berechnet werden kann.
e) Die Gerade h geht durch den Punkt D(2 | 3 | 4) und verläuft parallel zur Gerade g. Geben Sie eine Parametergleichung der Gerade h an.

13 Die Gleichung der Gerade h ist gegeben durch $\vec{x} = \begin{pmatrix} 2 \\ 1 \\ 1 \end{pmatrix} + r \begin{pmatrix} 1 \\ 1 \\ 0 \end{pmatrix}$.
a) Geben Sie die Koordinaten zweier Punkte an, die auf h liegen.
b) Untersuchen Sie, ob die Punkte P(0 | −1 | 1) und Q(3 | 3 | −1) auf h liegen.
c) Berechnen Sie die Koordinaten der Spurpunkte von h.
d) Beschreiben Sie die besondere Lage von h bezüglich der Koordinatenebenen.

14 Ermitteln Sie die gegenseitige Lage der Gerade g: $\vec{x} = \begin{pmatrix} 1 \\ -2 \\ 4 \end{pmatrix} + r \begin{pmatrix} 3 \\ 1 \\ 0 \end{pmatrix}$ und h. Berechnen Sie gegebenenfalls den Schnittpunkt von g und h.
a) h: $\vec{x} = \begin{pmatrix} 8 \\ 1 \\ 2 \end{pmatrix} + s \begin{pmatrix} 1 \\ 1 \\ -2 \end{pmatrix}$
b) h: $\vec{x} = \begin{pmatrix} -1 \\ 6 \\ 5 \end{pmatrix} + s \begin{pmatrix} 1 \\ 1 \\ 1 \end{pmatrix}$
c) h: $\vec{x} = \begin{pmatrix} 2 \\ 0 \\ 4 \end{pmatrix} + s \begin{pmatrix} -6 \\ -2 \\ 0 \end{pmatrix}$

15 Die Punkte $P_t(-t \mid 3 + t \mid 3)$ mit $t \in \mathbb{R}$ liegen auf einer Gerade g.
a) Geben Sie eine Parametergleichung für die Gerade g an und beschreiben Sie die Lage dieser Gerade im Koordinatensystem.
b) Geben Sie je eine Parametergleichung einer Gerade h an, die
① parallel, aber nicht identisch zu g ist, ② genau einen Schnittpunkt mit g hat,
③ windschief zu g ist.

Wo stehe ich?

	Ich kann...	Aufgabe	Nachschlagen
5.1	... Punkte ins dreidimensionale Koordinatensystem eintragen.	1, 2, 3, 4	S. 143 Beispiel 1
5.2	... Orts- und Verbindungsvektoren von Punkten bestimmen. ... den Betrag eines Vektors berechnen. ... Verbindungsvektoren berechnen.	5, 6, 7, 8	S. 147 Beispiel 1, S. 148 Beispiel 2, S. 149 Beispiel 3
5.3	... Vektoren addieren und subtrahieren und damit Verbindungsvektoren berechnen.	7, 8	S. 153 Beispiel 1, S. 154 Beispiel 2
5.4	... Vielfache von Vektoren berechnen. ... Linearkombinationen von Vektoren erkennen und ermitteln.	9, 10, 11	S. 159 Beispiel 1, S. 160 Beispiel 2
5.5	... die Parametergleichung einer Gerade aufstellen. ... die Spurpunkte einer Gerade berechnen.	12, 13	S. 167 Beispiel 1, S. 168 Beispiel 2, S. 170 Beispiel 3
5.6	... die Lagebeziehungen von zwei Gerade untersuchen. ... den Schnittpunkt zweier sich schneidender Geraden bestimmen.	14, 15	S. 174 Beispiel 1, S. 176 Beispiel 2

Punkte im Raum

Die Lage eines Punktes im Raum gibt man in der Form $P(x_1 \mid x_1 \mid x_3)$ mit **drei Koordinaten** an. Diese geben an, wo in Bezug auf die Richtung der jeweiligen **Koordinatenachse** sich der Punkt im **dreidimensionalen Koordinatensystem** befindet.

Punkte $P(4 \mid 3 \mid 1)$ und $Q(4 \mid -1 \mid 1)$ im dreidimensionalen Koordinatensystem

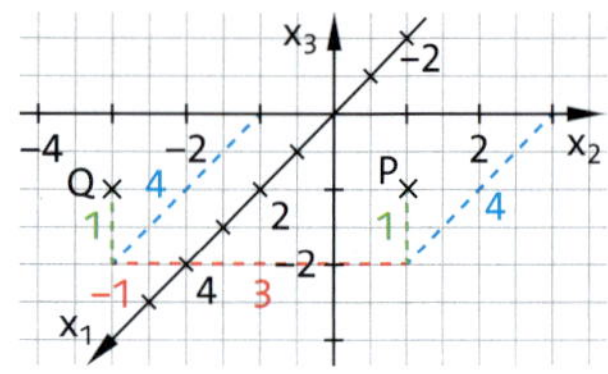

Vektoren

Ein **dreidimensionaler Vektor** $\vec{v} = \begin{pmatrix} v_1 \\ v_2 \\ v_3 \end{pmatrix}$ beschreibt eine **Verschiebung im Raum**. Die **Vektorpfeile** haben eine **Länge** und eine **Richtung**.

Die Länge der Vektorpfeile gibt der **Betrag** $|\vec{v}| = \sqrt{v_1^2 + v_2^2 + v_3^2}$ an.

$\vec{v} = \begin{pmatrix} 2 \\ 4 \\ 2 \end{pmatrix}$ wird durch Pfeile im Koordinatensystem dargestellt.

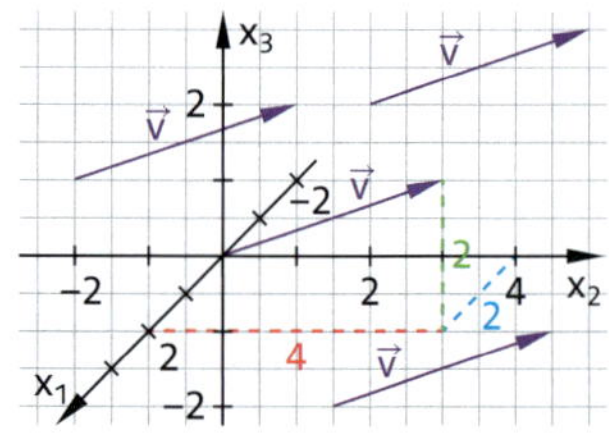

Betrag: $|\vec{v}| = \sqrt{2^2 + 4^2 + 2^2} = \sqrt{24^2} \approx 4{,}9$

Verbindungs- und Ortsvektoren

Der Vektor $\overrightarrow{PQ} = \begin{pmatrix} q_1 - p_1 \\ q_2 - p_2 \\ q_3 - p_3 \end{pmatrix}$ ist der **Verbindungsvektor** vom Punkt $P(p_1 \mid p_2 \mid p_3)$ zum Punkt $Q(q_1 \mid q_2 \mid q_3)$.
Der Verbindungsvektor $\overrightarrow{OP}$ vom Koordinatenursprung O zu einem Punkt $P(p_1 \mid p_2 \mid p_3)$ heißt **Ortsvektor** von P: $\overrightarrow{OP} = \begin{pmatrix} p_1 \\ p_2 \\ p_3 \end{pmatrix}$

$P(2 \mid -1 \mid 3)$
$Q(2 \mid 4 \mid 2)$

$\overrightarrow{OP} = \begin{pmatrix} 2 \\ -1 \\ 3 \end{pmatrix}$

$\overrightarrow{OQ} = \begin{pmatrix} 2 \\ 4 \\ 2 \end{pmatrix}$

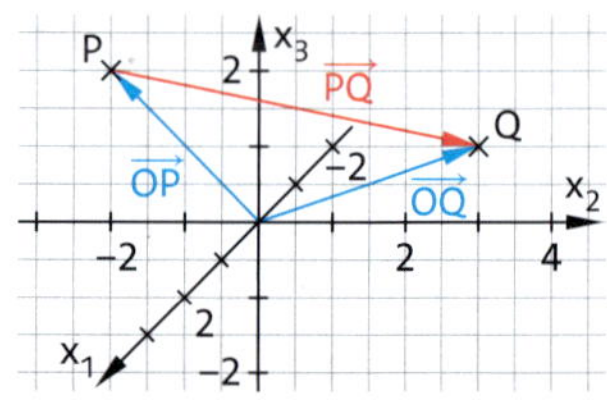

Verbindungsvektor: $\overrightarrow{PQ} = \begin{pmatrix} 2-2 \\ 4-(-1) \\ 2-3 \end{pmatrix} = \begin{pmatrix} 0 \\ 5 \\ -1 \end{pmatrix}$

Addition und skalare Multiplikation von Vektoren

Für Vektoren $\vec{a}, \vec{b}$ und $r \in \mathbb{R}$ gilt:

$\vec{a} + \vec{b} = \begin{pmatrix} a_1 \\ a_2 \\ a_3 \end{pmatrix} + \begin{pmatrix} b_1 \\ b_2 \\ b_3 \end{pmatrix} = \begin{pmatrix} a_1 + b_1 \\ a_2 + b_2 \\ a_3 + b_3 \end{pmatrix}$

$r \cdot \vec{a} = r \cdot \begin{pmatrix} a_1 \\ a_2 \\ a_3 \end{pmatrix} = \begin{pmatrix} r \cdot a_1 \\ r \cdot a_2 \\ r \cdot a_3 \end{pmatrix}$

Für drei Punkte P, Q und R gilt: $\overrightarrow{PQ} + \overrightarrow{QR} = \overrightarrow{PR}$

$\vec{a} = \begin{pmatrix} 2 \\ 4 \\ 2 \end{pmatrix}$ $\quad \vec{b} = \begin{pmatrix} -2 \\ 1 \\ -3 \end{pmatrix}$

$\vec{a} + \vec{b} = \begin{pmatrix} 2 + (-2) \\ 4 + 1 \\ 2 + (-3) \end{pmatrix} = \begin{pmatrix} 0 \\ 5 \\ -1 \end{pmatrix}$

$(-0{,}5) \cdot \vec{a} = \begin{pmatrix} -0{,}5 \cdot 2 \\ -0{,}5 \cdot 4 \\ -0{,}5 \cdot 2 \end{pmatrix} = \begin{pmatrix} -1 \\ -2 \\ -1 \end{pmatrix}$

Parametergleichung einer Gerade

Eine Gerade im Raum kann durch
$\vec{x} = \overrightarrow{OA} + r \cdot \vec{u} \quad (r \in \mathbb{R})$
mit dem **Stützvektor** $\overrightarrow{OA}$ eines **Stützpunktes** A auf der Gerade und dem **Richtungsvektor** $\vec{u}$ beschrieben werden. Für jeden Wert des **Parameters** r erhält man den Ortsvektor $\vec{x}$ des entsprechenden Punktes X der Gerade.

Gerade durch $A(1 \mid 1 \mid 3)$ und $B(-1 \mid 5 \mid 1)$:

Stützvektor: $\overrightarrow{OA} = \begin{pmatrix} 1 \\ 1 \\ 3 \end{pmatrix}$

Richtungsvektor: $\overrightarrow{AB} = \begin{pmatrix} -1-1 \\ 5-1 \\ 1-3 \end{pmatrix} = \begin{pmatrix} -2 \\ 4 \\ -2 \end{pmatrix}$

Geradengleichung: $g_{AB}: \vec{x} = \begin{pmatrix} 1 \\ 1 \\ 3 \end{pmatrix} + r \begin{pmatrix} -2 \\ 4 \\ -2 \end{pmatrix}$

Lagebeziehung zweier Geraden

g und h schneiden sich.

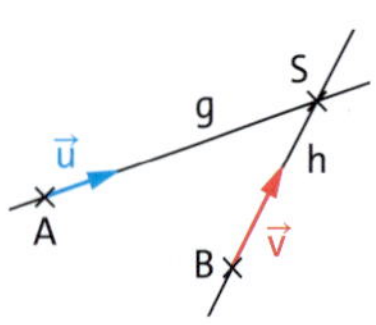

$\vec{u}$ und $\vec{v}$ nicht kollinear; ein gemeinsamer Punkt S

g und h sind windschief.

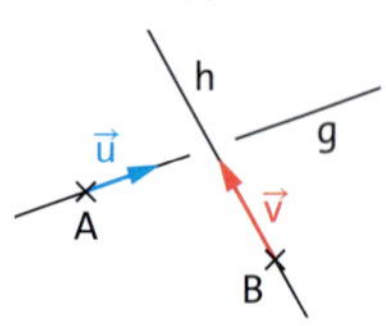

$\vec{u}$ und $\vec{v}$ nicht kollinear; kein Punkt gemeinsam

g und h sind echt parallel zueinander.

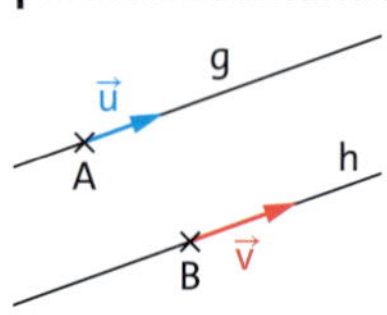

$\vec{u}$ und $\vec{v}$ kollinear; kein gemeinsamer Punkt

g und h sind identisch.

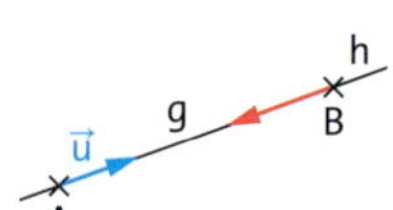

$\vec{u}$ und $\vec{v}$ kollinear; alle Punkte gemeinsam

Der Schnittpunkt wird berechnet, indem die Geradengleichungen gleichgesetzt werden.

6

Vorbereitung auf die Zentrale Klausur

Hier finden Sie

→ eine Übersicht zum Ablauf der Zentralen Klausur,

→ Übungsaufgaben für die Klausurteile A und B (mit und ohne Hilfsmittel) der Zentralen Klausur.

6.1 Hinweise zur Zentralen Klausur

Informationen zum Ablauf

Die Zentrale Klausur gliedert sich in zwei Teile. Teil A besteht aus zwei Aufgaben, die Sie ohne Hilfsmittel bearbeiten müssen. Teil B besteht ebenfalls aus zwei Aufgaben, in denen Hilfsmittel – der WTR oder CAS und eine Formelsammlung – zugelassen sind. Sie müssen mit den Aufgaben zu Teil A beginnen. Sobald Sie Ihre Lösungen hierzu abgegeben haben, erhalten Sie für die verbleibende Klausurzeit die Aufgaben zu Teil B und die zugelassenen Hilfsmittel.

Hinweis

Bei vorzeitiger Abgabe der Lösungen zu Teil A verlängert sich die Bearbeitungszeit für Teil B entsprechend.

Aufgabenteil	Inhaltsfelder	Aufgaben	Dauer
Teil A ohne Hilfsmittel	Analysis Analytische Geometrie und Lineare Algebra	Aufgabe 1 Aufgabe 2	max. 20 min
Abgabe von Teil A, Aushändigung der Aufgaben zu Teil B und der Hilfsmittel			
Teil B mit Hilfsmitteln	Analysis: innermathematisch Analysis: kontextbezogen	Aufgabe 3 Aufgabe 4	min. 80 min
		4	**100 min**

Inhaltliche Schwerpunkte

Teil A – Aufgaben ohne Hilfsmittel

Funktionen und Analysis	**Analytische Geometrie und Lineare Algebra**
Grundlegende Eigenschaften von Potenzfunktionen mit ganzzahligen Exponenten und ganzrationalen Funktionen sowie Transformationen	Koordinaten von Punkten, Ortsvektoren und Vektoren im Raum
Ableitungsbegriff, Ableitungsregeln	Addieren und Vervielfachen von Vektoren
Untersuchung ganzrationaler Funktionen mithilfe der Differenzialrechnung	Eigenschaften von Vektoren

Teil B – Aufgaben mit Hilfsmitteln

Funktionen und Analysis
Grundlegende Eigenschaften von Potenzfunktionen mit ganzzahligen Exponenten und ganzrationalen Funktionen sowie Transformationen
Ableitungsbegriff, Ableitungsregeln
Untersuchung ganzrationaler Funktionen mithilfe der Differenzialrechnung

6.2 Aufgaben zu Klausurteil A

Die folgenden Aufgaben sollen ohne technische Hilfsmittel (Taschenrechner, WTR, CAS, Tabellenkalkulation etc.) sowie ohne Verwendung einer Formelsammlung gelöst werden.

Aufgaben aus dem Inhaltsfeld Funktionen und Analysis

1 Gegeben ist die Funktion f mit $f(x) = -\frac{1}{2}x^3 + 6x,\ x \in \mathbb{R}$.

a) Die Abbildungen zeigen zwei Graphen ganzrationaler Funktionen. Entscheiden Sie begründet, welcher Graph zur Funktion f gehört.

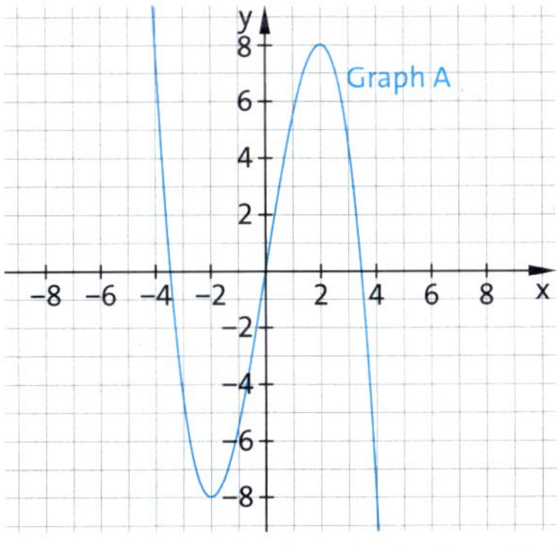

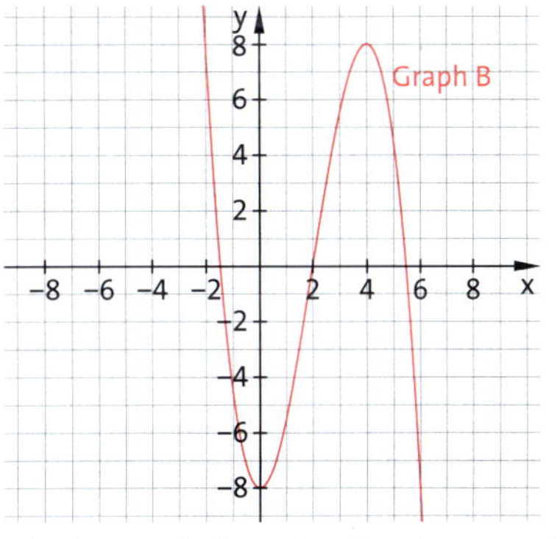

b) Bestimmen Sie rechnerisch eine Gleichung der Tangente t an den Graphen von f im Punkt $P(1 \mid f(1))$.

2 Gegeben ist die Funktion f mit $f(x) = \frac{2}{3}x^3 - 5x^2 - 36x + 5,\ x \in \mathbb{R}$.

a) Geben Sie $f'(x)$ an.

b) Bestimmen Sie rechnerisch die Stellen, an denen der Graph von f die Steigung −8 hat.

3 Gegeben ist die Funktion f mit $f(x) = x^3 - x^2 - 6x,\ x \in \mathbb{R}$.

a) Berechnen Sie die Nullstellen der Funktion.

b) Berechnen Sie $f'\left(\frac{1}{3}\right)$.

c) Die Abbildung zeigt den Graphen von f. Skizzieren Sie den Graphen von f'.

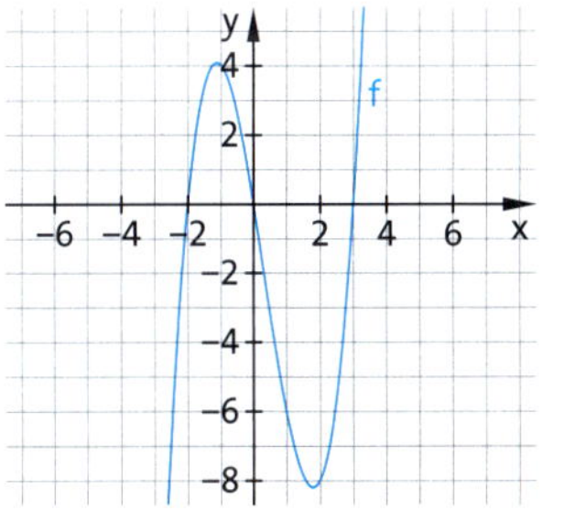

4 Gegeben ist die Ableitungsfunktion f' mit $f'(x) = -x^2 + 12x - 32,\ x \in \mathbb{R}$.

a) Berechnen Sie die Nullstellen der Funktion f'.

b) Die Abbildung zeigt den Graphen von f'. Skizzieren Sie den Graphen einer möglichen Ausgangsfunktion f.

c) Gegeben ist die Ableitungsfunktion g' mit $g'(x) = f'(x) - 5$. Entscheiden Sie begründet, ob der Graph einer möglichen Ausgangsfunktion mindestens einen lokalen Extrempunkt besitzt.

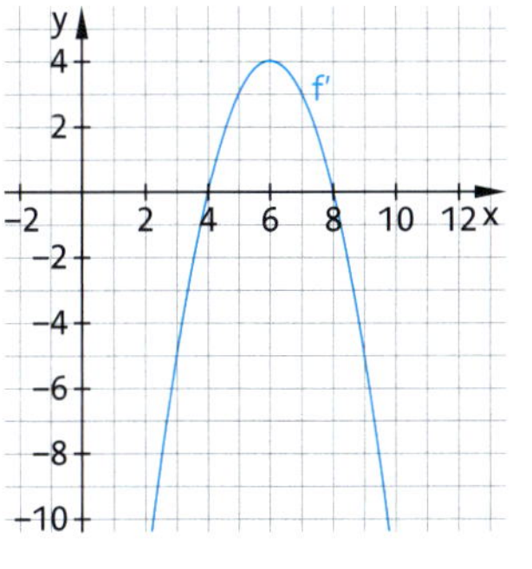

5 Gegeben ist die Funktion f mit $f(x) = \frac{1}{3}x^3 - 5x^2 + 9x + 2$, $x \in \mathbb{R}$.
Untersuchen Sie die Funktion f rechnerisch auf lokale Extremstellen.

6 Gegeben ist die Funktion f mit $f(x) = x^3 - 3x^2 + 4$, $x \in \mathbb{R}$.
Die Abbildung zeigt den Graphen von f.

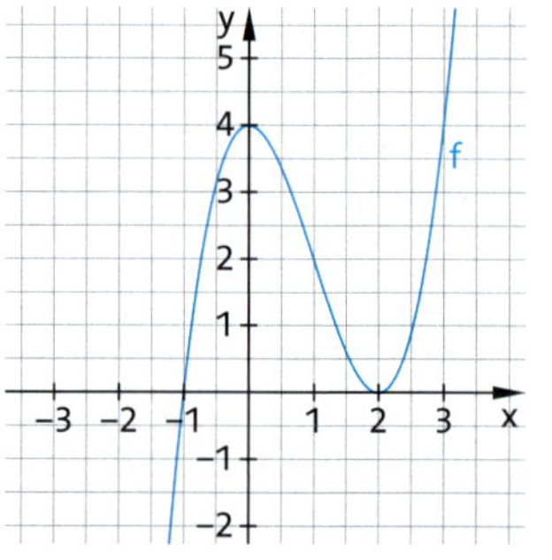

a) Weisen Sie rechnerisch nach, dass die beiden in der Zeichnung erkennbaren Nullstellen tatsächlich Nullstellen von f sind.

b) Gegeben ist die Funktion g_a mit $g_a(x) = f(x + a)$. Geben Sie an, wie sich der Graph von g_a verändert, wenn man für a immer größere Zahlen einsetzt.
Geben Sie außerdem zwei mögliche Werte für a an, sodass die Funktion g_a die Nullstelle $x = 1$ hat.

7 a) Bestimmen Sie die lokalen Maxima und Minima der Funktion f mit $f(x) = x^3 - 12x + 5$ im Intervall $[-2; 3]$.

b) Berechnen Sie die Funktionswerte an den Rändern des Intervalls $[-2; 3]$.
Prüfen Sie, ob die lokalen Extrema aus a) auch globale Extrema im Intervall $[-2; 3]$ sind.

c) Geben Sie die globalen Extrema im Intervall $[-2; 3]$ und die zugehörigen x-Werte an.

8 Gegeben sind die Graphen zweier Ableitungsfunktionen f′ und g′.

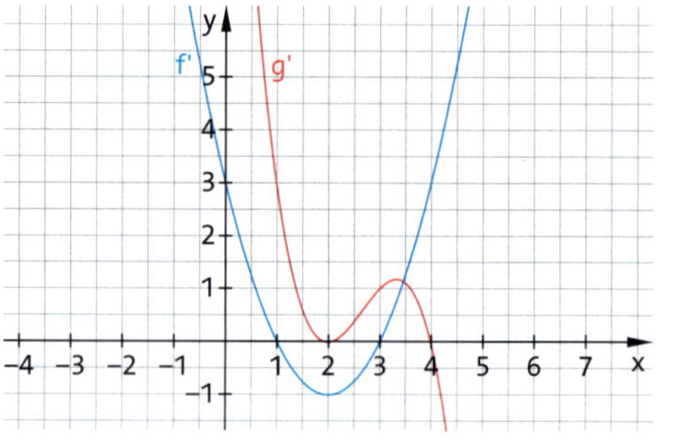

a) Beschreiben Sie das Monotonieverhalten der Graphen von f und g.

b) Geben Sie die Art und die Lage der Extremstellen der Graphen von f und g an.

c) Erläutern Sie, welche Aussagen sich über den Graphen von g anhand der Extremstellen von g′ treffen lassen.

Aufgaben aus dem Inhaltsfeld Analytische Geometrie und Lineare Algebra

9 a) Stellen Sie die Vektoren $\overrightarrow{AG}$, $\overrightarrow{AF}$, $\overrightarrow{KC}$, $\overrightarrow{EK}$ und $\overrightarrow{ID}$ als Linearkombinationen der Vektoren $\vec{u}$, $\vec{v}$ und $\vec{w}$ dar.

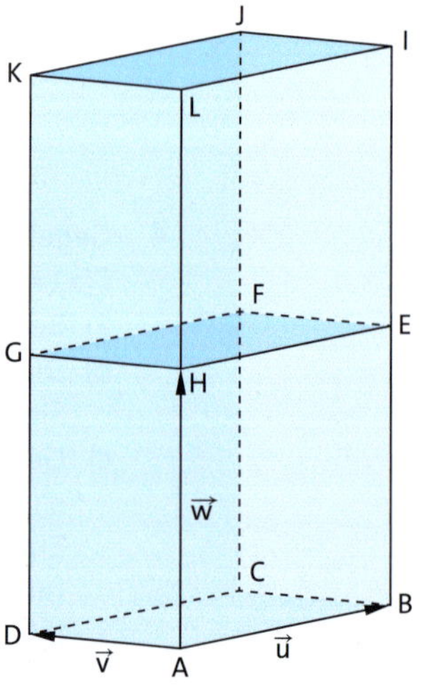

b) Geben Sie zwei Punkte an, deren Verbindungsvektor sich folgendermaßen darstellen lässt:
① $\vec{u} + 2\vec{w}$ ② $-\vec{v} - \vec{w} + \vec{u}$

c) Es ist $G(0|1|1{,}5)$, $L(0|0|3)$, $\vec{u} = \begin{pmatrix} 2 \\ 0 \\ 0 \end{pmatrix}$ und $\vec{v} = \begin{pmatrix} 0 \\ 1 \\ 0 \end{pmatrix}$.
Bestimmen Sie $\vec{w}$ sowie die Koordinaten der Punkte A, B, C und J.

d) Der Punkt J wird erst um den Vektor $\begin{pmatrix} 4 \\ 3 \\ 12 \end{pmatrix}$ und dann um den Vektor $\begin{pmatrix} -6 \\ 5 \\ -7 \end{pmatrix}$ verschoben. Drücken Sie die Verschiebung durch eine Rechnung aus und berechnen Sie die Koordinaten des verschobenen Punktes J′.

10 Gegeben sind die Punkte A(1 | 2 | 4) und B(3 | 5 | 8).

a) Geben Sie den Verbindungsvektor $\overrightarrow{AB}$ an und bestimmen Sie den Abstand der Punkte A und B voneinander.

b) Für einen Punkt C gilt $\overrightarrow{BC} = \begin{pmatrix} 7 \\ 1 \\ -2 \end{pmatrix}$. Bestimmen Sie die Koordinaten von C.

c) Bestimmen Sie die Koordinaten eines Punktes D, sodass der Vektor $\overrightarrow{AD}$ kollinear zum Vektor $\overrightarrow{BC}$, doppelt so lang wie dieser ist und die entgegengesetzte Orientierung hat.

d) Stellen Sie den Ortsvektor von D als Linearkombination der Ortsvektoren von A, B und C dar.

11 Die Vektoren $\vec{v} = \begin{pmatrix} 1 \\ 3 \\ 6 \end{pmatrix}$ und $\vec{w} = \begin{pmatrix} 2 \\ -4 \\ 3 \end{pmatrix}$ spannen vom Punkt A(−5 | 2 | 0) aus ein Parallelogramm auf.

a) Bestimmen Sie die Koordinaten der fehlenden Eckpunkte und berechnen Sie die Seitenlängen des Parallelogramms.

b) Die Diagonalen des Parallelogramms halbieren einander. Ermitteln Sie die Koordinaten des Schnittpunktes der Diagonalen.

12 a) Erläutern Sie anhand der Abbildung, dass man den Ortsvektor zum Mittelpunkt M einer Strecke $\overline{AB}$ mit $\overrightarrow{OM} = \frac{1}{2} \cdot (\overrightarrow{OA} + \overrightarrow{OB})$ erhält.

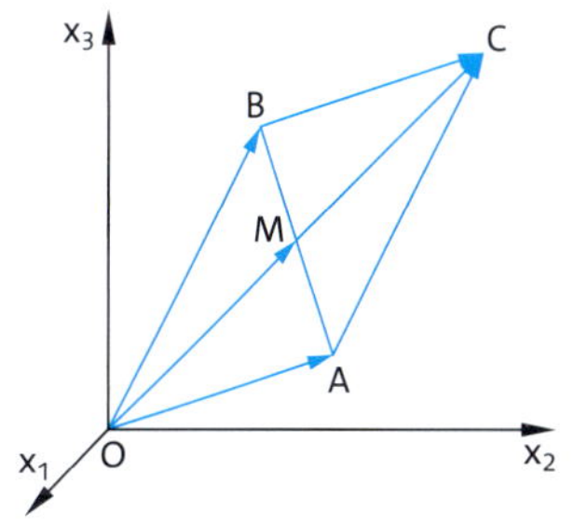

b) Gegeben sind die Punkte A(1 | 4 | 5), B(3 | −4 | 3), C(7 | 4 | −1) und D(−5 | −4 | 1). Berechnen Sie die Koordinaten der Mittelpunkte M_{AB}, M_{BC}, M_{CD} und M_{DA} der Seiten des Vierecks ABCD.

c) Zeigen Sie, dass das Viereck $M_{AB}M_{BC}M_{CD}M_{DA}$ ein Parallelogramm ist.

13 a) Lesen Sie die Koordinaten der Eckpunkte des Dreiecks ABC ab.

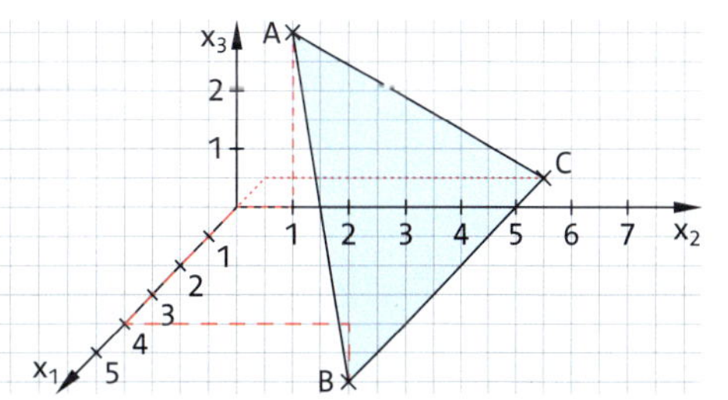

b) Verschieben Sie das Dreieck um den Vektor $\begin{pmatrix} -4 \\ 2 \\ 7 \end{pmatrix}$ und geben Sie die Koordinaten der Eckpunkte des verschobenen Dreiecks A'B'C' an.

c) Berechnen Sie die Koordinaten der Mittelpunkte M_{AB}, M_{BC} und M_{CA} des Dreiecks ABC. Begründen Sie rechnerisch, dass die Seiten des Dreiecks $M_{AB}M_{BC}M_{CA}$ parallel zu den Seiten des Dreiecks ABC verlaufen.

d) Berechnen Sie die Koordinaten des Schwerpunktes S des Dreiecks ABC. (Hinweis: Der Schwerpunkt ist der Schnittpunkt der Seitenhalbierenden. Er teilt die Seitenhalbierenden im Verhältnis 2 : 1.)

14 Begründen oder widerlegen Sie die Aussage.

a) Bei der Addition zweier Vektoren ist der Summenvektor stets länger als jeder der beiden addierten Vektoren.

b) Bei der Addition zweier Vektoren ist der Summenvektor stets kürzer als die beiden addierten Vektoren zusammen.

c) Beim Vervielfachen eines Vektors mit dem Faktor a vervielfacht sich auch sein Betrag um den Faktor a.

d) Wenn die Vektoren $\vec{a}$ und $\vec{b}$ nicht kollinear sind, lässt sich jeder beliebige Vektor $\vec{c}$ als Linearkombination von $\vec{a}$ und $\vec{b}$ darstellen.

6.3 Aufgaben zu Klausurteil B

Bei der Bearbeitung der folgenden Aufgaben können digitale Mathematikwerkzeuge (WTR oder CAS) sowie das Dokument mit mathematischen Formeln verwendet werden. Der Lösungsweg sollte vollständig nachvollziehbar dokumentiert werden. Die Dokumentation geht in die Bewertung ein.

Aufgaben mit einem CAS

15 Ein Rennwagen führt eine Testfahrt auf einer 160 m langen Teilstrecke eines Formel-1-Kurses durch. Für diese Testfahrt wird die Momentangeschwindigkeit in Abhängigkeit von der zurückgelegten Strecke durch die Funktion v mit

$v(x) = -0{,}0032x^4 + 0{,}101x^3 - 1{,}254x^2 + 7{,}16x + 77{,}35$ (mit $0 \leq x \leq 16$) modelliert. Dabei ist x die zurückgelegte Strecke in 10 m und v(x) die zugehörige Momentangeschwindigkeit in m/s. Die folgende Abbildung zeigt den Graphen von v.

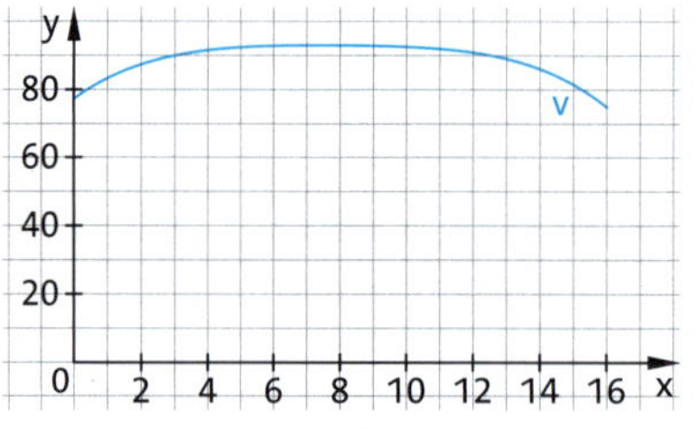

a) Bestimmen Sie die Momentangeschwindigkeit des Rennwagens auf zwei Nachkommastellen genau, nachdem er 20 Meter zurückgelegt hat.

b) Berechnen Sie, in welchem Bereich der Strecke die Momentangeschwindigkeit während der Testfahrt über 90 m/s betragen hat.

c) Bestimmen Sie rechnerisch die maximale Geschwindigkeit, die auf dem Teilstück der Rennstrecke erreicht wurde.

d) ① Der Rennwagen hat für die 160 m lange Strecke 1,95 s benötigt. Weisen Sie nach, dass die Durchschnittsgeschwindigkeit des Wagens rund 82,05 m/s betrug.
② Ermitteln Sie mithilfe der Funktion v, nach welcher zurückgelegten Strecke die Momentangeschwindigkeit des Wagens genauso groß war wie seine Durchschnittsgeschwindigkeit.

e) Die Funktion v soll nun zu einer Funktion v_{neu} so transformiert werden, dass die x-Werte die tatsächlich zurückgelegte Strecke des Rennwagens angeben (d. h. x = 20 soll 20 Meter entsprechen, x = 30 soll 30 Meter entsprechen usw.). v_{neu} soll nach wie vor die Momentangeschwindigkeit in m/s angeben.
① Geben Sie an, durch welche Transformationen der Graph der Funktion v in den Graphen der Funktion v_{neu} überführt wird.
② Geben Sie an, welche der folgenden Gleichungen die Funktion v_{neu} beschreibt.

(i) $v_{neu}(x) = \frac{v(x)}{10}$ (ii) $v_{neu}(x) = 10 \cdot v(x)$
(iii) $v_{neu}(x) = v(10 \cdot x)$ (iv) $v_{neu}(x) = v\left(\frac{x}{10}\right)$

16 Gegeben ist die Funktion f mit der Gleichung $f(x) = x^4 + x^3 - 5x^2 - 3x + 6$, $x \in \mathbb{R}$. Die Abbildung zeigt den Graphen von f.

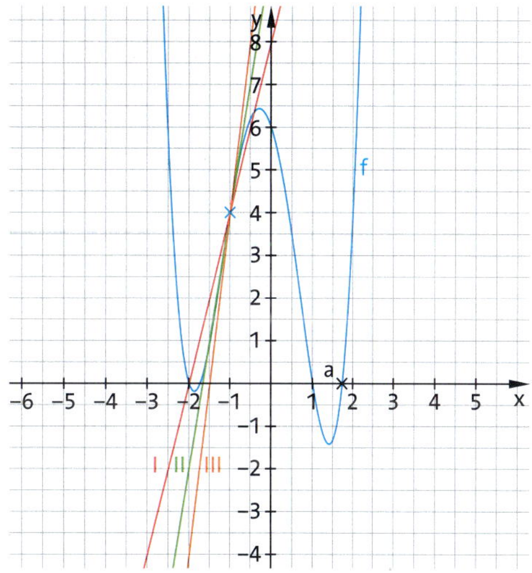

a) Ermitteln Sie die in der Abbildung markierte Nullstelle auf zwei Nachkommastellen genau.

b) Untersuchen Sie die Funktion f rechnerisch auf lokale Extrempunkte.

c) ① Bestimmen Sie die Gleichung der Tangente t an den Graphen von f an der Stelle $x = -1$.
[Zur Kontrolle: Die Steigung der Tangente beträgt 6.]

② Entscheiden Sie begründet, welche der Geraden in der Abbildung t darstellt.

d) ① Ermitteln Sie mithilfe der Grafik näherungsweise eine weitere Stelle, an der die Steigung des Graphen der Funktion 6 beträgt.

② Bestimmen Sie rechnerisch die Stellen, an denen die Steigung des Graphen der Funktion 6 beträgt.

e) Der Graph von f soll nun so verschoben werden, dass er lediglich eine Nullstelle besitzt. Die Funktion, die zum veränderten Graphen gehört, wird mit g bezeichnet. Geben Sie eine Gleichung der Funktion g an.

Aufgaben mit dem WTR

17 Gegeben ist die Funktion f mit der Gleichung $f(x) = \frac{5}{96}x^4 - \frac{35}{72}x^3 + \frac{5}{6}x^2$, $x \in \mathbb{R}$. Die Abbildung zeigt den Graphen von f.

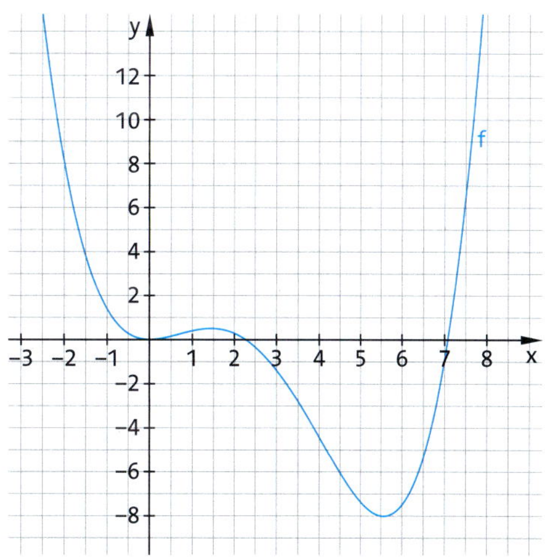

a) Die Funktion f besitzt drei Nullstellen. Berechnen Sie den Abstand der mittleren von der rechten Nullstelle auf zwei Nachkommastellen genau.

b) Ermitteln Sie rechnerisch die Koordinaten des globalen Tiefpunktes T des Graphen von f.

c) Weisen Sie rechnerisch nach, dass der Graph von f an der Stelle $x = 4$ einen Wendepunkt besitzt. Zeigen Sie, dass es sich dabei nicht um einen Sattelpunkt handelt.

d) ① Bestimmen Sie rechnerisch eine Gleichung der Tangente t an den Graphen von f im Punkt $P(3\,|\,f(3))$.
$\left[\text{Zur Kontrolle: } t(x) = -\frac{5}{2}x + \frac{195}{32}\right]$

② Die Tangente t schneidet den Graphen von f zusätzlich in den Punkten Q_1 und Q_2. Prüfen Sie rechnerisch, ob der rechte Schnittpunkt Q_2 rechts oder links vom globalen Tiefpunkt T des Graphen von f liegt.

e) Der mittlere und der rechte Schnittpunkt des Graphen von f mit der x-Achse bilden mit dem Tiefpunkt T des Graphen ein Dreieck. Bestimmen Sie den Flächeninhalt dieses Dreiecks.

18 Die Stickstoffbelastung aufgrund des Verkehrs ist in Großstädten zu einem großen Problem geworden. Im Folgenden wird die Messung der Stickstoffkonzentration an einer Messstation innerhalb eines Tags von 6:00 Uhr bis 18:00 Uhr betrachtet.
Die gemessene Stickstoffkonzentration wird durch die Funktion f mit
$f(t) = 0{,}54t^3 - 20{,}75t^2 + 247{,}53t - 700, \ 6 \leq t \leq 18$
modelliert. Dabei gibt t die Uhrzeit an (t = 6 entspricht 6:00 Uhr), f(t) ist die zugehörige Stickstoffkonzentration in Mikrogramm pro Kubikmeter Luft $(\mu g/m^3)$.
Die Abbildung zeigt den Graphen von f.

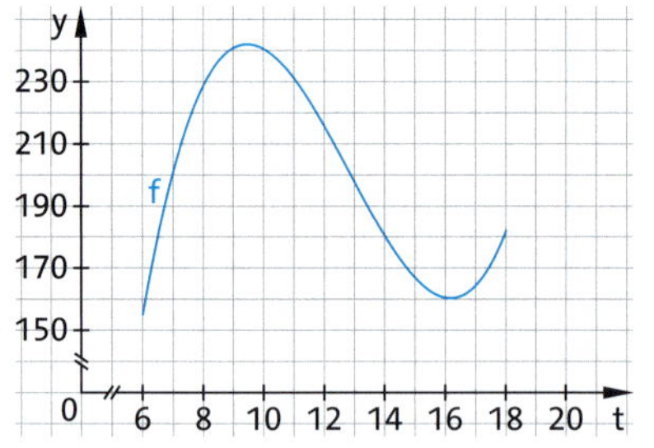

a) Bestimmen Sie die Stickstoffkonzentration um 12:00 Uhr mittags gerundet auf zwei Nachkommastellen.

b) ① Ermitteln Sie rechnerisch die Zeitpunkte, zu denen die Stickstoffkonzentration minimal bzw. maximal ist.
② Berechnen Sie, um wie viel $\mu g/m^3$ sich der höchste gemessene Wert der Stickstoffkonzentration vom niedrigsten unterscheidet.

c) Übersteigt die Stickstoffkonzentration den Wert von $220\,\mu g/m^3$, müssen in der Regel Maßnahmen wie Fahrverbote oder Straßensperrungen ergriffen werden.
Bestimmen Sie mithilfe des Graphen näherungsweise den Zeitpunkt, zu dem dieser kritische Wert überschritten wird. Weisen Sie anschließend rechnerisch nach, dass die Stickstoffkonzentration auch 2 Stunden nach dem Erreichen ihres Maximums noch über $220\,\mu g/m^3$ liegt.

d) Die gemessene Stickstoffkonzentration einer anderen Messstation am gleichen Tag kann näherungsweise durch die Funktion g modelliert werden. Die Funktionen f und g sind in der folgenden Abbildung dargestellt.

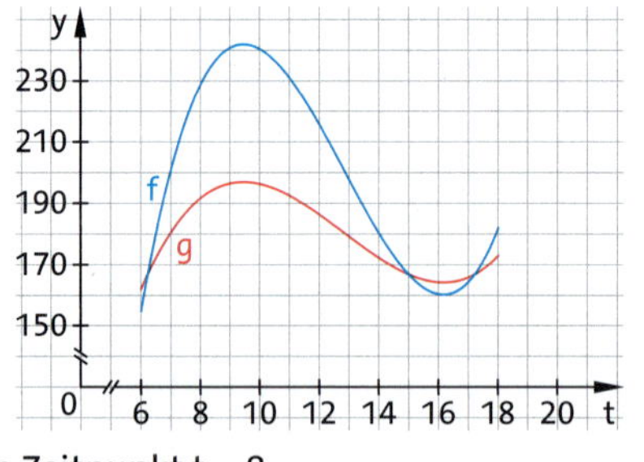

① Betrachten Sie den Zeitpunkt t = 8.
Ermitteln Sie näherungsweise aus der Abbildung, um wie viel Prozent der gemessene Wert der Stickstoffkonzentration, der von der Funktion g modelliert wird, von dem der anderen abweicht.
② Für die Gleichung von g gilt: $g(t) = 0{,}4 \cdot f(t) + a, \ a \in \mathbb{R}$.
Berechnen Sie unter Verwendung geeigneter Werte aus der Abbildung näherungsweise den Wert von a.
③ Begründen Sie, dass die lokalen Extremstellen der Funktion g mit denen der Funktion f übereinstimmen.

7

Methoden

Kopieren Sie die Seiten in diesem Abschnitt und schneiden Sie die Methodenkarten aus. Dann können Sie die Karten länger verwenden und mit eigenen Notizen ergänzen.

Methodenkarte 11 A Graphen mit einem Funktionenplotter verändern

Sie können den Einfluss von Parametern auf Funktionsgraphen gut mit einem Funktionenplotter sichtbar machen.

1. Klicken Sie in die Eingabezeile.
2. Geben Sie einen Funktionsterm ein, z. B. $f(x) = x^2$. Bestätigen Sie die Eingabe.
3. Definieren Sie Variablen a, d und e. Sie können oft einfach in der Eingabezeile Werte festlegen.

Eingabe:
a = 0.6

4. Erstellen Sie Schieberegler zu den Variablen. Öffnen Sie dazu ein Kontextmenü zur Variable, z. B. mittels Klick mit der rechten Maustaste in der Objektübersicht. Manchmal erzeugt schon die Eingabe der Variablen einen Schieberegler.
5. Lassen Sie die Funktion g mit $g(x) = a \cdot f(x - d) + e$ anzeigen. Für $f(x) = x^2$ ergibt sich $g(x) = a(x - d)^2 + e$.

   Ändern Sie die Werte der Variablen über die Schieberegler und beobachten Sie, wie sich der Graph verändert.

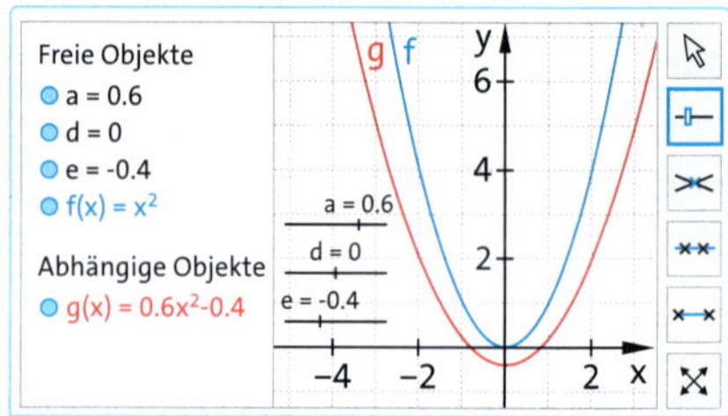

Methodenkarte 11 B Extrem- und Wendepunkte mit einem Plotter bestimmen

Sie können Extrem- und Wendepunkte eines Graphen mit einem Funktionenplotter bestimmen und damit z. B. Ergebnisse kontrollieren.
Funktionenplotter enthalten meist eigene Befehle für:

- Ableitungen
- Nullstellen
- Extrempunkte
- Wendepunkte

Funktionenplotter geben in der Regel nur lokale Extrema aus.

Sie können Funktionen auch auf Intervalle einschränken, dann sucht der Funktionenplotter lediglich im angegebenen Intervall nach Extrem- oder Wendepunkten.

Ganzrationale Funktionen lassen sich mit diesen Befehlen schnell untersuchen. Bei anderen Funktionsklassen kann es nötig sein, Intervalle vorzugeben, in denen der Plotter Extrem- und Wendepunkte suchen soll.

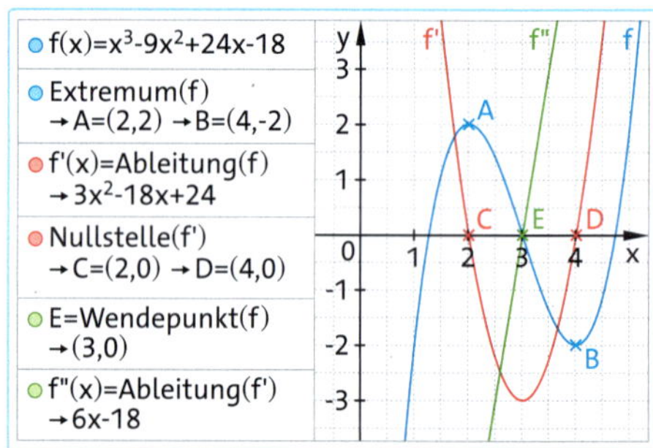

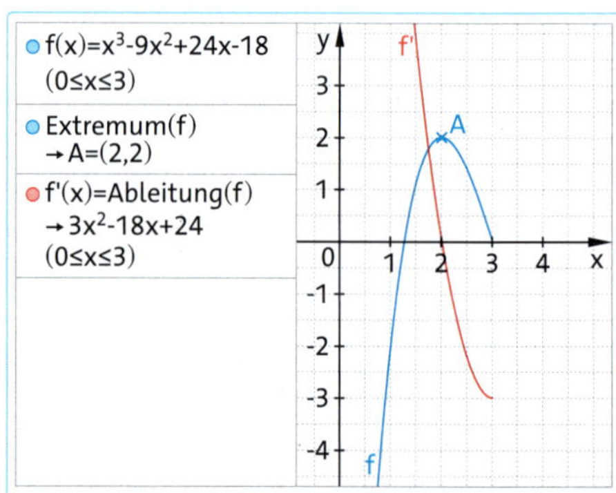

Methodenkarte 11 C Recherche

Niemand kann sich alle Formeln und Fachbegriffe merken. Daher ist es wichtig zu wissen, wie man schnell etwas nachschlagen kann.

Wissenskästen und Zusammenfassungen im Buch nutzen: Hier finden Sie am schnellsten Hilfe. Die wichtigsten Formeln, Definitionen und Sätze dieses Schuljahres sind hier übersichtlich dargestellt.

Register/Stichwortverzeichnis nutzen: Hier sind alle wichtigen Fachbegriffe alphabetisch sortiert aufgelistet. Schlagen Sie auf den dort angegebenen Seiten nach.

Formelsammlung nutzen: Formelsammlungen enthalten alle Formeln, die für Ihren Unterricht wichtig sind – und noch mehr! Sie werden nicht alle dieser Formeln brauchen. Nutzen Sie das Inhaltsverzeichnis und das Stichwortverzeichnis, um gezielt nach bestimmten Formeln zu suchen.

Im Internet suchen: Auch über Suchmaschinen oder Online-Enzyklopädien können Sie etwas nachschlagen. Suchen Sie vor allem nach Seiten, die sich direkt an Schülerinnen und Schüler richten, denn Enzyklopädien setzen oft Wissen voraus, das Ihnen noch fehlt.

Methodenkarte 11 D Regression

Bei Experimenten erhält man oft Messwerte, die dann durch eine geeignete Funktion modelliert werden sollen. Dabei ist es sehr selten, dass eine Funktion alle Messwerte exakt „trifft". Man sucht eine Funktion, die die Punkte möglichst gut annähert. Das Verfahren, so eine Funktion zu finden, heißt **Regression**. Funktionenplotter und Computer-Algebra-Systeme haben dafür meist Befehle integriert.

Beispiel: Die Tabelle zeigt Messwerte des Wasserspiegels in einem großen Seehafen. Geben Sie mithilfe einer Regression eine passende Funktionsgleichung an.

Uhrzeit	6:00 Uhr	12:00 Uhr	18:00 Uhr	0:00 Uhr	6:00 Uhr
Wasserstand	3,46 m	4,33 m	3,41 m	4,31 m	3,42 m

Lösung: Tragen Sie die Punkte in einem Funktionenplotter in ein Koordinatensystem ein. Beachten Sie, dass die beiden letzten Zeitpunkte die x-Koordinaten 24 und 30 haben.

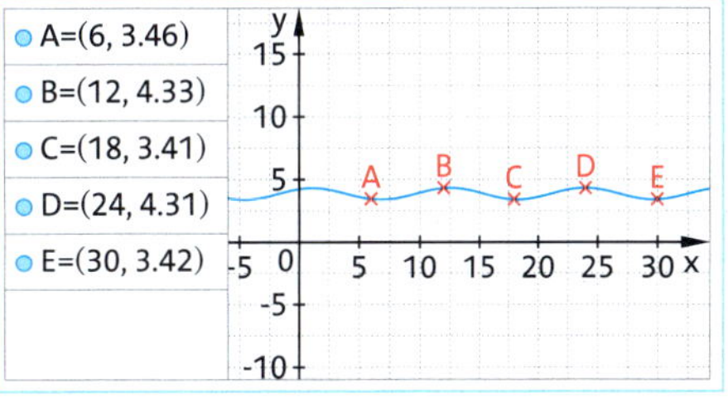

Da sich die Werte annähernd wiederholen, liegt die Vermutung nahe, dass eine Sinusfunktion die Werte gut annähern würde.
Wählen Sie deshalb eine trigonometrische Regression für die Punkte. Der Funktionenplotter gibt als Funktionsgleichung $f(x) = 0{,}46\sin(0{,}55x + 0{,}95) + 3{,}87$ an.

Methodenkarte 11 E Richtiger Umgang mit Operatoren

Je nach Operator wird Unterschiedliches in einer Aufgabe verlangt. Lesen Sie deshalb jede Aufgabe genau.

- „Bestimmen Sie die Wendepunkte von f." oder „Ermitteln Sie die Wendepunkte von f." erfordern einen nachvollziehbaren Lösungsweg. „Geben Sie die Wendepunkte von f an." fordert hingegen nur das Ergebnis – Sie können die Wendepunkte auch ohne Rechnung bestimmen, z. B. mit einer Mathematik-Software oder durch Ablesen.
- „Entscheiden Sie, ob A auf dem Graphen von f liegt." erfordert keine Begründung oder rechnerischen Nachweis, „Beurteilen Sie, ob A auf dem Graphen von f liegt." hingegen schon.
- Für „Skizzieren Sie den Graphen." reicht eine ungefähre Darstellung – Form des Graphen (Gerade, Parabel, Sinusfunktion), Verhalten im Unendlichen und weitere relevante Punkte, die in der Aufgabe gefordert werden, z. B. Schnittpunkte mit den Koordinatenachsen, Extrem- oder Wendepunkte.
  „Zeichnen Sie den Graphen." fordert hingegen eine möglichst exakte Darstellung. Dafür kann es hilfreich sein, weitere Punkte des Graphen mit einer Wertetabelle oder einer Mathematik-Software zu bestimmen.
- „Beschreiben Sie den Verlauf des Graphen." fordert eine Angabe in ganzen Sätzen. Es muss nicht z. B. am Funktionsterm begründet werden, warum der Graph so aussieht.
- Bei „Berechnen Sie" oder „Geben Sie an" reicht eine Rechnung bzw. ein Ergebnis als Lösung. Bei Operatoren wie „Zeigen Sie", „Erläutern Sie", „Erklären Sie" oder „Begründen Sie" sind hingegen immer Begründungen in ganzen Sätzen nötig. Eine Übersicht über alle Operatoren finden Sie am Ende dieses Buchs.

Methodenkarte 11 F Beweisen

Mathematische Aussagen haben eine Voraussetzung und eine Behauptung. Oft sind sie in „Wenn ... dann ..."-Form gegeben, z. B.: „Wenn die Quersumme einer natürlichen Zahl durch 3 teilbar ist, dann ist die Zahl durch 3 teilbar."

Durch einen Beweis wird belegt, dass eine mathematische Aussage wahr ist. Ein Beweis wird durch logische Schlussfolgerungen aus Bekanntem geführt. Es gibt dabei verschiedene Beweismethoden, unter anderem:

- Direkter Beweis: Die Aussage wird z. B. durch Termumformungen direkt aus der Voraussetzung bewiesen.
  Beispiel: Die Summe dreier aufeinanderfolgender Zahlen ist durch 3 teilbar.
  Wegen $n + (n + 1) + (n + 2) = 3n + 3 = 3(n + 1)$ ist die Aussage wahr.
- Widerspruchsbeweis: Das Gegenteil der zu beweisenden Aussage wird angenommen. Daraus wird dann ein Widerspruch konstruiert.
  Beispiel: $\sqrt{2}$ ist irrational. Man nimmt an, dass es zwei natürliche Zahlen p und q gibt, sodass $\sqrt{2} = \frac{p}{q}$ vollständig gekürzt ist. Man kann dann zeigen, dass dann p und q beide gerade sein müssen, also ist $\frac{p}{q}$ nicht vollständig gekürzt, also entsteht ein Widerspruch.

Auch notwendige und hinreichende Bedingungen können beim Beweisen helfen.

- Ist die notwendige Bedingung nicht erfüllt, so ist die Aussage widerlegt.
  Beispiel: Gilt $f'(x_0) = 0$ nicht, dann liegt bei x_0 kein Extrempunkt vor.
- Ist die hinreichende Bedingung erfüllt, so ist die Aussage bewiesen.
  Beispiel: Gilt gleichzeitig $f'(x_0) = 0$ und $f''(x_0) \neq 0$, so liegt bei x_0 ein Extrempunkt vor.

8

Anhang

Lösungen zu
→ Ihr Fundament
→ Prüfen Sie Ihr neues Fundament
Bildnachweis
Stichwortverzeichnis

Lösungen zu Kapitel 1: Potenz- und ganzrationale Funktionen

Ihr Fundament (S. 6/7)

S. 6, 1.

a) $\frac{1}{4} \cdot \frac{1}{4} = \frac{1}{16}$

b) $\frac{1}{\left(\frac{1}{5}\right)^2} = \frac{1}{\frac{1}{5}} \cdot \frac{1}{\frac{1}{5}} = 5 \cdot 5 = 25$

c) $-\left(\frac{1}{2} \cdot \frac{1}{2} \cdot \frac{1}{2}\right) = -\frac{1}{8}$

d) $\frac{2}{2 \cdot 2 \cdot 2} = \frac{1}{2} \cdot \frac{1}{2} = \frac{1}{4}$

e) $\frac{1}{\frac{3}{4} \cdot \frac{3}{4}} = \frac{4}{3} \cdot \frac{4}{3} = \frac{16}{9}$

f) $-2 \cdot 2 \cdot 2 \cdot 2 = -16$

g) $(-2) \cdot (-2) \cdot (-2) \cdot (-2) = 16$

h) $(-1)^{892} \cdot (-1) = -1$

i) 1

j) 1

S. 6, 2.

a) 2 b) 1 c) $\frac{1}{3}$ d) nicht definiert

e) 7 f) 3 g) 9 h) $\frac{1}{3}$

i) 2 j) 2 k) $-\frac{3}{4}$ l) $\frac{1}{5}$

S. 6, 3.

a) 0; 2; 32

b) −1; 1; 8

c) 0,75; 0,5; 0,54

d) −0,001; 0; 0,008

S. 6, 4.

a) $L = \left\{\frac{5}{3}\right\}$

b) $L = \left\{-\frac{13}{2}\right\}$

c) $L = \{\ \}$

d) $L = \{1\}$

e) $L = \{\ \}$

f) $L = \left\{-\frac{1}{2}; \frac{1}{2}\right\}$

g) $L = \{-1; 5\}$

h) $L = \{-3; 3\}$

i) $L = \{3\}$

S. 6, 5.

a) $x = 5$

b) $x_1 = 0; x_2 = -4{,}2$

c) $x_1 = 0{,}3; x_2 = -0{,}3$

d) $x_1 = 0; x_2 = 1; x_3 = -1$

e) $a_1 = 0; a_2 = 3; a_3 = -3$

f) keine Lösung

g) $k = -4$

h) alle reellen Zahlen

i) $x_1 = -1; x_2 = 3$

S. 6, 6.

Individuelle Lösungen, zum Beispiel:

a) $x^2 - 25 = 0$

b) $x^2 - 5x = 0$

c) $(x + 6)(x - 2) = 0$

d) $(x - 8)^2 = 0$

e) $x^2 = -1$

f) $\left(x - \sqrt{2}\right)^2 = 0$

S. 6, 7.

Beispiele:

Genau eine Lösung: A = 1

Keine Lösung: A = −x

Unendlich viele Lösungen: A = −x + 4

S. 6, 8.

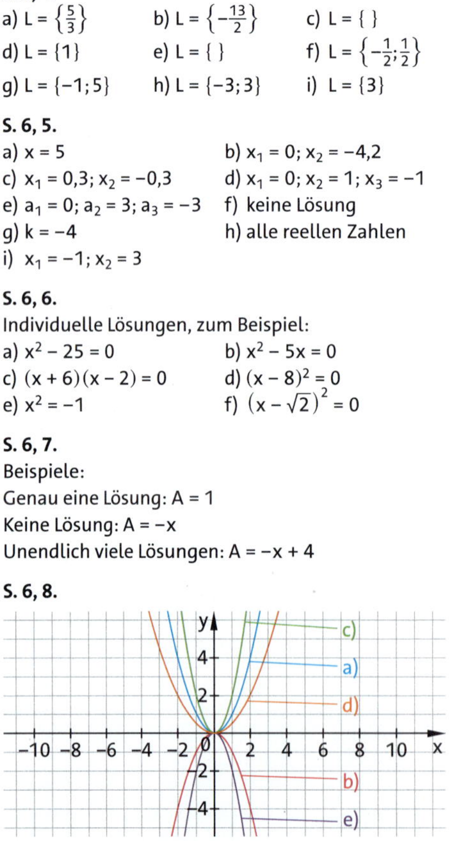

S. 6, 9.

Für $t > 0$ hat f keine Nullstelle, da dafür $(x - 3)^2 = -t < 0$ sein müsste, Quadrate aber nie negativ sind.

Für $t = 0$ hat f genau eine Nullstelle $x = 3$, da dann $(x - 3)^2 = 0$ gilt.

Für $t < 0$ hat f zwei Nullstellen, da dafür $(x - 3)^2 = -t > 0$ sein muss und diese Gleichung 2 Lösungen hat.

S. 6, 10.

$f(x) = 0$:

$-x^2 - 4x - 2 = 0$

$x_1 = -2 + \sqrt{2} \approx -0{,}59$

$x_2 = -2 - \sqrt{2} \approx -3{,}41$

x_1 und x_2 sind die Nullstellen der Funktion f, also die Stellen, an denen der Graph von f die x-Achse schneidet.

$f(0) = y$:

$y = -2$

Der Graph der Funktion f schneidet die y-Achse im Punkt $S_y(0 \mid -2)$.

$f(x) = -2$:

$-x^2 - 4x - 2 = -2$

$x_1 = 0$

$x_2 = -4$

Der Graph von f wird an den Stellen $x_1 = 0$ und $x_2 = -4$ von der Gerade mit der Gleichung $y = -2$ geschnitten.

S. 6, 11.

a) Durch Gleichsetzen der Funktionsterme zu den beiden Graphen ergibt sich die Gleichung: $(x - 5)^2 + 2 = 2x$

b) $x_1 = 3$ (ablesbar), $x_2 = 9$

S. 7, 12.

$$\left| \begin{array}{c} a + b + c = -3 \\ c = 0 \\ a - b + c = 5 \end{array} \right| \Rightarrow \left| \begin{array}{c} a + b = -3 \\ c = 0 \\ a - b = 5 \end{array} \right|$$

$\Rightarrow a = 1, b = -4, c = 0$

$f(x) = x^2 - 4x$

S. 7, 13.

a) $f(x) = -3(x - 2)(x + 1) = -3x^2 + 3x + 6$

b) $f(x) = 2x(x - 4) = 2x^2 - 8x$

c) $f(x) = -\frac{1}{2}(x + 3)(x + 5) = -\frac{1}{2}x^2 - 4x - \frac{15}{2}$

S. 7, 14.

a) $x = \frac{1}{3}$

b) $x = 0$

c) keine Nullstelle

d) $x_1 = 0; x_2 = -4$

e) $x_1 = -5; x_2 = 2$

f) keine Nullstelle

g) $x = 2$

h) $x_1 = \frac{1}{2}; x_2 = -\frac{1}{2}$

i) $x = -\frac{1}{2}$

S. 7, 15.

a) $b > 0$ b) $b = 0$ c) $b < 0$

S. 7, 16.

a) Der Graph einer linearen Funktion ist punktsymmetrisch zum Ursprung, wenn für den y-Achsenabschnitt b gilt b = 0 (z. B. y = 3x). Er ist achsensymmetrisch zur y-Achse, wenn für die Steigung m gilt m = 0 (z. B. y = 1).

b) Der Graph einer quadratischen Funktion ist achsensymmetrisch zur y-Achse, wenn es keine Verschiebung in x-Richtung gibt (z. B. $y = x^2 + 3$). Er kann aber nicht punktsymmetrisch zum Ursprung sein, da Parabeln stets achsensymmetrisch sind.

S. 7, 17.

a) $(\mathbf{x} + \mathbf{y})^2 = x^2 + 2xy + y^2$
b) $4x^2 + 12xy + 9y^2 = (\mathbf{2x} + \mathbf{3y})^2$
c) $d^2 + 8d + \mathbf{16} = (\mathbf{d} + \mathbf{4})^2$
d) $(\mathbf{3b} + 2a)(\mathbf{3b} - \mathbf{2a}) = 9b^2 - 4a^2$
e) $64a^2 - 48ab + \mathbf{9b^2} = (\mathbf{8a} - \mathbf{3b})^2$
f) $81x^2 - 49y^2 = (\mathbf{9x + 7y}) \cdot (\mathbf{9x - 7y})$

S. 7, 18.

a) $x(x - 2)$
b) $(y - 2x)(y - 2x)$
c) $\left(2z - \frac{1}{2}x\right)\left(2z + \frac{1}{2}x\right)$
d) $2n^2(n + 2)$

S. 7, 19.

a) $x^3(x^2 + 2x - 1)$
b) $3x^2(-2x^2 + 1 - 4x^3)$
c) $(x + 9)^2$
d) $(x^2 - 5)(x^2 + 5) = (x - \sqrt{5})(x + \sqrt{5})(x^2 + 5)$

S. 7, 20.

a) $f(x) = x + 2$; $g(x) = 0{,}5x + 4$; $h(x) = -2x - 1$
Schnittpunkt zwischen den Graphen von
- f und g: $S(4|6)$
- f und h: $S(-1|1)$
- g und h: $S(-2|3)$

b) $f(x) = -0{,}5(x + 1)^2 + 6$; $g(x) = -x + 1$;
$h(x) = 0{,}5(x - 3)^2 - 2$
Schnittpunkte zwischen den Graphen von
- f und g: $S_1(-3|4)$; $S_2(3|-2)$
- f und h: $S_1(-1|6)$; $S_2(3|-2)$
- g und h: $S_1(1|0)$; $S_2(3|-2)$

Prüfen Sie Ihr neues Fundament (S. 28/29)

S. 28, 1.

① i ② f ③ h ④ g

S. 28, 2.

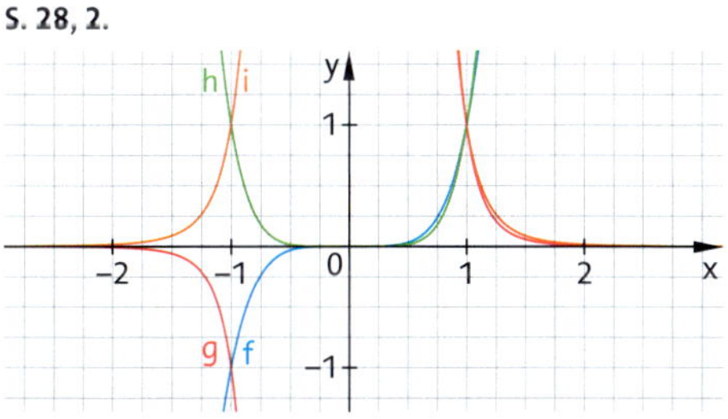

S. 28, 3.

a) $P\left(3\middle|\frac{1}{3}\right)$; $Q\left(\frac{1}{9}\middle|9\right)$
b) $P(7|\mathbf{49})$; $Q_1(\mathbf{8}|64)$; $Q_2(\mathbf{-8}|64)$
c) $P(5|\mathbf{125})$; $Q(\mathbf{-2}|-8)$
d) $P(0{,}25|\mathbf{16})$; $Q_1\left(\mathbf{10}\middle|\frac{1}{100}\right)$; $Q_2\left(\mathbf{-10}\middle|\frac{1}{100}\right)$
e) $P(3|\mathbf{81})$; $Q_1(\mathbf{2}|16)$; $Q_2(\mathbf{-2}|16)$
f) $P(0{,}1|\mathbf{100\,000})$; $Q(\mathbf{2}|32)$

S. 28, 4.

a) Es handelt sich um eine Potenzfunktion, da der Funktionsterm die Form x^n hat.
b) Es handelt sich um eine ganzrationale Funktion, da der Funktionsterm die Form $x^n + a_0$ hat.
c) Es handelt sich weder um eine Potenz- noch um eine ganzrationale Funktion, da $x^3 + 1$ im Nenner des Funktionsterms steht.
d) Es handelt sich weder um eine Potenz- noch um eine ganzrationale, sondern um eine Exponentialfunktion.
e) Es handelt sich weder um eine Potenz- noch um eine ganzrationale Funktion, da der Term $x^3 + 1$ unter einer Wurzel steht.
f) Es gilt $f(x) = x^4$, also handelt es sich um eine Potenzfunktion.
g) Es handelt sich weder um eine Potenz- noch um eine ganzrationale Funktion, da der Exponent negativ ist und ein Absolutglied addiert wird.
h) Es handelt sich um eine ganzrationale Funktion, da der Funktionsterm die Form $x^n + a_1x$ hat.

S. 28, 5.

a) Grad: $n = 3$; Koeffizienten: $a_3 = 2$, $a_2 = -3$, $a_1 = 0$, $a_0 = 2{,}5$
b) Grad: $n = 4$; Koeffizienten: $a_4 = -1$, $a_3 = 1$, $a_2 = 0$, $a_1 = -6$, $a_0 = 0$
c) Grad: $n = 5$; Koeffizienten: $a_5 = -1$, $a_4 = 0$, $a_3 = 0$, $a_2 = 1$, $a_1 = -1$, $a_0 = 5$
d) Grad: $n = 3$; Koeffizienten: $a_3 = b$, $a_2 = -2$, $a_1 = 0$, $a_0 = c - 1$
e) $f(x) = x^3 - x$; Grad: $n = 3$; Koeffizienten: $a_3 = 1$, $a_2 = 0$, $a_1 = -1$, $a_0 = 0$
f) Grad: $n = 1$; Koeffizienten: $a_1 = -1$, $a_0 = t^2 + 2t$

S. 28, 6.

a) $f(1) = 9$, $f(-1) = 3$
P und Q liegen auf dem Graphen von f.
b) $f(1) = 3$, $f(-1) = -15$
P und Q liegen nicht auf dem Graphen von f.
c) $f(1) = 7$, $f(-1) = -7$
P liegt nicht auf dem Graphen von f, Q schon.

S. 28, 7.

a) $P(2|\mathbf{0})$; $Q(-1|\mathbf{-9})$
b) $P(-2|\mathbf{4})$; $Q(3|\mathbf{54})$
c) $P(3|\mathbf{20})$; $Q(-5|\mathbf{-108})$
d) $P(4|\mathbf{0})$; $Q(-2|\mathbf{-96})$
e) $P(2|\mathbf{4})$; $Q(-1|\mathbf{1 + 3a})$
f) $P(a|\mathbf{0})$; $Q(-a|\mathbf{2a^3})$

S. 28, 8.

a) Die Aussage ist falsch, denn der Graph von f mit $f(x) = (x - 2)^2 + 1$ ist weder achsensymmetrisch zur y-Achse noch punktsymmetrisch zum Ursprung.
b) Die Aussage ist falsch, denn f mit $f(x) = x^4 + 1$ ist ganzrational vom Grad 4, hat aber keine Nullstelle.
c) Die Aussage ist wahr, denn f mit $f(x) = (x - 2)^3$ hat an der Stelle $x = 2$ eine dreifache Nullstelle.
d) Die Aussage ist wahr, denn f mit $f(x) = x^2 + 1$ ist ganzrational, aber der Graph berührt oder schneidet die x-Achse nicht.

S. 28, 9.

a) $x_1 = \sqrt{-5}$; $x_2 = 0$; $x_3 = 5$
b) $x = 0$
c) $x_1 = 0$; $x_2 = 1$
d) $x_1 = 0$; $x_2 = 1$; $x_3 = 2$
e) $a_1 = -2$; $a_2 = 0$; $a_3 = 2$
f) $x_1 = 0$; $x_2 = 4$; $x_3 = 100$

S. 29, 10.

Individuelle Lösungen, zum Beispiel:

a) $f(x) = (x - 2)(x + 5)$
b) $f(x) = (x - 2)(x + 5)(x^2 + 1)$
c) $f(x) = (x - 2)^2(x + 5)$
d) $f(x) = x^2(x + 5)^2(x^2 + 1)$
e) $f(x) = (x + 2)^3(x - \pi)^2(x^2 + 1)$
f) nicht möglich

S. 29, 11.

$f(x) = -\frac{1}{16}x(x+3)(x-5)^2$

S. 29, 12.

Einfache Nullstelle: $x = 3$
Doppelte Nullstelle: $x = 2$
Dreifache Nullstelle: $x = 0$

S. 29, 13.

a) doppelte Nullstelle $x = -2$; dreifache Nullstelle $x = 5$
b) einfache Nullstelle $x = 0$; dreifache Nullstelle $x = 1$; vierfache Nullstelle $x = -7$
c) sechsfache Nullstelle $x = 0$; doppelte Nullstelle $x = 1$; dreifache Nullstelle $x = 2$
d) doppelte Nullstelle $x = 0$; sechsfache Nullstelle $x = 2$

S. 29, 14.

a) $h(4) = \frac{5}{4}$
Nach 4 Wochen ist die Pflanze 1,25 m hoch.
b) $h(t) = 6$ für $t \approx 10{,}8$
Die Hopfenpflanze ist nach rund 10,8 Wochen, also ungefähr 76 Tagen etwa 6 m hoch.
c) $h(16) = 8$
Nach 16 Wochen wäre die Hopfenpflanze bereits 8 m hoch. Da Hopfenpflanzen nur bis zu 7,5 m hoch werden, modelliert h die Höhe der Pflanze für $t > 16$ nicht mehr sinnvoll.

Lösungen zu Kapitel 2: Spezielle Eigenschaften von Funktionen

Ihr Fundament (S. 32/33)

S. 32, 1.

a)
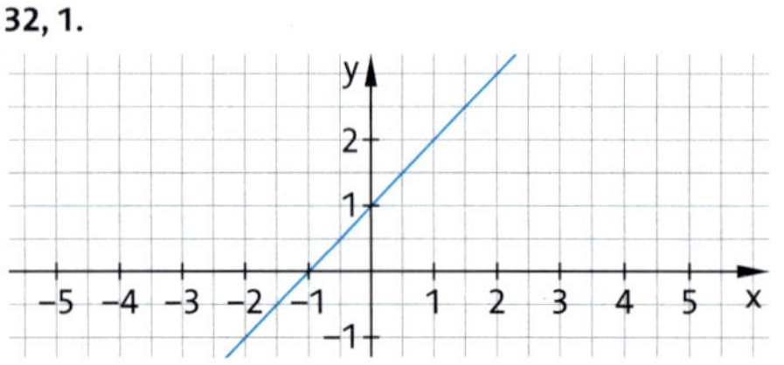

b)
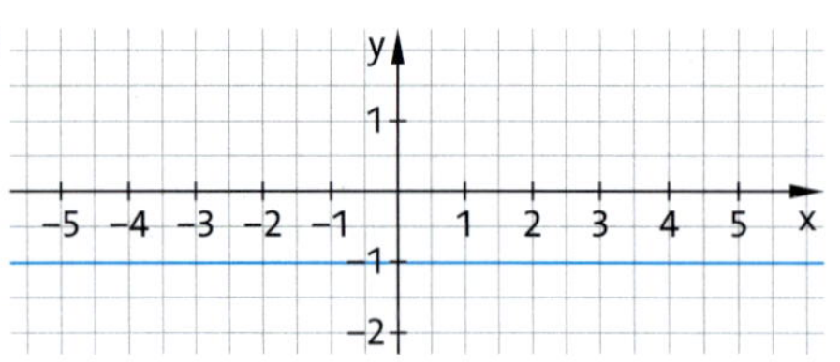

c)
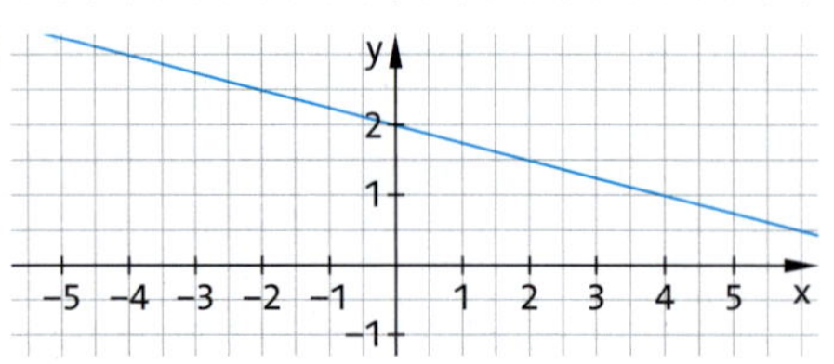

d)
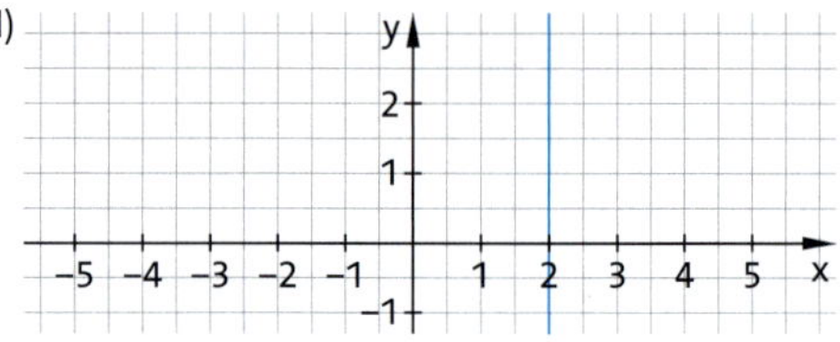

S. 32, 2.

a) $m = 1$; $b = 3$ b) $m = 2$; $b = -1$ c) $m = -0{,}5$; $b = 1{,}5$

S. 32, 3.

a) $f(x) = (x-3)^2 - 8$; $S(3|-8)$
b) $f(x) = 2(x+2)^2 - 2$; $S(-2|-2)$
c) $f(x) = -0{,}5(x-3)^2 + 3{,}5$; $S(3|3{,}5)$

S. 32, 4.

a) $h(2) = 4{,}8 > 4$
Der Ball fliegt über die Mauer.
b) $h(x) = -0{,}2(x-4{,}5)^2 + 6{,}05$; Scheitelpunkt der nach unten geöffneten Parabel: $S(4{,}5|6{,}05)$
Der Ball erreicht eine maximale Flughöhe von 6,05 m.
c) $h(0) = 2$
Nullstellen von h: $x_1 = -1$; $x_2 = 10$
Der Ball wird in einer Höhe von 2 m abgeworfen und fällt in einer Entfernung von 10 m wieder auf den Boden.

S. 32, 5.

Für gerades n ist der Graph parabelförmig: Er ist achsensymmetrisch zur y-Achse, verläuft durch den Koordinatenursprung und ansonsten oberhalb der x-Achse. Für ungerades n ist der Graph dagegen punktsymmetrisch zum Ursprung und verläuft für negative x-Werte unterhalb der x-Achse.

S. 32, 6.

a) $x_1 = -4$; $x_2 = 2$ b) $x_1 = 0$; $x_2 = 1$; $x_3 = 3$
c) $x_1 = 0$; $x_2 = 4$; $x_3 = 5$ d) $x_1 = -1{,}5$; $x_2 = 0$; $x_3 = 0{,}5$
e) $x_1 = -2$; $x_2 = 0$; $x_3 = 1$ f) $x_1 = -1$; $x_2 = 0$; $x_3 = 0{,}5$

S. 32, 7.

a)
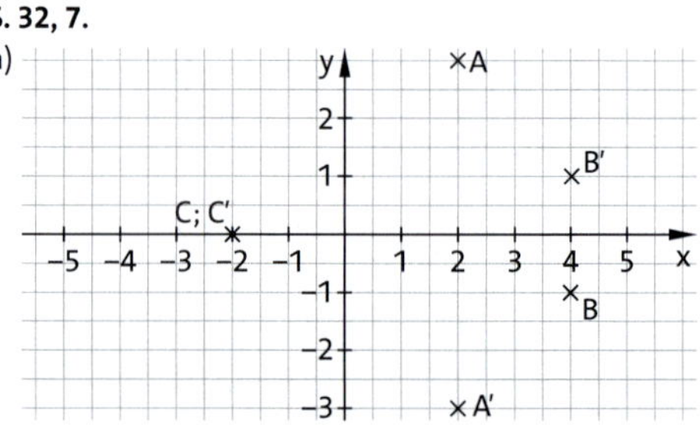

b)
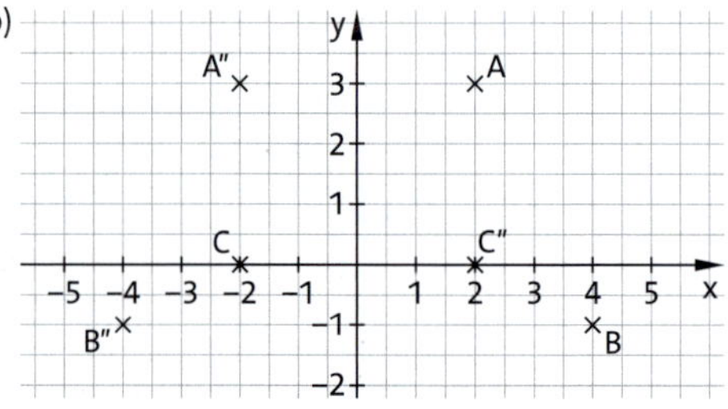

c)

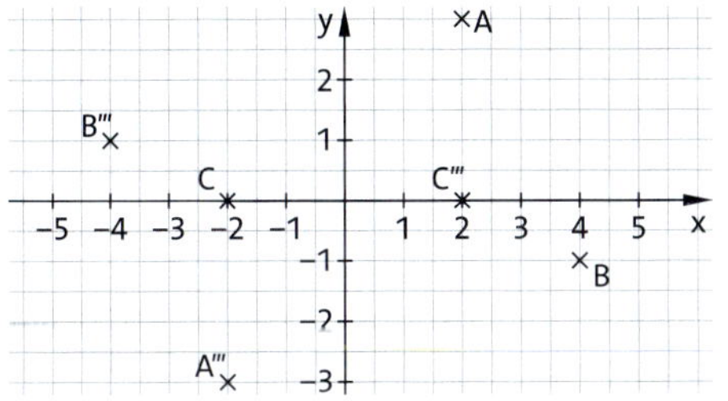

d) Bei einer Spiegelung an der x-Achse kehrt sich das Vorzeichen der y-Koordinate um. Bei einer Spiegelung an der y-Achse kehrt sich das Vorzeichen der x-Koordinate um. Bei einer Spiegelung am Koordinatenursprung kehren sich die Vorzeichen beider Koordinaten um.

S. 32, 8.

a) punktsymmetrisch zu $P(0|2)$
b) achsensymmetrisch zu $x = 2$
c) punktsymmetrisch zu $P(1|1)$
d) achsensymmetrisch zu $x = -1$
e) achsensymmetrisch zu $x = k$ und punktsymmetrisch zu $P(0{,}5 + k|1)$ für alle ganzen Zahlen k

S. 33, 9.

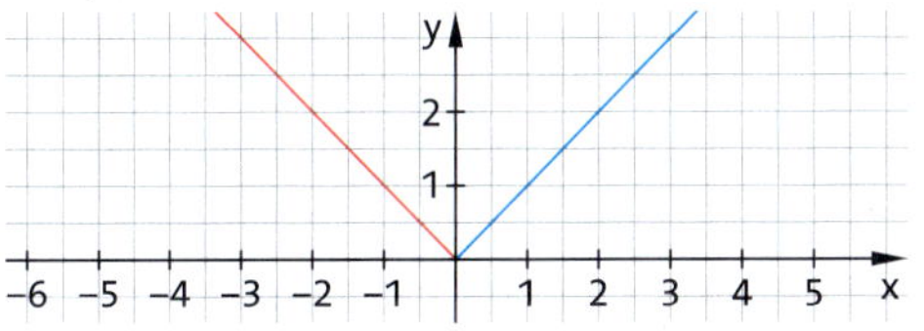

Es ergibt sich der Graph einer stückweise linearen Funktion mit einer „Spitze" im Koordinatenursprung. Für $x < 0$ ist der Graph monoton fallend, für $x > 0$ monoton steigend, der Betrag der Steigung ist auf beiden Abschnitten gleich.

S. 33, 10.

f: punktsymmetrisch zu $(k\pi|0)$ für alle $k \in \mathbb{Z}$, achsensymmetrisch zu $x = (2k + 1)\cdot\frac{\pi}{2}$ für alle $k \in \mathbb{Z}$
g: punktsymmetrisch zu $\left((2k + 1)\cdot\frac{\pi}{2}|0\right)$ für alle $k \in \mathbb{Z}$, achsensymmetrisch zu $x = k\pi$ für alle $k \in \mathbb{Z}$

S. 33, 11.

Der Graph von f entsteht aus der Normalparabel durch eine Streckung in y-Richtung mit dem Faktor 3, eine Verschiebung um 1 Einheit nach rechts und eine Verschiebung um 4 Einheiten nach oben.

S. 33, 12.

a) $f(x) = (x - 2)^2 + 1$ b) $f(x) = (x + 3)^2 - 4$
c) $f(x) = -(x - 1{,}5)^2 + 3$

S. 33, 13.

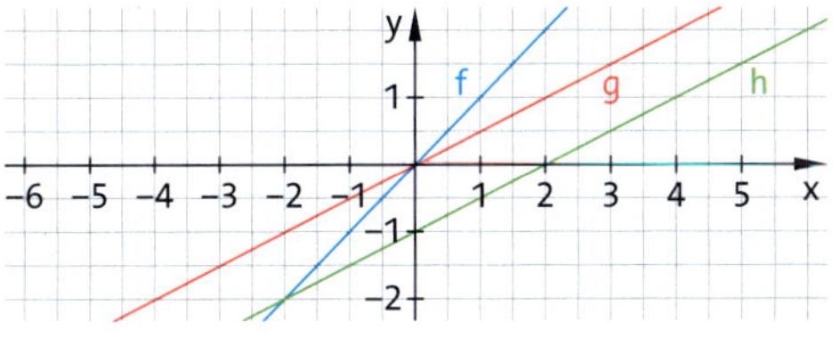

Der Graph von g entsteht aus dem Graphen von f durch eine Stauchung in y-Richtung um den Faktor 0,5.
Der Graph von h entsteht aus dem Graphen von f durch eine Stauchung in y-Richtung um den Faktor 0,5 und eine anschließende Verschiebung um eine Einheit nach unten.

S. 33, 14.

a) $-x^2 + 1$ b) $-x^2 - 1$
Der konstante Summand im Funktionsterm ändert sich. Die Graphen sind also unterschiedlich in y-Richtung verschoben.

S. 33, 15.

a) Streckung in y-Richtung: $g(x) = 0{,}5\sin(x)$
Amplitude: 0,5; Periode: 2π
b) Streckung in x-Richtung: $g(x) = \sin(0{,}5x)$
Amplitude: 2; Periode: 4π

S. 33, 16.

a) $f(x) = 6\sin(\pi x)$
b) Amplitude: 6; Periode: 2
c) Individuelle Lösungen.

Prüfen Sie Ihr neues Fundament (S. 60/61)

S. 60, 1.

	a)	b)	c)	d)	e)	f)
Vorzeichen von $f(10^6)$	+	+	−	+	−	+
Vorzeichen von $f(-10^5)$	−	+	+	+	+	−

S. 60, 2.

a) Für $x \to +\infty$ gilt $f(x) \to +\infty$.
Für $x \to -\infty$ gilt $f(x) \to -\infty$.
b) Für $x \to +\infty$ gilt $f(x) \to -\infty$.
Für $x \to -\infty$ gilt $f(x) \to -\infty$.
c) Für $x \to +\infty$ gilt $f(x) \to -\infty$.
Für $x \to -\infty$ gilt $f(x) \to +\infty$.
d) Für $a \to +\infty$ gilt $f(a) \to +\infty$.
Für $a \to -\infty$ gilt $f(a) \to +\infty$.
e) Für $x \to +\infty$ gilt $f(x) \to +\infty$.
Für $x \to -\infty$ gilt $f(x) \to -\infty$.
f) Für $x \to +\infty$ gilt $f(x) \to -\infty$.
Für $x \to -\infty$ gilt $f(x) \to +\infty$.

S. 60, 3.

a) streng monoton steigend für $-2 < x < 0$ und $x > 1$, streng monoton fallend für $x < -2$ und $0 < x < 1$.
b) $H(0|0)$, $T_1(-2|-2{,}7)$, $T_2(1|-0{,}4)$
lokales Maximum: 0, lokale Minima: −2,7 und −0,4
c) Das globale Minimum ist das kleinere lokale Minimum: −2,7. Ein globales Maximum existiert nicht, da $f(x) \to \infty$ für $x \to \pm\infty$.

S. 60, 4.

a) punktsymmetrisch zum Ursprung
b) achsensymmetrisch zur y-Achse
c) achsensymmetrisch zur y-Achse
d) punktsymmetrisch zum Ursprung
e) punktsymmetrisch zum Ursprung
f) achsensymmetrisch zur y-Achse

S. 60, 5.

f: ③, denn der Graph ist achsensymmetrisch zur y-Achse und im Funktionsterm von f treten nur gerade Exponenten auf

g: ④, denn der Graph ist punktsymmetrisch zum Ursprung und im Funktionsterm von g treten nur ungerade Exponenten auf

h: ②, denn es gilt $h(x) \to -\infty$ für $x \to \pm\infty$

i: ①, denn es gilt $i(x) \to -\infty$ für $x \to -\infty$ und $i(x) \to +\infty$ für $x \to +\infty$

S. 60, 6.

Wegen $f(0) = 0$ ist $S(0\,|\,0)$ sowohl ein Schnittpunkt mit der y-Achse als auch mit der x-Achse.

$x^3 - 3x^2 + 3x = x(x^2 - 3x + 3)$

Da $x^2 - 3x + 3 = 0$ keine Lösung hat, gibt es keine weiteren Schnittpunkte mit der x-Achse.

Für $x \to -\infty$ gilt $f(x) \to -\infty$.

Für $x \to +\infty$ gilt $f(x) \to +\infty$.

Der Graph von f ist punktsymmetrisch zu $(1\,|\,1)$.

S. 60, 7.

Beispiel:

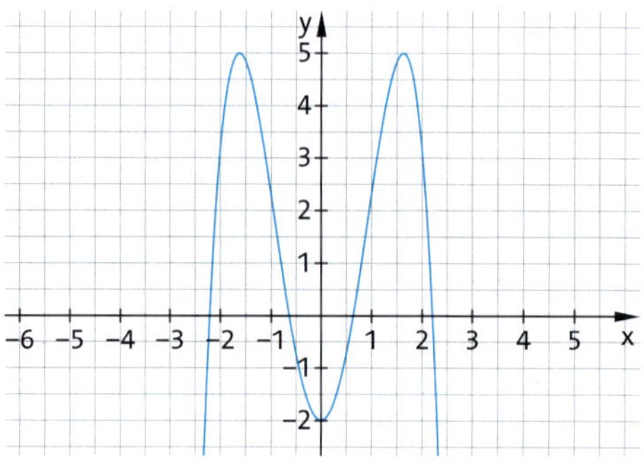

S. 61, 8.

$f(x) = -(x + 1)^3 + 2$

S. 61, 9.

a) Der Graph ist an der x-Achse gespiegelt, um den Faktor 2 in y-Richtung gestreckt und um 3 Einheiten nach links und 1 Einheit nach unten verschoben.

b) Der Graph ist an der x-Achse gespiegelt, um den Faktor 3 in y-Richtung gestreckt, um den Faktor 0,5 in x-Richtung gestreckt und um 1 Einheit nach unten verschoben.

c) Der Graph ist um den Faktor 3 in y-Richtung gestreckt sowie um 1 Einheit nach rechts und 2 Einheiten nach oben verschoben.

d) Der Graph ist an der x-Achse gespiegelt, um 1 Einheit nach rechts und um 3 Einheiten nach oben verschoben.

S. 61, 10.

a) Der Graph ist eine nach unten geöffnete Parabel mit dem Scheitelpunkt $(-3\,|\,-1{,}5)$.

b) Der Graph ist achsensymmetrisch zur y-Achse, schneidet die y-Achse bei 1 und die x-Achse bei 1 und −1. Der Graph strebt im Unendlichen für negative und positive x-Werte gegen unendlich.

c) Der Graph verläuft von links unten nach rechts oben, ist punktsymmetrisch zum Ursprung und schneidet die x-Achse bei 3, 0 und −3.

S. 61, 11.

Der Graph von f entsteht aus dem Graphen von g durch Streckung mit dem Faktor 2 in y-Richtung, Verschiebung um π Einheiten nach rechts und Verschiebung um 3 Einheiten nach oben.

Durch die Verschiebung in x-Richtung ändern sich die Monotonieintervalle von f im Vergleich zu g: f ist für $\frac{\pi}{2} + 2k\pi < x < \frac{3\pi}{2} + 2k\pi$ (mit $k \in \mathbb{Z}$) streng monoton steigend und für $-\frac{\pi}{2} + 2k\pi < x < \frac{\pi}{2} + 2k\pi$ (mit $k \in \mathbb{Z}$) streng monoton fallend.

Die Graphen von f und g haben die gleichen Symmetrieachsen, daher ist der Graph von f achsensymmetrisch zu allen Geraden $x = (2k + 1)\cdot\frac{\pi}{2}$ mit $k \in \mathbb{Z}$.

Er ist außerdem punktsymmetrisch zu allen Punkten $(k\pi\,|\,3)$ mit $k \in \mathbb{Z}$ (Verschiebung gegenüber g in beide Richtungen).

Für $x \to \pm\infty$ pendeln die Funktionswerte von f immer wieder periodisch zwischen 1 und 5, werden also weder beliebig klein noch beliebig groß.

S. 61, 12.

$f(x) = 2x^4 - 8x^2 + 8$

S. 61, 13.

a) Falsch, Gegenbeispiel: $f(x) = (x + 1)^2$

b) Falsch, es kommt darauf an, wie weit die Funktion verschoben wurde. Gegenbeispiel: $f(x) = \sin(x + \pi)$

c) Richtig, denn wird eine ganzrationale Funktion f um den Faktor a in y-Richtung gestreckt, entsteht die Funktion g mit $g(x) = a \cdot f(x)$. Falls f achsensymmetrisch zur y-Achse ist, gilt $f(x) = f(-x)$, also $g(x) = a \cdot f(x) = a \cdot f(-x) = g(-x)$, also ist auch g achsensymmetrisch zur y-Achse. Falls g punktsymmetrisch zum Ursprung ist, gilt $-f(x) = f(-x)$ und damit $-g(x) = -a \cdot f(x) = a \cdot f(-x) = g(-x)$. Die Symmetrieeigenschaften bleiben also erhalten.

d) Falsch, das globale Maximum der Sinusfunktion ist 1.

S. 61, 14.

$g(x) = 125\sin\left(\frac{\pi}{19}(x - 9{,}5)\right) + 135$

Der Graph von g entsteht aus dem Graphen von f durch Streckung um 125 in y-Richtung und um $\frac{19}{\pi}$ in x-Richtung sowie eine Verschiebung um 9,5 Einheiten nach rechts und 135 Einheiten nach oben.

Lösungen zu Kapitel 3: Steigung und Ableitung

Ihr Fundament (S. 64/65)

S. 64, 1.

a) $\frac{1}{2}$	b) $-\frac{7}{6}$	c) 0,1	d) $\frac{4}{15}$	e) $-\frac{5}{12}$
f) 10	g) 5	h) −9	i) −3	j) 7

S. 64, 2.

a) $\frac{1 + 2a}{2a}$ für $a \neq 0$

b) nicht möglich

c) nicht möglich

d) $\frac{2x^2 - 1}{2 - x}$ für $x \neq 0$

S. 64, 3.

a) $\frac{(x - y)\,(x + y)}{(x - y)} = x + y$

b) $\frac{(u^2+6u+9)-9}{u} = \frac{u^2+6u}{u} = \frac{u(u+6)}{u} = u+6$

c) $\frac{y(2x+y)}{y} = 2x+y$

S. 64, 4.

a) Die Umformung ist für $x \neq 0$ richtig, denn es gilt:

$\frac{(2+x)^2-4}{x} = \frac{4+4x+x^2-4}{x} = \frac{4x+x^2}{x} = \frac{x(4+x)}{x} = x+4$

b) Die Umformung ist falsch. Richtig ist:

$\frac{(1+x)^2-1}{1+x} = \frac{1+2x+x^2-1}{1+x} = \frac{2x+x^2}{1+x} = \frac{x(x+2)}{x+1}$

c) Die Umformung ist für $a \neq -2$ richtig, denn es gilt:

$\frac{-4a^2-(-4\cdot 2^2)}{a-2} = \frac{(-4)(a^2-2^2)}{a-2} = -4\frac{(a+2)(a-2)}{a-2} = -4(a+2)$

S. 64, 5.

a) $\frac{x+1}{x+3}$ b) $\frac{3}{x-2}$ c) $\frac{5}{6y}$ d) $\frac{10a-6}{3a^2}$

e) $\frac{4xy-3y^2+5x^2}{x^2y^2}$ f) $\frac{1}{x(x-3)}$ g) $\frac{4-x}{x-3}$ h) $\frac{3xy-x^2}{y(x-y)}$

S. 64, 6.

a) $x = -3$ b) $x_1 = 1;\ x_2 = -4$

c) $x_1 = 3;\ x_2 = -3$ d) $x_1 = 2;\ x_2 = -1$

e) $x = 2$ f) $x_1 = 1;\ x_2 = -0{,}5$

g) $x_1 = \frac{1}{2};\ x_2 = -\frac{3}{2}$ h) $x_1 = 2;\ x_2 = -2$

S. 64, 7.

a) $x = 1$ b) $x = 0$ c) $x_1 = 0;\ x_2 = 1$

d) $x_1 = 0;\ x_2 = 1;\ x_3 = -1$

S. 64, 8.

$f(x) = x + 1$ Nullstelle: $x = -1$

$g(x) = -x + 0{,}5$ Nullstelle: $x = 0{,}5$

$h(x) = 0{,}5x + 1{,}5$ Nullstelle: $x = -3$

S. 64, 9.

a) $f(x) = 0{,}5x - 2$ b) $f(x) = -x - 2$

c) $f(x) = 0{,}25x - 2$ d) $f(x) = 2x + 0{,}5$

S. 64, 10.

a) $f(x) = x - 1$ b) $f(x) = -x$ c) $f(x) = 2x - 1$

d) $f(x) = x + 3$ e) $f(x) = \frac{1}{2}x - 5$ f) $f(x) = -\frac{1}{3}x - \frac{7}{3}$

S. 65, 11.

$f(x) = x^2 - 2$ Nullstellen: $x_1 = \sqrt{2};\ x_2 = -\sqrt{2}$

$g(x) = -x^2$ Nullstelle: $x = 0$

$h(x) = 2x^2$ Nullstelle: $x = 0$

$i(x) = (x+1)^2 + 1$ keine Nullstelle

S. 65, 12.

a) Schnittpunkt mit der y-Achse: $S_y(0|-3)$

Schnittpunkte mit der x-Achse: $S_{x_1}(3|0)$; $S_{x_2}(-1|0)$

b) $S_1(1|-4)$, $S_2(-2|5)$

S. 65, 13.

	im Vergleich zur Normalparabel	Wertebereich	Nullstellen	
a)	gestreckt	$[0; \infty[$	$x_0 = 0$	Kleinster Funktionswert: 0
b)	an der x-Achse gespiegelt und gestreckt	$]-\infty; 0]$	$x_0 = 0$	Größter Funktionswert: 0
c)	an der x-Achse gespiegelt und um 1 LE nach unten verschoben	$]-\infty; -1]$	keine	Größter Funktionswert: −1
d)	um 2 LE nach rechts verschoben	$[0; \infty[$	$x_0 = 2$	Kleinster Funktionswert: 0
e)	um 2 LE nach links und um 9 LE nach unten verschoben	$[-9; \infty[$	$x_1 = -5$ $x_2 = 1$	Kleinster Funktionswert: −9
f)	um 2 LE nach rechts und um 1 LE nach unten verschoben	$[-1; \infty[$	$x_1 = 1$ $x_2 = 3$	Kleinster Funktionswert: −1

S. 65, 14.

a) $\frac{\text{Höhenunterschied}}{\text{Entfernung}} = \frac{80\,\text{m}}{4000\,\text{m}} = 0{,}02$

b) $-0{,}02$, da der Weg bergab führt

S. 65, 15.

$m = \frac{200}{400} = 0{,}5 = 50\,\%$

$\alpha = \arctan(0{,}5) \approx 26{,}57°$

S. 65, 16.

a) $g(x) = 2x$

b) $\alpha = \arctan(2) \approx 63{,}43°$ $m = 200\,\%$

S. 65, 17.

$v = \frac{24\,\text{km}}{\frac{5}{4}\text{h}} = \frac{24 \cdot 4}{5}\frac{\text{km}}{\text{h}} = 19{,}2\,\frac{\text{km}}{\text{h}}$

S. 65, 18.

a)

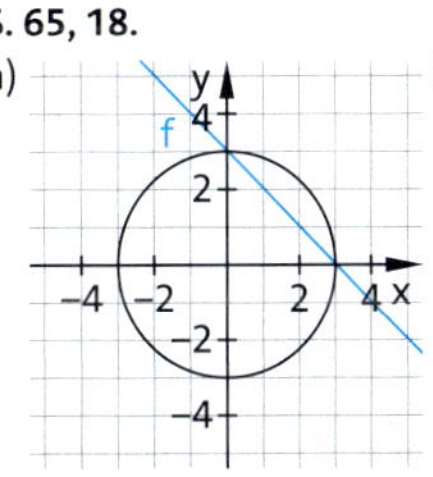

$f(x) = -x + 3$

b)

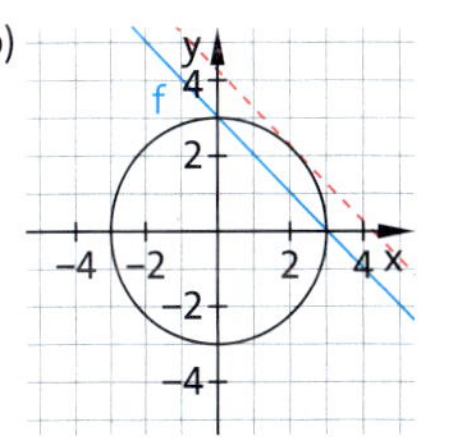

$m = -1$

S. 65, 19.

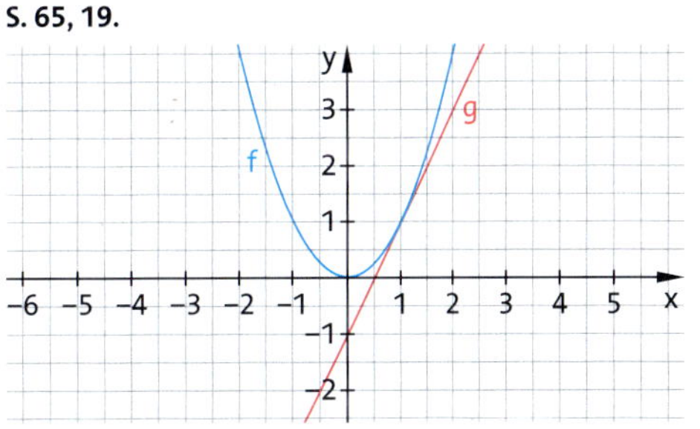

Die Gerade ist eine Tangente an die Parabel, da sie sich im Berührpunkt (1|1) an die Parabel anschmiegt.

S. 65, 20.

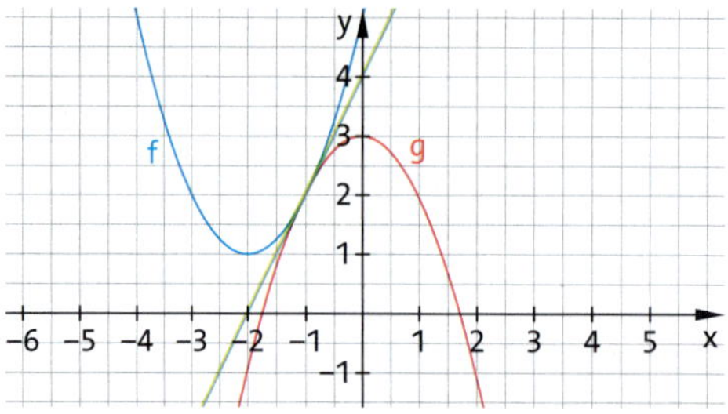

Die Gerade ist eine Tangente an die Graphen von f und g im Punkt $(-1\,|\,2)$.

Prüfen Sie Ihr neues Fundament (S. 102/103)

S. 102, 1.

a) Der Graph zeigt, wie der Fahrschüler vorwärts- und rückwärtsfährt: Zunächst fährt er vorwärts, legt dann den Rückwärtsgang ein, fährt rückwärts, es wird scharf gebremst, er fährt kurzfristig rückwärts, dann wieder vorwärts, es wird wieder scharf gebremst und er fährt erneut rückwärts.

b) $t = 6{,}5\,\text{s}$ und $t = 10{,}5\,\text{s}$

S. 102, 2.

a) Durchschnittlicher jährlicher Zuwachs:

$\frac{10\,\text{Mrd.} - 600\,\text{Mio.}}{2100 - 1700} = \frac{9{,}4\,\text{Mrd.}}{400} = 23{,}5\,\text{Mio.}$

b) Im Intervall $[1900; 2000]$ wuchs die Erdbevölkerung am stärksten (um 4,4 Milliarden/im Durchschnitt um 44 Millionen pro Jahr).
Im Intervall $[1700; 1800]$ wuchs die Erdbevölkerung am wenigsten (um 300 Millionen/im Durchschnitt um 3 Millionen pro Jahr).

S. 102, 3.

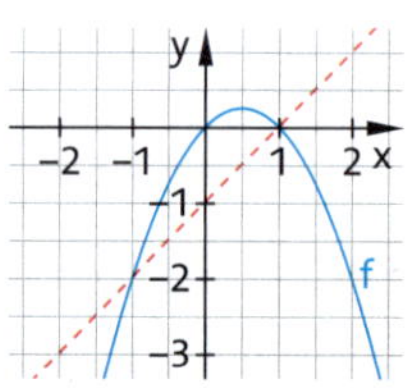

a) und b)

Gleichung der Sekante:

$y = mx + b$

$m = \frac{f(1) - f(-1)}{1 - (-1)} = \frac{0 - (-2)}{2} = 1$

$y = 1 \cdot x + b$ mit $P(1\,|\,0)$

$\Rightarrow b = -1 \Rightarrow s(x) = x - 1$

c) Steigung von f an der Stelle $x_0 = 1$:

$$\lim_{h \to 0} \frac{(1+h) - (1+h)^2}{h} = \lim_{h \to 0} \frac{(1+h) - (1 + 2h + h^2)}{h} = \lim_{h \to 0} \frac{-h - h^2}{h} = \lim_{h \to 0} (-1 - h) = -1$$

d) $t(x) = -x + 1$

S. 102, 4.

a) $\frac{f(1) - f(0)}{1 - 0} = \frac{\frac{1}{4} - 0}{1} = \frac{1}{4}$

b) Grenzwert des Differenzenquotienten:

$$\lim_{h \to 0} \frac{f(x+h) - f(x)}{h} = \lim_{h \to 0} \frac{\frac{1}{4}(x+h)^2 - \frac{1}{4}x^2}{h} = \lim_{h \to 0} \frac{1}{4} \cdot \frac{x^2 + 2xh + h^2 - x^2}{h} = \lim_{h \to 0} \frac{1}{4} \cdot \frac{2xh + h^2}{h} = \lim_{h \to 0} \frac{1}{4}(2x + h) = \frac{1}{2}x$$

S. 102, 5.

a) $f'(x) = 2x$; $f'(5) = 10$

b) $f'(x) = 3x^2$; $f'(\sqrt{2}) = 6$

c) $f'(x) = 16x^3$; $f'(-0{,}5) = -2$

d) $f'(x) = 0$; $f'(\pi) = 0$

S. 102, 6.

a) $f'(x) = 3x^2$
b) $f'(x) = 2$
c) $f'(t) = 6t$
d) $f'(x) = x^2$
e) $f'(x) = \frac{n}{3}x^{n-1}$
f) $f'(u) = 0$
g) $f'(x) = 3ax^2$
h) $f'(x) = 0$
i) $f'(x) = (n+2)x^{n+1}$
j) $f'(p) = (n-1)p^{n-2}$
k) $f'(t) = nt^{2n-1}$
l) $f'(v) = a^n(n+1)v^n$

S. 102, 7.

Beispiele:

$f(x) = 5x$

$f(x) = 5x - 6$

S. 102, 8.

a) Momentangeschwindigkeit v $\left(\text{in } \frac{\text{m}}{\text{s}}\right)$ nach t Sekunden:

$v = s'(t) = 10t \qquad s'(0{,}5) = 5 \qquad s'(1) = 10$

Die Momentangeschwindigkeit des Turmspringers beträgt nach einer halben Sekunde $5\,\frac{\text{m}}{\text{s}}$ und nach einer Sekunde $10\,\frac{\text{m}}{\text{s}}$.

b) $10 = s(t) = 5t^2 \Rightarrow t_0 = \sqrt{2} \Rightarrow v(t_0) = s'(t_0) = 10 \cdot \sqrt{2}$

Der Turmspringer taucht mit einer Geschwindigkeit von ca. $14{,}1\,\frac{\text{m}}{\text{s}}$ in das Wasser ein.

S. 103, 9.

Zu ① gehört Ⓒ. Zu ② gehört Ⓑ. Zu ③ gehört Ⓐ.

S. 103, 10.

a) $f'(x) = 9x^2 + 4x$
b) $f'(t) = 4t^3 - 1$
c) $f'(x) = -2x$
d) $f'(x) = 9x^2 - 4x$
e) $f'(x) = 6x$
f) $f'(a) = -8a$
g) $f'(x) = 4x - 4a$
h) $f'(t) = 4$

S. 103, 11.

Zur x-Achse parallele Tangenten haben die Steigung null und es gilt an diesen Stellen $f'(x) = 0$.

$f'(x) = 0{,}6x^2 - 0{,}6x - 3{,}6 = 0{,}6(x^2 - x - 6)$
$= 0{,}6(x + 2)(x - 3)$

Die Tangenten an den Graphen der Funktion f verlaufen an den Stellen $x = -2$ und $x = 3$ parallel zur x-Achse.

S. 103, 12.

Nullstellen von f: $x_1 = -0{,}5$; $x_2 = 1{,}5$

$f'(x) = 2x - 1$; $f'(-0{,}5) = -2$; $f'(1{,}5) = 2$

Tangenten: $t_1(x) = -2x - 1$; $t_2(x) = 2x - 3$

$\alpha_1 = \arctan(-2) \approx -63{,}43°$

$\alpha_2 = \arctan(2) \approx 63{,}43°$

S. 103, 13.

a) Steigung: $\frac{f(4) - f(0)}{4 - 0} = \frac{0 - 3{,}2}{4} = -0{,}8$

Das durchschnittliche Gefälle beträgt 0,8.

b) $\alpha = \arctan(f'(2)) = \arctan(-1{,}2) \approx -50{,}19°$

Lösungen zu Kapitel 4: Funktionen mithilfe der Ableitung untersuchen

Ihr Fundament (S. 106/107)

S. 106, 1.

a) Der Graph fällt für $x < 1$ und steigt für $x > 1$.

b) Der Graph fällt für $x < -1$ sowie für $x > 1$ und steigt für $-1 < x < 1$.

c) Der Graph steigt für $x < 0$ und fällt für $x > 0$.

S. 106, 2.

a) Der Graph fällt für alle $x \in \mathbb{R}$.

b) Der Graph fällt für $x < -3$. Er steigt für $x > -3$.

c) Der Graph fällt für $x < 0$ und steigt für $x > 0$.

d) Der Graph steigt für $x < 1$ und fällt für $x > 1$.

e) Der Graph fällt für $x < 0$ und für $x > 0$.

f) Der Graph steigt für $x < -3$ und für $x > -3$.

S. 106, 3.

Beispiel: $f(x) = -x + 1$

S. 106, 4.

Beispiele:

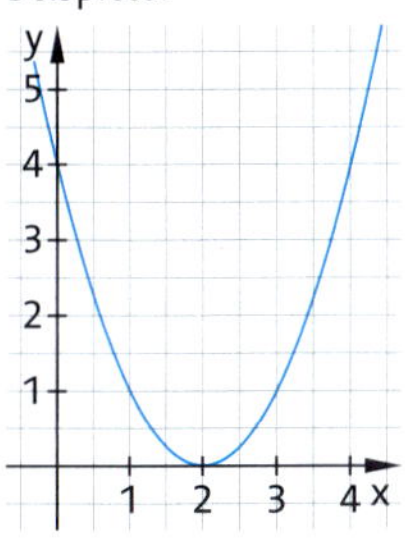

$f(x) = (x - 2)^2$

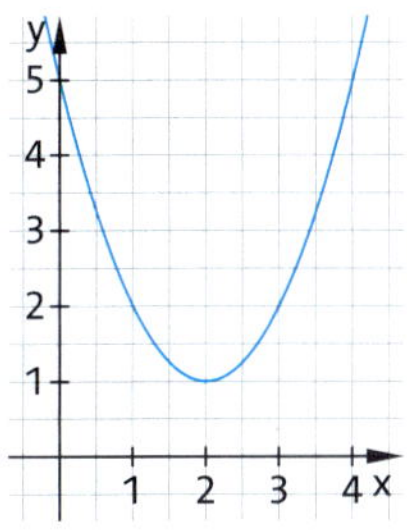

$f(x) = (x - 2)^2 + 1$

S. 106, 5.

a) globales Minimum: −2
Ein globales Maximum gibt es nicht.

b) Ein globales Minimum gibt es nicht.
globales Maximum: −3

c) Es gibt weder ein globales Minimum noch ein globales Maximum.

d) globales Minimum: −2
Ein globales Maximum gibt es nicht.

S. 106, 6.

	größter Funktionswert	kleinster Funktionswert
a)	① 1 (für $x = 1$) ② 1 (für $x = 1$)	① 0 (für $x = 0$) ② 0 (für $x = 0$ und für $x = 2$)
b)	① 1,25 (für $x = -0{,}5$) ② 0 (für $x = 0$)	① −1 (für $x = 1$) ② −1 (für $x = 1$)
c)	① 2 (für $x = -1$) ② 2 (für $x = -1$)	① −2 (für $x = -3$) ② 1 (für $x = 0{,}5$)

S. 106, 7.

	größter Funktionswert	kleinster Funktionswert
a)	−5 (für $x = 0$)	−11 (für $x = 2$)
b)	4 (für $x = 0$)	0 (für $x = -2$)
c)	0 (für $x = -2$)	−3 (für $x = -1$)

S. 106, 8.

a) Beispiel:

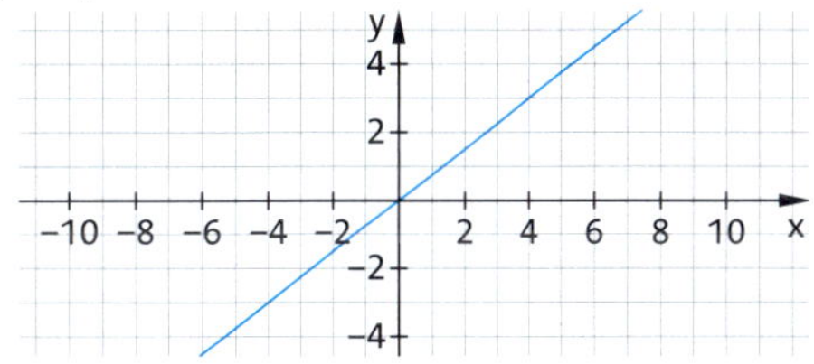

b) Beispiel:

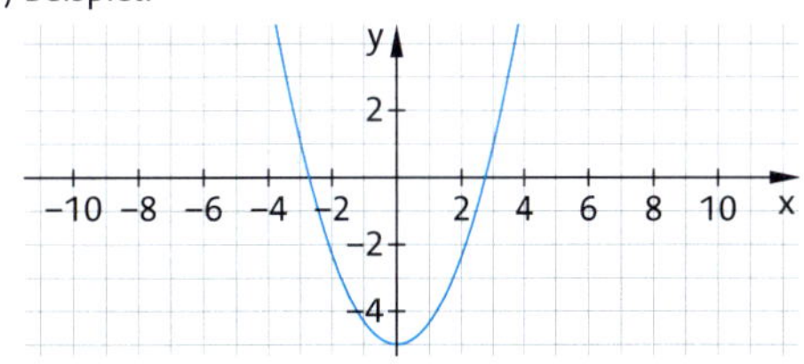

S. 107, 9.

a) $x = -3$

b) $x_1 = 0$; $x_2 = -5$

c) $x_1 = 4$; $x_2 = -4$

d) $x_1 = 0$; $x_2 = -2$; $x_3 = 4$

e) $t_1 = 9$; $t_2 = -9$

f) keine Lösung

S. 107, 10.

a) $x = -1{,}5$

b) $x_1 = -1$; $x_2 = 1$

c) keine Nullstelle

d) $x = 0$

e) $x_1 = -3$; $x_2 = 4$

f) $x_1 = 3$; $x_2 = 5$

S. 107, 11.

a) $x(x - 3) = 0$ b) $(x - 4)^2 = 0$ c) $x^2 + 2 = 0$

S. 107, 12.

a) $b > 0$ b) $b = 0$ c) $b < 0$

S. 107, 13.

a) $f(x) = x(x^2 + 3)$
Da $x^2 + 3$ nie null wird, gilt $f(x) = 0$ nur für $x = 0$ (Satz vom Nullprodukt).

b) $f(x) = x\left(\frac{1}{3}x^2 + x + 1\right)$
Da $\frac{1}{3}x^2 + x + 1$ nie null wird, gilt $f(x) = 0$ nur für $x = 0$ (Satz vom Nullprodukt).

c) $f(x) = -x^3(3x^2 + 5)$
Da $3x^2 + 5$ nie null wird, gilt $f(x) = 0$ nur für $x = 0$ (Satz vom Nullprodukt).

S. 107, 14.

a) $x_1 = 0$; $x_2 = 7$

b) $x_1 = -5$; $x_2 = 0$; $x_3 = 5$

c) $x_1 = -3$; $x_2 = 0$; $x_3 = \frac{1}{2}$

S. 107, 15.

	positiv	negativ	null
a)	$x > 2{,}5$	$x < 2{,}5$	$x = 2{,}5$
b)	$x > -0{,}5$	$x < -0{,}5$	$x = -0{,}5$
c)	$x < -1$ oder $x > 1$	$-1 < x < 1$	$x = -1$ oder $x = 1$
d)	$x > -1$	$x < -1$	$x = -1$

S. 107, 16.

	positiv	negativ
a)	$x > 0{,}75$	$x < 0{,}75$
b)	$x < -1{,}5$	$x > -1{,}5$
c)	$-2 < x < 2$	$x < -2$ oder $x > 2$

S. 107, 17.
a) $x < -6$ b) $-4 < x < 4$ c) $x > 1$

S. 107, 18.
a) $S_x\left(\frac{3}{7}\middle|0\right)$; $S_y(0|3)$
b) Kein Schnittpunkt mit der x-Achse; $S_y(0|4)$
c) $S_x(0|0) = S_y(0|0)$

S. 107, 19.
a) $f'(x) = 5x^4 - 9x^2 + 2$ b) $f'(x) = 14x^6 + 4x^3$
c) $f'(x) = -6x^5 + 8x - 1$ d) $f'(x) = 2x + 2$
e) $f'(x) = -4x^3 + 8x$ f) $f'(x) = 12x$

S. 107, 20.
a) $g(x) = -3x - 1$; Nullstelle: $x_0 = -\frac{1}{3}$
b) $g(x) = -4x + 8$; Nullstelle: $x_0 = 2$
c) $g(x) = 4x - 6$; Nullstelle: $x_0 = 1{,}5$

S. 107, 21.
Ansatz über Nullstellen: $f(x) = a(x - 2)(x + 1)$
$f(0) = -2a = 6$, also $a = -3$
$f(x) = -3(x - 2)(x + 1)$

Prüfen Sie Ihr neues Fundament (S. 136/137)

S. 136, 1.
a) $f'(x) = 4 - x$
f' hat bei $x = 4$ eine Nullstelle, daher gibt es zwei Monotonieintervalle.
Für $x < 4$ ist z. B. $f'(3) = 1 > 0$, also ist f streng monoton steigend.
Für $x > 4$ ist z. B. $f'(5) = -1 < 0$, also ist f streng monoton fallend.
b) $f'(x) = 3x^2 - 6x$
f' hat bei $x_1 = 0$ und $x_2 = 2$ Nullstellen, daher gibt es drei Monotonieintervalle.
Für $x < 0$ ist z. B. $f'(-1) = 9 > 0$, also ist f streng monoton steigend.
Für $0 < x < 2$ ist z. B. $f'(1) = -3 < 0$, also ist f streng monoton fallend.
Für $x > 2$ ist z. B. $f'(3) = 9 > 0$, also ist f streng monoton steigend.
c) $f'(x) = 8x^3 + 8x$
f' hat bei $x = 0$ eine Nullstelle, daher gibt es zwei Monotonieintervalle.
Für $x < 0$ ist z. B. $f'(-1) = -16 < 0$, also ist f streng monoton fallend.
Für $x > 0$ ist z. B. $f'(1) = 16 > 0$, also ist f streng monoton steigend.

S. 136, 2.
Beispiel:

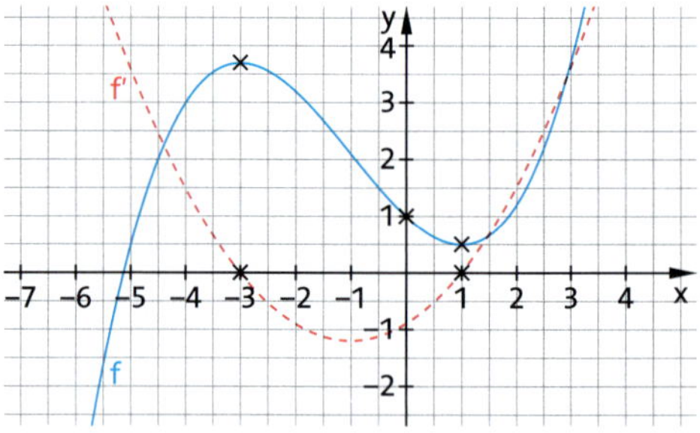

S. 136, 3.
a) Eine notwendige Bedingung an eine Stelle ist eine Voraussetzung, die erfüllt sein muss, damit an dieser Stelle ein lokales Minimum vorliegen kann. Wenn eine hinreichende Bedingung an eine Stelle erfüllt ist, genügt das, um zu entscheiden, dass an dieser Stelle ein lokales Minimum vorliegt. Die Bedingung „$f'(x_m) = 0$ und $f''(x_m) > 0$" ist eine hinreichende Bedingung.
b) Umkehrung: „Wenn die Funktion an einer Stelle x_m ein lokales Minimum hat, dann gilt $f'(x_m) = 0$ und $f''(x_m) > 0$." Diese Aussage ist falsch, Gegenbeispiel: f mit $f(x) = x^4$ hat bei $x = 0$ ein lokales Minimum, aber es gilt $f''(0) = 0$.

S. 136, 4.
a) Der Graph ist für $x < -1$ streng monoton fallend und für $x > -1$ streng monoton steigend.
Tiefpunkt: bei $x = -1$; Sattelpunkt: bei $x = 2$
Der Graph von f hat keinen Hochpunkt.
b) Der Graph von f ist für $x < -2$ und für $1 < x < 3$ streng monoton fallend, für $-2 < x < 1$ und für $x > 3$ ist er streng monoton steigend.
Tiefpunkte: bei $x = -2$ und $x = 3$; Hochpunkt: bei $x = 1$
Der Graph von f hat keinen Sattelpunkt.
c) Der Graph ist auf ganz $\mathbb{R}$ streng monoton steigend.
Er hat keine Hoch- oder Tiefpunkte.
Sattelpunkte: bei $x = -1$ und $x = 2$

S. 136, 5.
a) Für alle reellen Zahlen x gilt $f(x) > 0$ und $g(x) = -(x - 3)^2 < 0$. Also gilt $f(x) > g(x)$ für alle x.
Daher kann die geringste Distanz als Minimum der Funktion d mit $d(x) = f(x) - g(x) = 2x^2 - 6x + 11$ ermittelt werden. $d'(x) = 4x - 6$; $d''(x) = 4$
$d'(x) = 0 \Rightarrow x = 1{,}5$
Wegen $d''(1{,}5) = 4 > 0$ liegt an der Stelle $x = 1{,}5$ ein lokales Minimum vor.
An der Stelle $x = 1{,}5$ unterscheiden sich die Funktionswerte am wenigsten.

b) Die Graphen von f und g haben keinen Schnittpunkt und es gilt $f(0) > g(0)$, außerdem sind f und g ganzrational. Also gilt für alle reellen Zahlen x: $f(x) > g(x)$. Daher kann die geringste Distanz mit der Funktion d mit
$d(x) = f(x) - g(x) = 2x^2 + 2x + 2$ ermittelt werden.
$d'(x) = 4x + 2$; $d''(x) = 4$
$d'(x) = 0$ für $x = -0{,}5$
Wegen $d''(-0{,}5) = 4 > 0$ liegt an der Stelle $x = -0{,}5$ ein lokales Minimum vor. An dieser Stelle unterscheiden sich die Funktionswerte von f und g am wenigsten.

S. 136, 6.

a) $f'(x) = 3x^2 + 8x - 3$

lokale Extremstellen: $x_1 = \frac{1}{3}$; $x_2 = -3$

lokale Extrema: $y_{min} = -\frac{230}{27} \approx -8{,}52$; $y_{max} = 10$

globale Extrempunkte:

- auf I_1: $T\left(\frac{1}{3}\middle|-\frac{230}{27}\right)$; $H(-3|10)$
- auf I_2: $T(0|-8)$; $H(-2|6)$
- auf I_3: $T\left(\frac{1}{3}\middle|-\frac{230}{27};\right)$ $H(3|46)$

b) $f'(x) = -\frac{3}{10}x^2 + \frac{3}{2}x$

lokale Extremstellen: $x_1 = 0$; $x_2 = 5$

lokale Extrema: $y_{min} = 0$; $y_{max} = 6{,}25$

globale Extrempunkte:

- auf I_1: $T(8|-3{,}2)$; $H(5|6{,}25)$
- auf I_2: $T(0|0)$; $H(-3|9{,}45)$
- auf I_3: $T(0|0)$; $H(3|4{,}05)$

S. 136, 7.

Individuelle Lösungen, z. B.:

a)

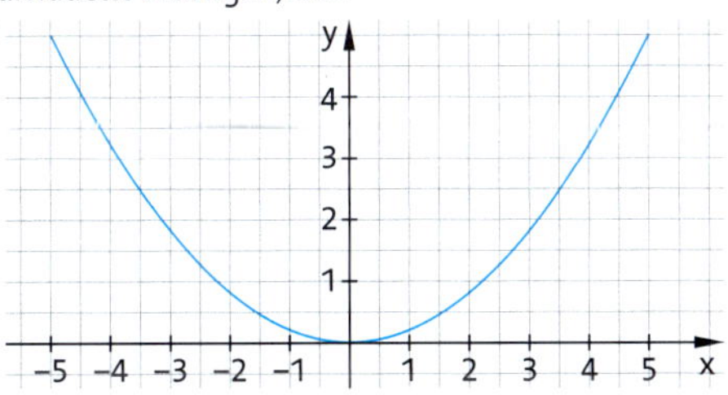

b)

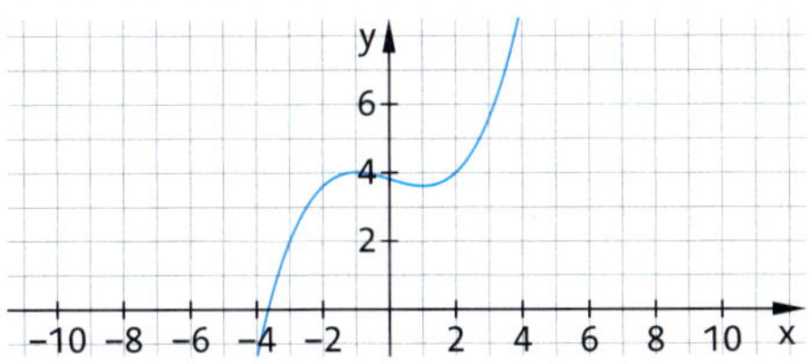

c)

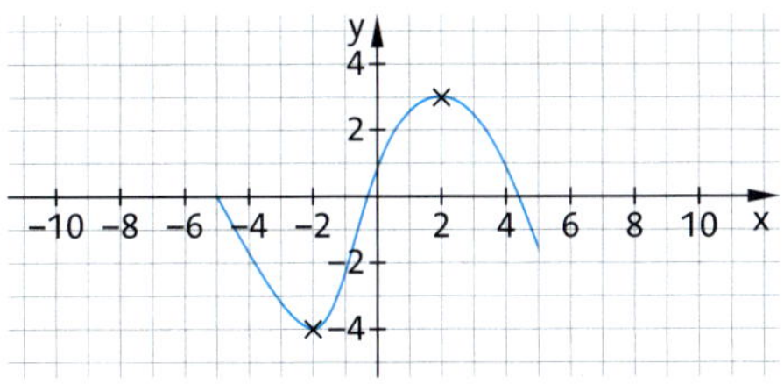

S. 136, 8.

a) $H(0|0)$ $T(2|-4)$ $W(1|-2)$

$w(x) = -3x + 1$

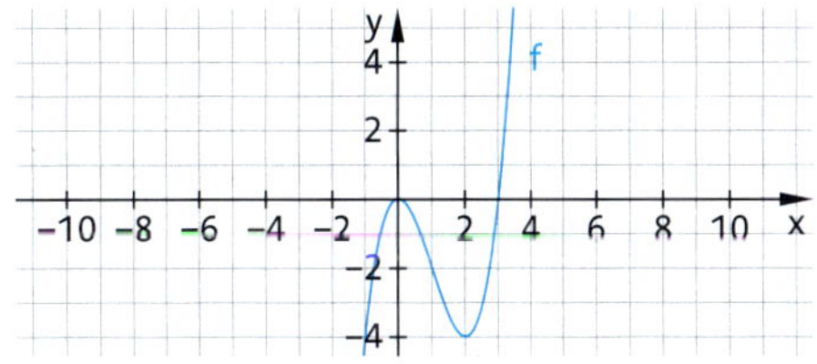

b) $T(3|-3{,}75)$ $W(2|-1)$ $S(0|3)$

$w_W(x) = -4x + 7$; $w_S(x) = 3$

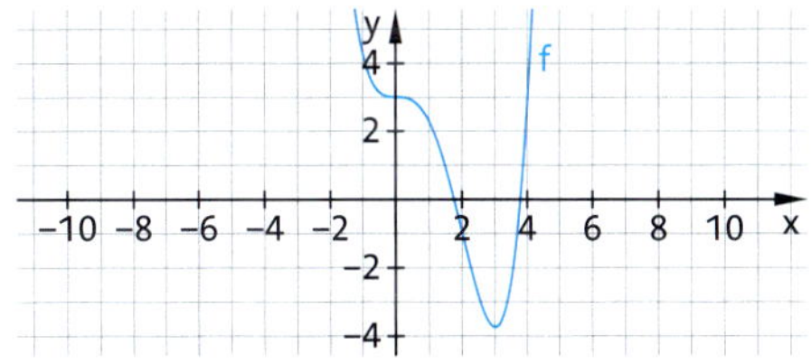

c) $H\left(1\middle|\frac{4}{3}\right)$ $T(3|0)$ $W\left(2\middle|\frac{2}{3}\right)$

$w(x) = -x + \frac{8}{3}$

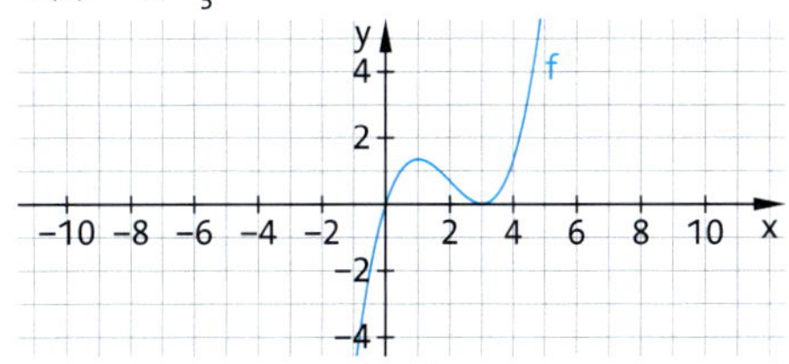

d) $\approx H(-\sqrt{3}|-3{,}92)$ $\approx T(\sqrt{3}|-8{,}08)$

$\approx W_1\left(-\frac{\sqrt{6}}{2}\middle|-4{,}71\right)$ $\approx W_2\left(\frac{\sqrt{6}}{2}\middle|-7{,}29\right)$ $S(0|-6)$

$w_1(x) \approx -2{,}25x - 7{,}47$ $w_2(x) \approx -2{,}25x - 4{,}53$

$w_S(x) = -6$

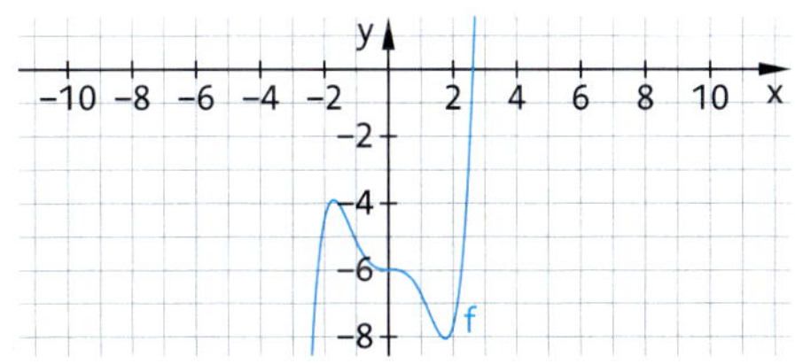

e) $S(-4|0)$ $w(x) = 0$

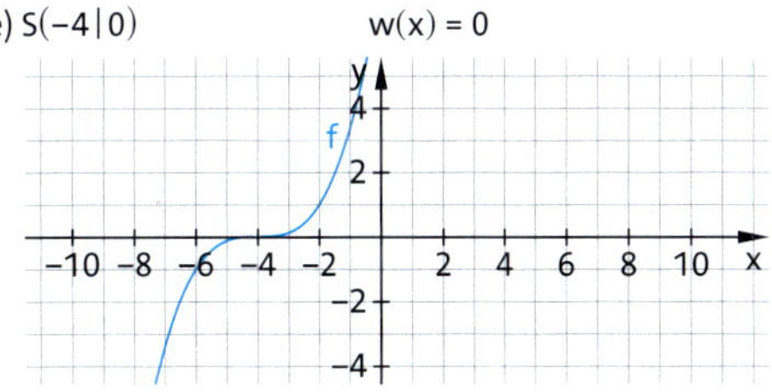

f) $\approx T(0{,}61|6{,}75)$

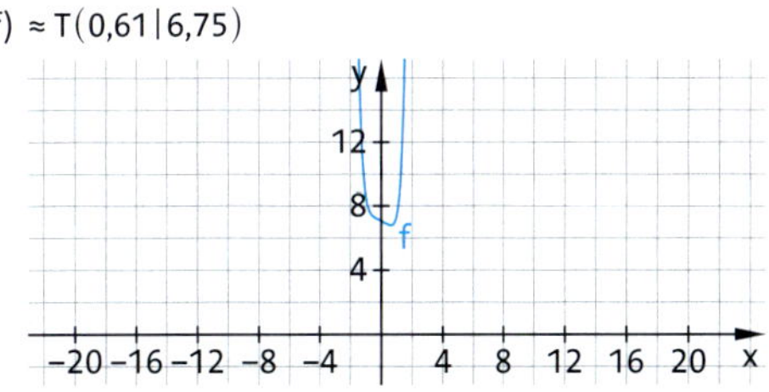

S. 136, 9.

a) $f''(x) = -12x^2 + 12$
$f''(x) = 0$ für $x_{1/2} = \pm 1$
Teststellen: $f''(-2) = -36$; $f''(0) = 12$; $f''(2) = -36$
$f''(x) < 0$ für $x < -1$ bzw. $x > 1$: Der Graph von f ist in diesen Intervallen rechtsgekrümmt.
$f''(x) > 0$ für $-1 < x < 1$: Der Graph von f ist in diesem Intervall linksgekrümmt.

b) $f''(x) = 12x^2 - 48x + 48$
$f''(x) = 0$ für $x = 2$
Teststellen: $f''(1) = 12$; $f''(3) = 12$
$f''(x) > 0$ für $x < 2$ bzw. $x > 2$: Der Graph von f ist linksgekrümmt.

c) $f''(x) = -30x^4$
$f''(x) = 0$ für $x = 0$
Teststellen: $f''(-1) = -30$; $f''(1) = -30$
$f''(x) < 0$ für $x < 0$ bzw. $x > 0$: Der Graph von f ist rechtsgekrümmt.

S. 137, 10.

a) Die 1. Ableitungsfunktion hat an der Stelle $x = -4$ ein lokales Minimum, da das Vorzeichen von f'' an dieser Stelle von + zu – wechselt.

b) Die Funktion f hat an der Stelle $x = -4$ eine Wendestelle.

c) Da die 1. Ableitungsfunktion an der Stelle $x = -4$ ein lokales Minimum hat und $f'(-4) = 1$ gilt, hat f' nur positive Funktionswerte, d. h., die Funktion f ist streng monoton steigend.

S. 137, 11.

a) anfänglicher Wasserstand: $h(0) = 2{,}5$, also 2,5 m
Wasserstand nach 6 h 15 min: $h(6{,}25) \approx 3{,}69$, also rund 3,69 m

b) $h(t) = 2{,}5 \Rightarrow t_1 = 0$; $t_{2/3} = \pm 10$
Im Sachkontext ist nur die positive Lösung für die Zeit sinnvoll: Die Wasserhöhe ist nach 10 Stunden wieder normal. $D = [0; 10]$

c) $h(t) = 4$ hat keine Lösung. Es kommt zu keiner Überschwemmung.

d) $h'(t) = -0{,}002t^3 + 0{,}1t$
$h'(t) = 0 \Rightarrow t_1 = 0$; $t_{2/3} = \pm\sqrt{50}$
Die negative Lösung liegt nicht im Definitionsbereich.
$h''(t) = -0{,}006t^2 + 0{,}1$
$h''(0) > 0$, also Tiefpunkt bei $t_1 = 0$
$h''(\sqrt{50}) < 0$, also Hochpunkt bei $t_2 = \sqrt{50} \approx 7{,}07$;
$h(\sqrt{50}) = 3{,}75$
Das Wasser erreicht nach ca. 7,07 Stunden seinen Höchststand mit 3,75 Metern.

e) Der stärkste Anstieg von h ist das lokale Maximum von h'. $h''(t) = 0 \Rightarrow t_{1/2} = \pm\sqrt{\frac{50}{3}}$
Die negative Lösung liegt nicht im Definitionsbereich.
$h'''(t) = -0{,}012t$
$h'''\left(\sqrt{\frac{50}{3}}\right) < 0$, also Hochpunkt von h' bei
$t = \sqrt{\frac{50}{3}} \approx 4{,}08$ (Zeitpunkt des stärksten Anstiegs);
$h'(4{,}08) \approx 0{,}27$
Der stärkste Anstieg des Wassers beträgt ca. 0,27 m/h = 0,45 cm/min.

S. 137, 12.

a) $\frac{h(10) - h(0)}{10 - 0} = \frac{29 - 4}{10} = 2{,}5$
Innerhalb der ersten 10 Tage wächst die Pflanze durchschnittlich um 2,5 cm/Tag.

b) $h'(t) = -0{,}15t^2 + \frac{3}{2}t$
Scheitelpunkt (und damit lokaler Hochpunkt) von h': $S(5 \mid 3{,}75)$
Die größte Wachstumsgeschwindigkeit wird nach 5 Tagen erreicht und beträgt 3,75 cm/Tag.

Lösungen zu Kapitel 5: Koordinatengeometrie im Raum

Ihr Fundament (S. 140/141)

S. 140, 1.

a) $x = 2$; $y = 1$ b) $x = 0{,}5$; $y = 1$ c) keine Lösung

S. 140, 2.

a) Gleichsetzungsverfahren

$$\left|\begin{array}{l} y = -2x + 19 \\ y = x - 2 \end{array}\right| \Leftrightarrow \left|\begin{array}{r} -2x + 19 = x - 2 \\ y = x - 2 \end{array}\right| \Leftrightarrow \left|\begin{array}{l} 21 = 3x \\ y = x - 2 \end{array}\right| \Leftrightarrow \left|\begin{array}{l} x = 7 \\ y = 5 \end{array}\right|$$

b) Einsetzungsverfahren

$$\left|\begin{array}{l} y = 3x - 7 \\ 4x + 2y = 16 \end{array}\right| \Leftrightarrow \left|\begin{array}{l} y = 3x - 7 \\ 4x + 2(3x - 7) = 16 \end{array}\right| \Leftrightarrow \left|\begin{array}{l} y = 3x - 7 \\ x = 3 \end{array}\right| \Leftrightarrow \left|\begin{array}{l} y = 2 \\ x = 3 \end{array}\right|$$

c) Additionsverfahren

$$\left|\begin{array}{l} 2x + 5y = 2 \\ 6x - 2y = 40 \end{array}\right| \begin{array}{l} \cdot(-3) \\ \end{array} \Leftrightarrow \left|\begin{array}{r} 2x + 5y = 2 \\ -17y = 34 \end{array}\right| \Leftrightarrow \left|\begin{array}{r} 2x - 10 = 2 \\ y = -2 \end{array}\right| \Leftrightarrow \left|\begin{array}{l} x = 6 \\ y = -2 \end{array}\right|$$

d) Additionsverfahren

$$\left|\begin{array}{l} 2x + 5y = 16 \\ 5x + 7y = 18 \end{array}\right| \begin{array}{l} \cdot(-5) \\ \cdot 2 \end{array} \Leftrightarrow \left|\begin{array}{r} 2x + 5y = 16 \\ -11y = -44 \end{array}\right| \Leftrightarrow \left|\begin{array}{r} 2x + 20 = 16 \\ y = 4 \end{array}\right| \Leftrightarrow \left|\begin{array}{l} x = -2 \\ y = 4 \end{array}\right|$$

S. 140, 3.

a) $$\left|\begin{array}{l} 2x - 3y = 14 \\ 4x + 3y = 10 \end{array}\right| \Leftrightarrow \left|\begin{array}{l} 2x - 3y = 14 \\ 6x = 24 \end{array}\right| \Leftrightarrow \left|\begin{array}{l} 8 - 3y = 14 \\ x = 4 \end{array}\right| \Leftrightarrow \left|\begin{array}{l} y = -2 \\ x = 4 \end{array}\right|$$

b) $$\left|\begin{array}{l} 4x - 2y = 3 \\ 8x - 4y = 4 \end{array}\right| \begin{array}{l} \cdot(-2) \\ \end{array} \Leftrightarrow \left|\begin{array}{l} 4x - 2y = 3 \\ 0 = -2 \end{array}\right|$$

Das Gleichungssystem hat keine Lösung.

c) $$\left|\begin{array}{l} \frac{1}{2}x - \frac{3}{4}y = -6 \\ \frac{1}{3}x - \frac{1}{2}y = -4 \end{array}\right| \begin{array}{l} \cdot 12 \\ \cdot(-12) \end{array} \Leftrightarrow \left|\begin{array}{r} 6x - 9y = -72 \\ -4x + 6y = 48 \end{array}\right| \begin{array}{l} \\ \cdot 1{,}5 \end{array} \Leftrightarrow \left|\begin{array}{r} 0 = 0 \\ -4x + 6y = 48 \end{array}\right| \Leftrightarrow \left|\begin{array}{r} 0 = 0 \\ 1{,}5y - 12 = x \end{array}\right|$$

Lösungsmenge: $L = \{(x \mid y) \mid x = 1{,}5y - 12\}$

d) $\begin{vmatrix} 27x - 2y = 1 \\ -12x + y = 0 \end{vmatrix} \cdot 2 \Leftrightarrow \begin{vmatrix} 3x = 1 \\ -12x + y = 0 \end{vmatrix}$

$\Leftrightarrow \begin{vmatrix} x = \frac{1}{3} \\ -4 + y = 0 \end{vmatrix} \Leftrightarrow \begin{vmatrix} x = \frac{1}{3} \\ y = 4 \end{vmatrix}$

S. 140, 4.

a) $a = -1;\ b \neq 10$
b) $a = -1;\ b = 10$
c) $a = -5;\ b = 6$

S. 140, 5.

x: Preis pro kWh in €; y: Grundgebühr in €

$\begin{vmatrix} 258x + y = 92{,}17 \\ 212x + y = 77{,}45 \end{vmatrix} \Leftrightarrow \begin{vmatrix} x = 0{,}32 \\ y = 9{,}61 \end{vmatrix}$

Die Grundgebühr beträgt 9,61 €, der Preis pro kWh 0,32 €.

S. 140, 6.

a) $c \approx 4{,}43\,cm$ b) $c \approx 3{,}29\,cm$
c) $b \approx 4{,}87\,cm$ d) $a \approx 5{,}95\,cm$

S. 140, 7.

a) rechtwinklig mit $\alpha = 90°$ bei A
b) rechtwinklig mit $\gamma = 90°$ bei C
c) nicht rechtwinklig, da $a^2 + c^2 \neq b^2$
d) rechtwinklig mit $\beta = 90°$ bei B

S. 140, 8.

a) ① Quadrat; ② Rechteck; ③ Raute;
④ Parallelogramm; ⑤ Trapez;
⑥ Drachenviereck;
⑦ gleichschenkliges Trapez;
⑧ allgemeines Viereck.

b) ① Alle Seiten sind gleich lang, benachbarte Seiten sind orthogonal zueinander.
② Benachbarte Seiten sind orthogonal zueinander.
③ Alle Seiten sind gleich lang.
④ Gegenüberliegende Seiten sind parallel zueinander.
⑤ Ein Paar gegenüberliegender Seiten ist parallel zueinander.

c) Individuelle Skizzen.
① Die Diagonalen sind gleich lang, halbieren sich und sind orthogonal zueinander.
② Die Diagonalen sind gleich lang und halbieren sich.
③ Die Diagonalen halbieren sich und sind orthogonal zueinander.
④ Die Diagonalen halbieren sich.
⑤ keine besondere Eigenschaft
⑥ Die Diagonalen sind orthogonal zueinander, eine Diagonale wird im Schnittpunkt halbiert.
⑦ Die Diagonalen sind gleich lang.

S. 141, 9.

a) gleichschenklig: 2 gleich lange Seiten, die dritte Seite heißt Basis, Basiswinkel sind gleich groß, Höhe auf der Basis ist auch Seitenhalbierende.
gleichseitiges Dreieck: 3 gleich lange Seiten, alle Winkel 60°, Höhen sind Seitenhalbierende.

b) $a^2 = h^2 + \left(\frac{a}{2}\right)^2$ (Pythagoras)
$h^2 = 5^2 - 2{,}5^2 = 18{,}75$ und damit
$h = \sqrt{18{,}75} \approx 4{,}33\,cm$

c) Die Innenwinkel eines regelmäßigen Sechsecks sind je 120° groß. Aufgrund der Symmetrie des Sechsecks verläuft die Winkelhalbierende eines solchen Winkels durch den gegenüberliegenden Eckpunkt des Sechsecks. Daher schneiden sich alle Winkelhalbierenden in einem Punkt. Da sie die 120°-Winkel in je zwei 60°-Winkel teilen, entstehen dabei sechs Dreiecke, die je zwei 60°-Winkel haben. Damit ist auch der dritte Winkel jeweils 60° groß, also handelt es sich um gleichseitige Dreiecke.

S. 141, 10.

a)

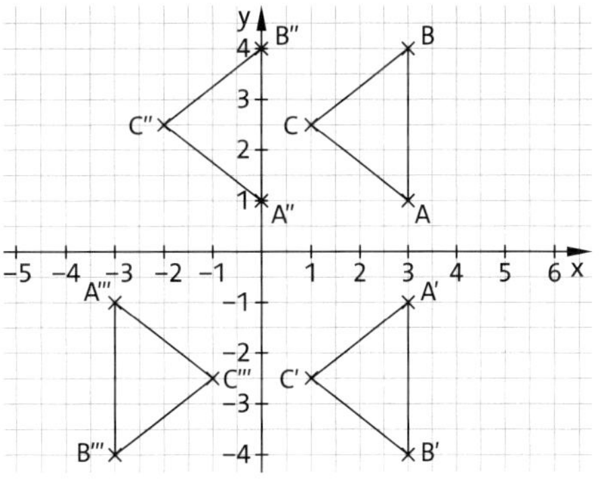

b) Zeichnung siehe a)
A'(3 | −1); B'(3 | −4); C'(1 | −2,5)

c) Zeichnung siehe a)
A''(0 | 1); B''(0 | 4); C''(−2 | 2,5)

d) Zeichnung siehe a)
A'''(−3 | −1); B'''(−3 | −4); C'''(−1 | −2,5)

S. 141, 11.

a) $\overline{AB} = 3\,LE$ $\overline{BC} = 2{,}5\,LE$ $\overline{AC} = 2{,}5\,LE$
b) $M_{\overline{AB}} = (3 | 2{,}5)$ $M_{\overline{BC}} = (2 | 3{,}25)$ $M_{\overline{AC}} = (2 | 1{,}75)$

S. 141, 12.

a) $\overline{AB} = 5\,LE$; $\overline{AC} \approx 7{,}07\,LE$; $\overline{BC} = 5\,LE$
Das Dreieck hat zwei gleich lange Seiten, aber die dritte Seite hat eine andere Länge. Also ist es gleichschenklig, aber nicht gleichseitig.

b) D(5,5 | 0,5)

c) Nach der Umkehrung des Satzes von Pythagoras ist das Dreieck ABC rechtwinklig in B. Da es zudem gleichschenklig ist, ist das Parallelogramm ABCD ein Quadrat mit der Seitenlänge 5 LE. Also gilt:
A = 25 FE

S. 141, 13.

a)

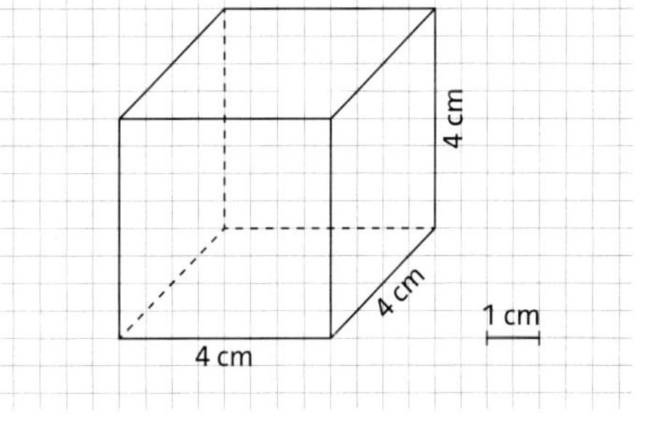

b)

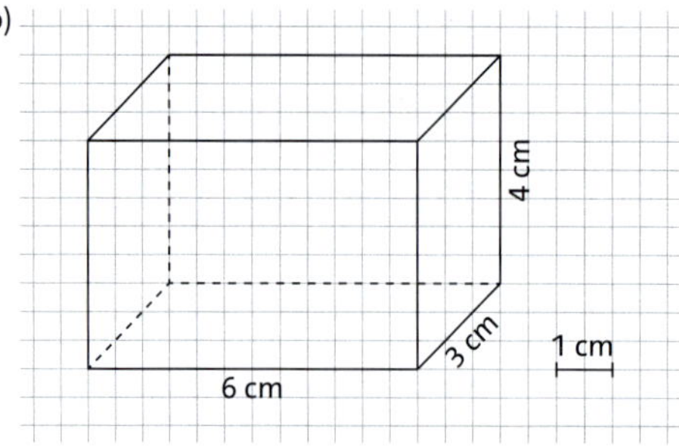

c)

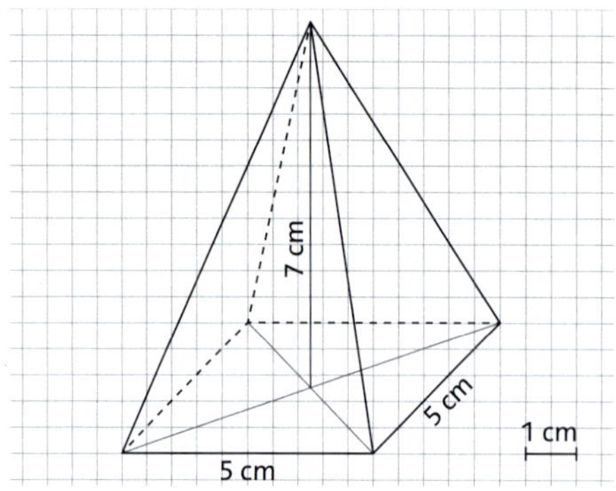

S. 141, 14.

a) $\overline{BH} = \sqrt{4^2 + 3^2 + 2^2} \approx 5{,}39$

b) $\overline{AS} = \sqrt{4^2 + \left(\frac{1}{2}\sqrt{4^2 + 4^2}\right)^2} \approx 4{,}90$

S. 141, 15.

a) $g(x) = -0{,}5x + 1{,}5$
b) $h(x) = -2x + 1$

S. 141, 16.

a) Die Gleichung ist richtig, denn 39 = 39.
b) $\sqrt{(3a)^2 + (3b)^2} = \sqrt{3^2a^2 + 3^2b^2} = \sqrt{3^2(a^2 + b^2)}$
$= 3\sqrt{a^2 + b^2}$

Prüfen Sie Ihr neues Fundament (S. 182/183)

S. 182, 1.

A(2 | −1 | 0), C(−4 | 3 | 0), D(−4 | −1 | 0), E(2 | −1 | 2), F(2 | 3 | 2), G(−4 | 3 | 3), H(−4 | −1 | 3)

S. 182, 2.

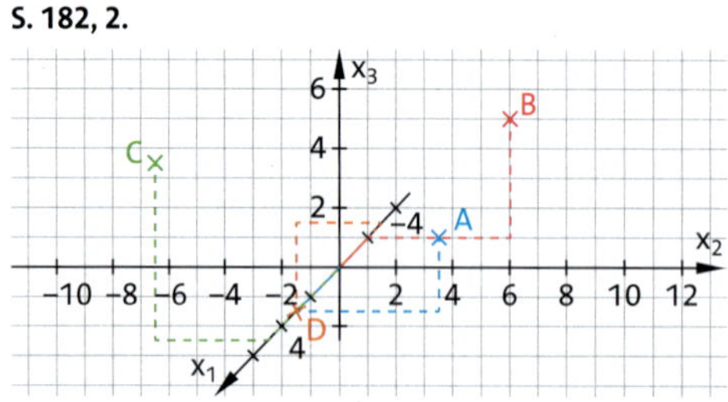

S. 182, 3.

A: x_1x_3-Ebene, keine Achse
B: x_1x_2-Ebene, x_2x_3-Ebene, x_2-Achse
C: x_1x_3-Ebene, x_2x_3-Ebene, x_3-Achse
D: x_1x_2-Ebene, x_2x_3-Ebene, x_1x_3-Ebene, x_1-Achse, x_2-Achse, x_3-Achse
E: x_1x_3-Ebene, x_2x_3-Ebene, x_3-Achse
F: x_1x_2-Ebene, x_1x_3-Ebene, x_1-Achse

S. 182, 4.

Die Punkte liegen
a) in der x_1x_3-Ebene,
b) auf der x_2-Achse und in der x_1x_2- und der x_2x_3- Ebene,
c) auf der x_1-Achse,
d) im Koordinatenursprung.

S. 182, 5.

a) $\overrightarrow{AE} = \overrightarrow{CG}$ b) $\overrightarrow{DH} = \overrightarrow{BF}$ c) $\overrightarrow{BG} = \overrightarrow{AH}$ d) $\overrightarrow{AC} = \overrightarrow{EG}$

S. 182, 6.

a) $\overrightarrow{PQ} = \begin{pmatrix} -1 \\ -2 \\ -3 \end{pmatrix}$ b) $\overrightarrow{PQ} = \begin{pmatrix} 2 \\ 2 \\ 7 \end{pmatrix}$

c) $\overrightarrow{PQ} = \begin{pmatrix} 5 \\ -2 \\ -1 \end{pmatrix}$ d) $\overrightarrow{PQ} = \begin{pmatrix} k-1 \\ 2-k \\ -2k \end{pmatrix}$

S. 182, 7.

a) $\sqrt{3}$ b) 4 c) 2,5

S. 182, 8.

a) $\left|\begin{pmatrix} 49 \\ -42 \\ 42 \end{pmatrix}\right| = 7 \cdot \left|\begin{pmatrix} 7 \\ -6 \\ 6 \end{pmatrix}\right| = 7\sqrt{49 + 36 + 36} = 77$

b) $\left|\begin{pmatrix} -0{,}2 \\ 0{,}2 \\ 0{,}1 \end{pmatrix}\right| = 0{,}1 \cdot \left|\begin{pmatrix} -2 \\ 2 \\ 1 \end{pmatrix}\right| = 0{,}1\sqrt{4 + 4 + 1} = 0{,}3$

c) $\left|\begin{pmatrix} 24 \\ -36 \\ 72 \end{pmatrix}\right| = 12 \cdot \left|\begin{pmatrix} 2 \\ -3 \\ 6 \end{pmatrix}\right| = 12\sqrt{4 + 9 + 36} = 84$

d) $\left|\begin{pmatrix} \frac{1}{18} \\ \frac{2}{9} \\ \frac{4}{9} \end{pmatrix}\right| = \frac{1}{18} \cdot \left|\begin{pmatrix} 1 \\ 4 \\ 8 \end{pmatrix}\right| = \frac{1}{18}\sqrt{1 + 16 + 64} = \frac{9}{18} = \frac{1}{2}$

S. 182, 9.

a) $\begin{pmatrix} -1 \\ 3 \\ 4 \end{pmatrix}$ b) $\begin{pmatrix} 1{,}57 \\ -2 \\ -1{,}97 \end{pmatrix}$ c) $\begin{pmatrix} 1 \\ 0 \\ 5 \end{pmatrix}$

S. 182, 10.

a) $\vec{a} - 9\vec{b} + 13\vec{c}$ b) $(2 - t)\vec{a} + (3 - 2t)\vec{b} + (1 - 2t)\vec{c}$

S. 182, 11.

Die Vektoren $\vec{b}$ und $\vec{c}$ sind kollinear zum Vektor $\vec{v}$.

S. 183, 12.

a) $\vec{x} = \overrightarrow{OA} + r \cdot \overrightarrow{AB} = \begin{pmatrix} 1 \\ 2 \\ 1 \end{pmatrix} + r \cdot \begin{pmatrix} 1 \\ 2 \\ 5 \end{pmatrix}, r \in \mathbb{R}$

b) $\begin{pmatrix} 0 \\ 0 \\ 0 \end{pmatrix} = \begin{pmatrix} 1 \\ 2 \\ 1 \end{pmatrix} + r \cdot \begin{pmatrix} 1 \\ 2 \\ 5 \end{pmatrix} = \begin{pmatrix} 1 + r \\ 2 + 2r \\ 1 + 5r \end{pmatrix}$,
$r = -1$ und $r = -\frac{1}{5}$ (Widerspruch)
Der Punkt O liegt nicht auf der Gerade g.

c) Die Gleichung $\vec{x} = \overrightarrow{OA} + r \cdot \overrightarrow{AB}$ mit $r \in \mathbb{R}$ und $0 \le r \le 2$ beschreibt eine Strecke. Die Strecke verläuft von Punkt A ($r = 0$), über den Punkt B ($r = 1$) zu einem Punkt auf der Gerade g, der doppelt so weit von A entfernt ist wie B ($r = 2$).

d) Da der Punkt C von Punkt B doppelt so weit entfernt ist wie von Punkt A, erreicht man ihn, indem man von Punkt A einmal den Vektor von A nach B abträgt. Dieser Vektor liegt entgegengesetzt der Richtung, in der sich B befindet. Das entspricht dem Parameter $r = -1$.

Somit lässt sich C berechnen durch die Gleichung $\overrightarrow{OC} = \overrightarrow{OA} + (-1) \cdot \overrightarrow{AB}$.
Es gibt noch eine zweite Möglichkeit: C kann zwischen A und B liegen. Der Abstand von A zu C entspricht in diesem Fall $\frac{1}{3}$ der Länge des Richtungsvektors, der Abstand von B zu C entspricht $\frac{2}{3}$ der Länge des Richtungsvektors. Man erhält den Ortsvektor von C also durch Einsetzen von $\frac{1}{3}$ in die Geradengleichung.

e) $h: \vec{x} = \begin{pmatrix} 2 \\ 3 \\ 4 \end{pmatrix} + r \cdot \begin{pmatrix} 1 \\ 2 \\ 5 \end{pmatrix}$

S. 183, 13.

a) z. B. A(3 | 2 | 1) (für r = 1) und B(2 | 1 | 1) (für r = 0)

b) $\begin{pmatrix} 0 \\ -1 \\ 1 \end{pmatrix} = \begin{pmatrix} 2 \\ 1 \\ 1 \end{pmatrix} + r \cdot \begin{pmatrix} 1 \\ 1 \\ 0 \end{pmatrix} = \begin{pmatrix} 2+r \\ 1+r \\ 1 \end{pmatrix}$ $\quad \begin{matrix} 0 = 2 + r & r = -2 \\ -1 = 1 + r & r = -2 \\ 1 = 1 & \end{matrix}$

Der Punkt P liegt auf h.

$\begin{pmatrix} 3 \\ 3 \\ -1 \end{pmatrix} = \begin{pmatrix} 2 \\ 1 \\ 1 \end{pmatrix} + r \cdot \begin{pmatrix} 1 \\ 1 \\ 0 \end{pmatrix} = \begin{pmatrix} 2+r \\ 1+r \\ 1 \end{pmatrix}$ führt zu r = 1 und r = 2 und −1 = 1 (Widerspruch in 3. Gleichung)

Der Punkt Q liegt nicht auf h.

c) $x_3 = 0$, also 1 = 0: die Gerade h hat keinen Schnittpunkt mit der x_1x_2-Ebene (keinen Spurpunkt S_{12}).
$x_2 = 0$, also 1 + r = 0; r = −1: S_{13} (1 | 0 | 1)
$x_1 = 0$, also 2 + r = 0; r = −2: S_{23} (0 | −1 | 1)

d) Da für den Richtungsvektor $x_3 = 0$ gilt, verläuft die Gerade parallel zur x_1x_2-Ebene.

S. 183, 14.

a) g und h haben einen Schnittpunkt: S(7 | 0 | 4) (r = 2, s = −1)

b) g und h sind windschief (kein Schnittpunkt, nicht parallel).

c) g und h sind echt parallel (Richtungsvektoren sind kollinear, es gibt keinen Schnittpunkt).

S. 183, 15.

a) $\overrightarrow{OP_t} = \begin{pmatrix} -t \\ 3+t \\ 3 \end{pmatrix} = \begin{pmatrix} 0 \\ 3 \\ 3 \end{pmatrix} + t \cdot \begin{pmatrix} -1 \\ 1 \\ 0 \end{pmatrix}$

Die Gerade verläuft parallel zur x_1x_2-Ebene.

b) z. B.:

① $\vec{x} = \begin{pmatrix} 1 \\ 3 \\ 3 \end{pmatrix} + t \cdot \begin{pmatrix} -1 \\ 1 \\ 0 \end{pmatrix}$ ② $\vec{x} = \begin{pmatrix} 0 \\ 3 \\ 3 \end{pmatrix} + t \cdot \begin{pmatrix} 0 \\ 0 \\ 1 \end{pmatrix}$

③ $\vec{x} = \begin{pmatrix} 1 \\ 3 \\ 3 \end{pmatrix} + t \cdot \begin{pmatrix} 0 \\ 0 \\ 1 \end{pmatrix}$

Technische Zeichnungen:
Cornelsen/Christian Böhning

Illustrationen:
Cornelsen/Stefan Bachmann

Abbildungen:
Cover stock.adobe.com/sutichak; **2 o.** Shutterstock.com/guys_who_shoot; **2 Mi.** Shutterstock.com/Aldivo Ahmad; **2 u.** Shutterstock.com/Monkey Business Images; **3 o.** Shutterstock.com/Lee Yiu Tung; **3 Mi.** Shutterstock.com/AtSkwongPhoto; **3 u.** Shutterstock.com/Robert Kneschke; **4 o.** Shutterstock.com/l i g h t p o e t; **4 Mi.** Shutterstock.com/arka38; **5** Shutterstock.com/guys_who_shoot; **8** Shutterstock.com/Olga Nayashkova; **15** Shutterstock.com/Kurt-Georg Rabe; **18** stock.adobe.com/ademper-cem; **19** stock.adobe.com/aldorado; **23** Shutterstock.com/milanzeremski; **25** stock.adobe.com/AA+W; **27 Mi.** Shutterstock.com/Gorodenkoff; **27 u.** Shutterstock.com/Mikbiz; **29** Shutterstock.com/Richard Semik; **31** Shutterstock.com/Aldivo Ahmad; **43** Shutterstock.com/sirtravelalot; **54** Shutterstock.com/Kwangmoozaa; **56** Shutterstock.com/Body Stock; **63** Shutterstock.com/Monkey Business Images; **70** stock.adobe.com/ARochau; **73** Shutterstock.com/Air Images; **77** stock.adobe.com/kolotype; **80** Shutterstock.com/GrayWallStudio; **82 Mi.** Shutterstock.com/aapsky; **82 u.** Shutterstock.com/svetok30; **91** Shutterstock.com/AerialVision_it; **99** Shutterstock.com/kan_khampanya; **105** Shutterstock.com/Lee Yiu Tung; **110** stock.adobe.com/M.E.A.; **111** Shutterstock.com/wavebreakmedia; **116** stock.adobe.com/Production Perig; **117** Shutterstock.com/YJ.K; **119** Shutterstock.com/Apolinariy; **124** Shutterstock.com/MAEWJPHO; **127** Shutterstock.com/Andrey Armyagov; **128** Shutterstock.com/Aleksei Ignatov; **130** Shutterstock.com/YanLev; **133 o.** Shutterstock.com/asharkyu; **133 u.** Shutterstock.com/KuLouKu; **137** Shutterstock.com/kram-9; **139** Shutterstock.com/AtSkwongPhoto; **142** Shutterstock.com/ESB Professional; **145** Shutterstock.com/AlexAnton; **146** Cornelsen/Christian Böhning, Berlin/shutterstock/Cartarium; **157** Shutterstock.com/Triff; **163** Shutterstock.com/ViChizh; **167** Shutterstock/Armando Oliveira; **171** Shutterstock.com/Kojin; **172** Shutterstock.com/frank_peters; **181** Shutterstock.com/Ursatii; **185** Shutterstock.com/Robert Kneschke; **186** stock.adobe.com/vectorfusionart; **190** stock.adobe.com/Tan Kian Khoon; **193** Shutterstock.com/l i g h t p o e t; **197** Shutterstock.com/arka38; **216** PEFC Deutschland e.V.

Fundamente
der Mathematik

Autoren: Jan Block, Carola Buddensiek, Brigitte Distel, Dr. Rolf Ebel, Dr. Lothar Flade †, Sabine Fischer, Carina Freytag, Jan Füller, Marco Grees, Gerhard Hillers, Bernhard Hummel, Fritz Kammermeyer, Gerold Kiesslich, Roman Knost, Markus Krysmalski, Dr. Hubert Langlotz, Renatus Lütticken, Arne Mentzendorff, Reinhard Oselies, Dr. habil. Manfred Pruzina, Sebastian Schweitzer, Dr. Annalisa Steinecke, Dr. Christian Wahle, Ugur Yasar, Dr. Wilfried Zappe

Berater: Jens Heinemann, Markus Krysmalski, Renatus Lütticken, Reinhard Oselies
Redaktion: Henning Knoff, Antonia Kraus
Rechteprüfung: Kai Mehnert
Gesamtgestaltung: Golnar Mehboubi Nejati, Berlin
Illustration: Stefan Bachmann
Grafik: Christian Böhning
Umschlaggestaltung: Studio SYBERG, Berlin
Layoutkonzept: klein & halm GbR
Technische Umsetzung: PER MEDIEN & MARKETING GmbH, Braunschweig

Begleitmaterialien zum Lehrwerk
für Schülerinnen und Schüler
Arbeitsheft Einführungsphase 978-3-06-041939-5
für Lehrerinnen und Lehrer
Unterrichtsmanager Plus 1100030872
Lösungsheft Einführungsphase 978-3-06-041938-8

www.cornelsen.de

1. Auflage, 1. Druck 2024

Alle Drucke dieser Auflage sind inhaltlich unverändert und können im Unterricht nebeneinander verwendet werden.

Druck und Bindung: Mohn Media Mohndruck, Gütersloh

ISBN 978-3-06-041937-1 **(Schülerbuch)**
ISBN 1100030867 **(E-Book)**

PEFC
PEFC/04-31-1033

PEFC-zertifiziert
Dieses Produkt stammt aus nachhaltig bewirtschafteten Wäldern und kontrollierten Quellen
www.pefc.de